U0939946

高等学校公共基础课“十三五”规划教材

高等数学同步辅导(下册)

——配合同济七版高等数学

杨有龙　吴　艳　陈慧婵　编

西安电子科技大学出版社

内 容 简 介

本书是与同济大学数学系编写的第七版《高等数学》下册(高等教育出版社出版)相配套的同步辅导教材，书中各章均包括教学要求、答疑解惑、典型例题、习题选解和培优提升五个部分.

“教学要求”部分表明了施教的基本要求和教学目的；“答疑解惑”部分针对学生在学习过程中产生的疑难问题，采用问答的形式予以解答，可达到厘清概念、释疑解惑的目的；“典型例题”部分通过对具体例题的分析和求解，引导学生产生联想，从中领悟求解的基本方法和途径，从而掌握一定的解题技巧和了解各种基本题型；“习题选解”部分通过对教材中有代表性的习题进行解答，为学生自我测试和检查对比提供方便；“培优提升”部分选取了近几年具有代表性的数学竞赛和考研试题并给出解答过程，为学生参加竞赛和考研预热.

本书可作为理工科大学生学习“高等数学”课程的同步辅导教材或参加数学竞赛和报考硕士研究生的理想复习资料，也可作为“高等数学”任课教师的教学参考书.

图书在版编目(CIP)数据

高等数学同步辅导：配合同济七版高等数学. 下册/杨有龙，吴艳，陈慧婵编.
—西安：西安电子科技大学出版社，2016.11(2020.7 重印)
高等学校公共基础课“十三五”规划教材
ISBN 978-7-5606-4342-7

Ⅰ. ① 高…　Ⅱ. ① 杨…　② 吴…　③ 陈…　Ⅲ. ① 高等数学—高等学校—教学参考资料
Ⅳ. ① O13

中国版本图书馆 CIP 数据核字(2016)第 274522 号

策划编辑　刘小莉
责任编辑　王　瑛
出版发行　西安电子科技大学出版社(西安市太白南路 2 号)
电　　话　(029)88242885　88201467　　邮　　编　710071
网　　址　www.xduph.com　　电子邮箱　xdupfxb001@163.com
经　　销　新华书店
印　　刷　陕西天意印务有限责任公司
版　　次　2016 年 11 月第 1 版　2020 年 7 月第 6 次印刷
开　　本　787 毫米×1092 毫米　1/16　印张　15
字　　数　356 千字
印　　数　25 001～31 000 册
定　　价　33.00 元
ISBN 978-7-5606-4342-7/O

XDUP 4634001-6

＊＊＊如有印装问题可调换＊＊＊

前　　言

高等数学以微积分为核心，具有高度的抽象性、严密的逻辑性和广泛的应用性.它包含了处理连续变量的基本理论和科学思维方法，不仅是学习其他自然科学和工程技术的重要基础和工具，而且也是培养和训练学生逻辑推理和理性思维的重要载体.牢固掌握高等数学蕴含的基础知识，从中发掘和领会科学的思维方法，对大学生全面素质的提高、分析能力的加强和创新意识的启迪都至关重要.

本书与同济大学数学系编写的第七版《高等数学》教材(高等教育出版社出版)相配套，全书共十二章，分上、下两册出版.上册内容包括函数与极限、导数与微分、微分中值定理与导数的应用、不定积分、定积分、定积分的应用与微分方程；下册内容包括向量代数与空间解析几何、多元函数微分法及其应用、重积分、曲线积分与曲面积分以及无穷级数.本书力求帮助学生加深对高等数学基本概念的理解，引导学生掌握高等数学的解题方法和技巧，培养学生的学习兴趣，启发学生举一反三，达到事半功倍的效果.本书旨在巩固和提升高等数学的教学效果和质量，为理工科大学生的高等数学自主学习提供同步辅导.

本书第一、二、三、四章由陈慧婵副教授执笔，第五、六、七、八章由杨有龙教授执笔，第九、十、十一、十二章由吴艳副教授执笔，各章都经过反复讨论、修改后定稿.

本书在编写过程中得到了西安电子科技大学数学与统计学院领导和广大高等数学教师的热情支持，他们对本书的编写提出了许多宝贵的建议和修改意见，长期致力于高等数学教学和研究的老教师们给予了鼓励和支持，编者在此致以深深的谢意.

本书的出版得到了西安电子科技大学本科教材立项资助，以及西安电子科技大学出版社领导及编辑的大力支持，策划编辑刘小莉和责任编辑王瑛为本书的出版付出了辛勤的劳动，编者在此一并表示感谢.

由于编者水平有限，书中难免存在不足和疏漏之处，恳请读者批评指正.

编　者

2016 年 9 月

目　　录

第八章　向量代数与空间解析几何

一、教学要求

1. 理解空间直角坐标系、向量的概念及其表示. 掌握向量的线性运算. 理解向量在坐标轴上的分向量与向量的坐标的概念. 掌握向量、单位向量、方向余弦的坐标表示法以及用坐标表达式进行向量运算的方法. 掌握向量的数量积、向量积、混合积. 掌握两个向量垂直、平行的条件.

2. 掌握平面方程(点法式、一般式、截距式)的求法. 掌握直线方程(对称式、参数式、一般式)的求法. 会利用平面、直线的相互关系(平行、垂直、相交)解决有关问题.

3. 理解曲面方程的概念. 了解球面、母线平行于坐标轴的柱面、以坐标轴为轴的旋转曲面(主要是锥面、抛物面)方程的求法. 了解空间曲线的参数方程和一般方程，会求空间曲线在坐标面上的投影曲线方程.

二、答疑解惑

问题 1　已知 $\boldsymbol{a}$、$\boldsymbol{b}$、$\boldsymbol{c}$ 为非零向量，λ、μ 为实数，那么下列向量等式的几何意义是什么?

(1) $\boldsymbol{a}+\boldsymbol{b}+\boldsymbol{c}=\boldsymbol{0}$;

(2) $(\boldsymbol{a}\times\boldsymbol{b})\cdot\boldsymbol{c}=0$;

(3) $\boldsymbol{c}=\lambda\boldsymbol{a}+\mu\boldsymbol{b}$.

答　(1) 表示向量 $\boldsymbol{a}$、$\boldsymbol{b}$、$\boldsymbol{c}$ 依次首尾相接时，第一个向量的起点与第三个向量的终点相重合. 这在几何上表示以三个向量 $\boldsymbol{a}$、$\boldsymbol{b}$、$\boldsymbol{c}$ 为边构成的三角形，或者三个向量 $\boldsymbol{a}$、$\boldsymbol{b}$、$\boldsymbol{c}$ 共面.

(2) 由混合积的几何意义知，$|(\boldsymbol{a}\times\boldsymbol{b})\cdot\boldsymbol{c}|$ 表示以 $\boldsymbol{a}$、$\boldsymbol{b}$、$\boldsymbol{c}$ 为邻边构成的平行六面体的体积. 因此，$(\boldsymbol{a}\times\boldsymbol{b})\cdot\boldsymbol{c}=0$ 表示平行六面体的体积等于零，即三个向量 $\boldsymbol{a}$、$\boldsymbol{b}$、$\boldsymbol{c}$ 共面.

(3) 表示向量 $\boldsymbol{c}$ 是由向量 $\boldsymbol{a}$、$\boldsymbol{b}$ 的线性组合而得到的，因此向量 $\boldsymbol{c}$ 平行于由向量 $\boldsymbol{a}$、$\boldsymbol{b}$ 确定的平面，即三个向量 $\boldsymbol{a}$、$\boldsymbol{b}$、$\boldsymbol{c}$ 共面.

问题 2　设向量 $\boldsymbol{a}\neq\boldsymbol{0}$，试问:

(1) 若 $\boldsymbol{a}\cdot\boldsymbol{b}=\boldsymbol{a}\cdot\boldsymbol{c}$，能否推知 $\boldsymbol{b}=\boldsymbol{c}$?

(2) 若 $\boldsymbol{a}\times\boldsymbol{b}=\boldsymbol{a}\times\boldsymbol{c}$，能否推知 $\boldsymbol{b}=\boldsymbol{c}$?

(3) 若 $\boldsymbol{a}\cdot\boldsymbol{b}=\boldsymbol{a}\cdot\boldsymbol{c}$，且 $\boldsymbol{a}\times\boldsymbol{b}=\boldsymbol{a}\times\boldsymbol{c}$，能否推知 $\boldsymbol{b}=\boldsymbol{c}$?

答　(1) 不能. 由 $\boldsymbol{a}\cdot\boldsymbol{b}=\boldsymbol{a}\cdot\boldsymbol{c}$ 知 $\boldsymbol{a}\cdot(\boldsymbol{b}-\boldsymbol{c})=0$，所以 $\boldsymbol{a}$ 与 $\boldsymbol{b}-\boldsymbol{c}$ 垂直，但 $\boldsymbol{b}-\boldsymbol{c}$ 未必是零向量，即 $\boldsymbol{b}$ 与 $\boldsymbol{c}$ 未必相等.

例如，$\boldsymbol{a}=(1,0,0)$，$\boldsymbol{b}=(2,3,1)$，$\boldsymbol{c}=(2,1,-1)$，则有 $\boldsymbol{a}\cdot\boldsymbol{b}=2=\boldsymbol{a}\cdot\boldsymbol{c}$，但 $\boldsymbol{b}\neq\boldsymbol{c}$.

(2) 不能. 由 $\boldsymbol{a}\times\boldsymbol{b}=\boldsymbol{a}\times\boldsymbol{c}$ 知 $\boldsymbol{a}\times(\boldsymbol{b}-\boldsymbol{c})=\boldsymbol{0}$，所以 $\boldsymbol{a}$ 与 $\boldsymbol{b}-\boldsymbol{c}$ 平行，但 $\boldsymbol{b}-\boldsymbol{c}$ 未必是零向量，即 $\boldsymbol{b}$ 与 $\boldsymbol{c}$ 未必相等.

例如，$\boldsymbol{a}=(1,0,0)$，$\boldsymbol{b}=(0,1,0)$，$\boldsymbol{c}=(2,1,0)$，则有 $\boldsymbol{a}\times\boldsymbol{b}=(0,0,1)$，$\boldsymbol{a}\times\boldsymbol{c}=(0,0,1)$，但 $\boldsymbol{b}\neq\boldsymbol{c}$.

(3) 能. 事实上，由 $\boldsymbol{a}\cdot\boldsymbol{b}=\boldsymbol{a}\cdot\boldsymbol{c}$ 知 $\boldsymbol{a}\cdot(\boldsymbol{b}-\boldsymbol{c})=0$，即 $\boldsymbol{a}\perp(\boldsymbol{b}-\boldsymbol{c})$；又由 $\boldsymbol{a}\times\boldsymbol{b}=\boldsymbol{a}\times\boldsymbol{c}$ 知 $\boldsymbol{a}\times(\boldsymbol{b}-\boldsymbol{c})=\boldsymbol{0}$，即 $\boldsymbol{a}/\!/(\boldsymbol{b}-\boldsymbol{c})$. 故向量 $\boldsymbol{a}$ 与向量 $\boldsymbol{b}-\boldsymbol{c}$ 既垂直又平行，只有 $\boldsymbol{b}-\boldsymbol{c}=\boldsymbol{0}$，即 $\boldsymbol{b}=\boldsymbol{c}$.

注　由(1)、(2)知，向量的数量积与向量积均不满足消去律.

问题 3　如何判别空间中三点共线，四点共面?

答　(1) 判别空间中三点 A、B、C 共线，等价于判定两个向量 $\overrightarrow{AB}$ 与 $\overrightarrow{AC}$ 平行. 因此，若 $\overrightarrow{AB}\times\overrightarrow{AC}=\boldsymbol{0}$，则三点 A、B、C 共线，否则三点不共线.

(2) 判别空间中四点 A、B、C、D 共面，等价于判定三个向量 $\overrightarrow{AB}$、$\overrightarrow{AC}$、$\overrightarrow{AD}$ 共面. 因此，若 $(\overrightarrow{AB}\times\overrightarrow{AC})\cdot\overrightarrow{AD}=0$，则四点 A、B、C、D 共面，否则四点不共面.

问题 4　怎样将直线的一般方程化为对称式方程?

答　设直线 L 的一般方程为

$$\begin{cases}A_1x+B_1y+C_1z+D_1=0,\\A_2x+B_2y+C_2z+D_2=0.\end{cases}\quad(\text{其中 } A_1:B_1:C_1\neq A_2:B_2:C_2)$$

将方程组化为对称式的关键是：找出直线 L 上的一个固定点以及确定直线 L 的方向向量 $\boldsymbol{s}=(m,n,p)$.

求直线 L 上一个固定点，可先取定 x、y、z 中的某一个值，如先取 $x=x_0$，代入方程组，得到二元方程组

$$\begin{cases}B_1y+C_1z=-D_1-A_1x_0,\\B_2y+C_2z=-D_2-A_2x_0.\end{cases}$$

解该方程组(这里要求方程组有解，否则，可先取 $y=y_0$ 或 $z=z_0$)，得到直线 L 上的固定点 $M_0(x_0,y_0,z_0)$. 直线 L 的方向向量可取为 $\boldsymbol{s}=\begin{vmatrix}\boldsymbol{i}&\boldsymbol{j}&\boldsymbol{k}\\A_1&B_1&C_1\\A_2&B_2&C_2\end{vmatrix}=(m,n,p)$. 求得 L 的对称式方程为

$$\frac{x-x_0}{m}=\frac{y-y_0}{n}=\frac{z-z_0}{p}.$$

问题 5　二次项系数不全为零的三元二次方程的几何图形一定是二次曲面吗?

答　不一定. 二次曲面是指以二次平面曲线为准线的柱面、旋转曲面、锥面、球面、椭球面、单叶双曲面、双叶双曲面、椭圆抛物面及双曲抛物面等曲面. 例如，下列各二次方程均不表示二次曲面：

(1) 方程 $x^2+4y^2+9z^2+4xy+12yz+6zx-4x-8y-12z+3=0$ 可化为

$$(x+2y+3z-3)(x+2y+3z-1)=0,$$

故知它表示两个平行平面：

$$x+2y+3z-3=0 \text{ 与 } x+2y+3z-1=0.$$

(2) 方程 $x^2+y^2+z^2-xy-yz-zx=0$ 可化为

$$(x-y)^2+(y-z)^2+(z-x)^2=0,$$

故知它表示一条直线：

$$x=y=z.$$

(3) 方程 $x^2+y^2+4z^2-2x-4y-8z+9=0$ 可化为

$$(x-1)^2+(y-2)^2+4(z-1)^2=0,$$

故知它表示一个点(1，2，1).

(4) 方程 $x^2+y^2+z^2+1=0$ 在实数范围内无解，故无图像.

由上可知，三元二次方程在某些情况下，可能表示平面、直线、点，甚至没有图像，这与平面解析几何中二元二次方程不一定都表示二次曲线的情况类似.

问题 6　如何求曲面块或立体在坐标面上的投影区域？

答　通常求一张曲面在某个坐标面上的投影区域总是用曲面的边界曲线在坐标面上的投影曲线来确定的，但这种做法是有条件的，那就是曲面在该坐标面上的投影为“单层投影”. 所谓单层投影，是指曲面上的点与其坐标面上的投影点是一一对应的，称此曲面对该坐标面为单层投影曲面.

反之，若曲面上有不同的点在坐标面上的投影点相同，则曲面在该坐标面上的投影为非单层投影或者为不完全单层投影. 若曲面上总是两个(或两个以上)不同的点在某坐标面上的投影为同一点，则称此曲面在该坐标面上的投影为双层(或多层)投影，也称此曲面对该坐标面为双层(或多层)投影曲面.

单层投影曲面在对应坐标面上的投影区域可以由其边界曲线的投影来确定；双层(或多层)投影曲面可以分割成两个(或多个)单层投影曲面. 当然，判断是单层还是多层投影曲面最直观的方法是画出曲面的草图，当作图有困难时，可通过函数关系式来判断.

投影曲面是单层还是多层，是对某一坐标面而言的. 一个曲面对某个坐标面投影是单层的，对另一个坐标面投影可以是多层的.

例　求锥面 $z=\sqrt{x^2+y^2}$ 被球面 $x^2+y^2+z^2=4x$ 所截部分在三个坐标面上的投影区域.

解　因为所截得的锥面块 S 满足 $x\geqslant 0$，$z\geqslant 0$，所以 S 在 xOy 面与 yOz 面的投影是单层的.

由 $\begin{cases} z=\sqrt{x^2+y^2}, \\ x^2+y^2+z^2=4x \end{cases}$ 消去 z，得在 xOy 面的投影曲线为 $x^2+y^2=2x$，故 S 在 xOy 面的投影区域为圆域 $(x-1)^2+y^2\leqslant 1$.

由 $\begin{cases} z=\sqrt{x^2+y^2}, \\ x^2+y^2+z^2=4x \end{cases}$ 消去 x，得在 yOz 面的投影曲线为 $4y^2+(z^2-2)^2=4\ (z\geqslant 0)$，故 S 在 yOz 面的投影区域为圆域 $4y^2+(z^2-2)^2\leqslant 4\ (z\geqslant 0)$.

S 在 xOz 面的投影是双层的，平面 $y=0$ 将 S 分割成对称的两块，一块方程为 $y=\sqrt{z^2-x^2}$，另一块方程为 $y=-\sqrt{z^2-x^2}$，这两块在 xOz 面的投影都是单层的，并且有相同的投影域.该投影域由 xOz 面内的直线 $z=x$($y=\sqrt{z^2-x^2}$ 与 $y=0$ 的交线)与抛物线 $z^2=2x$($y=\sqrt{z^2-x^2}$ 与 $x^2+y^2+z^2=4x$ 的交线在 xOz 面的投影)所围成,可表示为 $\begin{cases}x\leqslant z\leqslant\sqrt{2x},\\0\leqslant x\leqslant 2\end{cases}$ 或 $\begin{cases}\frac{1}{2}z^2\leqslant x\leqslant z,\\0\leqslant z\leqslant 2.\end{cases}$

三、典型例题

例 1 向量 $\boldsymbol{a}$、$\boldsymbol{b}$ 满足什么条件时,下列式子成立:

(1) $|\boldsymbol{a}+\boldsymbol{b}|>|\boldsymbol{a}-\boldsymbol{b}|$; (2) $|\boldsymbol{a}+\boldsymbol{b}|=|\boldsymbol{a}-\boldsymbol{b}|$; (3) $|\boldsymbol{a}+\boldsymbol{b}|<|\boldsymbol{a}-\boldsymbol{b}|$.

解 由向量的加(减)法运算知,$|\boldsymbol{a}+\boldsymbol{b}|$ 和 $|\boldsymbol{a}-\boldsymbol{b}|$ 是以向量 $\boldsymbol{a}$、$\boldsymbol{b}$ 为边的平行四边形两对角线之长,故几何上显然有:

(1) 当 $(\widehat{\boldsymbol{a},\boldsymbol{b}})<\frac{\pi}{2}$ 时,$|\boldsymbol{a}+\boldsymbol{b}|>|\boldsymbol{a}-\boldsymbol{b}|$;

(2) 当 $(\widehat{\boldsymbol{a},\boldsymbol{b}})=\frac{\pi}{2}$ 时,$|\boldsymbol{a}+\boldsymbol{b}|=|\boldsymbol{a}-\boldsymbol{b}|$;

(3) 当 $(\widehat{\boldsymbol{a},\boldsymbol{b}})>\frac{\pi}{2}$ 时,$|\boldsymbol{a}+\boldsymbol{b}|<|\boldsymbol{a}-\boldsymbol{b}|$.

注 (1)这里比较的是向量模的大小.由本题可知,两向量之和的模有可能大于、等于或小于两向量之差的模.这是因为向量既有大小,又有方向,其和、差由平行四边形法则决定.不要认为只有 $|\boldsymbol{a}+\boldsymbol{b}|>|\boldsymbol{a}-\boldsymbol{b}|$,而无其他可能.

(2) 向量本身是不能比较大小的,因为向量还有方向,例如说 $2\boldsymbol{i}>\boldsymbol{j}$ 是没有意义的.

例 2 设 $\boldsymbol{a}$、$\boldsymbol{b}$、$\boldsymbol{c}$ 为单位向量,且满足 $\boldsymbol{a}+\boldsymbol{b}+\boldsymbol{c}=\boldsymbol{0}$,求 $\boldsymbol{a}\cdot\boldsymbol{b}+\boldsymbol{b}\cdot\boldsymbol{c}+\boldsymbol{c}\cdot\boldsymbol{a}$.

解 已知 $|\boldsymbol{a}|=|\boldsymbol{b}|=|\boldsymbol{c}|=1$,$\boldsymbol{a}+\boldsymbol{b}+\boldsymbol{c}=\boldsymbol{0}$,故 $(\boldsymbol{a}+\boldsymbol{b}+\boldsymbol{c})\cdot(\boldsymbol{a}+\boldsymbol{b}+\boldsymbol{c})=0$,即

$$|\boldsymbol{a}|^2+|\boldsymbol{b}|^2+|\boldsymbol{c}|^2+2\boldsymbol{a}\cdot\boldsymbol{b}+2\boldsymbol{b}\cdot\boldsymbol{c}+2\boldsymbol{c}\cdot\boldsymbol{a}=0.$$

因此

$$\boldsymbol{a}\cdot\boldsymbol{b}+\boldsymbol{b}\cdot\boldsymbol{c}+\boldsymbol{c}\cdot\boldsymbol{a}=-\frac{1}{2}(|\boldsymbol{a}|^2+|\boldsymbol{b}|^2+|\boldsymbol{c}|^2)=-\frac{3}{2}.$$

例 3 试用向量证明三角形两边中点的连线平行于第三边,且其长度等于第三边长度的一半.

证 如图 8-1 所示,设 D、E 分别为 AB、AC 的中点,则有

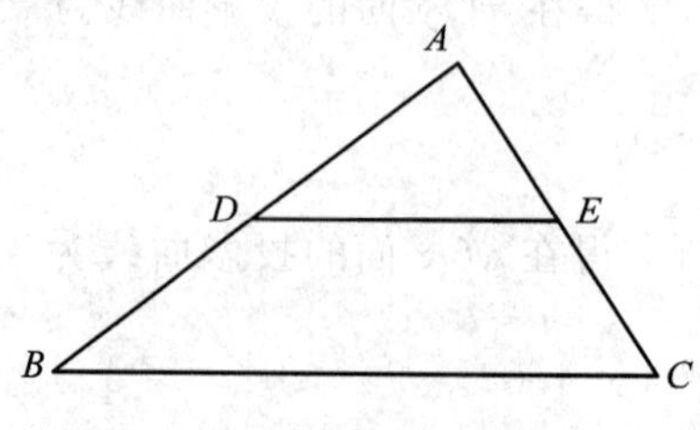

图 8-1

$$\overrightarrow{DE}=\overrightarrow{AE}-\overrightarrow{AD}=\frac{1}{2}(\overrightarrow{AC}-\overrightarrow{AB}),\ \overrightarrow{BC}=\overrightarrow{AC}-\overrightarrow{AB},$$

所以$\overrightarrow{DE}=\frac{1}{2}\overrightarrow{BC}$，从而$\overrightarrow{DE}/\!/\overrightarrow{BC}$，且$|\overrightarrow{DE}|=\frac{1}{2}|\overrightarrow{BC}|$. 即三角形两边中点的连线平行于第三边，且其长度等于第三边长度的一半.

注　利用向量证明一些初等几何问题是向量的应用之一，通常会更简便一些.

例 4　已知点 $P_1(1,2,3)$、$P_2(2,4,1)$、$P_3(1,-3,5)$、$P_4(4,-2,3)$，求：

(1) $\triangle P_1P_2P_3$ 的面积 $S_{\triangle P_1P_2P_3}$；

(2) 四面体 $P_1P_2P_3P_4$ 的体积 $V_{P_1P_2P_3P_4}$.

解　(1) $S_{\triangle P_1P_2P_3}$是以$\overrightarrow{P_1P_2}$和$\overrightarrow{P_1P_3}$为边的平行四边形面积的$\frac{1}{2}$，由向量积的几何意义有

$$S_{\triangle P_1P_2P_3}=\frac{1}{2}|\overrightarrow{P_1P_2}\times\overrightarrow{P_1P_3}|,$$

其中$\overrightarrow{P_1P_2}=\boldsymbol{i}+2\boldsymbol{j}-2\boldsymbol{k}$，$\overrightarrow{P_1P_3}=-5\boldsymbol{j}+2\boldsymbol{k}$，故

$$\begin{aligned}S_{\triangle P_1P_2P_3}&=\frac{1}{2}|\overrightarrow{P_1P_2}\times\overrightarrow{P_1P_3}|\\&=\frac{1}{2}\left|\begin{vmatrix}\boldsymbol{i}&\boldsymbol{j}&\boldsymbol{k}\\1&2&-2\\0&-5&2\end{vmatrix}\right|=\frac{1}{2}|-6\boldsymbol{i}-2\boldsymbol{j}-5\boldsymbol{k}|=\frac{\sqrt{65}}{2}.\end{aligned}$$

(2) $V_{P_1P_2P_3P_4}$是以$\overrightarrow{P_1P_2}$、$\overrightarrow{P_1P_3}$、$\overrightarrow{P_1P_4}$为边的平行六面体体积的$\frac{1}{6}$，根据三向量混合积的几何意义有 $V_{P_1P_2P_3P_4}=\frac{1}{6}|(\overrightarrow{P_1P_2}\times\overrightarrow{P_1P_3})\cdot\overrightarrow{P_1P_4}|$，其中 $\overrightarrow{P_1P_4}=3\boldsymbol{i}-4\boldsymbol{j}$，故

$$V_{P_1P_2P_3P_4}=\frac{1}{6}|(\overrightarrow{P_1P_2}\times\overrightarrow{P_1P_3})\cdot\overrightarrow{P_1P_4}|=\frac{1}{6}\left|\begin{vmatrix}1&2&-2\\0&-5&2\\3&-4&0\end{vmatrix}\right|=\frac{5}{3}.$$

例 5　已知点 $A(1,0,0)$及点 $B(0,2,1)$，试在 z 轴上求一点 C，使$\triangle ABC$ 的面积最小.

解　所求点位于 z 轴，设其坐标为 $C(0,0,z)$，则$\overrightarrow{AC}=(-1,0,z)$，$\overrightarrow{BC}=(0,-2,z-1)$. 因为

$$\overrightarrow{AC}\times\overrightarrow{BC}=\begin{vmatrix}\boldsymbol{i}&\boldsymbol{j}&\boldsymbol{k}\\-1&0&z\\0&-2&z-1\end{vmatrix}=2z\boldsymbol{i}+(z-1)\boldsymbol{j}+2\boldsymbol{k},$$

所以$\triangle ABC$ 的面积为

$$S=\frac{1}{2}|\overrightarrow{AC}\times\overrightarrow{BC}|=\frac{1}{2}\sqrt{4z^2+(z-1)^2+4}=\frac{1}{2}\sqrt{5z^2-2z+5}=\frac{1}{2}\sqrt{5\left(z-\frac{1}{5}\right)^2+\frac{24}{5}}.$$

故当 $z=\frac{1}{5}$时，$\triangle ABC$ 的面积取最小值，即点 C 的坐标为$\left(0,0,\frac{1}{5}\right)$时，$\triangle ABC$ 的面积最小.

例 6 设 M_0 是直线 L 外一点，M 是直线 L 上任意一点，且直线的方向向量为 $\boldsymbol{s}$，试证：点 M_0 到直线 L 的距离

$$d=\frac{|\overrightarrow{M_0M}\times\boldsymbol{s}|}{|\boldsymbol{s}|}.$$

证 如图 8-2 所示，设 M_0 到直线 L 的距离为 d，根据向量积的几何意义知 $|\overrightarrow{M_0M}\times\boldsymbol{s}|$ 表示以 $\overrightarrow{M_0M}$ 和 $\boldsymbol{s}$ 为邻边的平行四边形的面积，而 $\dfrac{|\overrightarrow{M_0M}\times\boldsymbol{s}|}{|\boldsymbol{s}|}$ 表示以 $|\boldsymbol{s}|$ 为边长的该平行四边形的高，即为点 M_0 到直线 L 的距离. 因此

$$d=\frac{|\overrightarrow{M_0M}\times\boldsymbol{s}|}{|\boldsymbol{s}|}.$$

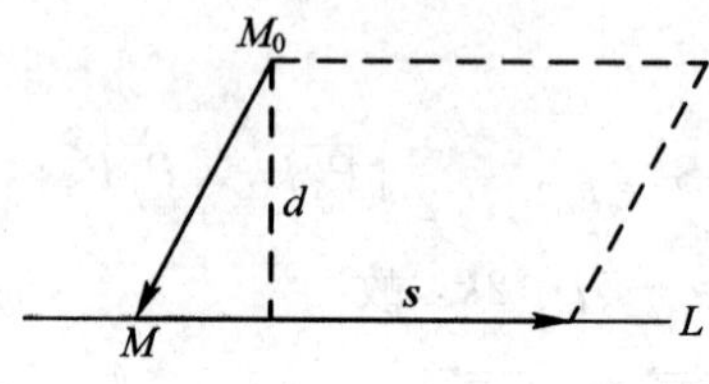

图 8-2

例 7 求与已知平面 $8x+y+2z+5=0$ 平行，且与三坐标面所构成的四面体体积为 $\dfrac{2}{3}$ 的平面方程.

解 方法一：建立平面的一般方程.

设所求平面方程为 $8x+y+2z-D=0$，化为截距式

$$\frac{x}{\frac{D}{8}}+\frac{y}{D}+\frac{z}{\frac{D}{2}}=1.$$

由题意知 $\dfrac{1}{6}\left|\dfrac{D}{8}\cdot D\cdot\dfrac{D}{2}\right|=\dfrac{2}{3}$，解得 $D=4$ 或 $D=-4$. 故所求平面方程为

$$8x+y+2z-4=0 \text{ 或 } 8x+y+2z+4=0.$$

方法二：建立平面的截距式方程.

设所求平面方程为 $\dfrac{x}{p}+\dfrac{y}{q}+\dfrac{z}{r}=1$. 因它与已知平面平行，故有

$$\frac{\frac{1}{p}}{8}=\frac{\frac{1}{q}}{1}=\frac{\frac{1}{r}}{2}.$$

由题意知 $\dfrac{1}{6}|pqr|=\dfrac{2}{3}$，解得 $p=\dfrac{1}{2}$，$q=4$，$r=2$ 或 $p=-\dfrac{1}{2}$，$q=-4$，$r=-2$.

所以，所求平面方程为

$$8x+y+2z-4=0 \quad \text{或} \quad 8x+y+2z+4=0.$$

例 8 求过点(1，2，1)且与两直线

$$\begin{cases}x+2y-z+1=0,\\x-y+z-1=0\end{cases} \text{和} \begin{cases}2x-y+z=0,\\x-y+z=0\end{cases}$$

平行的平面方程.

解　直线$\begin{cases}x+2y-z+1=0,\\x-y+z-1=0\end{cases}$的方向向量为

$$s_1=(1,2,-1)\times(1,-1,1)=\begin{vmatrix}i & j & k\\1 & 2 & -1\\1 & -1 & 1\end{vmatrix}=i-2j-3k,$$

直线$\begin{cases}2x-y+z=0,\\x-y+z=0\end{cases}$的方向向量为

$$s_2=(2,-1,1)\times(1,-1,1)=\begin{vmatrix}i & j & k\\2 & -1 & 1\\1 & -1 & 1\end{vmatrix}=-j-k.$$

所求平面的法线向量为

$$n=s_1\times s_2=\begin{vmatrix}i & j & k\\1 & -2 & -3\\0 & -1 & -1\end{vmatrix}=-i+j-k,$$

故所求平面方程为$-(x-1)+(y-2)-(z-1)=0$，即

$$x-y+z=0.$$

例 9　设一平面垂直于平面 $z=0$，并通过从点$(1,-1,1)$到直线$\begin{cases}y-z+1=0,\\x=0\end{cases}$的垂线，求此平面方程.

解　直线$\begin{cases}y-z+1=0,\\x=0\end{cases}$的方向向量为

$$s=\begin{vmatrix}i & j & k\\0 & 1 & -1\\1 & 0 & 0\end{vmatrix}=-j-k.$$

作过点$(1,-1,1)$且以 $s=-j-k$ 为法线向量的平面：

$$-1\cdot(y+1)-(z-1)=0,$$

即

$$y+z=0.$$

联立$\begin{cases}y-z+1=0,\\x=0,\\y+z=0,\end{cases}$ 得垂足$\left(0,-\frac{1}{2},\frac{1}{2}\right)$.

由于所求平面垂直于平面 $z=0$，故可设平面方程为 $Ax+By+D=0$. 因平面过点$(1,-1,1)$及$\left(0,-\frac{1}{2},\frac{1}{2}\right)$，故有

$$\begin{cases}A-B+D=0,\\-\frac{1}{2}B+D=0,\end{cases}$$

由此解得 $B=2D$，$A=D$，因此所求平面方程为 $Dx+2Dy+D=0$，又 $D\neq0$，故有

$$x+2y+1=0.$$

例 10 求一条过点 $M(-1,0,4)$ 的直线 L，使它平行于平面 $3x-4y+z-10=0$，且与直线 L_1：$\frac{x+1}{3}=\frac{y-3}{1}=\frac{z}{2}$ 相交.

分析 要确定直线 L 的方程，只需求出直线 L 的方向向量，或求出直线 L 与 L_1 的交点.因此将直线、平面的位置关系用直线的方向向量、平面的法线向量及相关向量的关系来描述，就会找到问题的解决方法，并且会有多种不同的解法.

解 方法一：求直线 L 的方向向量.

设直线 L 的方向向量为 $\boldsymbol{s}=(m,n,p)$. 已知平面的法线向量 $\boldsymbol{n}=(3,-4,1)$，又直线 L 与平面平行，则有

$$\boldsymbol{s}\cdot\boldsymbol{n}=3m-4n+p=0. \qquad (1)$$

由题意知，直线 L_1 过点 $M_1(-1,3,0)$，方向向量为 $\boldsymbol{s}_1=(3,1,2)$，直线 L 与 L_1 共面，故 $\boldsymbol{s}$、$\boldsymbol{s}_1$ 与 $\overrightarrow{MM_1}$ 共面，从而有

$$|(\boldsymbol{s}\times\boldsymbol{s}_1)\cdot\overrightarrow{MM_1}|=\begin{vmatrix} m & n & p \\ 3 & 1 & 2 \\ 0 & 3 & -4 \end{vmatrix}=0,$$

即

$$-10m+12n+9p=0. \qquad (2)$$

联立方程(1)与(2)，解得 $m=12p$，$n=\frac{37}{4}p$. 可取 $\boldsymbol{s}=(48,37,4)$，得直线 L 的方程为

$$\frac{x+1}{48}=\frac{y}{37}=\frac{z-4}{4}.$$

方法二：设直线 L 的方程为 $\begin{cases} x=-1+mt, \\ y=nt, \\ z=4+pt. \end{cases}$ 已知直线 L 与 L_1 相交，则有

$$\frac{-1+mt+1}{3}=\frac{nt-3}{1}=\frac{4+pt}{2}. \qquad (3)$$

联立方程(1)与(3)，解得 $m=\frac{48}{7t}$，$n=\frac{37}{7t}$，$p=\frac{4}{7t}$. 取 $t=\frac{1}{7}$ 代入直线 L 的方程，得直线 L 的方向向量为 $\boldsymbol{s}=(48,37,4)$，所以直线 L 的方程为

$$\frac{x+1}{48}=\frac{y}{37}=\frac{z-4}{4}.$$

方法三：求直线 L 与 L_1 的交点.

过点 $M(-1,0,4)$ 作平面 Π_1 与已知平面平行，则已知平面的法线向量 $\boldsymbol{n}=(3,-4,1)$ 也就是平面 Π_1 的法线向量，从而有

$$\Pi_1: 3(x+1)-4y+(z-4)=0.$$

联立平面 Π_1 的方程与直线 L_1 的方程，求得交点 $N\left(\frac{41}{7},\frac{37}{7},\frac{32}{7}\right)$，则直线 L 的方向向量为 $\boldsymbol{s}=\overrightarrow{MN}=\left(\frac{48}{7},\frac{37}{7},\frac{4}{7}\right)$，所以直线 L 的方程为

$$\frac{x+1}{48}=\frac{y}{37}=\frac{z-4}{4}.$$

例 11　求直线$\begin{cases}2x-4y+z=0,\\3x-y-2z-9=0\end{cases}$在平面 $4x-y+z=1$ 上的投影直线的方程.

解　过直线$\begin{cases}2x-4y+z=0,\\3x-y-2z-9=0\end{cases}$的平面束方程为

$$2x-4y+z+\lambda(3x-y-2z-9)=0,$$

整理得$(2+3\lambda)x+(-4-\lambda)y+(1-2\lambda)z-9\lambda=0$. 由

$$(2+3\lambda)\cdot 4+(-4-\lambda)\cdot(-1)+(1-2\lambda)\cdot 1=0$$

得 $\lambda=-\dfrac{13}{11}$. 将 $\lambda=-\dfrac{13}{11}$代入平面束方程中，得

$$17x+31y-37z-117=0.$$

因此，所求投影直线的方程为

$$\begin{cases}4x-y+z=1,\\17x+31y-37z-117=0.\end{cases}$$

例 12　求直线 L_1：$\dfrac{x+5}{6}=1-y=z+3$ 与直线 L_2：$\begin{cases}x+5y+z=0,\\x+y-z+4=0\end{cases}$之间的最短距离 d.

解　方法一：过直线 L_2 的平面束方程可设为

$$\Pi:\ x+5y+z+\lambda(x+y-z+4)=0.$$

令 $L_1 /\!/ \Pi$，则有

$$(6,\ -1,\ 1)\cdot(1+\lambda,\ 5+\lambda,\ 1-\lambda)=0,$$

即

$$\lambda=-\frac{1}{2}.$$

这时平面方程为

$$\Pi_1:\ x+9y+3z-4=0.$$

又$(-5,\ 1,\ -3)$是 L_1 上的点，故这点到平面 Π_1 的距离即为所求的 d，所以

$$d=\frac{|-5+9+3(-3)-4|}{\sqrt{1^2+9^2+3^2}}=\frac{9\sqrt{91}}{91}.$$

方法二：直线 L_1 的方向向量为 $\boldsymbol{a}_1=(6,\ -1,\ 1)$，直线 L_2 的方向向量为

$$\boldsymbol{a}_2=(1,\ 5,\ 1)\times(1,\ 1,\ -1)=(-6,\ 2,\ -4).$$

又$(-5,\ 1,\ -3)$是 L_1 上的点，$(1,\ -1,\ 4)$是 L_2 上的点，故所求距离为

$$d=\frac{|(6,\ -2,\ 7)\cdot(\boldsymbol{a}_1\times\boldsymbol{a}_2)|}{|\boldsymbol{a}_1\times\boldsymbol{a}_2|}=\frac{|(6,\ -2,\ 7)\cdot(2,\ 18,\ 6)|}{|(2,\ 18,\ 6)|}=\frac{9\sqrt{91}}{91}.$$

例 13　分别求母线平行于 x 轴及 y 轴而且通过曲线$\begin{cases}2x^2+y^2+z^2=16,\\x^2+z^2-y^2=0\end{cases}$的柱面方程.

解　在$\begin{cases}2x^2+y^2+z^2=16,\\x^2+z^2-y^2=0\end{cases}$中消去 x，得 $3y^2-z^2=16$，即母线平行于 x 轴且通过已知曲线的柱面方程.

在$\begin{cases}2x^2+y^2+z^2=16,\\x^2+z^2-y^2=0\end{cases}$中消去 y，得 $3x^2+2z^2=16$，即母线平行于 y 轴且通过已知曲线

的柱面方程.

例 14 求上半球 $0\leqslant z\leqslant\sqrt{a^2-x^2-y^2}$ 与圆柱体 $x^2+y^2\leqslant ax(a>0)$ 的公共部分在 xOy 面和 zOx 面上的投影.

解 圆柱体 $x^2+y^2\leqslant ax(a>0)$ 在 xOy 面上的投影为 $x^2+y^2\leqslant ax$，它含在半球 $0\leqslant z\leqslant\sqrt{a^2-x^2-y^2}$ 在 xOy 面上的投影 $x^2+y^2\leqslant a^2$ 内，所以半球与圆柱体的公共部分在 xOy 面上的投影为 $x^2+y^2\leqslant ax$.

上半球 $0\leqslant z\leqslant\sqrt{a^2-x^2-y^2}$ 与圆柱体 $x^2+y^2\leqslant ax(a>0)$ 的公共部分在 zOx 面上的投影为

$$x^2+z^2\leqslant a^2,\ x\geqslant 0,\ z\geqslant 0.$$

例 15 求过点 $A(0,3,3)$ 和点 $B(-1,3,4)$ 且球心在直线 L：$\begin{cases}2x+4y-z-7=0,\\4x+5y+z-14=0\end{cases}$ 上的球面方程.

解 因为所求球面过 A、B 两点，所以球心在线段 AB 的中垂面上. A、B 两点的中点坐标为 $\left(-\dfrac{1}{2},3,\dfrac{7}{2}\right)$，中垂面的法线向量为 $\overrightarrow{AB}=(-1,0,1)$，故中垂面方程为

$$-\left(x+\frac{1}{2}\right)+\left(z-\frac{7}{2}\right)=0,$$

即

$$x-z+4=0.$$

又因为球心在直线 L 上，所以球心为 L 与 AB 中垂面的交点，其坐标满足方程组

$$\begin{cases}x-z+4=0,\\2x+4y-z-7=0,\\4x+5y+z-14=0,\end{cases}$$

解得 $x=-1$，$y=3$，$z=3$. 即球心为 $C(-1,3,3)$，球的半径为 $R=|AC|=1$，故所求球面方程为

$$(x+1)^2+(y-3)^2+(z-3)^2=1.$$

例 16 已知点 A 与点 B 的直角坐标分别为 $(2,0,0)$ 与 $(0,1,2)$，线段 AB 绕 z 轴旋转一周的旋转曲面为 S，求由 S 及两平面 $z=0$，$z=2$ 所围成的立体体积.

分析 只需求出此旋转体被垂直于 z 轴的平面所截的截面(是一个圆形区域)的面积 $A(z)$，利用平行截面面积为已知的立体的体积公式计算即可. 而为了求出 $A(z)$，只需求出该圆的半径.

解 线段 AB 在直线 $\dfrac{x-2}{-2}=\dfrac{y}{1}=\dfrac{z}{2}$ 上，若以 z 为参数，则线段 AB 上点 M 的直角坐标 (x,y,z) 满足：

$$x=2-z,\ y=\frac{z}{2},\ z=z\ (0\leqslant z\leqslant 2).$$

过点 M 垂直于 z 轴的平面截旋转体的截面半径为

$$r=\sqrt{x^2+y^2}=\sqrt{(2-z)^2+\frac{z^2}{4}},$$

故旋转体的体积为

$$V=\int_0^2 \pi r^2\,\mathrm{d}z=\pi\int_0^2\left[(2-z)^2+\frac{z^2}{4}\right]\mathrm{d}z$$
$$=\pi\int_0^2\left(4-4z+\frac{5}{4}z^2\right)\mathrm{d}z=\pi\left[4z-2z^2+\frac{5}{12}z^3\right]_0^2=\frac{10}{3}\pi.$$

例 17　设曲线 C 的参数方程为 $x=\varphi(t)$，$y=\psi(t)$，$z=\omega(t)$，试求曲线 C 绕 z 轴旋转一周所得的旋转曲面的方程.应用本题的结果求直线 L：$\dfrac{x-1}{0}=\dfrac{y}{1}=\dfrac{z}{1}$ 绕 z 轴旋转一周所得的旋转曲面的方程.

解　曲面上任一点 $M(x, y, z)$ 均由曲线 C 上某一点 $M(x_1, y_1, z_1)$ 旋转得到，在旋转过程中，竖坐标 z 不变，即 $z=z_1$；该点到 z 轴的距离不变，即 $x^2+y^2=x_1^2+y_1^2$.又因 x_1、y_1、z_1 满足给定的曲线 C 的方程，因此所求曲面方程为

$$\begin{cases}x^2+y^2=\varphi^2(t)+\psi^2(t),\\ z=\omega(t).\end{cases}$$

若消去参数 t，可得旋转曲面的一般方程.

直线 L 的参数方程为 $x=1$，$y=t$，$z=t$，$t\in(-\infty, +\infty)$.直线 L 绕 z 轴旋转一周所得的旋转曲面的方程为

$$\begin{cases}x^2+y^2=1+t^2,\\ z=t\end{cases}\qquad t\in(-\infty, +\infty).$$

消去参数 t，得 $x^2+y^2-z^2=1$，即为单叶双曲面.

例 18　将直线 $\dfrac{x-1}{2}=\dfrac{y-2}{1}=\dfrac{z-3}{-1}$ 绕 z 轴旋转一周，求所得的旋转曲面的方程，并求此旋转曲面与 $z=0$，$z=3$ 所围立体的体积.

解　将直线方程可写成参数方程，有

$$x=1+2t,\ y=2+t,\ z=3-t.$$

应用例 17 的方法得，绕 z 轴的旋转曲面方程为

$$\begin{cases}x^2+y^2=(1+2t)^2+(2+t)^2,\\ z=3-t.\end{cases}$$

消去参数 t，得 $x^2+y^2=74-38z+5z^2$，即

$$x^2+y^2-5z^2+38z-74=0\text{（单叶双曲面）}.$$

又曲面上的点 $P(x, y, z)$ 到 z 轴的距离为

$$r=\sqrt{x^2+y^2}=\sqrt{74-38z+5z^2},$$

应用平行截面面积为已知的立体的体积公式可得旋转体体积为

$$V=\pi\int_0^3 r^2\,\mathrm{d}z=\pi\int_0^3(74-38z+5z^2)\,\mathrm{d}z=96\pi.$$

四、习题选解

习题 8－1

2. 如果平面上一个四边形的对角线互相平分，试用向量证明它是平行四边形.

证 如图 8-3 所示，因为

$$\overrightarrow{AB}=\overrightarrow{OB}-\overrightarrow{OA},\ \overrightarrow{DC}=\overrightarrow{OC}-\overrightarrow{OD},\ \overrightarrow{OC}=-\overrightarrow{OA},\ \overrightarrow{OD}=-\overrightarrow{OB},$$

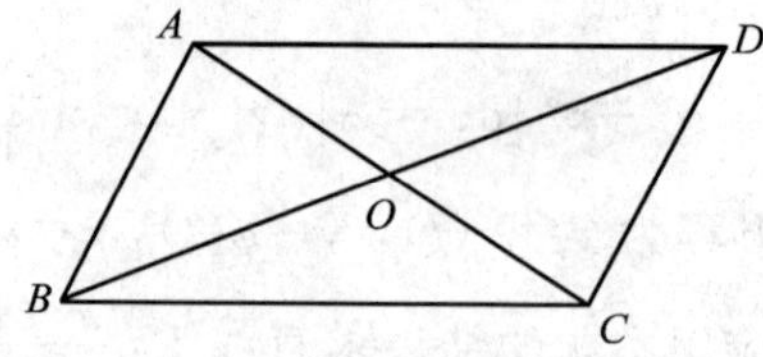

图 8-3

所以

$$\overrightarrow{DC}=-\overrightarrow{OA}+\overrightarrow{OB}=\overrightarrow{OB}-\overrightarrow{OA}=\overrightarrow{AB},$$

故四边形 $ABCD$ 的对边 $AB=CD$ 且 $AB/\!/CD$，即四边形 $ABCD$ 是平行四边形.

11. 一边长为 a 的立方体放置在 xOy 面上，其底面的中心在坐标原点，底面的顶点在 x 轴和 y 轴上，求它各顶点的坐标.

解 因为底面的对角线的长为$\sqrt{2}a$，所以立方体各顶点的坐标分别为

$$\left(-\frac{\sqrt{2}}{2}a,0,0\right),\left(\frac{\sqrt{2}}{2}a,0,0\right),\left(0,-\frac{\sqrt{2}}{2}a,0\right),\left(0,\frac{\sqrt{2}}{2}a,0\right),$$

$$\left(-\frac{\sqrt{2}}{2}a,0,a\right),\left(\frac{\sqrt{2}}{2}a,0,a\right),\left(0,-\frac{\sqrt{2}}{2}a,a\right),\left(0,\frac{\sqrt{2}}{2}a,a\right).$$

14. 试证明以三点 $A(4,1,9)$、$B(10,-1,6)$、$C(2,4,3)$为顶点的三角形是等腰直角三角形.

证 因为

$$|\overrightarrow{AB}|=\sqrt{(10-4)^2+(-1-1)^2+(6-9)^2}=7,$$
$$|\overrightarrow{AC}|=\sqrt{(2-4)^2+(4-1)^2+(3-9)^2}=7,$$
$$|\overrightarrow{BC}|=\sqrt{(2-10)^2+(4+1)^2+(3-6)^2}=7\sqrt{2},$$

所以$|\overrightarrow{BC}|^2=|\overrightarrow{AB}|^2+|\overrightarrow{AC}|^2$，$|\overrightarrow{AB}|=|\overrightarrow{AC}|$. 因此$\triangle ABC$ 是等腰直角三角形.

15. 设已知两点 $M_1(4,\sqrt{2},1)$和 $M_2(3,0,2)$，计算向量$\overrightarrow{M_1M_2}$的模、方向余弦和方向角.

解 由于$\overrightarrow{M_1M_2}=(3-4,0-\sqrt{2},2-1)=(-1,-\sqrt{2},1)$，所以向量$\overrightarrow{M_1M_2}$的模为

$$|\overrightarrow{M_1M_2}|=\sqrt{(-1)^2+(-\sqrt{2})^2+1^2}=2.$$

于是向量$\overrightarrow{M_1M_2}$的方向余弦分别为

$$\cos\alpha=-\frac{1}{2},\ \cos\beta=-\frac{\sqrt{2}}{2},\ \cos\gamma=\frac{1}{2},$$

方向角为

$$\alpha=\frac{2\pi}{3},\ \beta=\frac{3\pi}{4},\ \gamma=\frac{\pi}{3}.$$

19. 设 $\boldsymbol{m}=3\boldsymbol{i}+5\boldsymbol{j}+8\boldsymbol{k}$，$\boldsymbol{n}=2\boldsymbol{i}-4\boldsymbol{j}-7\boldsymbol{k}$ 和 $\boldsymbol{p}=5\boldsymbol{i}+\boldsymbol{j}-4\boldsymbol{k}$，求向量 $\boldsymbol{a}=4\boldsymbol{m}+3\boldsymbol{n}-\boldsymbol{p}$ 在 x 轴上的投影及在 y 轴上的分向量.

解 因为

$$\boldsymbol{a}=4\boldsymbol{m}+3\boldsymbol{n}-\boldsymbol{p}=4(3\boldsymbol{i}+5\boldsymbol{j}+8\boldsymbol{k})+3(2\boldsymbol{i}-4\boldsymbol{j}-7\boldsymbol{k})-(5\boldsymbol{i}+\boldsymbol{j}-4\boldsymbol{k})=13\boldsymbol{i}+7\boldsymbol{j}+15\boldsymbol{k},$$

所以 $\boldsymbol{a}$ 在 x 轴上的投影为 13，在 y 轴上的分向量为 $7\boldsymbol{j}$.

习题 8 - 2

3. 已知 $M_1(1,-1,2)$，$M_2(3,3,1)$和 $M_3(3,1,3)$. 求与$\overrightarrow{M_1M_2}$、$\overrightarrow{M_2M_3}$同时垂直的单位向量.

解　由题意得

$$\overrightarrow{M_1M_2}=(3-1,3+1,1-2)=(2,4,-1),$$
$$\overrightarrow{M_2M_3}=(3-3,1-3,3-1)=(0,-2,2).$$

由于$\overrightarrow{M_1M_2}\times\overrightarrow{M_2M_3}$与$\overrightarrow{M_1M_2}$、$\overrightarrow{M_2M_3}$同时垂直，故所求向量可取为

$$\boldsymbol{a}=\frac{\pm(\overrightarrow{M_1M_2}\times\overrightarrow{M_2M_3})}{|\overrightarrow{M_1M_2}\times\overrightarrow{M_2M_3}|}.$$

由于

$$\overrightarrow{M_1M_2}\times\overrightarrow{M_2M_3}=\begin{vmatrix}\boldsymbol{i} & \boldsymbol{j} & \boldsymbol{k}\\ 2 & 4 & -1\\ 0 & -2 & 2\end{vmatrix}=6\boldsymbol{i}-4\boldsymbol{j}-4\boldsymbol{k},$$

$$|\overrightarrow{M_1M_2}\times\overrightarrow{M_2M_3}|=\sqrt{36+16+16}=2\sqrt{17},$$

所以 $\boldsymbol{a}=\pm\dfrac{1}{2\sqrt{17}}(6\boldsymbol{i}-4\boldsymbol{j}-4\boldsymbol{k})=\pm\dfrac{1}{\sqrt{17}}(3\boldsymbol{i}-2\boldsymbol{j}-2\boldsymbol{k})$为所求向量.

7. 设 $\boldsymbol{a}=(3,5,-2)$，$\boldsymbol{b}=(2,1,4)$，问 λ 与 μ 有怎样的关系，能使得 $\lambda\boldsymbol{a}+\mu\boldsymbol{b}$ 与 z 轴垂直?

解　由题意知

$$\lambda\boldsymbol{a}+\mu\boldsymbol{b}=\lambda(3,5,-2)+\mu(2,1,4)=(3\lambda+2\mu,5\lambda+\mu,-2\lambda+4\mu).$$

要使 $\lambda\boldsymbol{a}+\mu\boldsymbol{b}$ 与 z 轴垂直，即要$(\lambda\boldsymbol{a}+\mu\boldsymbol{b})\cdot(0,0,1)=0$，亦即

$$(3\lambda+2\mu,5\lambda+\mu,-2\lambda+4\mu)\cdot(0,0,1)=0,$$

故$-2\lambda+4\mu=0$，因此 $\lambda=2\mu$ 时，$\lambda\boldsymbol{a}+\mu\boldsymbol{b}$ 与 z 轴垂直.

9. 已知向量 $\boldsymbol{a}=2\boldsymbol{i}-3\boldsymbol{j}+\boldsymbol{k}$，$\boldsymbol{b}=\boldsymbol{i}-\boldsymbol{j}+3\boldsymbol{k}$ 和 $\boldsymbol{c}=\boldsymbol{i}-2\boldsymbol{j}$，计算:

(1) $(\boldsymbol{a}\cdot\boldsymbol{b})\boldsymbol{c}-(\boldsymbol{a}\cdot\boldsymbol{c})\boldsymbol{b}$；(2) $(\boldsymbol{a}+\boldsymbol{b})\times(\boldsymbol{b}+\boldsymbol{c})$；(3) $(\boldsymbol{a}\times\boldsymbol{b})\cdot\boldsymbol{c}$.

解　(1) 因为 $\boldsymbol{a}\cdot\boldsymbol{b}=(2,-3,1)\cdot(1,-1,3)=8$，$\boldsymbol{a}\cdot\boldsymbol{c}=(2,-3,1)\cdot(1,-2,0)=8$，所以

$$(\boldsymbol{a}\cdot\boldsymbol{b})\boldsymbol{c}-(\boldsymbol{a}\cdot\boldsymbol{c})\boldsymbol{b}=8(1,-2,0)-8(1,-1,3)=(0,-8,-24)=-8\boldsymbol{j}-24\boldsymbol{k}.$$

(2) 因为

$$\boldsymbol{a}+\boldsymbol{b}=(2,-3,1)+(1,-1,3)=(3,-4,4),$$
$$\boldsymbol{b}+\boldsymbol{c}=(1,-1,3)+(1,-2,0)=(2,-3,3),$$

所以

$$(\boldsymbol{a}+\boldsymbol{b})\times(\boldsymbol{b}+\boldsymbol{c})=\begin{vmatrix}\boldsymbol{i} & \boldsymbol{j} & \boldsymbol{k}\\ 3 & -4 & 4\\ 2 & -3 & 3\end{vmatrix}=-\boldsymbol{j}-\boldsymbol{k}.$$

(3) $(\boldsymbol{a}\times\boldsymbol{b})\cdot\boldsymbol{c}=\begin{vmatrix}2 & -3 & 1\\ 1 & -1 & 3\\ 1 & -2 & 0\end{vmatrix}=2.$

10. 已知$\overrightarrow{OA}=\boldsymbol{i}+3\boldsymbol{k}$，$\overrightarrow{OB}=\boldsymbol{j}+3\boldsymbol{k}$，求$\triangle OAB$的面积.

解 根据向量积的几何意义，$|\overrightarrow{OA}\times\overrightarrow{OB}|$表示以$\overrightarrow{OA}$和$\overrightarrow{OB}$为邻边的平行四边形的面积，于是$\triangle ABC$的面积为

$$S=\frac{1}{2}|\overrightarrow{OA}\times\overrightarrow{OB}|,$$

因为$\overrightarrow{OA}\times\overrightarrow{OB}=\begin{vmatrix}\boldsymbol{i}&\boldsymbol{j}&\boldsymbol{k}\\1&0&3\\0&1&3\end{vmatrix}=-3\boldsymbol{i}-3\boldsymbol{j}+\boldsymbol{k}$，$|\overrightarrow{OA}\times\overrightarrow{OB}|=\sqrt{(-3)^3+(-3)^2+1^2}=\sqrt{19}$，

所以$\triangle OAB$的面积为

$$S=\frac{1}{2}|\overrightarrow{OA}\times\overrightarrow{OB}|=\frac{1}{2}\sqrt{19}.$$

12. 试用向量证明不等式：

$$\sqrt{a_1^2+a_2^2+a_3^2}\sqrt{b_1^2+b_2^2+b_3^2}\geqslant|a_1b_1+a_2b_2+a_3b_3|,$$

其中a_1、a_2、a_3、b_1、b_2、b_3为任意实数，并指出等号成立的条件.

证 设向量$\boldsymbol{a}=(a_1,a_2,a_3)$，$\boldsymbol{b}=(b_1,b_2,b_3)$，由$\boldsymbol{a}\cdot\boldsymbol{b}=|\boldsymbol{a}||\boldsymbol{b}|\cos(\widehat{\boldsymbol{a},\boldsymbol{b}})$知

$$|\boldsymbol{a}\cdot\boldsymbol{b}|=|\boldsymbol{a}||\boldsymbol{b}||\cos(\widehat{\boldsymbol{a},\boldsymbol{b}})|\leqslant|\boldsymbol{a}||\boldsymbol{b}|,$$

从而

$$\sqrt{a_1^2+a_2^2+a_3^2}\sqrt{b_1^2+b_2^2+b_3^2}\geqslant|a_1b_1+a_2b_2+a_3b_3|,$$

当a_1、a_2、a_3与b_1、b_2、b_3成比例，即$\frac{a_1}{b_1}=\frac{a_2}{b_2}=\frac{a_3}{b_3}$时，上述等号成立.

习题 8－3

3. 求过$M_1(1,1,-1)$、$M_2(-2,-2,2)$和$M_3(1,-1,2)$三点的平面方程.

解 方法一：因为$\overrightarrow{M_1M_3}=(0,-2,3)$，$\overrightarrow{M_2M_3}=(1,-1,2)-(-2,-2,2)=(3,1,0)$，所求平面的法线向量为

$$\boldsymbol{n}=\overrightarrow{M_1M_3}\times\overrightarrow{M_2M_3}=\begin{vmatrix}\boldsymbol{i}&\boldsymbol{j}&\boldsymbol{k}\\0&-2&3\\3&1&0\end{vmatrix}=-3\boldsymbol{i}+9\boldsymbol{j}+6\boldsymbol{k},$$

故所求平面方程为

$$-3(x-1)+9(y-1)+6(z+1)=0,$$

即$x-3y-2z=0$.

方法二：由$\begin{vmatrix}x-1&y-1&z+1\\-2-1&-2-1&2+1\\1-1&-1-1&2+1\end{vmatrix}=0$得$x-3y-2z=0$，即为所求平面方程.

5. 求平面$2x-2y+z+5=0$与各坐标面的夹角的余弦.

解 平面的法线向量为$\boldsymbol{n}=(2,-2,1)$. 此平面与yOz面的夹角的余弦为

$$\cos\alpha=\cos(\widehat{\boldsymbol{n},\boldsymbol{i}})=\frac{|\boldsymbol{n}\cdot\boldsymbol{i}|}{|\boldsymbol{n}||\boldsymbol{i}|}=\frac{|(2,-2,1)\cdot(1,0,0)|}{\sqrt{2^2+(-2)^2+1}}=\frac{2}{3};$$

此平面与zOx面的夹角的余弦为

$$\cos\beta=\cos(\widehat{\boldsymbol{n},\boldsymbol{j}})=\frac{|\boldsymbol{n}\cdot\boldsymbol{j}|}{|\boldsymbol{n}||\boldsymbol{j}|}=\frac{|(2,-2,1)\cdot(0,1,0)|}{\sqrt{2^2+(-2)^2+1}}=\frac{2}{3};$$

此平面与 xOy 面的夹角的余弦为

$$\cos\gamma=\cos(\widehat{\boldsymbol{n},\boldsymbol{k}})=\frac{|\boldsymbol{n}\cdot\boldsymbol{k}|}{|\boldsymbol{n}||\boldsymbol{k}|}=\frac{|(2,-2,1)\cdot(0,0,1)|}{\sqrt{2^2+(-2)^2+1}}=\frac{1}{3}.$$

6. 一平面过点(1，0，−1)且平行于向量 $\boldsymbol{a}=(2,1,1)$ 和 $\boldsymbol{b}=(1,-1,0)$，试求这平面方程.

解　所求平面平行于向量 $\boldsymbol{a}=(2,1,1)$ 和 $\boldsymbol{b}=(1,-1,0)$，可取平面的法线向量为

$$\boldsymbol{n}=\boldsymbol{a}\times\boldsymbol{b}=\begin{vmatrix}\boldsymbol{i}&\boldsymbol{j}&\boldsymbol{k}\\2&1&1\\1&-1&0\end{vmatrix}=\boldsymbol{i}+\boldsymbol{j}-3\boldsymbol{k},$$

故所求平面方程为 $1\cdot(x-1)+1\cdot(y-0)-3\cdot(z+1)=0$，即

$$x+y-3z-4=0.$$

8. 分别按下列条件求平面方程：

(1) 平行于 xOz 面且经过点(2，−5，3)；

(2) 通过 z 轴和点(−3，1，−2)；

(3) 平行于 x 轴且经过两点(4，0，−2)和(5，1，7).

解　(1) 所求平面平行于 xOz 面，故所求平面的法线向量为 $\boldsymbol{n}=(0,1,0)$，于是所求平面方程为 $0\cdot(x-2)+1\cdot(y+5)+0\cdot(z-3)=0$，即

$$y+5=0.$$

(2) 所求平面过 z 轴，故设所求平面方程为 $Ax+By=0$. 又点(−3，1，−2)在此平面上，所以 $-3A+B=0$，即 $B=3A$. 因此，所求平面方程为 $Ax+3Ay=0(A\neq0)$，即

$$x+3y=0.$$

(3) 所求平面平行于 x 轴，故设所求平面方程为 $By+Cz+D=0$. 将两点(4，0，−2)和(5，1，7)代入平面方程，得

$$-2C+D=0,\ B+7C+D=0,$$

解得 $C=\frac{D}{2}$，$B=-\frac{9}{2}D$. 因此，所求平面方程为 $-\frac{9}{2}Dy+\frac{D}{2}z+D=0(D\neq0)$，即

$$9y-z-2=0.$$

习题 8－4

3. 用对称式方程及参数方程表示直线

$$\begin{cases}x-y+z=1,\\2x+y+z=4.\end{cases}$$

解　平面 $x-y+z=1$ 和 $2x+y+z=4$ 的法线向量分别为

$$\boldsymbol{n}_1=(1,-1,1)\text{和}\ \boldsymbol{n}_2=(2,1,1),$$

所求直线的方向向量为

$$\boldsymbol{s}=\boldsymbol{n}_1\times\boldsymbol{n}_2=\begin{vmatrix}\boldsymbol{i}&\boldsymbol{j}&\boldsymbol{k}\\1&-1&1\\2&1&1\end{vmatrix}=-2\boldsymbol{i}+\boldsymbol{j}+3\boldsymbol{k}.$$

在方程组$\begin{cases}x-y+z=1,\\2x+y+z=4\end{cases}$中，令$y=0$，得$\begin{cases}x+z=1,\\2x+z=4,\end{cases}$解得$x=3$，$z=-2$. 于是点$(3,0,-2)$为所求直线上的点. 因此所求直线的对称式方程为

$$\frac{x-3}{-2}=\frac{y}{1}=\frac{z+2}{3},$$

其参数方程为

$$x=3-2t,\ y=t,\ z=-2+3t.$$

4. 求过点$(2,0,-3)$且与直线

$$\begin{cases}x-2y+4z-7=0,\\3x+5y-2z+1=0\end{cases}$$

垂直的平面方程.

解 所求平面的法线向量可取已知直线$\begin{cases}x-2y+4z-7=0,\\3x+5y-2z+1=0\end{cases}$的方向向量，即

$$\boldsymbol{n}=(1,-2,4)\times(3,5,-2)=\begin{vmatrix}\boldsymbol{i}&\boldsymbol{j}&\boldsymbol{k}\\1&-2&4\\3&5&-2\end{vmatrix}=-16\boldsymbol{i}+14\boldsymbol{j}+11\boldsymbol{k}.$$

故所求平面方程为$-16(x-2)+14(y-0)+11(z+3)=0$，即

$$16x-14y-11z-65=0.$$

5. 求直线$\begin{cases}5x-3y+3z-9=0,\\3x-2y+z-1=0\end{cases}$与直线$\begin{cases}2x+2y-z+23=0,\\3x+8y+z-18=0\end{cases}$的夹角的余弦.

解 直线$\begin{cases}5x-3y+3z-9=0,\\3x-2y+z-1=0\end{cases}$与$\begin{cases}2x+2y-z+23=0,\\3x+8y+z-18=0\end{cases}$的方向向量分别为

$$\boldsymbol{s}_1=\begin{vmatrix}\boldsymbol{i}&\boldsymbol{j}&\boldsymbol{k}\\5&-3&3\\3&-2&1\end{vmatrix}=3\boldsymbol{i}+4\boldsymbol{j}-\boldsymbol{k},\ \boldsymbol{s}_2=\begin{vmatrix}\boldsymbol{i}&\boldsymbol{j}&\boldsymbol{k}\\2&2&-1\\3&8&1\end{vmatrix}=10\boldsymbol{i}-5\boldsymbol{j}+10\boldsymbol{k}.$$

因此，两直线之间的夹角的余弦为

$$\cos(\widehat{\boldsymbol{s}_1,\boldsymbol{s}_2})=\frac{|\boldsymbol{s}_1\cdot\boldsymbol{s}_2|}{|\boldsymbol{s}_1||\boldsymbol{s}_2|}=\frac{|3\times10+4\times(-5)+(-1)\times10|}{\sqrt{3^2+4^2+(-1)^2}\sqrt{10^2+(-5)^2+10^2}}=0.$$

7. 求过点$(0,2,4)$且与两平面$x+2z=1$和$y-3z=2$平行的直线方程.

解 因为两平面的法线向量$\boldsymbol{n}_1=(1,0,2)$，$\boldsymbol{n}_2=(0,1,-3)$不平行，所以两平面相交于一直线. 此直线的方向向量可作为所求直线的方向向量$\boldsymbol{s}$，即

$$\boldsymbol{s}=\begin{vmatrix}\boldsymbol{i}&\boldsymbol{j}&\boldsymbol{k}\\1&0&2\\0&1&-3\end{vmatrix}=-2\boldsymbol{i}+3\boldsymbol{j}+\boldsymbol{k}.$$

故所求直线方程为

$$\frac{x}{-2}=\frac{y-2}{3}=\frac{z-4}{1}.$$

8. 求过点$(3,1,-2)$且通过直线$\frac{x-4}{5}=\frac{y+3}{2}=\frac{z}{1}$的平面方程.

解　利用平面束方程，过直线$\frac{x-4}{5}=\frac{y+3}{2}=\frac{z}{1}$的平面束方程为

$$\frac{x-4}{5}-\frac{y+3}{2}+\lambda\left(\frac{y+3}{2}-z\right)=0,$$

将点(3，1，−2)代入上式得$\lambda=\frac{11}{20}$. 因此所求平面方程为

$$\frac{x-4}{5}-\frac{y+3}{2}+\frac{11}{20}\left(\frac{y+3}{2}-z\right)=0,$$

即

$$8x-9y-22z-59=0.$$

10. 试确定下列各组中的直线和平面间的关系：

(1) $\frac{x+3}{-2}=\frac{y+4}{-7}=\frac{z}{3}$和 $4x-2y-2z=3$；

(2) $\frac{x}{3}=\frac{y}{-2}=\frac{z}{7}$和 $3x-2y+7z=8$；

(3) $\frac{x-2}{3}=\frac{y+2}{1}=\frac{z-3}{-4}$和 $x+y+z=3$.

解　设直线的方向向量为 $\boldsymbol{s}$，平面的法线向量为 $\boldsymbol{n}$，直线与平面的夹角为 φ，且

$$\sin\varphi=|\cos(\widehat{\boldsymbol{n},\boldsymbol{s}})|=\frac{|\boldsymbol{n}\cdot\boldsymbol{s}|}{|\boldsymbol{n}||\boldsymbol{s}|}.$$

(1) $\boldsymbol{s}=(-2,\ -7,\ 3)$，$\boldsymbol{n}=(4,\ -2,\ -2)$，

$$\sin\varphi=\frac{|\boldsymbol{s}\cdot\boldsymbol{n}|}{|\boldsymbol{s}||\boldsymbol{n}|}=\frac{|(-2)\cdot4+(-7)\cdot(-2)+3\cdot(-2)|}{\sqrt{(-2)^2+(-7)^2+3^2}\cdot\sqrt{4^2+(-2)^2+(-2)^2}}=0,$$

即 $\varphi=0$，故直线平行于平面或在平面上. 将直线上的点 $A(-3,\ -4,\ 0)$代入平面方程，方程不成立，故点 A 不在平面上. 因此直线不在平面上，直线与平面平行.

(2) $\boldsymbol{s}=(3,\ -2,\ 7)$，$\boldsymbol{n}=(3,\ -2,\ 7)$，由于 $\boldsymbol{s}=\boldsymbol{n}$ 或

$$\sin\varphi=\frac{|\boldsymbol{s}\cdot\boldsymbol{n}|}{|\boldsymbol{s}||\boldsymbol{n}|}=\frac{|3\cdot3+(-2)\cdot(-2)+7\cdot7|}{\sqrt{3^2+(-2)^2+7^2}\cdot\sqrt{3^2+(-2)^2+7^2}}=1,$$

即 $\varphi=\frac{\pi}{2}$，故直线与平面垂直.

(3) $\boldsymbol{s}=(3,\ 1,\ -4)$，$\boldsymbol{n}=(1,\ 1,\ 1)$，由于 $\boldsymbol{s}\cdot\boldsymbol{n}=0$ 或

$$\sin\varphi=\frac{|\boldsymbol{s}\cdot\boldsymbol{n}|}{|\boldsymbol{s}||\boldsymbol{n}|}=\frac{|3\cdot1+1\cdot1+(-4)\cdot1|}{\sqrt{3^2+1^2+(-4)^2}\cdot\sqrt{1^2+1^2+1^2}}=0,$$

即 $\varphi=0$，故直线平行于平面或在平面上. 将直线上的点 $A(2,\ -2,\ 3)$代入平面方程，方程成立，故点 A 在平面上. 因此直线在平面上.

12. 求点(−1，2，0)在平面 $x+2y-z+1=0$ 上的投影.

解　作过已知点且与已知平面垂直的直线，该直线与平面的交点即为所求. 根据题意，过点(−1，2，0)且与平面 $x+2y-z+1=0$ 垂直的直线方程为

$$\frac{x+1}{1}=\frac{y-2}{2}=\frac{z}{-1}.$$

将此方程化为参数方程 $x=-1+t$，$y=2+2t$，$z=-t$，代入平面方程得

$$-1+t+2(2+2t)-(-t)+1=0,$$

解得 $t=-\frac{2}{3}$，从而点(−1, 2, 0)在平面 $x+2y-z+1=0$ 上的投影为 $\left(-\frac{5}{3}, \frac{2}{3}, \frac{2}{3}\right)$.

13. 求点 $P(3, -1, 2)$ 到直线 $\begin{cases}x+y-z+1=0,\\2x-y+z-4=0\end{cases}$ 的距离.

解　直线的方向向量为

$$s=(1, 1, -1)\times(2, -1, 1)=\begin{vmatrix}\boldsymbol{i} & \boldsymbol{j} & \boldsymbol{k}\\1 & 1 & -1\\2 & -1 & 1\end{vmatrix}=-3\boldsymbol{j}-3\boldsymbol{k}.$$

过点 P 且与已知直线垂直的平面方程为

$$-3(y+1)-3(z-2)=0,$$

即 $y+z-1=0$. 解线性方程组 $\begin{cases}x+y-z+1=0,\\2x-y+z-4=0,\\y+z-1=0,\end{cases}$ 得 $x=1$，$y=-\frac{1}{2}$，$z=\frac{3}{2}$.

点 $P(3, -1, 2)$ 到直线 $\begin{cases}x+y-z+1=0,\\2x-y+z-4=0\end{cases}$ 的距离就是点 $P(3, -1, 2)$ 与点 $\left(1, -\frac{1}{2}, \frac{3}{2}\right)$ 间的距离，即

$$d=\sqrt{(3-1)^2+\left(-1+\frac{1}{2}\right)^2+\left(2-\frac{3}{2}\right)^2}=\frac{3}{2}\sqrt{2}.$$

16. 画出下列各平面所围成的立体的图形：

(1) $x=0$，$y=0$，$z=0$，$x=2$，$y=1$，$3x+4y+2z-12=0$；

(2) $x=0$，$z=0$，$x=1$，$y=2$，$z=\frac{y}{4}$.

解　(1) 见图 8-4.

(2) 见图 8-5.

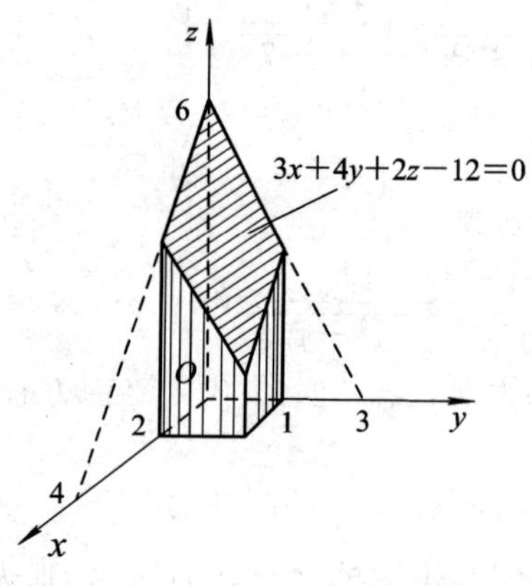

图 8-4

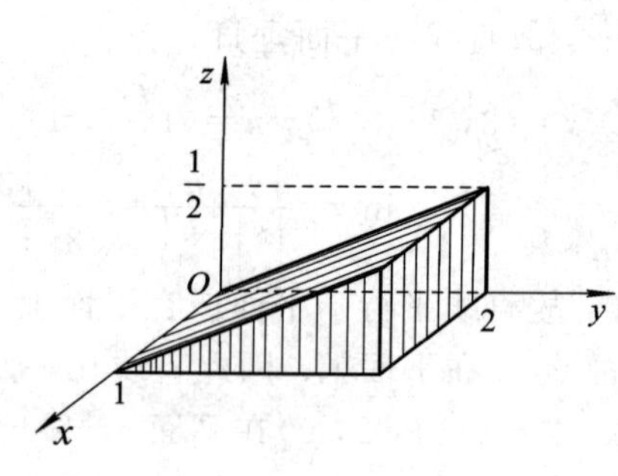

图 8-5

习题 8-5

4. 求与坐标原点 O 及点(2, 3, 4)的距离之比为 1∶2 的点的全体所组成的曲面的方程，它表示怎样的曲面?

解　设动点坐标(x, y, z)满足题意，则有

$$\frac{\sqrt{x^2+y^2+z^2}}{\sqrt{(x-2)^2+(y-3)^2+(z-4)^2}}=\frac{1}{2},$$

化简整理得

$$\left(x+\frac{2}{3}\right)^2+(y+1)^2+\left(z+\frac{4}{3}\right)^2=\frac{116}{9}=\left(\frac{2}{3}\sqrt{29}\right)^2,$$

它表示以$\left(-\frac{2}{3},\ -1,\ -\frac{4}{3}\right)$为球心、$\frac{2}{3}\sqrt{29}$为半径的球面.

5. 将 xOz 坐标面上的抛物线 $z^2=5x$ 绕 x 轴旋转一周，求所生成的旋转曲面的方程.

解　以$\pm\sqrt{y^2+z^2}$代替抛物线方程 $z^2=5x$ 中的 z，得旋转曲面的方程为

$$y^2+z^2=5x.$$

7. 将 xOy 坐标面上的双曲线 $4x^2-9y^2=36$ 分别绕 x 轴及 y 轴旋转一周，求所生成的旋转曲面的方程.

解　以$\pm\sqrt{y^2+z^2}$代替双曲线方程 $4x^2-9y^2=36$ 中的 y，得该双曲线绕 x 轴旋转一周而生成的旋转曲面的方程为

$$4x^2-9(y^2+z^2)=36;$$

以$\pm\sqrt{x^2+z^2}$代替双曲线方程 $4x^2-9y^2=36$ 中的 x，得该双曲线绕 y 轴旋转一周而生成的旋转曲面的方程为

$$4(x^2+z^2)-9y^2=36.$$

8. 画出下列各方程所表示的曲面：

(1) $\left(x-\frac{a}{2}\right)^2+y^2=\left(\frac{a}{2}\right)^2$；　　(2) $-\frac{x^2}{4}+\frac{y^2}{9}=1$；　　(4) $y^2-z=0$.

解　(1) 见图 8 - 6.

(2) 见图 8 - 7.

(4) 见图 8 - 8.

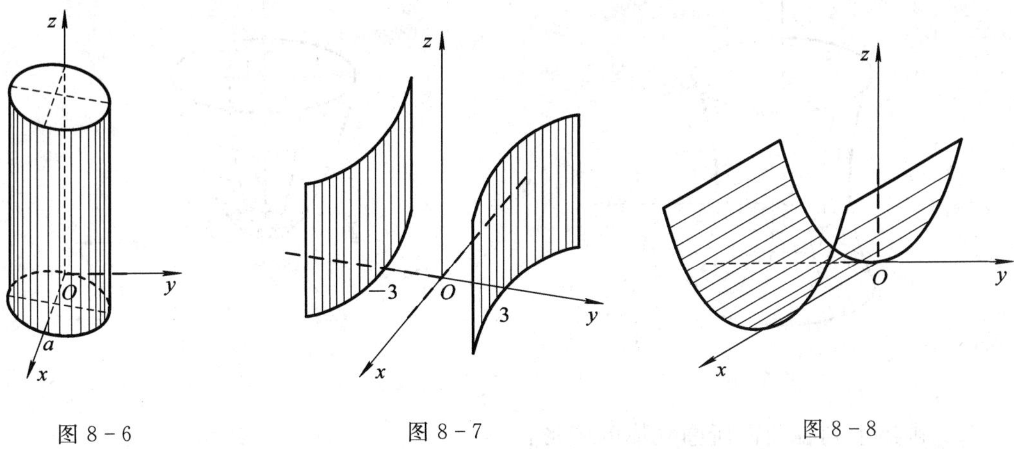

图 8 - 6　　图 8 - 7　　图 8 - 8

9. 指出下列方程在平面解析几何中和在空间解析几何中分别表示什么图形：

(1) $x=2$；　　(2) $y=x+1$；　　(4) $x^2-y^2=1$.

解　(1) $x=2$ 在平面解析几何中表示平行于 y 轴的一条直线，在空间解析几何中表示

一张平行于 yOz 面的平面.

(2) $y=x+1$ 在平面解析几何中表示一条斜率是 1、在 y 轴上的截距也是 1 的直线，在空间解析几何中表示一张平行于 z 轴的平面.

(4) $x^2-y^2=1$ 在平面解析几何中表示以 x 轴为实轴、y 轴为虚轴的双曲线，在空间解析几何中表示母线平行于 z 轴、准线为 $\begin{cases}x^2-y^2=1,\\ z=0\end{cases}$ 的双曲柱面.

10. 说明下列旋转曲面是怎样形成的：

(1) $\frac{x^2}{4}+\frac{y^2}{9}+\frac{z^2}{9}=1$；　(2) $x^2-\frac{y^2}{4}+z^2=1$；　(3) $x^2-y^2-z^2=1$.

解 (1) $\frac{x^2}{4}+\frac{y^2}{9}+\frac{z^2}{9}=1$ 表示 xOy 面上的椭圆 $\frac{x^2}{4}+\frac{y^2}{9}=1$ 绕 x 轴旋转一周而形成的旋转曲面，或表示 xOz 面上的椭圆 $\frac{x^2}{4}+\frac{z^2}{9}=1$ 绕 x 轴旋转一周而形成的旋转曲面.

(2) $x^2-\frac{y^2}{4}+z^2=1$ 表示 xOy 面上的双曲线 $x^2-\frac{y^2}{4}=1$ 绕 y 轴旋转一周而形成的旋转曲面，或表示 yOz 面上的双曲线 $-\frac{y^2}{4}+z^2=1$ 绕 y 轴旋转一周而形成的旋转曲面.

(3) $x^2-y^2-z^2=1$ 表示 xOy 面上的双曲线 $x^2-y^2=1$ 绕 x 轴旋转一周而形成的旋转曲面，或表示 xOz 面上的双曲线 $x^2-z^2=1$ 绕 x 轴旋转一周而形成的旋转曲面.

11. 画出下列方程所表示的曲面：

(1) $4x^2+y^2-z^2=4$；　(3) $\frac{z}{3}=\frac{x^2}{4}+\frac{y^2}{9}$.

解 (1) 见图 8-9.

(3) 见图 8-10.

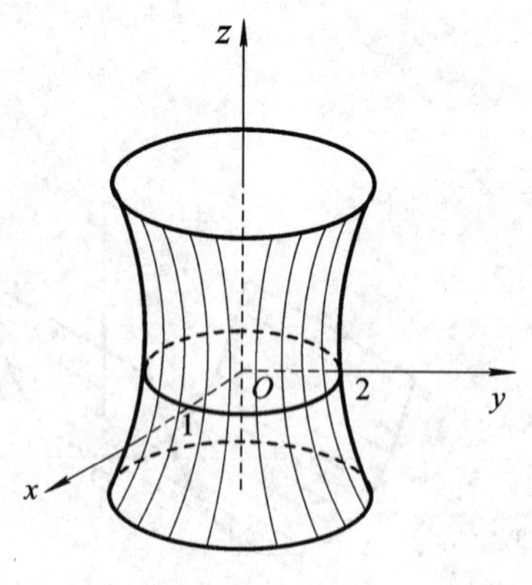

图 8-9

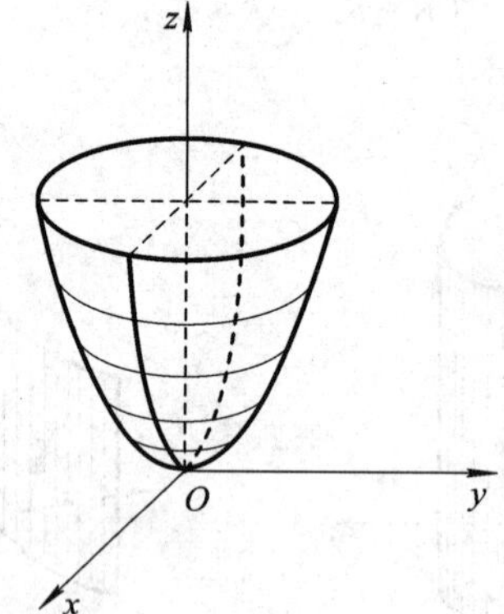

图 8-10

12. 画出下列各曲面所围立体的图形：

(1) $z=0$，$z=3$，$x-y=0$，$x-\sqrt{3}y=0$，$x^2+y^2=1$(在第一卦限内)；

(2) $x=0$，$y=0$，$z=0$，$x^2+y^2=R^2$，$y^2+z^2=R^2$(在第一卦限内).

解 (1) 见图 8-11.

(2) 见图 8 - 12.

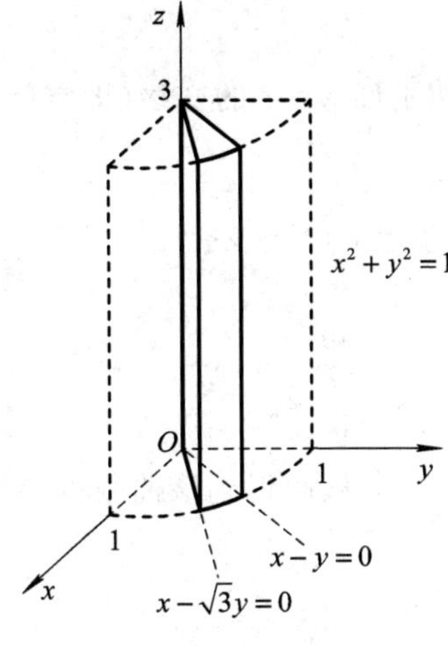

图 8 - 11

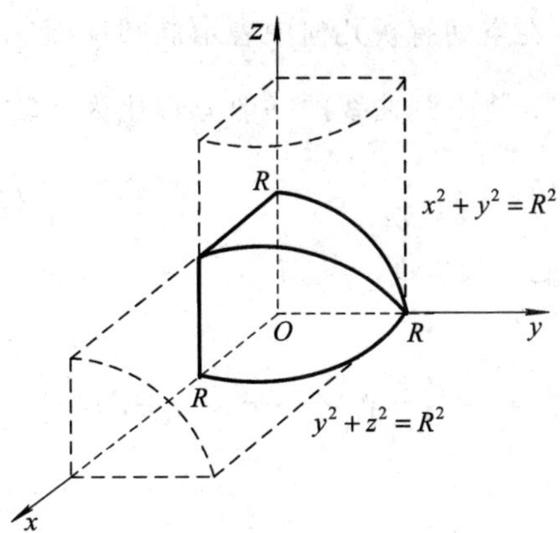

图 8 - 12

习题 8 - 6

1. 画出下列曲线在第一卦限内的图形：

(1) $\begin{cases} x=1, \\ y=2; \end{cases}$　(2) $\begin{cases} z=\sqrt{4-x^2-y^2}, \\ x-y=0; \end{cases}$　(3) $\begin{cases} x^2+y^2=a^2, \\ x^2+z^2=a^2. \end{cases}$

解　(1) 见图 8 - 13.

(2) 见图 8 - 14.

(4) 见图 8 - 15.

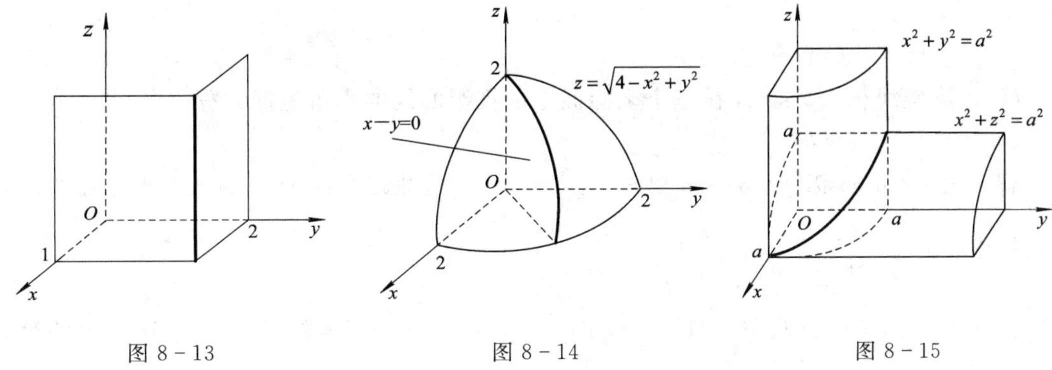

图 8 - 13　　图 8 - 14　　图 8 - 15

2. 指出下列方程组在平面解析几何中与在空间解析几何中分别表示什么图形：

(1) $\begin{cases} y=5x+1, \\ y=2x-3; \end{cases}$　(2) $\begin{cases} \dfrac{x^2}{4}+\dfrac{y^2}{9}=1, \\ y=3. \end{cases}$

解　(1) $\begin{cases} y=5x+1, \\ y=2x-3 \end{cases}$在平面解析几何中表示两直线的交点$\left(-\dfrac{4}{3}, -\dfrac{17}{3}\right)$，在空间解析几何中表示两平面的交线，即空间直线.

(2) $\begin{cases}\dfrac{x^2}{4}+\dfrac{y^2}{9}=1,\\ y=3\end{cases}$在平面解析几何中表示椭圆$\dfrac{x^2}{4}+\dfrac{y^2}{9}=1$与其切线 $y=3$ 的交点(即切点)，在空间解析几何中表示椭圆柱面$\dfrac{x^2}{4}+\dfrac{y^2}{9}=1$与其切平面 $y=3$ 的交线(即空间直线).

5. 将下列曲线的一般方程化为参数方程：

(1) $\begin{cases}x^2+y^2+z^2=9,\\ y=x;\end{cases}$　(2) $\begin{cases}(x-1)^2+y^2+(z+1)^2=4,\\ z=0.\end{cases}$

解　(1) 将 $y=x$ 代入 $x^2+y^2+z^2=9$，得

$$2x^2+z^2=9,$$

即$\dfrac{x^2}{\left(\dfrac{3}{\sqrt{2}}\right)^2}+\dfrac{z^2}{3^2}=1$. 令 $x=\dfrac{3}{\sqrt{2}}\cos t$，$t\in[0,2\pi]$，则 $z=3\sin t$，从而得到该曲线的参数方程为

$$\begin{cases}x=\dfrac{3}{\sqrt{2}}\cos t,\\ y=\dfrac{3}{\sqrt{2}}\cos t,\\ z=3\sin t.\end{cases}$$

(2) 将 $z=0$ 代入$(x-1)^2+y^2+(z+1)^2=4$，得

$$(x-1)^2+y^2=3.$$

令 $x=1+\sqrt{3}\cos t$，$t\in[0,2\pi]$，则 $y=\sqrt{3}\sin t$，从而得到该曲线的参数方程为

$$\begin{cases}x=1+\sqrt{3}\cos t,\\ y=\sqrt{3}\sin t,\\ z=0.\end{cases}$$

6. 求螺旋线$\begin{cases}x=a\cos\theta,\\ y=a\sin\theta,\\ z=b\theta\end{cases}$在三个坐标面上的投影曲线的直角坐标方程.

解　由 $x=a\cos\theta$，$y=a\sin\theta$ 得 $x^2+y^2=a^2$，于是螺旋线在 xOy 面上的投影曲线的直角坐标方程为$\begin{cases}x^2+y^2=a^2,\\ z=0.\end{cases}$

由 $x=a\cos\theta$，$z=b\theta$ 得$\dfrac{x}{a}=\cos\dfrac{z}{b}$，即 $z=b\arccos\dfrac{x}{a}$，于是螺旋线在 xOz 面上的投影曲线的直角坐标方程为$\begin{cases}z=b\arccos\dfrac{x}{a},\\ y=0.\end{cases}$

由 $y=a\sin\theta$，$z=b\theta$ 得$\dfrac{y}{a}=\sin\dfrac{z}{b}$，即 $z=b\arcsin\dfrac{y}{a}$，于是螺旋线在 yOz 面上的投影曲线的直角坐标方程为$\begin{cases}z=b\arcsin\dfrac{y}{a},\\ x=0.\end{cases}$

总习题八

5. 设$\triangle ABC$的三边$\overrightarrow{BC}=\boldsymbol{a}$、$\overrightarrow{CA}=\boldsymbol{b}$、$\overrightarrow{AB}=\boldsymbol{c}$，三边中点依次为$D$、$E$、$F$，试用向量$\boldsymbol{a}$、$\boldsymbol{b}$、$\boldsymbol{c}$表示$\overrightarrow{AD}$、$\overrightarrow{BE}$、$\overrightarrow{CF}$，并证明

$$\overrightarrow{AD}+\overrightarrow{BE}+\overrightarrow{CF}=\boldsymbol{0}.$$

解　如图8-16所示，因为

$$\overrightarrow{AD}=\overrightarrow{AB}+\overrightarrow{BD}=\overrightarrow{AB}+\frac{1}{2}\overrightarrow{BC}=\boldsymbol{c}+\frac{1}{2}\boldsymbol{a},$$

$$\overrightarrow{BE}=\overrightarrow{BC}+\overrightarrow{CE}=\overrightarrow{BC}+\frac{1}{2}\overrightarrow{CA}=\boldsymbol{a}+\frac{1}{2}\boldsymbol{b},$$

$$\overrightarrow{CF}=\overrightarrow{CA}+\overrightarrow{AF}=\overrightarrow{CA}+\frac{1}{2}\overrightarrow{AB}=\boldsymbol{b}+\frac{1}{2}\boldsymbol{c},$$

故$\overrightarrow{AD}+\overrightarrow{BE}+\overrightarrow{CF}=\frac{3}{2}(\boldsymbol{a}+\boldsymbol{b}+\boldsymbol{c})=\frac{3}{2}(-\boldsymbol{c}+\boldsymbol{c})=\boldsymbol{0}.$

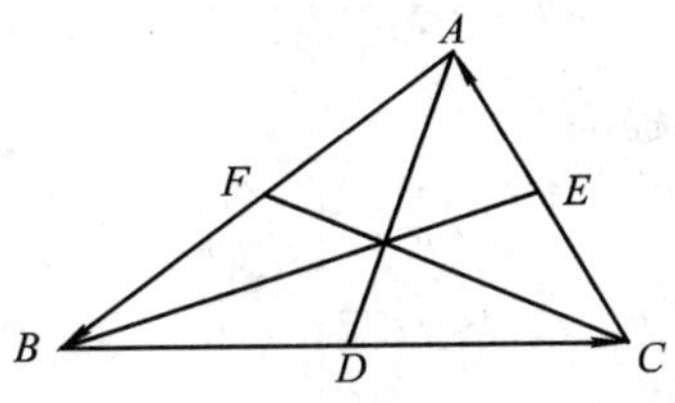

图8-16

10. 设$\boldsymbol{a}=(2,-1,-2)$，$\boldsymbol{b}=(1,1,z)$，问z为何值时$(\widehat{\boldsymbol{a},\boldsymbol{b}})$最小？并求出此最小值.

解　$\cos(\widehat{\boldsymbol{a},\boldsymbol{b}})=\dfrac{\boldsymbol{a}\cdot\boldsymbol{b}}{|\boldsymbol{a}||\boldsymbol{b}|}=\dfrac{1-2z}{3\sqrt{2+z^2}}.$

因为当$0\leqslant(\widehat{\boldsymbol{a},\boldsymbol{b}})\leqslant\pi$时，$\cos(\widehat{\boldsymbol{a},\boldsymbol{b}})$为单调减函数，所以求$(\widehat{\boldsymbol{a},\boldsymbol{b}})$的最小值也就是求$f(z)=\dfrac{1-2z}{3\sqrt{2+z^2}}$的最大值. 令

$$f'(z)=\frac{1}{3}\frac{-4-z}{(2+z^2)^{3/2}}=0,$$

得$z=-4$. 经验证当$z=-4$时，$f(z)$达到最大值，此时$(\widehat{\boldsymbol{a},\boldsymbol{b}})$达到最小值，且有$\cos(\widehat{\boldsymbol{a},\boldsymbol{b}})=\dfrac{\sqrt{2}}{2}$，所以

$$(\widehat{\boldsymbol{a},\boldsymbol{b}})_{\min}=\arccos\frac{\sqrt{2}}{2}=\frac{\pi}{4}.$$

16. 求通过点$A(3,0,0)$和$B(0,0,1)$且与xOy面成$\frac{\pi}{3}$角的平面的方程.

解　设所求平面的法线向量为$\boldsymbol{n}=(a,b,c)$. $\overrightarrow{BA}=(3,0,-1)$，$xOy$面的法线向量为$\boldsymbol{k}=(0,0,1)$.

由题意知$\boldsymbol{n}\cdot\overrightarrow{BA}=0$，则$\dfrac{\boldsymbol{n}\cdot\boldsymbol{k}}{|\boldsymbol{n}||\boldsymbol{k}|}=\cos\dfrac{\pi}{3}$，即

$$\begin{cases}3a-c=0,\\ \dfrac{c}{\sqrt{a^2+b^2+c^2}}=\dfrac{1}{2},\end{cases}$$

解之得 $c=3a$，$b=\pm\sqrt{26}a$. 于是所求平面方程为

$$(x-3)\pm\sqrt{26}y+3z=0,$$

即

$$x+\sqrt{26}y+3z=3 \text{ 或 } x-\sqrt{26}y+3z=3.$$

18. 求过点(−1，0，4)，且平行于平面 $3x-4y+z-10=0$，又与直线$\dfrac{x+1}{1}=\dfrac{y-3}{1}=\dfrac{z}{2}$相交的直线的方程.

解 过点(−1，0，4)，且平行于平面 $3x-4y+z-10=0$ 的平面方程为

$$3(x+1)-4y+(z-4)=0,$$

即

$$3x-4y+z-1=0.$$

直线$\dfrac{x+1}{1}=\dfrac{y-3}{1}=\dfrac{z}{2}$的参数方程为

$$\begin{cases}x=-1+t,\\ y=3+t,\\ z=2t,\end{cases}$$

代入平面方程 $3x-4y+z-1=0$，得

$$3(-1+t)-4(3+t)+2t-1=0,$$

解得 $t=16$. 代入参数方程得平面与已知直线的交点坐标为 $P(15,19,32)$. 过点 $P(15,19,32)$ 与点(−1，0，4)的直线方程为$\dfrac{x+1}{15+1}=\dfrac{y}{19-0}=\dfrac{z-4}{32-4}$，即所求直线方程为

$$\frac{x+1}{16}=\frac{y}{19}=\frac{z-4}{28}.$$

20. 求曲线$\begin{cases}z=2-x^2-y^2,\\ z=(x-1)^2+(y-1)^2\end{cases}$在三个坐标面上的投影曲线的方程.

解 在$\begin{cases}z=2-x^2-y^2,\\ z=(x-1)^2+(y-1)^2\end{cases}$中消去 z，得$(x-1)^2+(y-1)^2=2-x^2-y^2$，即

$$x^2+y^2=x+y,$$

故$\begin{cases}x^2+y^2=x+y,\\ z=0\end{cases}$为曲线在 xOy 面上的投影曲线方程.

在$\begin{cases}z=2-x^2-y^2,\\ z=(x-1)^2+(y-1)^2\end{cases}$中消去 y，得 $z=(x-1)^2+(\pm\sqrt{2-x^2-z}-1)^2$，即

$$2x^2+2xz+z^2-4x-3z+2=0,$$

故$\begin{cases}2x^2+2xz+z^2-4x-3z+2=0,\\ y=0\end{cases}$为曲线在 zOx 面上的投影曲线方程.

同理，可得$\begin{cases}2y^2+2yz+z^2-4y-3z+2=0,\\ x=0\end{cases}$为曲线在 yOz 面上的投影曲线方程.

21. 求锥面 $z=\sqrt{x^2+y^2}$ 与柱面 $z^2=2x$ 所围立体在三个坐标面上的投影.

解　在 $\begin{cases} z=\sqrt{x^2+y^2}, \\ z^2=2x \end{cases}$ 中消去 z，得 $2x=x^2+y^2$，即 $(x-1)^2+y^2=1$，故立体在 xOy 面上的投影为

$$\begin{cases} (x-1)^2+y^2\leqslant 1, \\ z=0. \end{cases}$$

该立体在 zOx 面上的投影为 $\begin{cases} x\leqslant z\leqslant \sqrt{2x}, \\ y=0; \end{cases}$ 在 yOz 面上的投影为

$$\begin{cases} \left(\dfrac{z^2}{2}-1\right)^2+y^2\leqslant 1,\ z\geqslant 0, \\ x=0. \end{cases}$$

22. 画出下列各曲面所围立体的图形：

(2) 抛物柱面 $x^2=1-z$，平面 $y=0$，$z=0$ 及 $x+y=1$；

(3) 圆锥面 $z=\sqrt{x^2+y^2}$ 及旋转抛物面 $z=2-x^2-y^2$.

解　(2) 见图 8－17.

(3) 见图 8－18.

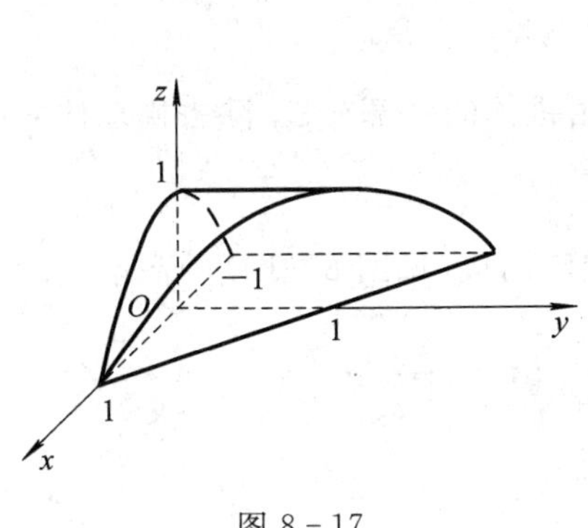

图 8－17

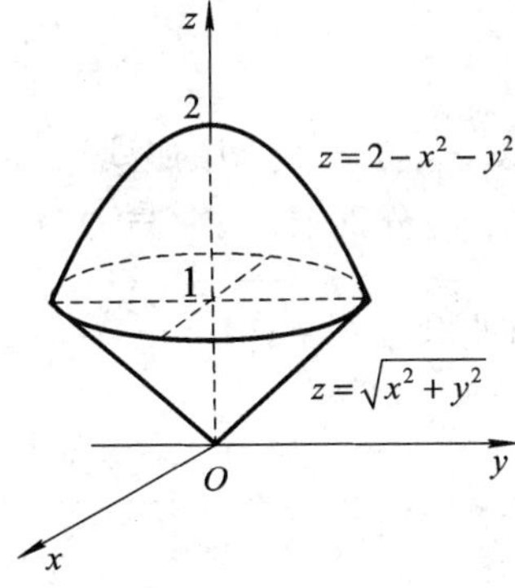

图 8－18

五、培优提升

1. (2009 考研题)椭球面 S_1 是椭圆 $\dfrac{x^2}{4}+\dfrac{y^2}{3}=1$ 绕 x 轴旋转而成的，圆锥面 S_2 是由过点(4，0)且与椭圆 $\dfrac{x^2}{4}+\dfrac{y^2}{3}=1$ 相切的直线绕 x 轴旋转而成的.

(1) 求 S_1 及 S_2 的方程；

(2) 求 S_1 与 S_2 之间的立体体积.

解　(1) 椭圆 Γ：$\dfrac{x^2}{4}+\dfrac{y^2}{3}=1$ 绕 x 轴旋转而成的椭球面 S_1 的方程为

$$\frac{x^2}{4}+\frac{y^2+z^2}{3}=1,$$

即

$$y^2+z^2=3\left(1-\frac{x^2}{4}\right).$$

为了求 S_2 的方程，先求 Γ 过点(4，0)的切线 L. Γ 上任意点(x_0, y_0)的切线斜率为 $y'=-\frac{3}{4}\frac{x_0}{y_0}$，相应的切线方程为

$$y=y_0-\frac{3}{4}\frac{x_0}{y_0}(x-x_0).$$

令 $x=4$，$y=0$，得相应的切点(x_0, y_0)，则

$$y_0=\frac{3}{4}\frac{x_0}{y_0}(4-x_0),$$

即

$$\frac{x_0^2}{4}+\frac{y_0^2}{3}=x_0.$$

又 $\frac{x_0^2}{4}+\frac{y_0^2}{3}=1$，解得 $x_0=1$，$y_0=\pm\frac{3}{2}$，于是得切线 L 的方程为 $y=\pm\frac{1}{2}(x-4)$，相应的圆锥面 S_2 的方程为

$$y^2+z^2=\frac{1}{4}(x-4)^2.$$

(2) 设 S_1 与 S_2 之间的区域 Ω 的体积为 V，它由锥体的一部分 Ω_1 除去椭球体的一部分 Ω_2 组成，下面分别求出 Ω_1 与 Ω_2 的体积 V_1 和 V_2.

Ω_2 由曲线 $y=\sqrt{3\left(1-\frac{x^2}{4}\right)}$ $(1\leqslant x\leqslant 2)$绕 x 轴旋转而成(见图 8－19)，于是

$$V_2=\pi\int_1^2 y^2(x)\,\mathrm{d}x=\pi\int_1^2 3\left(1-\frac{x^2}{4}\right)\mathrm{d}x$$
$$=3\pi\left[x-\frac{x^3}{12}\right]_1^2=\frac{5}{4}\pi.$$

Ω_1 是底半径为 $\frac{3}{2}$、高为 3 的锥体，其体积 $V_1=\frac{1}{3}\pi\left(\frac{3}{2}\right)^2 3=\frac{9}{4}\pi$. 因此

$$V=V_1-V_2=\frac{9}{4}\pi-\frac{5}{4}\pi=\pi.$$

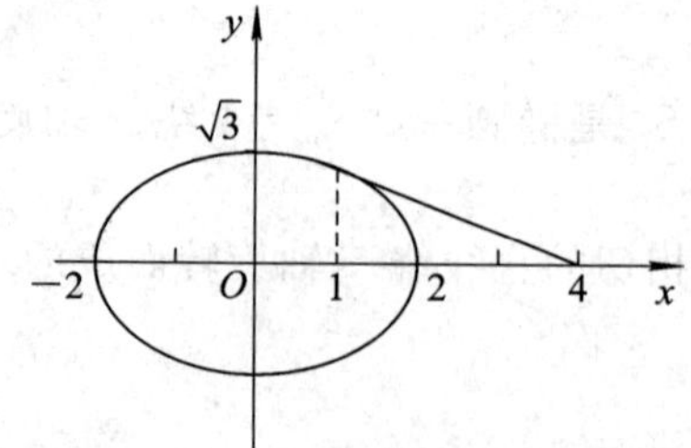

图 8－19

2. (2006 考研题)点(2, 1, 0)到平面 $3x+4y+5z=0$ 的距离 $d=$__________.

解　应填$\sqrt{2}$.

由点到平面的距离公式得

$$d=\frac{|3\times2+4\times1+5\times0|}{\sqrt{3^2+4^2+5^2}}=\frac{10}{\sqrt{50}}=\sqrt{2}.$$

3. (1998 考研题)求直线 L: $\frac{x-1}{1}=\frac{y}{1}=\frac{z-1}{-1}$在平面 Π: $x-y+2z-1=0$ 上的投影直线 L_0 的方程, 并求 L_0 绕 y 轴旋转一周所成曲面的方程.

解　方法一: 直线 L 的方向向量 $\boldsymbol{s}=(1, 1, -1)$, 平面 Π 的法线向量 $\boldsymbol{n}=(1, -1, 2)$. 设经过直线 L 且垂直于平面 Π 的平面方程为 Π_1: $A(x-1)+By+C(z-1)=0$, 则由题设知 Π_1 的法线向量 (A, B, C) 与 $\boldsymbol{s}=(1, 1, -1)$ 和 $\boldsymbol{n}=(1, -1, 2)$ 均垂直, 从而有

$$A+B-C=0,$$
$$A-B+2C=0,$$

由此解得 $A:B:C=(-1):3:2$. 于是得 Π_1 的方程为 $x-3y-2z+1=0$, 从而得 L_0 的方程为

$$\begin{cases}x-y+2z-1=0,\\x-3y-2z+1=0,\end{cases}\text{即}\begin{cases}x=2y,\\z=-\frac{1}{2}(y-1).\end{cases}$$

设 L_0 绕 y 轴旋转一周所得的旋转曲面为 S, (x, y, z)为 S 上任意一点, 则该点由直线 L_0 上的一点 (x_0, y_0, z_0) 绕 y 轴旋转而得, 于是有关系式:

$$y=y_0,\ x^2+z^2=x_0^2+z_0^2=(2y_0)^2+\left[-\frac{1}{2}(y_0-1)\right]^2=4y^2+\frac{1}{4}(y-1)^2,$$

从而得 S 的方程为

$$4x^2-17y^2+4z^2+2y-1=0.$$

方法二: 直线 L 的一般方程为$\begin{cases}x-y-1=0,\\y+z-1=0.\end{cases}$过 L 的平面束方程为

$$x-y-1+\lambda(y+z-1)=0,$$

即

$$x+(\lambda-1)y+\lambda z-(1+\lambda)=0.$$

现确定 λ 的值, 使向量 $(1, \lambda-1, \lambda)$ 与平面 Π 的法线向量 $\boldsymbol{n}=(1, -1, 2)$ 垂直, 即令 $1-(\lambda-1)+2\lambda=0$, 解得 $\lambda=-2$, 从而得过直线 L 且垂直于平面 Π 的平面方程为

$$x-3y-2z+1=0.$$

因此, L_0 的方程为

$$\begin{cases}x-y+2z-1=0,\\x-3y-2z+1=0,\end{cases}\text{即}\begin{cases}x=2y,\\z=-\frac{1}{2}(y-1).\end{cases}$$

L_0 绕 y 轴旋转一周所得的旋转曲面方程的求解同方法一.

方法三: 经过直线 L 且垂直于平面 Π 的平面 Π_1 的法线向量为

$$\boldsymbol{n}_1=(1, 1, -1)\times(1, -1, 2)=(1, -3, -2).$$

又 Π_1 通过 L 上的点 $(1, 0, 1)$, 故平面 Π_1 的方程为 $x-3y-2z+1=0$, 从而 L_0 的方程为

$$\begin{cases}x-y+2z-1=0,\\x-3y-2z+1=0,\end{cases}\text{即}\begin{cases}x=2y,\\z=-\dfrac{1}{2}(y-1).\end{cases}$$

L_0 绕 y 轴旋转一周所得的旋转曲面方程的求解同方法一.

4.(1996 考研题)设一平面经过原点及点(6，-3，2)，且与平面 $4x-y+2z=8$ 垂直，则此平面方程为________.

解 应填 $2x+2y-3z=0$.

平面 $4x-y+2z=8$ 的法线向量 $\boldsymbol{n}_1=(4,-1,2)$，过原点及点(6，-3，2)的直线的方向向量 $\boldsymbol{s}=(6,-3,2)$. 由题意知，所求平面的法线向量 $\boldsymbol{n}=\boldsymbol{n}_1\times\boldsymbol{s}=(4,4,-6)$. 因此，平面方程为

$$2x+2y-3z=0.$$

5.(1995 考研题)设 $(\boldsymbol{a}\times\boldsymbol{b})\cdot\boldsymbol{c}=2$，则 $[(\boldsymbol{a}+\boldsymbol{b})\times(\boldsymbol{b}+\boldsymbol{c})]\cdot(\boldsymbol{c}+\boldsymbol{a})=$________.

解 应填 4.

$$\begin{aligned}&[(\boldsymbol{a}+\boldsymbol{b})\times(\boldsymbol{b}+\boldsymbol{c})]\cdot(\boldsymbol{c}+\boldsymbol{a})\\=&(\boldsymbol{a}\times\boldsymbol{b}+\boldsymbol{a}\times\boldsymbol{c}+\boldsymbol{b}\times\boldsymbol{c})\cdot(\boldsymbol{c}+\boldsymbol{a})=(\boldsymbol{a}\times\boldsymbol{b})\cdot\boldsymbol{c}+(\boldsymbol{b}\times\boldsymbol{c})\cdot\boldsymbol{a}\\=&(\boldsymbol{a}\times\boldsymbol{b})\cdot\boldsymbol{c}+(\boldsymbol{a}\times\boldsymbol{b})\cdot\boldsymbol{c}=2(\boldsymbol{a}\times\boldsymbol{b})\cdot\boldsymbol{c}=4.\end{aligned}$$

6.(1995 考研题)设有直线 L：$\begin{cases}x+3y+2z+1=0,\\2x-y-10z+3=0\end{cases}$及平面 Π：$4x-2y+z-2=0$，则直线 L( ).

(A) 平行于 Π　　(B) 在 Π 上　　(C) 垂直于 Π　　(D) 与 Π 斜交

解 应选(C).

直线 L 的方向向量

$$\boldsymbol{s}=(1,3,2)\times(2,-1,-10)=(-28,14,-7)=-7(4,-2,1),$$

而平面 Π 的法线向量为(4，-2，1)，故直线 L 垂直于 Π，应选(C).

第九章　多元函数微分法及其应用

一、教学要求

1. 理解二元函数的概念. 了解多元函数和平面区域的概念. 掌握二元函数的极限与连续的概念，以及有界闭区域上连续函数的性质.

2. 理解二元函数偏导数的概念，了解偏导数的几何意义. 了解多元函数的偏导数及高阶偏导数的概念. 理解二元函数全微分的概念，了解全微分存在的必要条件与充分条件. 了解全微分在近似计算中的应用. 掌握多元复合函数一阶、二阶偏导数的求法. 会求隐函数(包括由方程组所确定的隐函数)的偏导数.

3. 理解方向导数与梯度的概念，掌握其计算方法. 了解空间曲线的切线和法平面、曲面的切平面和法线，会求它们的方程. 理解多元函数极值与条件极值的概念. 了解多元函数极值存在的必要条件. 会求二元函数的极值，会用拉格朗日乘数法求条件极值. 会求一些简单的最大值与最小值的应用问题.

二、答疑解惑

问题 1　求二元函数 $f(x, y)$的二重极限有哪些常用方法?

答　由于二重极限定义中动点 $P(x, y)$趋于定点 $P_0(x_0, y_0)$的方式是任意的，而一元函数的极限定义中自变量 x 趋于有限值 x_0 的方向只有左、右两个，故求二重极限远比求一元函数极限复杂得多.

求二元函数 $f(x, y)$的二重极限常用的方法有:

(1) 化二重极限为一元函数极限.

(2) 将二重极限，利用极坐标变换 $x=\rho\cos\theta$, $y=\rho\sin\theta$ 化成 $\rho\to 0$ 的极限，但应注意在趋近过程中 θ 是变化的.

(3) 利用极限的性质(如四则运算法则、夹逼准则、无穷小的运算性质等).

(4) 先观察出函数 $f(x, y)$的二重极限，再用二重极限定义证明.

(5) 利用函数连续的定义及初等函数的连续性.

举例如下:

例 1 求 $\lim\limits_{(x,y)\to(0,0)}\dfrac{x+y}{\sqrt{x+y+1}-1}$.

解 令 $x+y=t$，则当 $(x,y)\to(0,0)$ 时，$t\to 0$，于是

$$\lim_{(x,y)\to(0,0)}\frac{x+y}{\sqrt{x+y+1}-1}=\lim_{t\to 0}\frac{t}{\sqrt{t+1}-1}=\lim_{t\to 0}\frac{t(\sqrt{t+1}+1)}{t}=2.$$

例 2 求 $\lim\limits_{(x,y)\to(0,0)}\dfrac{(x^2+2y^2)[1-\cos(x^2+y^2)]}{(x^2+y^2)^{\frac{3}{2}}}$.

解 令 $x=\rho\cos\theta$，$y=\rho\sin\theta$，则当 $(x,y)\to(0,0)$ 时，$\rho=\sqrt{x^2+y^2}\to 0$，于是

$$\begin{aligned}&\lim_{(x,y)\to(0,0)}\frac{(x^2+2y^2)[1-\cos(x^2+y^2)]}{(x^2+y^2)^{\frac{3}{2}}}\\&=\lim_{\rho\to 0}\frac{\rho^2(1+\sin^2\theta)(1-\cos\rho^2)}{\rho^3}\qquad\left(\text{当 }\rho\to 0\text{ 时，}1-\cos\rho^2\sim\frac{\rho^4}{2}\right)\\&=\lim_{\rho\to 0}\frac{\rho^3}{2}(1+\sin^2\theta)\qquad(1\leqslant 1+\sin^2\theta\leqslant 2)\\&=0.\end{aligned}$$

例 3 求 $\lim\limits_{(x,y)\to(\infty,\infty)}\dfrac{x^2+y^2}{x^4+y^4}$.

解 由 $(x^2-y^2)^2=x^4-2x^2y^2+y^4\geqslant 0$ 得 $2x^2y^2\leqslant x^4+y^4$，故

$$0\leqslant\frac{x^2+y^2}{x^4+y^4}\leqslant\frac{x^2+y^2}{2x^2y^2}=\frac{1}{2}\left(\frac{1}{x^2}+\frac{1}{y^2}\right),$$

又

$$\lim_{(x,y)\to(\infty,\infty)}\frac{1}{2}\left(\frac{1}{x^2}+\frac{1}{y^2}\right)=0,$$

根据夹逼准则知

$$\lim_{(x,y)\to(\infty,\infty)}\frac{x^2+y^2}{x^4+y^4}=0.$$

例 4 求 $\lim\limits_{(x,y)\to(1,0)}\dfrac{\ln(x+e^y)}{\sqrt{x^2+y^2}}$.

解 因函数 $f(x,y)=\dfrac{\ln(x+e^y)}{\sqrt{x^2+y^2}}$ 在点 $(1,0)$ 处连续，故

$$\lim_{(x,y)\to(1,0)}\frac{\ln(x+e^y)}{\sqrt{x^2+y^2}}=f(1,0)=\frac{\ln 2}{1}=\ln 2.$$

问题 2 判定二重极限不存在有哪些常用方法？

答 由定义知，二重极限 $\lim\limits_{(x,y)\to(x_0,y_0)}f(x,y)$ 存在，要求点 $P(x,y)$ 以任何方式趋于点 $P_0(x_0,y_0)$ 时，函数 $f(x,y)$ 都趋向于同一数值. 因此判定二重极限不存在的常用方法有如下两种：

(1) 选取一种 $P\to P_0$ 的特定方式，如通过 P_0 的一条已知曲线(或直线)，按此方式，判定出极限 $\lim\limits_{P\to P_0}f(x,y)$ 不存在，则二重极限 $\lim\limits_{(x,y)\to(x_0,y_0)}f(x,y)$ 不存在.

(2) 找出两种 $P\to P_0$ 的特定方式，使得其中一种方式 $\lim\limits_{P\to P_0}f(x,y)=A$，而另一种方式

$\lim\limits_{P\to P_0} f(x, y)=B$，且 $A\neq B$，则二重极限 $\lim\limits_{(x, y)\to(x_0, y_0)} f(x, y)$ 不存在.

举例如下：

例 1　讨论极限 $\lim\limits_{(x, y)\to(0, 0)} \dfrac{1-\cos(x^2+y^2)}{(x^2+y^2)x^2y^2}$.

解　当动点 (x, y) 沿直线 $y=x$ 趋于 $(0, 0)$ 时，极限

$$\lim_{\substack{(x, y)\to(0, 0)\\ y=x}} \frac{1-\cos(x^2+y^2)}{(x^2+y^2)x^2y^2}=\lim_{x\to 0}\frac{1-\cos 2x^2}{2x^6}=\lim_{x\to 0}\frac{2\sin^2 x^2}{2x^6}=\lim_{x\to 0}\frac{1}{x^2}=+\infty$$

不存在，故原二重极限不存在.

例 2　讨论极限 $\lim\limits_{(x, y)\to(0, 0)} \dfrac{x-y}{x+y}$.

解　因为

$$\lim_{\substack{(x, y)\to(0, 0)\\ y=kx}} \frac{x-y}{x+y}=\lim_{x\to 0}\frac{x-kx}{x+kx}=\frac{1-k}{1+k}\ (k\neq -1),$$

所以此极限值随着 k 的值的不同而改变，故原二重极限不存在.

例 3　讨论极限 $\lim\limits_{(x, y)\to(0, 0)} \dfrac{\sin(x-y)}{x+y}$.

解　当动点 (x, y) 沿 x 轴 $(y=0)$ 趋于 $(0, 0)$ 时，有

$$\lim_{\substack{(x, y)\to(0, 0)\\ y=0}} \frac{\sin(x-y)}{x+y}=\lim_{x\to 0}\frac{\sin x}{x}=1,$$

当动点 (x, y) 沿 y 轴 $(x=0)$ 趋于 $(0, 0)$ 时，有

$$\lim_{\substack{(x, y)\to(0, 0)\\ x=0}} \frac{\sin(x-y)}{x+y}=\lim_{y\to 0}\frac{\sin(-y)}{y}=-1,$$

故极限 $\lim\limits_{(x, y)\to(0, 0)} \dfrac{\sin(x-y)}{x+y}$ 不存在.

问题 3　当动点 (x, y) 沿着任一直线趋近于点 $(0, 0)$ 时，函数 $f(x, y)$ 的极限存在且都等于 A，能否说函数 $f(x, y)$ 当 $(x, y)\to(0, 0)$ 时的二重极限也等于 A？

答　不能. 例如函数

$$f(x, y)=\frac{x^2y}{x^4+y^2},\ x^2+y^2\neq 0,$$

当动点 (x, y) 沿 y 轴 $(x=0)$ 趋于 $(0, 0)$ 时，有

$$\lim_{\substack{(x, y)\to(0, 0)\\ x=0}} f(x, y)=0.$$

当动点 (x, y) 沿着任意一条直线 $y=kx(k\in\mathbf{R})$ 趋于 $(0, 0)$ 时，有

$$\lim_{\substack{(x, y)\to(0, 0)\\ y=kx}} f(x, y)=\lim_{x\to 0}\frac{kx^3}{x^4+k^2x^2}=\lim_{x\to 0}\frac{kx}{x^2+k^2}=0.$$

但是，当动点 (x, y) 沿抛物线 $y=x^2$ 趋于 $(0, 0)$ 时，有

$$\lim_{\substack{(x, y)\to(0, 0)\\ y=x^2}} f(x, y)=\lim_{x\to 0}\frac{x^4}{x^4+x^4}=\frac{1}{2}.$$

所以，当 $(x, y)\to(0, 0)$ 时，$f(x, y)=\dfrac{x^2y}{x^4+y^2}$ 的二重极限不存在.

问题 4　如果一元函数 $f(x_0, y)$ 在 y_0 处连续，$f(x, y_0)$ 在 x_0 处连续，那么二元函数

$f(x,y)$在点(x_0,y_0)处是否必连续？

答 不一定连续.这是因为二元函数连续的定义建立在二重极限的基础之上，当二元函数的一个变量固定时对另一个变量连续，只相当于一种特定方式的极限存在，并不能保证所有$(x,y)\to(x_0,y_0)$方式下的极限都存在，也不能保证$\lim\limits_{(x,y)\to(x_0,y_0)} f(x,y)=f(x_0,y_0)$成立，因此，$f(x,y)$在点$(x_0,y_0)$处不一定连续.例如函数

$$f(x,y)=\begin{cases}\dfrac{xy}{x^2+y^2}, & x^2+y^2\neq 0,\\ 0, & x^2+y^2=0,\end{cases}$$

虽然$f(0,y)=0$在$y=0$处连续，$f(x,0)=0$在$x=0$处连续，但$f(x,y)$在点$(0,0)$处却不连续(见教材第61页).

问题5 计算偏导数$f_x(x_0,y_0)$时，能否将$y=y_0$先代入$f(x,y)$中，再对x求导？

答 可以.事实上，根据偏导数的定义，若令$\varphi(x)=f(x,y_0)$，则有

$$\varphi'(x_0)=\lim_{\Delta x\to 0}\frac{\varphi(x_0+\Delta x)-\varphi(x_0)}{\Delta x}=\lim_{\Delta x\to 0}\frac{f(x_0+\Delta x,y_0)-f(x_0,y_0)}{\Delta x}=f_x(x_0,y_0).$$

例 设$z=f(x,y)=e^{xy}\cos(x+y)+(x-1)\arctan\sqrt{\dfrac{y}{x}}$，试求$f_x(1,0)$及$f_y(1,0)$.

解 因为$f(x,0)=\cos x$，$f_x(x,0)=-\sin x$，所以$f_x(1,0)=-\sin 1$.同理，因为$f(1,y)=e^y\cos(1+y)$，$f_y(1,y)=e^y[\cos(1+y)-\sin(1+y)]$，所以$f_y(1,0)=\cos 1-\sin 1$.

本例中若先求$f_x(x,y)$，$f_y(x,y)$，再代入$x=1$，$y=0$，运算就非常繁琐.

问题6 二元函数的连续性与两个一阶偏导数的存在性之间有何关系？

答 对于一元函数来说，可导必定连续.但对于二元函数来讲，即使两个一阶偏导数在某点都存在，也不能保证函数在该点连续.这是因为$f_x(x_0,y_0)$存在，只能保证一元函数$z=f(x,y_0)$在$x=x_0$处连续；$f_y(x_0,y_0)$存在，只能保证一元函数$z=f(x_0,y)$在$y=y_0$处连续；而$f_x(x_0,y_0)$知$f_y(x_0,y_0)$都存在，并不能保证函数$f(x,y)$在点(x_0,y_0)处连续.例如函数

$$f(x,y)=\begin{cases}\dfrac{xy}{x^2+y^2}, & x^2+y^2\neq 0,\\ 0, & x^2+y^2=0\end{cases}$$

在点$(0,0)$处一阶偏导数都存在，$f_x(0,0)=0$，$f_y(0,0)=0$，但$f(x,y)$在点$(0,0)$处却不连续(见教材第61页).

问题7 二元函数的可微性与两个一阶偏导数的存在性之间有何关系？

答 在一元函数中，函数在某点的可导性与可微性是等价的.但对于二元函数，情形发生了变化，具体表现如下：

(1) 若$z=f(x,y)$在点$P_0(x_0,y_0)$可微，则$f_x(x_0,y_0)$和$f_y(x_0,y_0)$均存在，且$dz=f_x(x_0,y_0)dx+f_y(x_0,y_0)dy$；反之，若$f_x(x_0,y_0)$和$f_y(x_0,y_0)$存在，函数$f(x,y)$在点$P_0(x_0,y_0)$却不一定可微.

(2) 若偏导函数$f_x(x,y)$及$f_y(x,y)$在点$P_0(x_0,y_0)$均连续，则$f(x,y)$在点$P_0(x_0,y_0)$必可微(见教材第74页定理2)，反之，函数虽可微但不能保证偏导函数必连续. 如对函数

$$f(x, y)=\begin{cases}(x^2+y^2)\sin\dfrac{1}{x^2+y^2}, & x^2+y^2\neq 0,\\ 0, & x^2+y^2=0\end{cases}$$

有

$$f_x(0, 0)=\lim_{x\to 0}\frac{f(x, 0)-f(0, 0)}{x}=\lim_{x\to 0}\frac{x^2\sin\dfrac{1}{x^2}}{x}=0,$$

同理 $f_y(0, 0)=0$. 又

$$\Delta z=f(0+\Delta x, 0+\Delta y)-f(0, 0)=[(\Delta x)^2+(\Delta y)^2]\sin\frac{1}{(\Delta x)^2+(\Delta y)^2},$$

$$\lim_{\rho\to 0}\frac{\Delta z-f_x(0, 0)\Delta x-f_y(0, 0)\Delta y}{\rho}=\lim_{\rho\to 0}\frac{\rho^2\sin\dfrac{1}{\rho^2}}{\rho}=\lim_{\rho\to 0}\rho\sin\frac{1}{\rho^2}=0.$$

于是 $f(x, y)$在点$(0, 0)$处可微. 但偏导函数 $f_x(x, y)$和 $f_y(x, y)$在点$(0, 0)$处均不连续. 事实上，当 $x^2+y^2\neq 0$ 时，

$$f_x(x, y)=2x\sin\frac{1}{x^2+y^2}-\frac{2x}{x^2+y^2}\cos\frac{1}{x^2+y^2}.$$

当 $x^2+y^2=0$ 时，$f_x(0, 0)=0$，而极限

$$\lim_{(x, y)\to(0, 0)}f_x(x, y)=\lim_{(x, y)\to(0, 0)}\left(2x\sin\frac{1}{x^2+y^2}-\frac{2x}{x^2+y^2}\cos\frac{1}{x^2+y^2}\right)$$

不存在，故函数 $f_x(x, y)$在点$(0, 0)$处不连续. 同理，$f_y(x, y)$在点$(0, 0)$处也不连续.

二元函数 $z=f(x, y)$在点 $P(x, y)$处的连续性、可微性与偏导数之间的关系可用框图归纳如下：

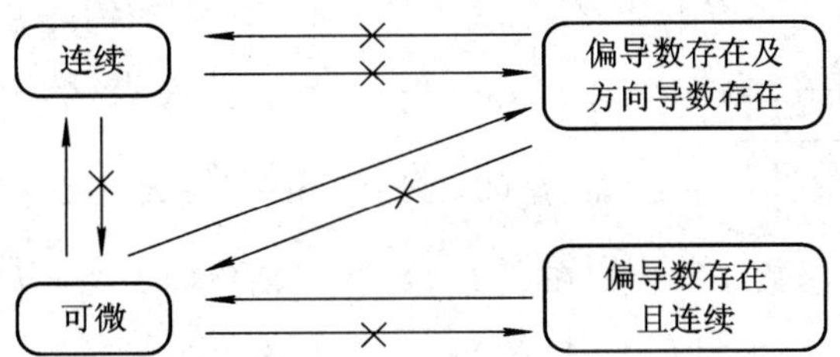

问题 8　怎样检验函数 $z=f(x, y)$在一点 $P_0(x_0, y_0)$处的可微性？

答　检验函数 $z=f(x, y)$在点 $P_0(x_0, y_0)$是否可微的步骤如下：

第一步：若 $f(x, y)$在点 $P_0(x_0, y_0)$处不连续，则函数在该点必不可微.

第二步：若 $f(x, y)$在点 $P_0(x_0, y_0)$处连续，但 $f_x(x_0, y_0)$、$f_y(x_0, y_0)$至少有一个不存在，则函数在该点必不可微.

第三步：若 $f_x(x_0, y_0)$、$f_y(x_0, y_0)$都存在，且偏导函数 $f_x(x, y)$、$f_y(x, y)$在点 $P_0(x_0, y_0)$处均连续，则函数在该点的全微分存在，且

$$dz=f_x(x_0, y_0)dx+f_y(x_0, y_0)dy.$$

第四步：若 $f_x(x_0, y_0)$、$f_y(x_0, y_0)$都存在，且偏导函数 $f_x(x, y)$、$f_y(x, y)$在点 $P_0(x_0, y_0)$处至少有一个不连续，则直接检验极限

$$\lim_{\rho\to 0}\frac{\Delta z-f_x(x_0, y_0)\Delta x-f_y(x_0, y_0)\Delta y}{\rho}，其中\ \rho=\sqrt{(\Delta x)^2+(\Delta y)^2}.$$

若极限值为0，则函数在该点处的全微分为 $\mathrm{d}z=f_x(x_0, y_0)\mathrm{d}x+f_y(x_0, y_0)\mathrm{d}y$；若极限值不为0，则函数在该点不可微.

通常对于偏导数存在的函数可直接用第四步判定其可微性. 例如函数

$$f(x, y)=\begin{cases}\dfrac{xy}{\sqrt{x^2+y^2}}, & x^2+y^2\neq 0,\\ 0, & x^2+y^2=0\end{cases}$$

在点(0, 0)处

$$f_x(0, 0)=f_y(0, 0)=0,\ \Delta z=f(0+\Delta x, 0+\Delta y)-f(0, 0)=\frac{\Delta x\Delta y}{\sqrt{(\Delta x)^2+(\Delta y)^2}},$$

但极限 $\lim\limits_{\rho\to 0}\dfrac{\Delta z-f_x(0, 0)\Delta x-f_y(0, 0)\Delta y}{\rho}=\lim\limits_{(\Delta x, \Delta y)\to(0, 0)}\dfrac{\Delta x\Delta y}{(\Delta x)^2+(\Delta y)^2}$ 却不存在，故函数 $f(x, y)$ 在点(0, 0)处不可微.

问题9 有人说偏导数 $f_x(x_0, y_0)$ 及 $f_y(x_0, y_0)$ 分别就是函数 $f(x, y)$ 在点 $P_0(x_0, y_0)$ 处沿 Ox 轴方向($l=\boldsymbol{i}$)及沿 Oy 轴方向($l=\boldsymbol{j}$)的方向导数. 这种说法对吗？

答 不对. 事实上，根据方向导数的定义，函数 $f(x, y)$ 在点 P_0 处沿 $l=\boldsymbol{i}$ 方向的方向导数为

$$\left.\frac{\partial f}{\partial l}\right|_{P_0}=\lim_{|\Delta x|\to 0}\frac{f(x_0+\Delta x, y_0)-f(x_0, y_0)}{|\Delta x|}=\lim_{\Delta x\to 0^+}\frac{f(x_0+\Delta x, y_0)-f(x_0, y_0)}{\Delta x},$$

而 $f_x(x_0, y_0)=\lim\limits_{\Delta x\to 0}\dfrac{f(x_0+\Delta x, y_0)-f(x_0, y_0)}{\Delta x}$. 由此可见，前者是单侧极限，后者是双侧极限，两者并非完全一样.

若 $f_x(x_0, y_0)$ 存在，则 $\left.\dfrac{\partial f}{\partial l}\right|_{P_0}$ 必存在，且 $f_x(x_0, y_0)=\left.\dfrac{\partial f}{\partial l}\right|_{P_0}$；但反之，若 $\left.\dfrac{\partial f}{\partial l}\right|_{P_0}$ 存在，则 $f_x(x_0, y_0)$ 可能不存在. 例如函数 $f(x, y)=\sqrt{x^2+y^2}$ 在点(0, 0)处沿 $l=\boldsymbol{i}$ 方向的方向导数 $\left.\dfrac{\partial f}{\partial l}\right|_{(0, 0)}=\lim\limits_{\Delta x\to 0^+}\dfrac{\sqrt{(\Delta x)^2}}{\Delta x}=1$，而 $f_x(0, 0)=\lim\limits_{\Delta x\to 0}\dfrac{|\Delta x|}{\Delta x}$ 却不存在.

需特别指出的是：函数 $f(x, y)$ 在点 P_0 处沿 x 轴负向 $l_1=-\boldsymbol{i}$ 的方向导数为

$$\begin{aligned}\left.\frac{\partial f}{\partial l_1}\right|_{P_0}&=\lim_{|\Delta x|\to 0}\frac{f(x_0+\Delta x, y_0)-f(x_0, y_0)}{|\Delta x|}\\&=\lim_{\Delta x\to 0^-}\frac{f(x_0+\Delta x, y_0)-f(x_0, y_0)}{\Delta x}=-f_x(x_0, y_0),\end{aligned}$$

类似地，$f(x, y)$ 在点 P_0 处沿方向 $l=\boldsymbol{j}$ 的方向导数与 $f_y(x_0, y_0)$ 也不完全相同.

问题10 什么是全微分形式的不变性？在多元函数微分学中它有什么作用？

答 设 $z=z(u, v)$ 为可微函数，无论 z 是自变量 u，v 的函数，或中间变量 u，v 的函数，它的全微分形式一样，都是 $\mathrm{d}z=\dfrac{\partial z}{\partial u}\mathrm{d}u+\dfrac{\partial z}{\partial v}\mathrm{d}v$. 这一性质叫做全微分形式的不变性.

在多元函数微分学中使用全微分形式的不变性，其最大优点是：不管变量之间的关系如何复杂，都可不必对其进行辨别和区分，而统一作为自变量来处理，这样不仅为解题带来方便，而且不易出错.

例 设方程 $xyz+\sqrt{x^2+y^2+z^2}=\sqrt{2}$ 确定了函数 $z=z(x, y)$，求 $\mathrm{d}z|_{(1, 0, -1)}$.

解 对方程两边求全微分，得

$$yz\mathrm{d}x+xz\mathrm{d}y+xy\mathrm{d}z+\frac{1}{\sqrt{x^2+y^2+z^2}}(x\mathrm{d}x+y\mathrm{d}y+z\mathrm{d}z)=0.$$

因此，在点$(1,\ 0,\ -1)$处，$-\mathrm{d}y+\frac{1}{\sqrt{2}}(\mathrm{d}x-\mathrm{d}z)=0$，即

$$\mathrm{d}z\big|_{(1,\ 0,\ -1)}=\mathrm{d}x-\sqrt{2}\,\mathrm{d}y.$$

当然，本题也可以用隐函数的求导公式求解，但它比利用全微分形式的不变性求解复杂.

问题 11 由方程$F(x,\ y,\ z)=0$所确定的隐函数$z=z(x,\ y)$，求其偏导数时有哪些常用的方法？

答 有下述三种常用方法：

(1) 复合函数求偏导数方法. 使用时需理清函数关系，在对方程$F(x,\ y,\ z)=0$两边关于某一自变量求偏导数时，要注意z是中间变量，它是x，y的函数.

(2) 公式法. 使用时即将方程中所有非零项移到等式一边，并将其设为函数$F(x,\ y,\ z)$，再利用隐函数求导公式即可. 须注意的是由$F(x,\ y,\ z)$求F_x、F_y、F_z时，变量x、y、z作为自变量等同对待.

(3) 全微分法. 利用全微分形式的不变性，将所给方程两边求全微分，然后整理成$\mathrm{d}z=u(x,\ y,\ z)\mathrm{d}x+v(x,\ y,\ z)\mathrm{d}y$，则$\mathrm{d}x$、$\mathrm{d}y$的系数便是$\frac{\partial z}{\partial x}$、$\frac{\partial z}{\partial y}$. 要注意求全微分时，$z$作为自变量对待.

例 设函数$z=z(x,\ y)$由$x^2+y^2+z^2=xf\left(\frac{y}{x}\right)$所确定，且$f$可微，求$\frac{\partial z}{\partial x}$和$\frac{\partial z}{\partial y}$.

解 方法一：所给方程两端对x求偏导数，得

$$2x+2z\frac{\partial z}{\partial x}=f\left(\frac{y}{x}\right)+xf'\left(\frac{y}{x}\right)\left(-\frac{y}{x^2}\right),$$

即

$$\frac{\partial z}{\partial x}=\frac{f\left(\frac{y}{x}\right)-\frac{y}{x}f'\left(\frac{y}{x}\right)-2x}{2z}.$$

同理，将已知关系式两端对y求偏导数，得$2y+2z\frac{\partial z}{\partial y}=f'\left(\frac{y}{x}\right)$，即

$$\frac{\partial z}{\partial y}=\frac{f'\left(\frac{y}{x}\right)-2y}{2z}.$$

方法二：令$F(x,\ y,\ z)=x^2+y^2+z^2-xf\left(\frac{y}{x}\right)$，则

$$F_x=2x-f\left(\frac{y}{x}\right)+\frac{y}{x}f'\left(\frac{y}{x}\right),\ F_y=2y-f'\left(\frac{y}{x}\right),\ F_z=2z,$$

因此

$$\frac{\partial z}{\partial x}=-\frac{F_x}{F_z}=\frac{f\left(\frac{y}{x}\right)-\frac{y}{x}f'\left(\frac{y}{x}\right)-2x}{2z},\ \frac{\partial z}{\partial y}=-\frac{F_y}{F_z}=\frac{f'\left(\frac{y}{x}\right)-2y}{2z}.$$

方法三：将所给关系式两端同时求全微分，得

$$2x\mathrm{d}x+2y\mathrm{d}y+2z\mathrm{d}z=f\left(\frac{y}{x}\right)\mathrm{d}x+xf'\left(\frac{y}{x}\right)\frac{x\mathrm{d}y-y\mathrm{d}x}{x^2},$$

即

$$\mathrm{d}z=\frac{f\left(\frac{y}{x}\right)-\frac{y}{x}f'\left(\frac{y}{x}\right)-2x}{2z}\mathrm{d}x+\frac{f'\left(\frac{y}{x}\right)-2y}{2z}\mathrm{d}y,$$

因此

$$\frac{\partial z}{\partial x}=\frac{f\left(\frac{y}{x}\right)-\frac{y}{x}f'\left(\frac{y}{x}\right)-2x}{2z},\ \frac{\partial z}{\partial y}=\frac{f'\left(\frac{y}{x}\right)-2y}{2z}.$$

三、典型例题

例 1 设 $z=x+y+f(x-y)$，已知 $y=0$ 时，$z=x^2$，求 $f(x)$ 和 z.

解 由 $y=0$ 时，$z=x^2$，知 $x^2=x+f(x)$，即 $f(x)=x^2-x$. 又

$$z=x+y+f(x-y)=x+y+[(x-y)^2-(x-y)],$$

即

$$z=(x-y)^2+2y.$$

例 2 求下列二重极限：

(1) $\lim\limits_{(x,y)\to(0,0)}(x^2+y^2)\sin\frac{1}{xy}$； (2) $\lim\limits_{(x,y)\to(0,0)}\frac{\sqrt{x^2y^2+1}-1}{x^2+y^2}$；

(3) $\lim\limits_{(x,y)\to(+\infty,+\infty)}\frac{x+y}{x^2+y^2}$； (4) $\lim\limits_{(x,y)\to(\infty,2)}\left(1+\frac{1}{x}\right)^{\frac{x^2}{x+y}}$；

(5) $\lim\limits_{(x,y)\to(+\infty,+\infty)}\left(\frac{xy}{x^2+y^2}\right)^{x^2}$.

解 (1) 因为 $\lim\limits_{(x,y)\to(0,0)}(x^2+y^2)=0$，$\left|\sin\frac{1}{xy}\right|\leqslant 1$，所以

$$\lim_{(x,y)\to(0,0)}(x^2+y^2)\sin\frac{1}{xy}=0.$$

(2)
$$\lim_{(x,y)\to(0,0)}\frac{\sqrt{x^2y^2+1}-1}{x^2+y^2}=\lim_{(x,y)\to(0,0)}\frac{x^2y^2}{(x^2+y^2)(\sqrt{x^2y^2+1}+1)}$$
$$=\frac{1}{2}\lim_{(x,y)\to(0,0)}\left(x^2\cdot\frac{y^2}{x^2+y^2}\right)=0.$$

(3) 由于

$$0<\left|\frac{x+y}{x^2+y^2}\right|=\frac{|x+y|}{x^2+y^2}\leqslant\frac{|x|+|y|}{x^2+y^2}\leqslant\frac{1}{2}\frac{|x|+|y|}{|x||y|}=\frac{1}{2}\left(\frac{1}{|x|}+\frac{1}{|y|}\right),$$

又 $\lim\limits_{(x,y)\to(+\infty,+\infty)}\left(\frac{1}{|x|}+\frac{1}{|y|}\right)=0$，所以

$$\lim_{(x,y)\to(+\infty,+\infty)}\frac{x+y}{x^2+y^2}=0.$$

(4) 因为

$$\lim_{(x,y)\to(\infty,2)}\left(1+\frac{1}{x}\right)^{\frac{x^2}{x+y}}=\lim_{(x,y)\to(\infty,2)}\left[\left(1+\frac{1}{x}\right)^{x}\right]^{\frac{x}{x+y}},\ \lim_{x\to\infty}\left(1+\frac{1}{x}\right)^{x}=\mathrm{e},\ \lim_{(x,y)\to(\infty,2)}\frac{x}{x+y}=1,$$

所以

$$\lim_{(x,y)\to(\infty,2)}\left(1+\frac{1}{x}\right)^{\frac{x^2}{x+y}}=\mathrm{e}.$$

(5) 当 $x>0$，$y>0$ 时，$x^2+y^2\geqslant 2xy>0$，故 $0<\frac{xy}{x^2+y^2}\leqslant\frac{1}{2}$，由此得

$$0<\left(\frac{xy}{x^2+y^2}\right)^{x^2}\leqslant\left(\frac{1}{2}\right)^{x^2},\ \lim_{x\to+\infty}\left(\frac{1}{2}\right)^{x^2}=0,$$

所以

$$\lim_{(x,y)\to(+\infty,+\infty)}\left(\frac{xy}{x^2+y^2}\right)^{x^2}=0.$$

例 3　考察函数 $z=f(x,y)=\sqrt{|xy|}$ 在点(0，0)处是否连续？一阶偏导数是否存在？是否可微？

解　因为 $\lim\limits_{(x,y)\to(0,0)}f(x,y)=\lim\limits_{(x,y)\to(0,0)}\sqrt{|xy|}=0=f(0,0)$，所以 $f(x,y)$ 在点(0，0)处连续. 又

$$f_x(0,0)=\lim_{x\to0}\frac{f(x,0)-f(0,0)}{x}=\lim_{x\to0}\frac{0-0}{x}=0,$$

同理 $f_y(0,0)=0$，即 $f(x,y)$ 在点(0，0)处的一阶偏导数存在.

$$\Delta z=f(0+\Delta x,0+\Delta y)-f(0,0)=\sqrt{|\Delta x\Delta y|},$$

而

$$\lim_{\rho\to0}\frac{\Delta z-[f_x(0,0)\Delta x+f_y(0,0)\Delta y]}{\rho}=\lim_{(\Delta x,\Delta y)\to(0,0)}\frac{\sqrt{|\Delta x\Delta y|}}{\sqrt{(\Delta x)^2+(\Delta y)^2}},$$

当动点 (x,y) 沿直线 $y=x$ 趋于点(0，0)时，即 $\Delta y=\Delta x\to0$ 时，得

$$\lim_{\substack{(\Delta x,\Delta y)\to(0,0)\\ \Delta y=\Delta x}}\frac{\sqrt{|\Delta x\Delta y|}}{\sqrt{(\Delta x)^2+(\Delta y)^2}}=\lim_{\Delta x\to0}\frac{\sqrt{|\Delta x|^2}}{\sqrt{2(\Delta x)^2}}=\frac{1}{\sqrt{2}}\neq0,$$

即 $\Delta z-[f_x(0,0)\Delta x+f_y(0,0)\Delta y]$ 不是 ρ 的高阶无穷小，故函数 $f(x,y)$ 在点(0，0)处不可微.

例 4　设 $f(x,y)=\sqrt{x^2+y^4}$，求 $f_x(0,0)$ 及 $f_y(0,0)$.

分析　因 $f(x,y)$ 的偏导函数在(0，0)处无意义，故不能用偏导函数 $f_x(x,y)$ 及 $f_y(x,y)$ 在(0，0)处的函数值求 $f_x(0,0)$ 及 $f_y(0,0)$，而只能用定义直接求解.

解　因为 $\lim\limits_{x\to0}\frac{f(x,0)-f(0,0)}{x}=\lim\limits_{x\to0}\frac{\sqrt{x^2}}{x}=\lim\limits_{x\to0}\frac{|x|}{x}$ 不存在，所以 $f_x(0,0)$ 不存在；又

$$\lim_{y\to0}\frac{f(0,y)-f(0,0)}{y}=\lim_{y\to0}\frac{\sqrt{y^4}}{y}=\lim_{y\to0}y=0,$$

所以 $f_y(0,0)=0$.

例 5　设二元函数 $f(x,y)$ 具有一阶连续偏导数，且

$$f(x,x^2)=x^3,\ f_x(x,x^2)=4x^3+x^2,$$

求 $f_y(x, x^2)$.

解 将 $f(x, x^2)=x^3$ 两边对 x 求导，得

$$f_x(x, x^2)+f_y(x, x^2)\cdot 2x=3x^2,$$

将 $f_x(x, x^2)=4x^3+x^2$ 代入，得

$$4x^3+x^2+2xf_y(x, x^2)=3x^2,$$

故 $f_y(x, x^2)=x-2x^2$.

例 6 设 $z=\arctan\dfrac{x+y}{1-xy}$，求 $\dfrac{\partial z}{\partial x}$，$\dfrac{\partial z}{\partial y}$，$\dfrac{\partial^2 z}{\partial x^2}$，$\dfrac{\partial^2 z}{\partial x\partial y}$，$\dfrac{\partial^2 z}{\partial y^2}$.

解 $$\frac{\partial z}{\partial x}=\frac{1}{1+\left(\frac{x+y}{1-xy}\right)^2}\cdot\frac{1-xy+(x+y)y}{(1-xy)^2}=\frac{1+y^2}{(1-xy)^2+(x+y)^2}=\frac{1}{1+x^2},$$

$$\frac{\partial^2 z}{\partial x^2}=\frac{-2x}{(1+x^2)^2},$$

$$\frac{\partial^2 z}{\partial x\partial y}=0.$$

由函数表达式中 x 与 y 的对称性得 $\dfrac{\partial z}{\partial y}=\dfrac{1}{1+y^2}$，$\dfrac{\partial^2 z}{\partial y^2}=\dfrac{-2y}{(1+y^2)^2}$.

例 7 设 $y=f(x, t)$，而 $t=t(x, y)$ 是由方程 $F(x, y, t)=0$ 所确定的函数，其中 f、F 都具有一阶连续偏导数，试证明 $\dfrac{\mathrm{d}y}{\mathrm{d}x}=\dfrac{f_xF_t-f_tF_x}{F_t+f_tF_y}$.

证 由方程组 $\begin{cases}y=f(x, t),\\F(x, y, t)=0\end{cases}$ 可确定两个一元隐函数 $\begin{cases}y=y(x),\\t=t(x).\end{cases}$ 方程组两边对 x 求导，得

$$\begin{cases}\dfrac{\mathrm{d}y}{\mathrm{d}x}=\dfrac{\partial f}{\partial x}+\dfrac{\partial f}{\partial t}\cdot\dfrac{\mathrm{d}t}{\mathrm{d}x},\\[2ex]\dfrac{\partial F}{\partial x}+\dfrac{\partial F}{\partial y}\cdot\dfrac{\mathrm{d}y}{\mathrm{d}x}+\dfrac{\partial F}{\partial t}\cdot\dfrac{\mathrm{d}t}{\mathrm{d}x}=0,\end{cases}$$

整理，得

$$\begin{cases}\dfrac{\mathrm{d}y}{\mathrm{d}x}-\dfrac{\partial f}{\partial t}\cdot\dfrac{\mathrm{d}t}{\mathrm{d}x}=\dfrac{\partial f}{\partial x},\\[2ex]\dfrac{\partial F}{\partial y}\cdot\dfrac{\mathrm{d}y}{\mathrm{d}x}+\dfrac{\partial F}{\partial t}\cdot\dfrac{\mathrm{d}t}{\mathrm{d}x}=-\dfrac{\partial F}{\partial x}.\end{cases}$$

在 $D=\begin{vmatrix}1 & -\dfrac{\partial f}{\partial t}\\[2ex]\dfrac{\partial F}{\partial y} & \dfrac{\partial F}{\partial t}\end{vmatrix}=F_t+f_t\cdot F_y\neq 0$ 的条件下，解方程组得

$$\frac{\mathrm{d}y}{\mathrm{d}x}=\frac{1}{D}\cdot\begin{vmatrix}\dfrac{\partial f}{\partial x} & -\dfrac{\partial f}{\partial t}\\[2ex]-\dfrac{\partial F}{\partial x} & \dfrac{\partial F}{\partial t}\end{vmatrix}=\frac{f_xF_t-f_tF_x}{F_t+f_tF_y}.$$

例 8 设 $z=f(x, y, u)=xy+xF(u)$，其中 F 为可微函数，且 $u=\dfrac{y}{x}$，求 $x\dfrac{\partial z}{\partial x}+y\dfrac{\partial z}{\partial y}$.

解 本题的实质是求抽象函数的偏导数，其复合关系如图 9-1 所示.

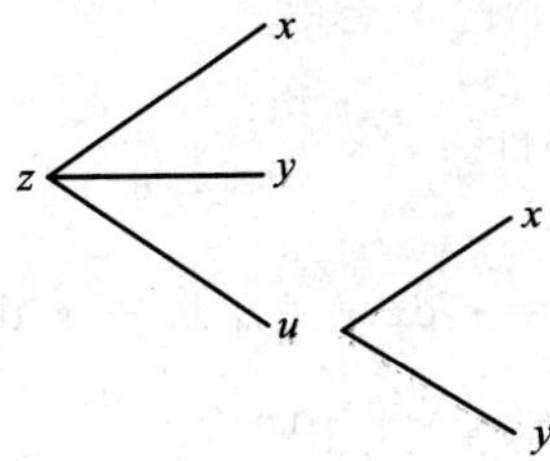

图 9-1

利用多元复合函数的求导法则，得

$$\frac{\partial z}{\partial x}=\frac{\partial f}{\partial x}+\frac{\partial f}{\partial u}\cdot\frac{\partial u}{\partial x}=y+F(u)+xF'(u)\left(-\frac{y}{x^2}\right)=y+F(u)-\frac{y}{x}F'(u),$$

$$\frac{\partial z}{\partial y}=\frac{\partial f}{\partial y}+\frac{\partial f}{\partial u}\cdot\frac{\partial u}{\partial y}=x+xF'(u)\cdot\frac{1}{x}=x+F'(u),$$

故

$$\begin{aligned}x\frac{\partial z}{\partial x}+y\frac{\partial z}{\partial y}&=x\left[y+F(u)-\frac{y}{x}F'(u)\right]+y[x+F'(u)]\\&=xy+xF(u)+xy=z+xy.\end{aligned}$$

注　在公式$\frac{\partial z}{\partial x}=\frac{\partial f}{\partial x}+\frac{\partial f}{\partial u}\cdot\frac{\partial u}{\partial x}$中，$\frac{\partial z}{\partial x}$与$\frac{\partial f}{\partial x}$是不同的，$\frac{\partial z}{\partial x}$是把复合函数$f\left(x, y, \frac{y}{x}\right)$中的$y$看作不变而对$x$的偏导数，$\frac{\partial f}{\partial x}$是把函数$f(x, y, u)$中的$u$及$y$看作不变而对$x$的偏导数，学习时必须正确地区分它们.

例 9　设$e^z-xyz=0$，求：

(1) $\frac{\partial z}{\partial x}$及$\frac{\partial z}{\partial y}$；

(2) $\frac{\partial^2 z}{\partial x^2}$.

解　(1) 方法一：利用隐函数求导公式.

令$F(x, y, z)=e^z-xyz$，则

$$F_x=-yz,\ F_y=-xz,\ F_z=e^z-xy.$$

由隐函数求导公式，得

$$\frac{\partial z}{\partial x}=-\frac{F_x}{F_z}=\frac{yz}{e^z-xy},\ \frac{\partial z}{\partial y}=-\frac{F_y}{F_z}=\frac{xz}{e^z-xy}.$$

方法二：利用复合函数求导法则.

方程两边对x求偏导数，得

$$e^z\frac{\partial z}{\partial x}-yz-xy\frac{\partial z}{\partial x}=0,$$

解得$\frac{\partial z}{\partial x}=\frac{yz}{e^z-xy}$.

方程两边对y求偏导数，得

$$e^z\frac{\partial z}{\partial y}-xz-xy\frac{\partial z}{\partial y}=0,$$

解得$\frac{\partial z}{\partial y}=\frac{xz}{e^z-xy}$.

方法三：利用全微分形式不变性.

因 $d(e^z-xyz)=0$，故

$$d(e^z)-d(xyz)=e^z dz-(yz dx+xz dy+xy dz)=0,$$

$$dz=\frac{yz}{e^z-xy}dx+\frac{xz}{e^z-xy}dy.$$

所以

$$\frac{\partial z}{\partial x}=\frac{yz}{e^z-xy},\ \frac{\partial z}{\partial y}=\frac{xz}{e^z-xy}.$$

(2)
$$\frac{\partial^2 z}{\partial x^2}=\frac{\partial}{\partial x}\left(\frac{yz}{e^z-xy}\right)=\frac{y\frac{\partial z}{\partial x}(e^z-xy)-yz\left(e^z\frac{\partial z}{\partial x}-y\right)}{(e^z-xy)^2}$$
$$=\frac{2y^2z(e^z-xy)-y^2z^2e^z}{(e^z-xy)^3}.$$

注 求隐函数的一阶偏导数的几种方法要加以区别，不要混淆. 若利用隐函数求导公式，则在求F_x、F_y、F_z时，x、y、z都视为自变量，也就是说，x、y、z三者是相互独立的，不存在函数关系. 如果利用复合函数求导公式，则z是关于x，y的二元函数，存在函数关系.

求隐函数的二阶偏导数时，要注意一阶偏导数的表达式中，z仍然是关于x，y的函数. 因此，可以利用复合函数的求导法则求出二阶偏导数.

例 10 设$\begin{cases}x=-u^2+v+z,\\ y=u+vz,\end{cases}$求$\frac{\partial u}{\partial x}$，$\frac{\partial v}{\partial x}$，$\frac{\partial u}{\partial z}$，$\frac{\partial v}{\partial z}$.

分析 所给题目属于由方程组所确定的隐函数求偏导数的问题，解决此类问题有两种方法：一种是复合函数求偏导数方法(用这种方法求偏导数的关键是弄清楚函数关系，分清哪几个变量是因变量，哪几个变量是自变量)；另一种是全微分法(这种方法是利用全微分形式的不变性，对所给方程组两边求全微分，然后整理得所求结果. 它的优点是在整个微分运算过程中不必区分变量是什么类型，所有变量等同对待，运算比较简单).

解 方法一：依题意u、v是因变量，x、z是自变量，还剩一个变量y是自变量还是因变量呢？这里两个方程包括五个变量，只能确定两个隐函数，而u、v是因变量，所以y必定是自变量，故知$u=u(x, y, z)$，$v=v(x, y, z)$.

将所给方程组分别对x和z求偏导数，得

$$\begin{cases}1=-2u\frac{\partial u}{\partial x}+\frac{\partial v}{\partial x},\\ 0=\frac{\partial u}{\partial x}+z\frac{\partial v}{\partial x}\end{cases}\quad 和\quad \begin{cases}0=-2u\frac{\partial u}{\partial z}+\frac{\partial v}{\partial z}+1,\\ 0=\frac{\partial u}{\partial z}+z\frac{\partial v}{\partial z}+v\end{cases}\quad 或\quad \begin{cases}-2u\frac{\partial u}{\partial z}+\frac{\partial v}{\partial z}=-1,\\ \frac{\partial u}{\partial z}+z\frac{\partial v}{\partial z}=-v,\end{cases}$$

解上面两个方程组，得

$$\frac{\partial u}{\partial x}=\frac{-z}{1+2zu},\ \frac{\partial v}{\partial x}=\frac{1}{1+2zu},\ \frac{\partial u}{\partial z}=\frac{z-v}{1+2zu},\ \frac{\partial v}{\partial z}=-\frac{1+2uv}{1+2zu}.$$

方法二：对原方程组每一个方程两端同时求全微分，得

$$\begin{cases}dx=-2udu+dv+dz,\\ dy=du+zdv+vdz,\end{cases}$$

整理，得

$$\begin{cases}-2u\mathrm{d}u+\mathrm{d}v=\mathrm{d}x-\mathrm{d}z,\\ \mathrm{d}u+z\mathrm{d}v=\mathrm{d}y-v\mathrm{d}z,\end{cases}$$

解得

$$\mathrm{d}u=\frac{-z\mathrm{d}x+\mathrm{d}y+(z-v)\mathrm{d}z}{1+2zu},\ \mathrm{d}v=\frac{\mathrm{d}x+2u\mathrm{d}y-(1+2uv)\mathrm{d}z}{1+2zu},$$

所以

$$\frac{\partial u}{\partial x}=\frac{-z}{1+2zu},\ \frac{\partial v}{\partial x}=\frac{1}{1+2zu},\ \frac{\partial u}{\partial z}=\frac{z-v}{1+2zu},\ \frac{\partial v}{\partial z}=-\frac{1+2uv}{1+2zu}.$$

例 11　设 $z=f(x, y)$具有一阶连续的偏导数，而 $x=r\cos\theta$，$y=r\sin\theta$，证明：

$$\left(\frac{\partial z}{\partial x}\right)^2+\left(\frac{\partial z}{\partial y}\right)^2=\left(\frac{\partial z}{\partial r}\right)^2+\frac{1}{r^2}\left(\frac{\partial z}{\partial \theta}\right)^2.$$

证　函数复合关系如图 9 - 2 所示.

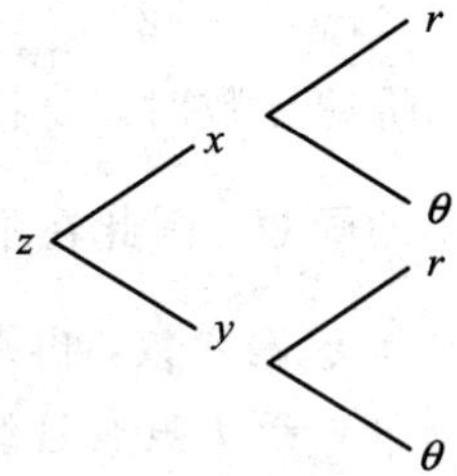

图 9 - 2

因为

$$\frac{\partial z}{\partial r}=\frac{\partial z}{\partial x}\cdot\frac{\partial x}{\partial r}+\frac{\partial z}{\partial y}\cdot\frac{\partial y}{\partial r}=\frac{\partial z}{\partial x}\cos\theta+\frac{\partial z}{\partial y}\sin\theta,$$

$$\frac{\partial z}{\partial \theta}=\frac{\partial z}{\partial x}\cdot\frac{\partial x}{\partial \theta}+\frac{\partial z}{\partial y}\cdot\frac{\partial y}{\partial \theta}=-\frac{\partial z}{\partial x}r\sin\theta+\frac{\partial z}{\partial y}r\cos\theta,$$

所以

$$\begin{aligned}&\left(\frac{\partial z}{\partial r}\right)^2+\frac{1}{r^2}\left(\frac{\partial z}{\partial \theta}\right)^2\\ =&\left(\frac{\partial z}{\partial x}\cos\theta+\frac{\partial z}{\partial y}\sin\theta\right)^2+\frac{1}{r^2}\left(-\frac{\partial z}{\partial x}r\sin\theta+\frac{\partial z}{\partial y}r\cos\theta\right)^2\\ =&\left(\frac{\partial z}{\partial x}\right)^2(\cos^2\theta+\sin^2\theta)+\left(\frac{\partial z}{\partial y}\right)^2(\cos^2\theta+\sin^2\theta)=\left(\frac{\partial z}{\partial x}\right)^2+\left(\frac{\partial z}{\partial y}\right)^2.\end{aligned}$$

例 12　设 $z=f(x^2-y^2, \mathrm{e}^{xy})$，其中 f 具有连续二阶偏导数，求$\frac{\partial z}{\partial x}$，$\frac{\partial^2 z}{\partial x\partial y}$.

解　令 $u=x^2-y^2$，$v=\mathrm{e}^{xy}$，$z=f(u, v)$，其复合关系如图 9 - 3 所示，于是

$$\frac{\partial z}{\partial x}=f_u(u, v)\frac{\partial u}{\partial x}+f_v(u, v)\frac{\partial v}{\partial x}=f_u(u, v)\cdot 2x+f_v(u, v)\cdot y\mathrm{e}^{xy},$$

通常记为

$$\frac{\partial z}{\partial x}=2xf'_1+y\mathrm{e}^{xy}f'_2,$$

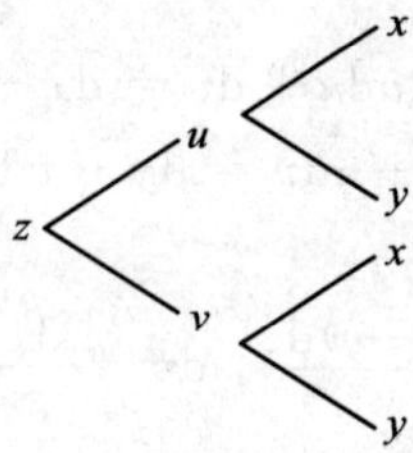

图 9 - 3

因此

$$\begin{aligned}\frac{\partial^2 z}{\partial x\partial y}&=\frac{\partial}{\partial y}\left(\frac{\partial z}{\partial x}\right)=\frac{\partial}{\partial y}(2xf_1'+ye^{xy}f_2')\\&=2x[f_{11}''\cdot(-2y)+f_{12}''\cdot e^{xy}\cdot x]+e^{xy}f_2'+y\cdot e^{xy}\cdot x\cdot f_2'\\&\quad+ye^{xy}[f_{21}''\cdot(-2y)+f_{22}''\cdot e^{xy}\cdot x]\\&=(1+xy)e^{xy}f_2'-4xyf_{11}''+2(x^2-y^2)e^{xy}f_{12}''+xye^{2xy}f_{22}''.\end{aligned}$$

注 在求二元抽象复合函数的二阶偏导数时，要特别注意 f_1' 就是 $f_u(u,v)$，f_2' 就是 $f_v(u,v)$，它们仍然是中间变量 u、v 的函数，因此在求$\frac{\partial f_1'}{\partial x}$，$\frac{\partial f_2'}{\partial x}$和$\frac{\partial f_1'}{\partial y}$，$\frac{\partial f_2'}{\partial y}$时仍要利用复合函数的求导法则，先对中间变量 u、v 求偏导数，再乘以 u 或 v 对 x 或 y 的偏导数. 这是解题的关键，切勿疏忽，以免出错. 另外，若 f 具有连续二阶偏导数，则应根据 $f_{12}''=f_{21}''$ 对结论作相应的化简.

例 13 设 $z=z(x,y)$是由方程 $F(yz,e^{xz})=0$ 所确定的隐函数，其中函数 F 对各个自变量具有连续的偏导数，求 dz.

解 方法一：利用全微分形式不变性.

对方程 $F(yz,e^{xz})=0$ 两边求全微分，得

$$F_1'\cdot d(yz)+F_2'\cdot d(e^{xz})=0,$$

即

$$F_1'\cdot(zdy+ydz)+F_2'\cdot e^{xz}(zdx+xdz)=0,$$

整理，得

$$dz=-\frac{ze^{xz}F_2'dx+zF_1'dy}{yF_1'+xe^{xz}F_2'}.$$

方法二：利用隐函数求导公式.

设 $G(x,y,z)=F(yz,e^{xz})$，则

$$G_x=ze^{xz}F_2',\ G_y=zF_1',\ G_z=yF_1'+xe^{xz}F_2',$$

从而有

$$\frac{\partial z}{\partial x}=-\frac{G_x}{G_z}=-\frac{ze^{xz}F_2'}{yF_1'+xe^{xz}F_2'},\ \frac{\partial z}{\partial y}=-\frac{G_y}{G_z}=-\frac{zF_1'}{yF_1'+xe^{xz}F_2'},$$

故

$$dz=\frac{\partial z}{\partial x}dx+\frac{\partial z}{\partial y}dy=-\frac{G_xdx+G_ydx}{G_z}=-\frac{ze^{xz}F_2'dx+zF_1'dy}{yF_1'+xe^{xz}F_2'}.$$

方法三：利用复合函数求导法则.

方程 $F(yz,e^{xz})=0$ 两边对 x、y 求偏导数，注意 z 是关于 x，y 的二元函数，由复合函数求导法则得

$$F_1' \cdot y \cdot \frac{\partial z}{\partial x} + F_2' \cdot \mathrm{e}^{xz}\left(z + x\frac{\partial z}{\partial x}\right) = 0,\ F_1' \cdot \left(z + y\frac{\partial z}{\partial y}\right) + F_2' \cdot \mathrm{e}^{xz}x\frac{\partial z}{\partial y} = 0,$$

解得
$$\frac{\partial z}{\partial x} = -\frac{z\mathrm{e}^{xz}F_2'}{yF_1' + x\mathrm{e}^{xz}F_2'},\ \frac{\partial z}{\partial y} = -\frac{zF_1'}{yF_1' + x\mathrm{e}^{xz}F_2'},$$

故
$$\mathrm{d}z = \frac{\partial z}{\partial x}\mathrm{d}x + \frac{\partial z}{\partial y}\mathrm{d}y = -\frac{z\mathrm{e}^{xz}F_2'\mathrm{d}x + zF_1'\mathrm{d}y}{yF_1' + x\mathrm{e}^{xz}F_2'}.$$

例 14　对于函数 $z=f(x, y)$，引入新变量 $\xi=xy$，$\eta=\dfrac{x}{y}$ 后变为 $z=f(\xi, \eta)$，并且 f 对所有自变量具有连续二阶偏导数，问方程 $x^2\dfrac{\partial^2 z}{\partial x^2}=y^2\dfrac{\partial^2 z}{\partial y^2}$ 变为什么形式？

解　函数复合关系如图 9 - 4 所示，由复合函数的求导法则知

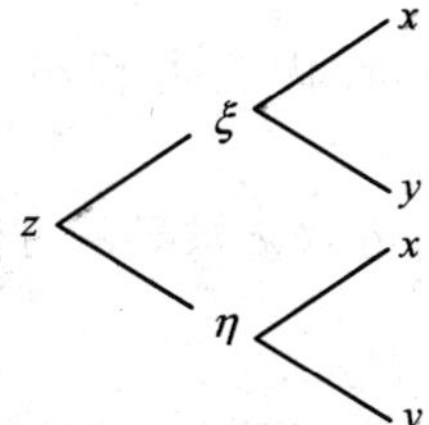

图 9 - 4

$$\frac{\partial z}{\partial x} = \frac{\partial z}{\partial \xi} \cdot \frac{\partial \xi}{\partial x} + \frac{\partial z}{\partial \eta} \cdot \frac{\partial \eta}{\partial x} = y \cdot \frac{\partial z}{\partial \xi} + \frac{1}{y} \cdot \frac{\partial z}{\partial \eta},$$

$$\begin{aligned}\frac{\partial^2 z}{\partial x^2} &= y \cdot \left(\frac{\partial^2 z}{\partial \xi^2} \cdot \frac{\partial \xi}{\partial x} + \frac{\partial^2 z}{\partial \xi \partial \eta} \cdot \frac{\partial \eta}{\partial x}\right) + \frac{1}{y} \cdot \left(\frac{\partial^2 z}{\partial \eta \partial \xi} \cdot \frac{\partial \xi}{\partial x} + \frac{\partial^2 z}{\partial \eta^2} \cdot \frac{\partial \eta}{\partial x}\right)\\ &= y \cdot \left(\frac{\partial^2 z}{\partial \xi^2} \cdot y + \frac{\partial^2 z}{\partial \xi \partial \eta} \cdot \frac{1}{y}\right) + \frac{1}{y} \cdot \left(\frac{\partial^2 z}{\partial \eta \partial \xi} \cdot y + \frac{\partial^2 z}{\partial \eta^2} \cdot \frac{1}{y}\right)\\ &= y^2\frac{\partial^2 z}{\partial \xi^2} + 2 \cdot \frac{\partial^2 z}{\partial \xi \partial \eta} + \frac{1}{y^2}\frac{\partial^2 z}{\partial \eta^2},\end{aligned}$$

$$\frac{\partial z}{\partial y} = \frac{\partial z}{\partial \xi} \cdot \frac{\partial \xi}{\partial y} + \frac{\partial z}{\partial \eta} \cdot \frac{\partial \eta}{\partial y} = x \cdot \frac{\partial z}{\partial \xi} - \frac{x}{y^2} \cdot \frac{\partial z}{\partial \eta},$$

$$\begin{aligned}\frac{\partial^2 z}{\partial y^2} &= x \cdot \left(\frac{\partial^2 z}{\partial \xi^2} \cdot \frac{\partial \xi}{\partial y} + \frac{\partial^2 z}{\partial \xi \partial \eta} \cdot \frac{\partial \eta}{\partial y}\right) - \frac{x}{y^2} \cdot \left(\frac{\partial^2 z}{\partial \eta \partial \xi} \cdot \frac{\partial \xi}{\partial y} + \frac{\partial^2 z}{\partial \eta^2} \cdot \frac{\partial \eta}{\partial y}\right) + \frac{2x}{y^3} \cdot \frac{\partial z}{\partial \eta}\\ &= x \cdot \left[\frac{\partial^2 z}{\partial \xi^2} \cdot x + \frac{\partial^2 z}{\partial \xi \partial \eta} \cdot \left(-\frac{x}{y^2}\right)\right] - \frac{x}{y^2} \cdot \left[\frac{\partial^2 z}{\partial \eta \partial \xi} \cdot x + \frac{\partial^2 z}{\partial \eta^2} \cdot \left(-\frac{x}{y^2}\right)\right] + \frac{2x}{y^3} \cdot \frac{\partial z}{\partial \eta}\\ &= x^2\frac{\partial^2 z}{\partial \xi^2} - \frac{2x^2}{y^2}\frac{\partial^2 z}{\partial \xi \partial \eta} + \frac{x^2}{y^4}\frac{\partial^2 z}{\partial \eta^2} + \frac{2x}{y^3}\frac{\partial z}{\partial \eta}.\end{aligned}$$

代入 $x^2\dfrac{\partial^2 z}{\partial x^2}=y^2\dfrac{\partial^2 z}{\partial y^2}$，得

$$x^2\left(y^2\frac{\partial^2 z}{\partial \xi^2} + 2 \cdot \frac{\partial^2 z}{\partial \xi \partial \eta} + \frac{1}{y^2}\frac{\partial^2 z}{\partial \eta^2}\right) = y^2\left(x^2\frac{\partial^2 z}{\partial \xi^2} - \frac{2x^2}{y^2}\frac{\partial^2 z}{\partial \xi \partial \eta} + \frac{x^2}{y^4}\frac{\partial^2 z}{\partial \eta^2} + \frac{2x}{y^3}\frac{\partial z}{\partial \eta}\right),$$

整理，得

$$\frac{\partial^2 z}{\partial \xi \partial \eta} = \frac{1}{2\xi}\frac{\partial z}{\partial \eta}.$$

例 15 证明曲面 $f(x-az, y-bz)=0$ 上任一点处的切平面均与直线 $\frac{x}{a}=\frac{y}{b}=z$ 平行，其中 a、b 为非零常数.

分析 只需证明曲面上任一点处的法向量 $\boldsymbol{n}$ 与所给直线的方向向量垂直即可.

证 设 $F(x, y, z)=f(x-az, y-bz)$，则有

$$F_x = f_1', \quad F_y = f_2', \quad F_z =-af_1'-bf_2',$$

于是曲面上任一点处的法向量 $\boldsymbol{n}=\{f_1', f_2', -af_1'-bf_2'\}$. 又已知直线的方向向量为 $\boldsymbol{s}=\{a, b, 1\}$，由于 $\boldsymbol{n}\cdot\boldsymbol{s}=af_1'+bf_2'-af_1'-bf_2'=0$，即 $\boldsymbol{n}\perp\boldsymbol{s}$，所以命题得证.

例 16 求球面 $x^2+y^2+z^2=6$ 与抛物面 $z=x^2+y^2$ 的交线在点(1, 1, 2)处的切线方程.

分析一 本题主要是求出切向量. 因为方程组 $\begin{cases}x^2+y^2+z^2=6,\\ z=x^2+y^2\end{cases}$ 确定了交线 $x=x$，$y=\varphi(x)$，$z=\psi(x)$，所以可用方程两边对 x 求导的方法，解含有 $\frac{\mathrm{d}y}{\mathrm{d}x}$ 及 $\frac{\mathrm{d}z}{\mathrm{d}x}$ 的方程组，从而得切向量 $\boldsymbol{T}=\{1, \varphi'(x), \psi'(x)\}$.

分析二 因为两曲面交线上某点处的切线与两曲面在此点处的法向量都垂直，所以交线上某点处的切向量是两个法向量的向量积.

分析三 两曲面交线上某点处的切线应该在两曲面该点处的切平面上，故本题所求切线方程可用两切平面方程的联立方程组来表示.

解 方法一：方程 $x^2+y^2+z^2=6$，$z=x^2+y^2$ 两边对 x 求导，得

$$\begin{cases}2x+2y\,\frac{\mathrm{d}y}{\mathrm{d}x}+2z\,\frac{\mathrm{d}z}{\mathrm{d}x}=0,\\ 2x+2y\,\frac{\mathrm{d}y}{\mathrm{d}x}=\frac{\mathrm{d}z}{\mathrm{d}x},\end{cases}$$

即

$$\begin{cases}y\,\frac{\mathrm{d}y}{\mathrm{d}x}+z\,\frac{\mathrm{d}z}{\mathrm{d}x}=-x,\\ 2y\,\frac{\mathrm{d}y}{\mathrm{d}x}-\frac{\mathrm{d}z}{\mathrm{d}x}=-2x.\end{cases}$$

解上述方程组，得

$$\frac{\mathrm{d}y}{\mathrm{d}x}=\frac{x+2xz}{-y-2yz},\ \frac{\mathrm{d}z}{\mathrm{d}x}=0,$$

从而

$$\left.\frac{\mathrm{d}y}{\mathrm{d}x}\right|_{(1,1,2)}=-1,\ \left.\frac{\mathrm{d}z}{\mathrm{d}x}\right|_{(1,1,2)}=0,$$

所以交线在点(1, 1, 2)处的切向量 $\boldsymbol{T}=(1, -1, 0)$，因此所求切线方程为

$$\frac{x-1}{1}=\frac{y-1}{-1}=\frac{z-2}{0}.$$

方法二：由于球面 $x^2+y^2+z^2=6$ 的法向量 $\boldsymbol{n}_1=2(x, y, z)$，抛物面 $z=x^2+y^2$ 的法向量 $\boldsymbol{n}_2=(2x, 2y, -1)$，所以球面与抛物面交线的切向量为

$$\boldsymbol{T}=\boldsymbol{n}_1\times\boldsymbol{n}_2=\begin{vmatrix}\boldsymbol{i} & \boldsymbol{j} & \boldsymbol{k}\\ 2x & 2y & 2z\\ 2x & 2y & -1\end{vmatrix}=2(-y-2yz,\ 2xz+x,\ 0),$$

于是在点(1，1，2)处的切向量 $\boldsymbol{T}=(1,\ -1,\ 0)$，故所求切线方程为

$$\frac{x-1}{1}=\frac{y-1}{-1}=\frac{z-2}{0}.$$

方法三：由于在点(1，1，2)处球面 $x^2+y^2+z^2=6$ 的法向量

$$\boldsymbol{n}_1=2(x,\ y,\ z)\big|_{(1,\ 1,\ 2)}=2(1,\ 1,\ 2),$$

抛物面 $z=x^2+y^2$ 的法向量 $\boldsymbol{n}_2=(2x,\ 2y,\ -1)\big|_{(1,\ 1,\ 2)}=(2,\ 2,\ -1)$，所以两切平面方程分别为

$$(x-1)+(y-1)+2(z-2)=0\ \text{及}\ 2(x-1)+2(y-1)-(z-2)=0,$$

即 $x+y+2z-6=0$ 及 $2x+2y-z-2=0$. 所以，所求切线方程为

$$\begin{cases}x+y+2z-6=0,\\ 2x+2y-z-2=0.\end{cases}$$

例 17　设 x 轴正向到方向 l 的转角为 φ，求函数 $f(x,\ y)=x^2-xy+y^2$ 在点(1，1)处沿方向 l 的方向导数；并分别确定转角 φ，使该方向导数有：(1)最大值；(2)最小值；(3)等于零.

分析　本题可以直接求出方向导数，再找出使得方向导数最大、最小或为零的转角 φ，也可以利用方向导数与梯度的关系求解.

解　方法一：因为方向 l 的方向角为 φ、$\frac{\pi}{2}-\varphi$，所以 l 的方向余弦为 $\cos\varphi$、$\sin\varphi$. 又

$$\left.\frac{\partial f}{\partial x}\right|_{(1,\ 1)}=(2x-y)\big|_{(1,\ 1)}=1,\ \left.\frac{\partial f}{\partial y}\right|_{(1,\ 1)}=(-x+2y)\big|_{(1,\ 1)}=1,$$

故

$$\left.\frac{\partial f}{\partial l}\right|_{(1,\ 1)}=\left.\left(\frac{\partial f}{\partial x}\cos\alpha+\frac{\partial f}{\partial y}\cos\beta\right)\right|_{(1,\ 1)}=\cos\varphi+\sin\varphi=\sqrt{2}\ \sin\left(\varphi+\frac{\pi}{4}\right),$$

所以

(1) 当 $\sin\left(\varphi+\frac{\pi}{4}\right)=1$，即 $\varphi=\frac{\pi}{4}$时，方向导数最大，其最大值为$\sqrt{2}$；

(2) 当 $\sin\left(\varphi+\frac{\pi}{4}\right)=-1$，即 $\varphi=\frac{5\pi}{4}$时，方向导数最小，其最小值为$-\sqrt{2}$；

(3) 当 $\sin\left(\varphi+\frac{\pi}{4}\right)=0$，即 $\varphi=\frac{3\pi}{4}$或 $\varphi=\frac{7\pi}{4}$时，方向导数等于零.

方法二：根据方向导数与梯度的关系，得

(1) 沿梯度 $\mathbf{grad}f(1,\ 1)=(1,\ 1)$方向的方向导数最大，即 $\varphi=\frac{\pi}{4}$时，方向导数最大，其最大值为$\sqrt{2}$；

(2) 沿梯度 $\mathbf{grad}f(1,\ 1)=(1,\ 1)$反方向的方向导数最小，即 $\varphi=\frac{5\pi}{4}$时，方向导数最小，其最小值为$-\sqrt{2}$；

(3) 沿与梯度 $\mathbf{grad} f(1,1)=(1,1)$垂直方向的方向导数为零，即 $\varphi=\frac{3\pi}{4}$或 $\varphi=\frac{7\pi}{4}$时，方向导数等于零.

例 18 求函数 $z=1-\left(\frac{x^2}{a^2}+\frac{y^2}{b^2}\right)$在点 $P\left(\frac{a}{\sqrt{2}},\frac{b}{\sqrt{2}}\right)$处沿曲线$\frac{x^2}{a^2}+\frac{y^2}{b^2}=1$ 在这点的内法线方向的方向导数.

分析 要求方向导数，只需求出偏导数及给定方向的单位向量即可.

解 设 x 轴到题设的内法线方向的转角为φ，它是第三象限的角. 方程$\frac{x^2}{a^2}+\frac{y^2}{b^2}=1$ 的两边对 x 求导，得

$$\frac{2x}{a^2}+\frac{2y}{b^2}\cdot\frac{\mathrm{d}y}{\mathrm{d}x}=0,\ \frac{\mathrm{d}y}{\mathrm{d}x}=-\frac{b^2x}{a^2y},$$

所以在点 $P\left(\frac{a}{\sqrt{2}},\frac{b}{\sqrt{2}}\right)$处曲线的切线斜率为

$$k_{切}=\left.\frac{\mathrm{d}y}{\mathrm{d}x}\right|_{\left(\frac{a}{\sqrt{2}},\frac{b}{\sqrt{2}}\right)}=-\frac{b}{a},$$

法线的斜率为

$$\tan\varphi=-\frac{1}{k_{切}}=\frac{a}{b},\ \sin\varphi=-\frac{a}{\sqrt{a^2+b^2}},\ \cos\varphi=-\frac{b}{\sqrt{a^2+b^2}},$$

内法线的单位向量为

$$\boldsymbol{n}=\left\{-\frac{b}{\sqrt{a^2+b^2}},-\frac{a}{\sqrt{a^2+b^2}}\right\},$$

又

$$\left.\frac{\partial z}{\partial x}\right|_{\left(\frac{a}{\sqrt{2}},\frac{b}{\sqrt{2}}\right)}=-\left.\frac{2x}{a^2}\right|_{\left(\frac{a}{\sqrt{2}},\frac{b}{\sqrt{2}}\right)}=-\frac{\sqrt{2}}{a},\ \left.\frac{\partial z}{\partial y}\right|_{\left(\frac{a}{\sqrt{2}},\frac{b}{\sqrt{2}}\right)}=-\left.\frac{2y}{b^2}\right|_{\left(\frac{a}{\sqrt{2}},\frac{b}{\sqrt{2}}\right)}=-\frac{\sqrt{2}}{b},$$

故所求方向导数为

$$\left.\frac{\partial z}{\partial l}\right|_{\left(\frac{a}{\sqrt{2}},\frac{b}{\sqrt{2}}\right)}=\left(-\frac{\sqrt{2}}{a}\right)\cdot\left(-\frac{b}{\sqrt{a^2+b^2}}\right)+\left(-\frac{\sqrt{2}}{b}\right)\cdot\left(-\frac{a}{\sqrt{a^2+b^2}}\right)=\frac{\sqrt{2(a^2+b^2)}}{ab}.$$

例 19 求由方程 $x^2+y^2+z^2-2x+2y-4z-10=0$ 确定的函数 $z=f(x,y)$的极值.

分析 本题是关于隐函数求极值的问题. 可利用取极值的充分条件，先求出所有驻点，然后逐一判别这些驻点是否为极值点. 问题的关键是利用隐函数的求导法，求出一阶及二阶偏导数.

解 方法一：利用取极值的充分条件.

令 $F(x,y,z)=x^2+y^2+z^2-2x+2y-4z-10$，由隐函数的求导公式，得

$$\frac{\partial z}{\partial x}=-\frac{F_x}{F_z}=-\frac{x-1}{z-2},\ \frac{\partial z}{\partial y}=-\frac{F_y}{F_z}=-\frac{y+1}{z-2}.$$

解方程组$\begin{cases}\frac{\partial z}{\partial x}=0,\\ \frac{\partial z}{\partial y}=0,\end{cases}$得 $x=1$，$y=-1$，即驻点为$(1,-1)$，代入原方程得 $z=-2$ 或 $z=6$.

由

$$\frac{\partial^2 z}{\partial x^2}=\frac{(2-z)^2+(x-1)^2}{(2-z)^3},$$
$$\frac{\partial^2 z}{\partial x\partial y}=\frac{(y+1)(x-1)}{(2-z)^3},$$
$$\frac{\partial^2 z}{\partial y^2}=\frac{(2-z)^2+(y+1)^2}{(2-z)^3}$$

知：在点$(1,-1,-2)$处$AC-B^2=\frac{1}{16}>0$，又$A=\frac{1}{4}>0$，所以函数在$(1,-1)$处有极小值$z=-2$；在点$(1,-1,6)$处$AC-B^2=\frac{1}{16}>0$，又$A=-\frac{1}{4}<0$，所以函数在$(1,-1)$处有极大值$z=6$.

方法二：配方法.

原方程变形为$(x-1)^2+(y+1)^2+(z-2)^2=16$，于是

$$z=2\pm\sqrt{16-(x-1)^2-(y+1)^2}.$$

易见，当$x=1$，$y=-1$时，函数有极大值$z=6$，极小值$z=-2$.

例 20　设函数$f(x,y)=3x+4y-\alpha x^2-2\alpha y^2-2\beta xy$，试问$\alpha$、$\beta$分别满足什么条件时，$f(x,y)$有唯一的极大值？有唯一的极小值？

解　由极值的必要条件得方程组

$$\begin{cases}\dfrac{\partial f}{\partial x}=3-2\alpha x-2\beta y=0,\\ \dfrac{\partial f}{\partial y}=4-4\alpha y-2\beta x=0.\end{cases}$$

当$D=\begin{vmatrix}2\alpha & 2\beta\\ 2\beta & 4\alpha\end{vmatrix}=4(2\alpha^2-\beta^2)\neq0$时，$f(x,y)$有唯一驻点：

$$x_0=\frac{3\alpha-2\beta}{2\alpha^2-\beta^2},\ y_0=\frac{4\alpha-3\beta}{2(2\alpha^2-\beta^2)}.$$

记$A=\frac{\partial^2 f}{\partial x^2}=-2\alpha$，$B=\frac{\partial^2 f}{\partial x\partial y}=-2\beta$，$C=\frac{\partial^2 f}{\partial y^2}=-4\alpha$，则$AC-B^2=4(2\alpha^2-\beta^2)$.

当$AC-B^2>0$，即$2\alpha^2-\beta^2>0$时，$f(x,y)$有极值.

当$A=-2\alpha<0$，即$\alpha>0$时，$f(x,y)$有极大值.

当$A=-2\alpha>0$，即$\alpha<0$时，$f(x,y)$有极小值.

总之，当$2\alpha^2>\beta^2$，且$\alpha>0$时，$f(x,y)$有唯一极大值；当$2\alpha^2>\beta^2$，且$\alpha<0$时，$f(x,y)$有唯一极小值.

例 21　已知函数$z=f(x,y)$的全微分$dz=2xdx-2ydy$，并且$f(1,1)=2$，求$f(x,y)$在椭圆域$D=\left\{(x,y)\,\middle|\,x^2+\frac{y^2}{4}\leqslant1\right\}$上的最大值和最小值.

解　由$dz=2xdx-2ydy$可知$z=f(x,y)=x^2-y^2+C$，再由$f(1,1)=2$得$C=2$，故$z=f(x,y)=x^2-y^2+2$.

先求$z=f(x,y)$在D内的驻点. 令$\begin{cases}\dfrac{\partial f}{\partial x}=2x=0,\\ \dfrac{\partial f}{\partial y}=-2y=0,\end{cases}$解得驻点为$(0,0)$，且$f(0,0)=2$.

然后求 $z=f(x, y)$在 D 的边界 $x^2+\frac{y^2}{4}=1$ 上的最大值和最小值. 在边界 $x^2+\frac{y^2}{4}=1$ 上函数 $z=x^2-(4-4x^2)+2=5x^2-2(-1\leqslant x\leqslant 1)$的最大值为$z\big|_{x=\pm 1}=3$，最小值为$z\big|_{x=0}=-2$.

将驻点处的函数值和边界曲线上的最大值、最小值相比较，得到 $f(x, y)$在椭圆域 $D=\left\{(x, y)\,\middle|\, x^2+\frac{y^2}{4}\leqslant 1\right\}$上的最大值为 3 和最小值为−2.

注　求在区域 D(D 为有界闭区域)上连续，在 D 内可微的二元函数 $z=f(x, y)$的最大值和最小值，可先求出函数在 D 内的所有驻点，再求出函数在 D 的边界曲线上的最大值和最小值，将驻点处的函数值和边界曲线上的最大值和最小值相比较，其中最大者即为函数在区域 D 上的最大值，最小者即为函数在区域 D 上的最小值.

例 22　抛物线 $z=x^2+y^2$ 被平面 $x+y+z=1$ 截成一椭圆，求这椭圆上的点到原点的距离的最大值与最小值.

解　设点(x, y, z)为椭圆上任一点，则该点到原点的距离为

$$d=\sqrt{x^2+y^2+z^2},$$

约束条件为 $z=x^2+y^2$ 及 $x+y+z=1$. 令

$$L(x, y, z)=x^2+y^2+z^2+\lambda(z-x^2-y^2)+\mu(x+y+z-1).$$

解方程组

$$\begin{cases} L_x=2x-2\lambda x+\mu=0, \\ L_y=2y-2\lambda y+\mu=0, \\ L_z=2z+\lambda+\mu=0, \\ z=x^2+y^2, \\ x+y+z=1, \end{cases}$$

得 $x=y=\frac{-1\pm\sqrt{3}}{2}$，$z=2\mp\sqrt{3}$. 于是得到两个可能的极值点：

$$M_1\left(\frac{-1+\sqrt{3}}{2}, \frac{-1+\sqrt{3}}{2}, 2-\sqrt{3}\right), M_2\left(\frac{-1-\sqrt{3}}{2}, \frac{-1-\sqrt{3}}{2}, 2+\sqrt{3}\right).$$

由题意可知这种距离的最大值和最小值一定存在，所以距离的最大值和最小值分别在这两点取得. 而

$$2\left(\frac{-1\pm\sqrt{3}}{2}\right)^2+(2\mp\sqrt{3})^2=9\mp 5\sqrt{3},$$

故最大值与最小值分别为

$$d_{\max}=d_{M_2}=\sqrt{9+5\sqrt{3}}, d_{\min}=d_{M_1}=\sqrt{9-5\sqrt{3}}.$$

注　注意到 $d=\sqrt{x^2+y^2+z^2}$ 与 $d^2=x^2+y^2+z^2$ 在相同约束条件下有相同的极值点，为了计算方便，往往将问题转化为求函数 $d^2=x^2+y^2+z^2$ 在约束条件 $z=x^2+y^2$ 及 $x+y+z=1$ 下的条件极值. 因此，在利用拉格朗日乘数法求极值时，应尽可能地简化目标函数，以方便求解.

例 23　当 $x>0$，$y>0$，$z>0$ 时，求函数 $u=\ln x+2\ln y+3\ln z$ 在球面 $x^2+y^2+z^2=6r^2$ 上的最大值. 并证明对任意的正实数 a、b、c，不等式 $ab^2c^3\leqslant 108\left(\frac{a+b+c}{6}\right)^6$ 成立.

解　令 $F(x, y, z)=\ln x+2\ln y+3\ln z+\lambda(x^2+y^2+z^2-6r^2)$，解方程组

$$\begin{cases} F_x = \dfrac{1}{x} + 2\lambda x = 0, \\ F_y = \dfrac{2}{y} + 2\lambda y = 0, \\ F_z = \dfrac{3}{z} + 2\lambda z = 0, \\ x^2 + y^2 + z^2 - 6r^2 = 0. \end{cases}$$

根据条件 $x>0$，$y>0$，$z>0$ 得唯一驻点 $(r, \sqrt{2}r, \sqrt{3}r)$. 由问题本身可知，函数 u 在球面 $x^2+y^2+z^2=6r^2$ 上的最大值为

$$u\big|_{(r, \sqrt{2}r, \sqrt{3}r)} = \ln r + 2\ln(\sqrt{2}r) + 3\ln(\sqrt{3}r) = \ln(6\sqrt{3}r^6).$$

由上式知 $\ln x+2\ln y+3\ln z\leqslant\ln(6\sqrt{3}r^6)$，即 $xy^2z^3\leqslant6\sqrt{3}r^6$，所以

$$x^2y^4z^6\leqslant(6\sqrt{3})^2\cdot(r^2)^6,$$

即

$$x^2y^4z^6\leqslant108\left(\frac{x^2+y^2+z^2}{6}\right)^6.$$

令 $x^2=a$，$y^2=b$，$z^2=c$，于是

$$ab^2c^3\leqslant108\left(\frac{a+b+c}{6}\right)^6.$$

例 24　在第一卦限内作椭球面 $\dfrac{x^2}{a^2}+\dfrac{y^2}{b^2}+\dfrac{z^2}{c^2}=1$ 的切平面，使该切平面与三坐标面所围成的四面体的体积最小. 求这切平面的切点，并求此最小体积.

解　设切点为 $M(x_0, y_0, z_0)$，作函数 $F(x, y, z)=\dfrac{x^2}{a^2}+\dfrac{y^2}{b^2}+\dfrac{z^2}{c^2}-1$，则 $F_x=\dfrac{2x}{a^2}$，$F_y=\dfrac{2y}{b^2}$，$F_z=\dfrac{2z}{c^2}$，点 $M(x_0, y_0, z_0)$ 处的切平面方程为

$$\frac{2x_0}{a^2}(x-x_0)+\frac{2y_0}{b^2}(y-y_0)+\frac{2z_0}{c^2}(z-z_0)=0,$$

即

$$\frac{xx_0}{a^2}+\frac{yy_0}{b^2}+\frac{zz_0}{c^2}=1.$$

此平面在三个坐标轴上的截距分别为 $X=\dfrac{a^2}{x_0}$，$Y=\dfrac{b^2}{y_0}$，$Z=\dfrac{c^2}{z_0}$，所以切平面与三坐标面所围成的四面体的体积为 $V=\dfrac{1}{6}\dfrac{a^2b^2c^2}{x_0y_0z_0}$.

问题转化为在条件 $\dfrac{x^2}{a^2}+\dfrac{y^2}{b^2}+\dfrac{z^2}{c^2}=1$ 下，求 $V=\dfrac{1}{6}\dfrac{a^2b^2c^2}{xyz}$ 的最小值，要函数 $V=\dfrac{1}{6}\dfrac{a^2b^2c^2}{xyz}$ 最小，只要函数 xyz 最大.

方法一：拉格朗日乘数法.

令 $L(x, y, z)=xyz+\lambda\left(\dfrac{x^2}{a^2}+\dfrac{y^2}{b^2}+\dfrac{z^2}{c^2}-1\right)$，则

$$\begin{cases} L_x = yz + \dfrac{2x\lambda}{a^2} = 0, \\ L_y = xz + \dfrac{2y\lambda}{b^2} = 0, \\ L_z = xy + \dfrac{2z\lambda}{c^2} = 0, \\ \dfrac{x^2}{a^2} + \dfrac{y^2}{b^2} + \dfrac{z^2}{c^2} - 1 = 0, \end{cases}$$

解得 $x=\dfrac{a}{\sqrt{3}}$, $y=\dfrac{b}{\sqrt{3}}$, $z=\dfrac{c}{\sqrt{3}}$，这是唯一可能的极值点. 由问题本身可知，极值必定存在，因此所求切点坐标为

$$\left(\frac{a}{\sqrt{3}}, \frac{b}{\sqrt{3}}, \frac{c}{\sqrt{3}}\right),$$

其最小体积为

$$V_{\min} = \frac{a^2b^2c^2}{6\left(\dfrac{a}{\sqrt{3}}\right)\left(\dfrac{b}{\sqrt{3}}\right)\left(\dfrac{c}{\sqrt{3}}\right)} = \frac{\sqrt{3}}{2}abc.$$

方法二：利用已知不等式来求条件极值.

由不等式 $\sqrt[3]{(xyz)^2} \leqslant \dfrac{1}{3}(x^2+y^2+z^2)$，得

$$\sqrt[3]{(xyz)^2} = \sqrt[3]{\left(\frac{x}{a}\right)^2\left(\frac{y}{b}\right)^2\left(\frac{z}{c}\right)^2} \cdot (abc)^{\frac{2}{3}} \leqslant \frac{1}{3}(abc)^{\frac{2}{3}}\left[\left(\frac{x}{a}\right)^2+\left(\frac{y}{b}\right)^2+\left(\frac{z}{c}\right)^2\right],$$

而 $\dfrac{x^2}{a^2}+\dfrac{y^2}{b^2}+\dfrac{z^2}{c^2}=1$，所以 $\sqrt[3]{(xyz)^2} \leqslant \dfrac{1}{3}(abc)^{\frac{2}{3}}$，即 $xyz \leqslant \dfrac{1}{\sqrt{27}}abc$，等号当且仅当 $\dfrac{x}{a}=\dfrac{y}{b}=\dfrac{z}{c}$ 时成立. 由此得

$$x = \frac{a}{\sqrt{3}},\ y = \frac{b}{\sqrt{3}},\ z = \frac{c}{\sqrt{3}},$$

其最小体积为 $V_{\min}=\dfrac{a^2b^2c^2}{6}\dfrac{\sqrt{27}}{abc}=\dfrac{\sqrt{3}}{2}abc$.

注 本题在使用拉格朗日乘数法时，将求目标函数 $V=\dfrac{1}{6}\dfrac{a^2b^2c^2}{xyz}$ 的最小值问题转化为求函数 $V=xyz$ 的最大值问题，其约束条件均为 $\dfrac{x^2}{a^2}+\dfrac{y^2}{b^2}+\dfrac{z^2}{c^2}=1$，这是对目标函数的等效变形，既不会改变函数的极值点，又简化了计算.

四、习题选解

习题 9－1

2. 已知函数 $f(x, y)=x^2+y^2-xy\tan\dfrac{x}{y}$，试求 $f(tx, ty)$.

解　$f(tx, ty)=(tx)^2+(ty)^2-(tx)(ty)\tan\frac{tx}{ty}=t^2(x^2+y^2-xy\tan\frac{x}{y})=t^2f(x, y)$.

5. 求下列各函数的定义域：

(2) $z=\frac{1}{\sqrt{x+y}}+\frac{1}{\sqrt{x-y}}$；　　(4) $z=\ln(y-x)+\frac{\sqrt{x}}{\sqrt{1-x^2-y^2}}$；

(5) $u=\sqrt{R^2-x^2-y^2-z^2}+\frac{1}{\sqrt{x^2+y^2+z^2-r^2}}\ (R>r>0)$.

解　(2) 要使函数有意义，必须使 $x+y>0$ 且 $x-y>0$，故函数的定义域为

$$D=\{(x, y)\mid x+y>0, x-y>0\}.$$

(4) 要使函数有意义，必须使 $y-x>0$，$x\geqslant0$ 且 $1-x^2-y^2>0$，故函数的定义域为

$$D=\{(x, y)\mid y>x\geqslant0, x^2+y^2<1\}.$$

(5) 要使函数有意义，必须使 $R^2-x^2-y^2-z^2\geqslant0$ 且 $x^2+y^2+z^2-r^2>0$，故函数的定义域为

$$D=\{(x, y, z)\mid r^2<x^2+y^2+z^2\leqslant R^2\}.$$

6. 求下列各极限：

(4) $\lim\limits_{(x, y)\to(0, 0)}\frac{xy}{\sqrt{2-e^{xy}}-1}$；　　(6) $\lim\limits_{(x, y)\to(0, 0)}\frac{1-\cos(x^2+y^2)}{(x^2+y^2)e^{x^2y^2}}$.

解　(4) $\lim\limits_{(x, y)\to(0, 0)}\frac{xy}{\sqrt{2-e^{xy}}-1}=\lim\limits_{(x, y)\to(0, 0)}\frac{xy}{1-e^{xy}}(\sqrt{2-e^{xy}}+1)=(-1)\times2=-2$.

注　本题利用当$(x, y)\to(0, 0)$时，$e^{xy}-1\sim xy$.

(6) $\lim\limits_{(x, y)\to(0, 0)}\frac{1-\cos(x^2+y^2)}{(x^2+y^2)e^{x^2y^2}}=\lim\limits_{(x, y)\to(0, 0)}\frac{x^2+y^2}{e^{x^2y^2}}\cdot\frac{1-\cos(x^2+y^2)}{(x^2+y^2)^2}=0\cdot\frac{1}{2}=0$.

注　本题利用当$(x, y)\to(0, 0)$时，$1-\cos(x^2+y^2)\sim\frac{1}{2}(x^2+y^2)^2$.

8. 函数 $z=\frac{y^2+2x}{y^2-2x}$在何处是间断的？

解　这函数的定义域为 $D=\{(x, y)\mid y^2-2x\neq0\}$，曲线 $y^2-2x=0$ 上各点均为 D 的聚点，且函数在这些点处没有定义，因此曲线 $y^2-2x=0$ 上各点均为函数的间断点.

习题 9－2

1. 求下列函数的偏导数：

(2) $s=\frac{u^2+v^2}{uv}$；　　(4) $z=\sin(xy)+\cos^2(xy)$；

(6) $z=(1+xy)^y$；　　(7) $u=x^{\frac{y}{z}}$.

解　(2) 因为 $s=\frac{u^2+v^2}{uv}=\frac{u}{v}+\frac{v}{u}$，所以

$$\frac{\partial s}{\partial u}=\frac{1}{v}-\frac{v}{u^2},\ \frac{\partial s}{\partial v}=\frac{1}{u}-\frac{u}{v^2}.$$

(4) $\frac{\partial z}{\partial x}=\cos(xy)\cdot y+2\cos(xy)\cdot[-\sin(xy)]\cdot y=y[\cos(xy)-\sin(2xy)]$，

$\frac{\partial z}{\partial y}=\cos(xy)\cdot x+2\cos(xy)\cdot[-\sin(xy)]\cdot x=x[\cos(xy)-\sin(2xy)]$.

(6) $\frac{\partial z}{\partial x}=y\cdot(1+xy)^{y-1}\cdot y=y^2(1+xy)^{y-1}$，因为 $z=(1+xy)^y=e^{y\ln(1+xy)}$，所以

$$\frac{\partial z}{\partial y}=e^{y\ln(1+xy)}\left[\ln(1+xy)+y\cdot\frac{1}{1+xy}\cdot x\right]=(1+xy)^y\left[\ln(1+xy)+\frac{xy}{1+xy}\right].$$

(7) $\frac{\partial u}{\partial x}=\frac{y}{z}x^{\frac{y}{z}-1}$，$\frac{\partial u}{\partial y}=\frac{1}{z}x^{\frac{y}{z}}\ln x$，$\frac{\partial u}{\partial z}=-\frac{y}{z^2}x^{\frac{y}{z}}\ln x$.

4. 设 $f(x,y)=x+(y-1)\arcsin\sqrt{\frac{x}{y}}$，求 $f_x(x,1)$.

解 因为 $f(x,1)=x$，所以 $f_x(x,1)=1$.

6. 求下列函数的$\frac{\partial^2 z}{\partial x^2}$，$\frac{\partial^2 z}{\partial y^2}$和$\frac{\partial^2 z}{\partial x\partial y}$：

(2) $z=\arctan\frac{y}{x}$； (3) $z=y^x$.

解 (2) $\frac{\partial z}{\partial x}=\frac{1}{1+\left(\frac{y}{x}\right)^2}\cdot\left(-\frac{y}{x^2}\right)=-\frac{y}{x^2+y^2}$，$\frac{\partial^2 z}{\partial x^2}=\frac{2xy}{(x^2+y^2)^2}$，

$$\frac{\partial z}{\partial y}=\frac{1}{1+\left(\frac{y}{x}\right)^2}\cdot\frac{1}{x}=\frac{x}{x^2+y^2}，\frac{\partial^2 z}{\partial y^2}=-\frac{2xy}{(x^2+y^2)^2}，$$

$$\frac{\partial^2 z}{\partial x\partial y}=\frac{\partial}{\partial y}\left(-\frac{y}{x^2+y^2}\right)=-\frac{(x^2+y^2)-y\cdot 2y}{(x^2+y^2)^2}=\frac{y^2-x^2}{(x^2+y^2)^2}.$$

(3) $\frac{\partial z}{\partial x}=y^x\ln y$，$\frac{\partial^2 z}{\partial x^2}=y^x\ln^2 y$，

$\frac{\partial z}{\partial y}=xy^{x-1}$，$\frac{\partial^2 z}{\partial y^2}=x(x-1)y^{x-2}$，

$\frac{\partial^2 z}{\partial x\partial y}=xy^{x-1}\ln y+y^x\cdot\frac{1}{y}=y^{x-1}(x\ln y+1)$.

8. 设 $z=x\ln(xy)$，求$\frac{\partial^3 z}{\partial x^2\partial y}$及$\frac{\partial^3 z}{\partial x\partial y^2}$.

解 $\frac{\partial z}{\partial x}=\ln(xy)+x\cdot\frac{1}{xy}\cdot y=\ln(xy)+1$，

$\frac{\partial^2 z}{\partial x^2}=\frac{1}{xy}\cdot y=\frac{1}{x}$，$\frac{\partial^3 z}{\partial x^2\partial y}=0$，

$\frac{\partial^2 z}{\partial x\partial y}=\frac{x}{xy}=\frac{1}{y}$，$\frac{\partial^3 z}{\partial x\partial y^2}=-\frac{1}{y^2}$.

9. 验证：

(2) $r=\sqrt{x^2+y^2+z^2}$满足$\frac{\partial^2 r}{\partial x^2}+\frac{\partial^2 r}{\partial y^2}+\frac{\partial^2 r}{\partial z^2}=\frac{2}{r}$.

证 因为

$$\frac{\partial r}{\partial x}=\frac{x}{\sqrt{x^2+y^2+z^2}}=\frac{x}{r}，$$

$$\frac{\partial^2 r}{\partial x^2}=\frac{\partial}{\partial x}\left(\frac{x}{r}\right)=\frac{1}{r}-\frac{x}{r^2}\cdot\frac{x}{r}=\frac{r^2-x^2}{r^3}，$$

由函数关于自变量的对称性，得

$$\frac{\partial^2 r}{\partial y^2}=\frac{r^2-y^2}{r^3},\ \frac{\partial^2 r}{\partial z^2}=\frac{r^2-z^2}{r^3},$$

所以

$$\frac{\partial^2 r}{\partial x^2}+\frac{\partial^2 r}{\partial y^2}+\frac{\partial^2 r}{\partial z^2}=\frac{r^2-x^2}{r^3}+\frac{r^2-y^2}{r^3}+\frac{r^2-z^2}{r^3}=\frac{2}{r}.$$

习题 9－3

1. 求下列函数的全微分：

(3) $z=\frac{y}{\sqrt{x^2+y^2}}$；　　(4) $u=x^{yz}$.

解　(3) 因为

$$\frac{\partial z}{\partial x}=\frac{-y}{x^2+y^2}\cdot\frac{x}{\sqrt{x^2+y^2}}=\frac{-xy}{(x^2+y^2)^{\frac{3}{2}}},$$

$$\frac{\partial z}{\partial y}=\frac{\sqrt{x^2+y^2}-y\cdot\frac{y}{\sqrt{x^2+y^2}}}{x^2+y^2}=\frac{x^2}{(x^2+y^2)^{\frac{3}{2}}},$$

所以

$$dz=\frac{\partial z}{\partial x}dx+\frac{\partial z}{\partial y}dy=\frac{-xy}{(x^2+y^2)^{\frac{3}{2}}}dx+\frac{x^2}{(x^2+y^2)^{\frac{3}{2}}}dy=\frac{x}{(x^2+y^2)^{\frac{3}{2}}}(xdy-ydx).$$

(4) 因为

$$\frac{\partial u}{\partial x}=yzx^{yz-1},\ \frac{\partial u}{\partial y}=zx^{yz}\ln x,\ \frac{\partial u}{\partial z}=yx^{yz}\ln x,$$

所以

$$du=\frac{\partial u}{\partial x}dx+\frac{\partial u}{\partial y}dy+\frac{\partial u}{\partial z}dz=yzx^{yz-1}dx+zx^{yz}\ln x dy+yx^{yz}\ln x dz.$$

2. 求函数 $z=\ln(1+x^2+y^2)$ 当 $x=1$，$y=2$ 时的全微分.

解　因为

$$\frac{\partial z}{\partial x}=\frac{2x}{1+x^2+y^2},\qquad \frac{\partial z}{\partial y}=\frac{2y}{1+x^2+y^2},$$

$$\left.\frac{\partial z}{\partial x}\right|_{\substack{x=1\\y=2}}=\frac{1}{3},\qquad \left.\frac{\partial z}{\partial y}\right|_{\substack{x=1\\y=2}}=\frac{2}{3},$$

所以

$$dz\Big|_{\substack{x=1\\y=2}}=\frac{1}{3}dx+\frac{2}{3}dy.$$

3. 求函数 $z=\frac{y}{x}$ 当 $x=2$，$y=1$，$\Delta x=0.1$，$\Delta y=-0.2$ 时的全增量和全微分.

解　$\Delta z=\frac{y+\Delta y}{x+\Delta x}-\frac{y}{x}$，$dz=-\frac{y}{x^2}\Delta x+\frac{1}{x}\Delta y$.

当 $x=2$，$y=1$，$\Delta x=0.1$，$\Delta y=-0.2$ 时，全增量

$$\Delta z=\frac{1+(-0.2)}{2+0.1}-\frac{1}{2}=-\frac{5}{42}$$

全微分

$$dz=\left(-\frac{1}{4}\right)\times 0.1+\frac{1}{2}\times(-0.2)=-0.125.$$

5. 考虑二元函数 $f(x, y)$的下面四条性质：

(1) $f(x, y)$在点(x_0, y_0)连续；

(2) $f_x(x, y)$、$f_y(x, y)$在点(x_0, y_0)连续；

(3) $f(x, y)$在点(x_0, y_0)可微分；

(4) $f_x(x_0, y_0)$、$f_y(x_0, y_0)$存在.

若用“$P\Rightarrow Q$”表示可由性质 P 推出性质 Q，则下列四个选项中正确的是(　　).

(A) (2)⇒(3)⇒(1)　　　(B) (3)⇒(2)⇒(1)

(C) (3)⇒(4)⇒(1)　　　(D) (3)⇒(1)⇒(4)

解　应选(A).

由于二元函数偏导数存在且连续是二元函数可微分的充分条件，二元函数可微分必定偏导数存在，二元函数可微分必定连续，因此选项(A)正确.

选项(B)中(3)$\nRightarrow$(2)，选项(C)中(4)$\nRightarrow$(1)，选项(D)中(1)$\nRightarrow$(4).

7. 计算$(1.97)^{1.05}$的近似值($\ln 2=0.693$).

解　设 $f(x, y)=x^y$，则有

$$f_x(x, y)=yx^{y-1},\ f_y(x, y)=x^y\ln x.$$

利用近似公式

$$f(x+\Delta x, y+\Delta y)\approx f(x, y)+f_x(x, y)\Delta x+f_y(x, y)\Delta y,$$

取 $x=2$，$y=1$，$\Delta x=-0.03$，$\Delta y=0.05$，则有

$$f(2, 1)=2,\ f_x(2, 1)=1,\ f_y(2, 1)=2\ln 2,$$

所以

$$(1.97)^{1.05}\approx 2-0.03+2\ln 2\cdot 0.05=1.97+0.0693\approx 2.039.$$

习题 9-4

2. 设 $z=u^2\ln v$，而 $u=\dfrac{x}{y}$，$v=3x-2y$，求$\dfrac{\partial z}{\partial x}$，$\dfrac{\partial z}{\partial y}$.

解　方法一：由复合函数的求导法则有

$$\frac{\partial z}{\partial x}=\frac{\partial z}{\partial u}\cdot\frac{\partial u}{\partial x}+\frac{\partial z}{\partial v}\cdot\frac{\partial v}{\partial x}=2u\ln v\cdot\frac{1}{y}+\frac{u^2}{v}\cdot 3$$
$$=\frac{2x}{y^2}\ln(3x-2y)+\frac{3x^2}{(3x-2y)y^2},$$
$$\frac{\partial z}{\partial y}=\frac{\partial z}{\partial u}\cdot\frac{\partial u}{\partial y}+\frac{\partial z}{\partial v}\cdot\frac{\partial v}{\partial y}=2u\ln v\cdot\left(-\frac{x}{y^2}\right)+\frac{u^2}{v}\cdot(-2)$$
$$=-\frac{2x^2}{y^3}\ln(3x-2y)-\frac{2x^2}{(3x-2y)y^2}.$$

方法二：将 $u=\dfrac{x}{y}$，$v=3x-2y$ 代入 $z=u^2\ln v$ 中，得 $z=\dfrac{x^2}{y^2}\ln(3x-2y)$，

于是

$$\frac{\partial z}{\partial x}=\frac{2x}{y^2}\ln(3x-2y)+\frac{3x^2}{(3x-2y)y^2},$$
$$\frac{\partial z}{\partial y}=-\frac{2x^2}{y^3}\ln(3x-2y)-\frac{2x^2}{(3x-2y)y^2}.$$

4. 设 $z=\arcsin(x-y)$，而 $x=3t$，$y=4t^3$，求$\frac{\mathrm{d}z}{\mathrm{d}t}$.

解　方法一：由复合函数的求导法则有

$$\begin{aligned}\frac{\mathrm{d}z}{\mathrm{d}t}&=\frac{\partial z}{\partial x}\cdot\frac{\mathrm{d}x}{\mathrm{d}t}+\frac{\partial z}{\partial y}\cdot\frac{\mathrm{d}y}{\mathrm{d}t}\\&=\frac{1}{\sqrt{1-(x-y)^2}}\cdot 3+\frac{-1}{\sqrt{1-(x-y)^2}}\cdot 12t^2\\&=\frac{3(1-4t^2)}{\sqrt{1-(3t-4t^3)^2}}.\end{aligned}$$

方法二：将 $x=3t$，$y=4t^3$代入 $z=\arcsin(x-y)$中，得 $z=\arcsin(3t-4t^3)$，于是

$$\frac{\mathrm{d}z}{\mathrm{d}t}=\frac{3(1-4t^2)}{\sqrt{1-(3t-4t^3)^2}}.$$

7. 设 $z=\arctan\frac{x}{y}$，而 $x=u+v$，$y=u-v$，验证

$$\frac{\partial z}{\partial u}+\frac{\partial z}{\partial v}=\frac{u-v}{u^2+v^2}.$$

证

$$\begin{aligned}\frac{\partial z}{\partial u}+\frac{\partial z}{\partial v}&=\left(\frac{\partial z}{\partial x}\cdot\frac{\partial x}{\partial u}+\frac{\partial z}{\partial y}\cdot\frac{\partial y}{\partial u}\right)+\left(\frac{\partial z}{\partial x}\cdot\frac{\partial x}{\partial v}+\frac{\partial z}{\partial y}\cdot\frac{\partial y}{\partial v}\right)\\&=\frac{\frac{1}{y}}{1+\left(\frac{x}{y}\right)^2}\cdot 1+\frac{-\frac{x}{y^2}}{1+\left(\frac{x}{y}\right)^2}\cdot 1+\frac{\frac{1}{y}}{1+\left(\frac{x}{y}\right)^2}\cdot 1+\frac{-\frac{x}{y^2}}{1+\left(\frac{x}{y}\right)^2}\cdot(-1)\\&=\frac{2y}{x^2+y^2}=\frac{2(u-v)}{(u+v)^2+(u-v)^2}=\frac{u-v}{u^2+v^2},\end{aligned}$$

故等式成立.

8. 求下列函数的一阶偏导数(其中 f 具有一阶连续偏导数)：

(3) $u=f(x,xy,xyz)$.

解　由复合函数的求导法则有

$$\frac{\partial u}{\partial x}=f_1'\cdot 1+f_2'\cdot y+f_3'\cdot yz=f_1'+yf_2'+yzf_3',$$

$$\frac{\partial u}{\partial y}=f_2'\cdot x+f_3'\cdot xz=xf_2'+xzf_3',$$

$$\frac{\partial u}{\partial z}=f_3'\cdot xy=xyf_3'.$$

11. 设 $z=f(x^2+y^2)$，其中 f 具有二阶导数，求$\frac{\partial^2 z}{\partial x^2}$，$\frac{\partial^2 z}{\partial x\partial y}$，$\frac{\partial^2 z}{\partial y^2}$.

解

$$\frac{\partial z}{\partial x}=2xf'(x^2+y^2),\quad\frac{\partial z}{\partial y}=2yf'(x^2+y^2),$$

$$\frac{\partial^2 z}{\partial x^2}=2f'(x^2+y^2)+4x^2f''(x^2+y^2),$$

$$\frac{\partial^2 z}{\partial x\partial y}=4xyf''(x^2+y^2),$$

$$\frac{\partial^2 z}{\partial y^2}=2f'(x^2+y^2)+4y^2f''(x^2+y^2).$$

12. 求下列函数的$\frac{\partial^2 z}{\partial x^2}$，$\frac{\partial^2 z}{\partial x\partial y}$，$\frac{\partial^2 z}{\partial y^2}$(其中 f 具有二阶连续偏导数)：

(1) $z=f(xy, y)$； (3) $z=f(xy^2, x^2y)$.

解 (1) $\frac{\partial z}{\partial x}=yf_1'$，$\frac{\partial z}{\partial y}=xf_1'+f_2'$，

$$\frac{\partial^2 z}{\partial x^2}=\frac{\partial}{\partial x}\left(\frac{\partial z}{\partial x}\right)=\frac{\partial}{\partial x}(yf_1')=y^2f_{11}''，$$

$$\frac{\partial^2 z}{\partial x\partial y}=\frac{\partial}{\partial y}\left(\frac{\partial z}{\partial x}\right)=\frac{\partial}{\partial y}(yf_1')=f_1'+xyf_{11}''+yf_{12}''，$$

$$\begin{aligned}\frac{\partial^2 z}{\partial y^2}=\frac{\partial}{\partial y}\left(\frac{\partial z}{\partial y}\right)=\frac{\partial}{\partial y}(xf_1'+f_2')&=x(xf_{11}''+f_{12}'')+xf_{21}''+f_{22}''\\&=x^2f_{11}''+2xf_{12}''+f_{22}''.\end{aligned}$$

(3) $\frac{\partial z}{\partial x}=y^2f_1'+2xyf_2'$，$\frac{\partial z}{\partial y}=2xyf_1'+x^2f_2'$，

$$\begin{aligned}\frac{\partial^2 z}{\partial x^2}&=\frac{\partial}{\partial x}\left(\frac{\partial z}{\partial x}\right)=\frac{\partial}{\partial x}(y^2f_1'+2xyf_2')\\&=y^2(y^2f_{11}''+2xyf_{12}'')+2yf_2'+2xy(y^2f_{21}''+2xyf_{22}'')\\&=2yf_2'+y^4f_{11}''+4xy^3f_{12}''+4x^2y^2f_{22}''，\end{aligned}$$

$$\begin{aligned}\frac{\partial^2 z}{\partial x\partial y}&=\frac{\partial}{\partial y}\left(\frac{\partial z}{\partial x}\right)=\frac{\partial}{\partial y}(y^2f_1'+2xyf_2')\\&=2yf_1'+y^2(2xyf_{11}''+x^2f_{12}'')+2xf_2'+2xy(2xyf_{21}''+x^2f_{22}'')\\&=2yf_1'+2xf_2'+2xy^3f_{11}''+5x^2y^2f_{12}''+2x^3yf_{22}''，\end{aligned}$$

$$\begin{aligned}\frac{\partial^2 z}{\partial y^2}&=\frac{\partial}{\partial y}\left(\frac{\partial z}{\partial y}\right)=\frac{\partial}{\partial y}(2xyf_1'+x^2f_2')\\&=2xf_1'+2xy(2xyf_{11}''+x^2f_{12}'')+x^2(2xyf_{21}''+x^2f_{22}'')\\&=2xf_1'+4x^2y^2f_{11}''+4x^3yf_{12}''+x^4f_{22}''.\end{aligned}$$

习题 9-5

2. 设 $\ln\sqrt{x^2+y^2}=\arctan\frac{y}{x}$，求$\frac{\mathrm{d}y}{\mathrm{d}x}$.

解 设 $F(x, y)=\ln\sqrt{x^2+y^2}-\arctan\frac{y}{x}=\frac{1}{2}\ln(x^2+y^2)-\arctan\frac{y}{x}$，则

$$F_x=\frac{1}{2}\cdot\frac{2x}{x^2+y^2}-\frac{1}{1+\left(\frac{y}{x}\right)^2}\cdot\left(-\frac{y}{x^2}\right)=\frac{x+y}{x^2+y^2}，$$

$$F_y=\frac{1}{2}\cdot\frac{2y}{x^2+y^2}-\frac{1}{1+\left(\frac{y}{x}\right)^2}\cdot\frac{1}{x}=\frac{y-x}{x^2+y^2}，$$

当 $F_y\neq0$ 时，有

$$\frac{\mathrm{d}y}{\mathrm{d}x}=-\frac{F_x}{F_y}=-\frac{\frac{x+y}{x^2+y^2}}{\frac{y-x}{x^2+y^2}}=\frac{x+y}{x-y}.$$

4. 设$\frac{x}{z}=\ln\frac{z}{y}$，求$\frac{\partial z}{\partial x}$及$\frac{\partial z}{\partial y}$.

解　设 $F(x, y, z)=\frac{x}{z}-\ln\frac{z}{y}$，则

$$F_x=\frac{1}{z},\ F_y=-\frac{1}{\frac{z}{y}}\cdot\left(-\frac{z}{y^2}\right)=\frac{1}{y},$$

$$F_z=-\frac{x}{z^2}-\frac{1}{\frac{z}{y}}\cdot\frac{1}{y}=-\frac{x+z}{z^2},$$

当 $F_z\neq 0$ 时，有

$$\frac{\partial z}{\partial x}=-\frac{F_x}{F_z}=-\frac{1/z}{-\frac{x+z}{z^2}}=\frac{z}{x+z},$$

$$\frac{\partial z}{\partial y}=-\frac{F_y}{F_z}=-\frac{1/y}{-\frac{x+z}{z^2}}=\frac{z^2}{y(x+z)}.$$

7. 设 $\Phi(u, v)$ 具有连续偏导数，证明由方程 $\Phi(cx-az, cy-bz)=0$ 所确定的函数 $z=f(x, y)$ 满足 $a\frac{\partial z}{\partial x}+b\frac{\partial z}{\partial y}=c$.

证　设 $F(x, y, z)=\Phi(cx-az, cy-bz)$，则

$$F_x=c\Phi_1',\ F_y=c\Phi_2',\ F_z=-a\Phi_1'-b\Phi_2',$$

于是，当 $F_z\neq 0$ 时，有

$$\frac{\partial z}{\partial x}=-\frac{F_x}{F_z}=\frac{c\Phi_1'}{a\Phi_1'+b\Phi_2'},\ \frac{\partial z}{\partial y}=-\frac{F_y}{F_z}=\frac{c\Phi_2'}{a\Phi_1'+b\Phi_2'},$$

所以

$$a\frac{\partial z}{\partial x}+b\frac{\partial z}{\partial y}=\frac{ac\Phi_1'}{a\Phi_1'+b\Phi_2'}+\frac{bc\Phi_2'}{a\Phi_1'+b\Phi_2'}=c.$$

9. 设 $z^3-3xyz=a^3$，求 $\frac{\partial^2 z}{\partial x\partial y}$.

解　设 $F(x, y, z)=z^3-3xyz-a^3$，则

$$F_x=-3yz,\ F_y=-3xz,\ F_z=3z^2-3xy,$$

当 $F_z\neq 0$ 时，有

$$\frac{\partial z}{\partial x}=-\frac{F_x}{F_z}=\frac{yz}{z^2-xy},\ \frac{\partial z}{\partial y}=-\frac{F_y}{F_z}=\frac{xz}{z^2-xy},$$

$$\begin{aligned}\frac{\partial^2 z}{\partial x\partial y}&=\frac{\partial}{\partial y}\left(\frac{\partial z}{\partial x}\right)=\frac{\partial}{\partial y}\left(\frac{yz}{z^2-xy}\right)\\&=\frac{\left(z+y\cdot\frac{\partial z}{\partial y}\right)(z^2-xy)-yz\left(2z\cdot\frac{\partial z}{\partial y}-x\right)}{(z^2-xy)^2}\\&=\frac{\left(z+\frac{xyz}{z^2-xy}\right)(z^2-xy)-yz\left(\frac{2xz^2}{z^2-xy}-x\right)}{(z^2-xy)^2}\\&=\frac{z(z^4-2xyz^2-x^2y^2)}{(z^2-xy)^3}.\end{aligned}$$

10. 求由下列方程组所确定的函数的导数或偏导数：

(2) 设 $\begin{cases} x+y+z=0, \\ x^2+y^2+z^2=1, \end{cases}$ 求 $\dfrac{dx}{dz}$，$\dfrac{dy}{dz}$；

解　将所给方程的两边分别对 z 求导并移项，得

$$\begin{cases} \dfrac{dx}{dz}+\dfrac{dy}{dz}=-1, \\ 2x\dfrac{dx}{dz}+2y\dfrac{dy}{dz}=-2z. \end{cases}$$

当 $D=\begin{vmatrix} 1 & 1 \\ 2x & 2y \end{vmatrix}=2(y-x)\neq 0$ 时，解方程组得

$$\frac{dx}{dz}=\frac{\begin{vmatrix} -1 & 1 \\ -2z & 2y \end{vmatrix}}{D}=\frac{-2y+2z}{2(y-x)}=\frac{y-z}{x-y},\ \frac{dy}{dz}=\frac{\begin{vmatrix} 1 & -1 \\ 2x & -2z \end{vmatrix}}{D}=\frac{-2z+2x}{2(y-x)}=\frac{z-x}{x-y}.$$

习题 9－6

4. 求曲线 $x=\dfrac{t}{1+t}$，$y=\dfrac{1+t}{t}$，$z=t^2$ 在对应于 $t_0=1$ 的点处的切线及法平面方程.

解　曲线在对应于 $t_0=1$ 的点为 $\left(\dfrac{1}{2},2,1\right)$，由于 $x'_t=\dfrac{1}{(1+t)^2}$，$y'_t=-\dfrac{1}{t^2}$，$z'_t=2t$，所以在 $t_0=1$ 所对应的点处，切向量为

$$\boldsymbol{T}=\left(\frac{1}{(1+t)^2},-\frac{1}{t^2},2t\right)\Bigg|_{t_0=1}=\left(\frac{1}{4},-1,2\right),$$

于是曲线在该点处的切线方程为

$$\frac{x-\frac{1}{2}}{\frac{1}{4}}=\frac{y-2}{-1}=\frac{z-1}{2},$$

即

$$\frac{x-\frac{1}{2}}{1}=\frac{y-2}{-4}=\frac{z-1}{8}.$$

所求法平面方程为

$$\frac{1}{4}\left(x-\frac{1}{2}\right)-(y-2)+2(z-1)=0,$$

即

$$2x-8y+16z-1=0.$$

7. 求出曲线 $x=t$，$y=t^2$，$z=t^3$ 上的点，使在该点的切线平行于平面 $x+2y+z=4$.

解　因为 $x'_t=1$，$y'_t=2t$，$z'_t=3t^2$，设所求点对应的参数为 t_0，于是曲线在该点处的切向量 $\boldsymbol{T}=(1,2t_0,3t_0^2)$. 已知平面的法向量为 $\boldsymbol{n}=(1,2,1)$，因曲线的切线平行于所给平面，因此它的切向量 $\boldsymbol{T}=(1,2t_0,3t_0^2)$ 垂直于所给平面的法向量 $\boldsymbol{n}=(1,2,1)$，于是有 $\boldsymbol{T}\cdot\boldsymbol{n}=0$，即 $1+4t_0+3t_0^2=0$，解得 $t_0=-1$ 或 $t_0=-\dfrac{1}{3}$，则所求点的坐标为 $(-1,1,-1)$ 或 $\left(-\dfrac{1}{3},\dfrac{1}{9},-\dfrac{1}{27}\right)$.

10. 求椭球面 $x^2+2y^2+z^2=1$ 上平行于平面 $x-y+2z=0$ 的切平面方程.

解　令 $F(x,y,z)=x^2+2y^2+z^2-1$，因椭球面的切平面平行于已知平面，因此它的法向量 $\boldsymbol{n}=(F_x, F_y, F_z)=(2x, 4y, 2z)$ 平行于所给平面的法向量 $\boldsymbol{n}=(1,-1,2)$，于是有

$$\frac{2x}{1}=\frac{4y}{-1}=\frac{2z}{2},$$

即 $x=-2y$，$z=-4y$. 代入椭球面方程得 $(-2y)^2+2y^2+(-4y)^2=1$，即 $22y^2=1$，解得 $y=\pm\frac{1}{\sqrt{22}}$，则 $x=\mp\frac{2}{\sqrt{22}}$，$z=\mp\frac{4}{\sqrt{22}}$. 所以切点坐标为

$$\left(\mp\frac{2}{\sqrt{22}}, \pm\frac{1}{\sqrt{22}}, \mp\frac{4}{\sqrt{22}}\right).$$

所求切平面方程为

$$\left(x\pm\frac{2}{\sqrt{22}}\right)-\left(y\mp\frac{1}{\sqrt{22}}\right)+2\left(z\pm\frac{4}{\sqrt{22}}\right)=0,$$

即

$$x-y+2z\pm\sqrt{\frac{11}{2}}=0.$$

11. 求旋转椭球面 $3x^2+y^2+z^2=16$ 上点 $(-1,-2,3)$ 处的切平面与 xOy 面的夹角的余弦.

解　令 $F(x,y,z)=3x^2+y^2+z^2-16$，则旋转椭球面在点 $(-1,-2,3)$ 处的法向量

$$\boldsymbol{n}=(F_x, F_y, F_z)\big|_{(-1,-2,3)}=(6x, 2y, 2z)\big|_{(-1,-2,3)}=(-6,-4,6).$$

又 xOy 面的法向量 $\boldsymbol{n}_1=(0,0,1)$，记 $\boldsymbol{n}$ 与 $\boldsymbol{n}_1$ 的夹角为 θ，则所求夹角的余弦值为

$$\cos\theta=\frac{|\boldsymbol{n}\cdot\boldsymbol{n}_1|}{|\boldsymbol{n}||\boldsymbol{n}_1|}=\frac{6}{\sqrt{6^2+4^2+6^2}}=\frac{3}{\sqrt{22}}.$$

12. 试证曲面 $\sqrt{x}+\sqrt{y}+\sqrt{z}=\sqrt{a}\,(a>0)$ 上任何点处的切平面在各坐标轴上的截距之和等于 a.

证　设 $F(x,y,z)=\sqrt{x}+\sqrt{y}+\sqrt{z}-\sqrt{a}$，则曲面在点 (x,y,z) 处的一个法向量

$$\boldsymbol{n}=(F_x, F_y, F_z)=\left(\frac{1}{2\sqrt{x}}, \frac{1}{2\sqrt{y}}, \frac{1}{2\sqrt{z}}\right).$$

在曲面上任取一点 $M(x_0, y_0, z_0)$，则 $\sqrt{x_0}+\sqrt{y_0}+\sqrt{z_0}=\sqrt{a}$，且曲面在点 M 处的切平面方程为

$$\frac{1}{2\sqrt{x_0}}(x-x_0)+\frac{1}{2\sqrt{y_0}}(y-y_0)+\frac{1}{2\sqrt{z_0}}(z-z_0)=0,$$

即

$$\frac{x}{\sqrt{x_0}}+\frac{y}{\sqrt{y_0}}+\frac{z}{\sqrt{z_0}}=a,$$

化为截距式，得

$$\frac{x}{\sqrt{ax_0}}+\frac{y}{\sqrt{ay_0}}+\frac{z}{\sqrt{az_0}}=1,$$

所以截距之和为

$$\sqrt{ax_0}+\sqrt{ay_0}+\sqrt{az_0}=\sqrt{a}\left(\sqrt{x_0}+\sqrt{y_0}+\sqrt{z_0}\right)=a.$$

习题 9-7

2. 求函数 $z=\ln(x+y)$ 在抛物线 $y^2=4x$ 上点(1, 2)处，沿着这抛物线在该点处偏向 x 轴正向的切线方向的方向导数.

解 先求切线斜率：在 $y^2=4x$ 两端分别对 x 求导，得

$$2y\frac{\mathrm{d}y}{\mathrm{d}x}=4,$$

于是

$$\frac{\mathrm{d}y}{\mathrm{d}x}=\frac{2}{y},\ k=\left.\frac{\mathrm{d}y}{\mathrm{d}x}\right|_{(1,2)}=1,$$

切线方向

$$\boldsymbol{l}=(1,1),\ \boldsymbol{e}_l=\left(\frac{\sqrt{2}}{2},\frac{\sqrt{2}}{2}\right).$$

又

$$\left.\frac{\partial z}{\partial x}\right|_{(1,2)}=\left.\frac{1}{x+y}\right|_{(1,2)}=\frac{1}{3},$$

$$\left.\frac{\partial z}{\partial y}\right|_{(1,2)}=\left.\frac{1}{x+y}\right|_{(1,2)}=\frac{1}{3},$$

所以

$$\left.\frac{\partial z}{\partial l}\right|_{(1,2)}=\frac{1}{3}\cdot\frac{\sqrt{2}}{2}+\frac{1}{3}\cdot\frac{\sqrt{2}}{2}=\frac{\sqrt{2}}{3}.$$

5. 求函数 $u=xyz$ 在点(5, 1, 2)处沿从点(5, 1, 2)到点(9, 4, 14)的方向的方向导数.

解 由题意知 $\boldsymbol{l}=(9-5)\boldsymbol{i}+(4-1)\boldsymbol{j}+(14-2)\boldsymbol{k}=(4,3,12)$，于是

$$\cos\alpha=\frac{4}{13},\ \cos\beta=\frac{3}{13},\ \cos\gamma=\frac{12}{13}.$$

又

$$\left.\frac{\partial u}{\partial x}\right|_{(5,1,2)}=yz\,|_{(5,1,2)}=2,$$

$$\left.\frac{\partial u}{\partial y}\right|_{(5,1,2)}=xz\,|_{(5,1,2)}=10,$$

$$\left.\frac{\partial u}{\partial z}\right|_{(5,1,2)}=xy\,|_{(5,1,2)}=5,$$

所以

$$\begin{aligned}\left.\frac{\partial u}{\partial l}\right|_{(5,1,2)}&=\left.\frac{\partial u}{\partial x}\right|_{(5,1,2)}\cdot\cos\alpha+\left.\frac{\partial u}{\partial y}\right|_{(5,1,2)}\cdot\cos\beta+\left.\frac{\partial u}{\partial z}\right|_{(5,1,2)}\cdot\cos\gamma\\&=\frac{2\times4}{13}+\frac{10\times3}{13}+\frac{5\times12}{13}=\frac{98}{13}.\end{aligned}$$

10. 求函数 $u=xy^2z$ 在点 $P_0(1,-1,2)$ 处变化最快的方向，并求沿这个方向的方向导数.

解 由方向导数与梯度的关系可知，函数沿梯度方向的方向导数最大，方向导数的最

大值即为梯度的模. 又

$$\left.\frac{\partial u}{\partial x}\right|_{P_0} = y^2 z\,|_{(1,\,-1,\,2)} = 2,$$

$$\left.\frac{\partial u}{\partial y}\right|_{P_0} = 2xyz\,|_{(1,\,-1,\,2)} = -4,$$

$$\left.\frac{\partial u}{\partial z}\right|_{P_0} = xy^2\,|_{(1,\,-1,\,2)} = 1,$$

故函数 $u=xy^2z$ 在点 $P_0(1, -1, 2)$处沿 $\mathbf{grad}u=2\boldsymbol{i}-4\boldsymbol{j}+\boldsymbol{k}$ 方向增加最快，其方向导数为

$$|\mathbf{grad}u| = \sqrt{4+16+1} = \sqrt{21};$$

沿 $-\mathbf{grad}u=-2\boldsymbol{i}+4\boldsymbol{j}-\boldsymbol{k}$ 方向减少最快，其方向导数为

$$-|\mathbf{grad}u| = -\sqrt{4+16+1} = -\sqrt{21}.$$

习题 9－8

4. 求函数 $f(x, y)=\mathrm{e}^{2x}(x+y^2+2y)$的极值.

解　解方程组

$$\begin{cases} f_x(x, y) = \mathrm{e}^{2x}(1+2x+2y^2+4y) = 0, \\ f_y(x, y) = \mathrm{e}^{2x}(2y+2) = 0, \end{cases}$$

得驻点为$\left(\frac{1}{2}, -1\right)$. 由于

$$A = f_{xx}\left(\frac{1}{2}, -1\right) = 4\mathrm{e}^{2x}(x+y^2+2y+1)\,|_{\left(\frac{1}{2},\,-1\right)} = 2\mathrm{e} > 0$$

$$B = f_{xy}\left(\frac{1}{2}, -1\right) = 4\mathrm{e}^{2x}(y+1)\,|_{\left(\frac{1}{2},\,-1\right)} = 0,$$

$$C = f_{yy}\left(\frac{1}{2}, -1\right) = 2\mathrm{e}^{2x}\,|_{\left(\frac{1}{2},\,-1\right)} = 2\mathrm{e},$$

$$AC - B^2 = 4\mathrm{e}^2 > 0,$$

所以函数在点$\left(\frac{1}{2}, -1\right)$处取得极小值，极小值为 $f\left(\frac{1}{2}, -1\right)=-\frac{\mathrm{e}}{2}$.

8. 在平面 xOy 上求一点，使它到 $x=0$，$y=0$ 及 $x+2y-16=0$ 三直线的距离平方之和为最小.

解　设所求点的坐标为(x, y)，则此点到直线 $x=0$ 的距离为$|y|$，到直线 $y=0$ 的距离为$|x|$，到直线 $x+2y-16=0$ 的距离为$\frac{|x+2y-16|}{\sqrt{1+2^2}}$，于是三距离平方之和为

$$z=y^2+x^2+\frac{1}{5}(x+2y-16)^2.$$

由

$$\begin{cases} \frac{\partial z}{\partial x}=2x+\frac{2}{5}(x+2y-16)=0, \\ \frac{\partial z}{\partial y}=2y+\frac{4}{5}(x+2y-16)=0 \end{cases}$$

解得 $x=\frac{8}{5}$，$y=\frac{16}{5}$.

由于$\left(\frac{8}{5},\ \frac{16}{5}\right)$是唯一的驻点，根据问题的性质可知，到三直线的距离平方之和最小的点一定存在，故所求点即为$\left(\frac{8}{5},\ \frac{16}{5}\right)$.

9. 将周长为$2p$的矩形绕它的一边旋转而构成一个圆柱体.问矩形的边长各为多少时，才可使圆柱体的体积为最大?

解 将矩形的一个顶点置于坐标原点，两边分别置于x轴和y轴上，在x轴和y轴上的边长分别为$x(0<x<p)$和$p-x$，则矩形绕x轴旋转而成的圆柱体的体积为

$$V=\pi x(p-x)^2.$$

由

$$\frac{\mathrm{d}V}{\mathrm{d}x}=\pi(p-x)^2+\pi x\cdot 2(p-x)\cdot(-1)=\pi(p-x)(p-3x),$$

令$\frac{\mathrm{d}V}{\mathrm{d}x}=0$，得驻点$x=\frac{p}{3}$(舍去$x=p$). 又$\left.\frac{\mathrm{d}^2V}{\mathrm{d}x^2}\right|_{x=\frac{p}{3}}=-\pi(4p-6x)\big|_{x=\frac{p}{3}}=-2\pi p<0$，可知当$x=\frac{p}{3}$时圆柱体体积有唯一的极大值，也是最大值，所以当矩形的边长分别为$\frac{p}{3}$及$\frac{2p}{3}$时，绕短边旋转而成的圆柱体的体积最大.

10. 求内接于半径为a的球且有最大体积的长方体.

解 设球面方程为$x^2+y^2+z^2=a^2$，$(x,\ y,\ z)$是它的内接长方体在第一卦限内的一个顶点的坐标，则此长方体的长、宽、高分别为$2x$、$2y$、$2z$，体积为

$$V=8xyz.$$

令

$$L(x,\ y,\ z)=8xyz+\lambda(x^2+y^2+z^2-a^2),$$

由

$$\begin{cases}L_x=8yz+2\lambda x=0,\\ L_y=8xz+2\lambda y=0,\\ L_z=8xy+2\lambda z=0,\\ x^2+y^2+z^2-a^2=0\end{cases}$$

解得$x=y=z=\frac{a}{\sqrt{3}}$，故$\left(\frac{a}{\sqrt{3}},\ \frac{a}{\sqrt{3}},\ \frac{a}{\sqrt{3}}\right)$是唯一的驻点. 由于内接于球且有最大体积的长方体必定存在，所以当长方体的长、宽、高都为$\frac{2a}{\sqrt{3}}$时其体积最大.

习题 9-9

1. 求函数$f(x,\ y)=2x^2-xy-y^2-6x-3y+5$在点$(1,\ -2)$的泰勒公式.

解 $f(1,\ -2)=5$，$f_x(1,\ -2)=(4x-y-6)\big|_{(1,\ -2)}=0$，

$f_y(1,\ -2)=(-x-2y-3)\big|_{(1,\ -2)}=0$，

$f_{xx}(1,\ -2)=4$，$f_{xy}(1,\ -2)=-1$，$f_{yy}(1,\ -2)=-2$.

函数为二次多项式，三阶及三阶以上的各偏导数均为零. 又

$$h=x-1,\ k=y+2.$$

将以上各项代入泰勒公式，便得

$$\begin{aligned}f(x, y) &= f[1+(x-1), -2+(y+2)] \\ &= f(1, -2)+(x-1)f_x(1, -2)+(y+2)f_y(1, -2) \\ &\quad +\frac{1}{2!}[(x-1)^2 \cdot f_{xx}(1, -2)+2(x-1)(y+2)f_{xy}(1, -2) \\ &\quad +(y+2)^2 f_{yy}(1, -2)] \\ &= 5+\frac{1}{2}[4(x-1)^2-2(x-1)(y+2)-2(y+2)^2] \\ &= 5+2(x-1)^2-(x-1)(y+2)-(y+2)^2.\end{aligned}$$

总习题九

3. 求函数 $f(x, y)=\dfrac{\sqrt{4x-y^2}}{\ln(1-x^2-y^2)}$ 的定义域，并求 $\lim\limits_{(x, y)\to\left(\frac{1}{2}, 0\right)} f(x, y)$.

解　要使函数有意义，必须使 $4x-y^2\geqslant 0$，$1-x^2-y^2>0$ 且 $1-x^2-y^2\neq 1$，故函数的定义域为 $D=\{(x, y)\,|\,0<x^2+y^2<1, y^2\leqslant 4x\}$.

因为点 $\left(\dfrac{1}{2}, 0\right)\in D$，$f(x, y)$ 为初等函数，$f(x, y)$ 在点 $\left(\dfrac{1}{2}, 0\right)$ 处连续，所以

$$\lim_{(x, y)\to\left(\frac{1}{2}, 0\right)} f(x, y)=f\left(\frac{1}{2}, 0\right)=\frac{\sqrt{2}}{\ln\frac{3}{4}}=\frac{\sqrt{2}}{\ln 3-2\ln 2}.$$

4. 证明极限 $\lim\limits_{(x, y)\to(0, 0)}\dfrac{xy^2}{x^2+y^4}$ 不存在.

证　当动点 (x, y) 沿直线 $y=x$ 趋于 $(0, 0)$ 时，有

$$\lim_{\substack{(x, y)\to(0, 0)\\ y=x}}\frac{xy^2}{x^2+y^4}=\lim_{x\to 0}\frac{x}{1+x^2}=0;$$

当动点 (x, y) 沿曲线 $x=y^2$ 趋于 $(0, 0)$ 时，有

$$\lim_{\substack{(x, y)\to(0, 0)\\ x=y^2}}\frac{xy^2}{x^2+y^4}=\lim_{y\to 0}\frac{y^4}{y^4+y^4}=\frac{1}{2}.$$

故极限 $\lim\limits_{(x, y)\to(0, 0)}\dfrac{xy^2}{x^2+y^4}$ 不存在.

5. 设

$$f(x, y)=\begin{cases}\dfrac{x^2 y}{x^2+y^2}, & x^2+y^2\neq 0, \\ 0, & x^2+y^2=0.\end{cases}$$

求 $f_x(x, y)$ 及 $f_y(x, y)$.

解　因为当 $x^2+y^2\neq 0$ 时，

$$f_x(x, y)=\frac{2xy(x^2+y^2)-x^2y\cdot 2x}{(x^2+y^2)^2}=\frac{2xy^3}{(x^2+y^2)^2},$$

$$f_y(x, y)=\frac{x^2(x^2+y^2)-x^2y\cdot 2y}{(x^2+y^2)^2}=\frac{x^2(x^2-y^2)}{(x^2+y^2)^2},$$

当 $x^2+y^2=0$ 时，

$$f_x(0, 0)=\lim_{x\to 0}\frac{f(x, 0)-f(0, 0)}{x}=\lim_{x\to 0}\frac{0-0}{x}=0,$$

$$f_y(0,0)=\lim_{y\to0}\frac{f(0,y)-f(0,0)}{y}=\lim_{y\to0}\frac{0-0}{y}=0,$$

所以

$$f_x(x,y)=\begin{cases}\dfrac{2xy^3}{(x^2+y^2)^2}, & x^2+y^2\neq0,\\ 0, & x^2+y^2=0,\end{cases}$$

$$f_y(x,y)=\begin{cases}\dfrac{x^2(x^2-y^2)}{(x^2+y^2)^2}, & x^2+y^2\neq0,\\ 0, & x^2+y^2=0.\end{cases}$$

8. 设

$$f(x,y)=\begin{cases}\dfrac{x^2y^2}{(x^2+y^2)^{\frac{3}{2}}}, & x^2+y^2\neq0,\\ 0, & x^2+y^2=0.\end{cases}$$

证明：$f(x,y)$在点$(0,0)$处连续且偏导数存在，但不可微分.

证 因为

$$0\leqslant\frac{x^2y^2}{(x^2+y^2)^{\frac{3}{2}}}\leqslant\frac{(x^2+y^2)^2}{(x^2+y^2)^{\frac{3}{2}}}=\sqrt{x^2+y^2},$$

$$\lim_{(x,y)\to(0,0)}\sqrt{x^2+y^2}=0,$$

所以

$$\lim_{(x,y)\to(0,0)}f(x,y)=0.$$

又$f(0,0)=0$，故$\lim\limits_{(x,y)\to(0,0)}f(x,y)=f(0,0)$，即$f(x,y)$在点$(0,0)$处连续.

$$f_x(0,0)=\lim_{x\to0}\frac{f(x,0)-f(0,0)}{x}=\lim_{x\to0}\frac{0-0}{x}=0,$$

$$f_y(0,0)=\lim_{y\to0}\frac{f(0,y)-f(0,0)}{y}=\lim_{y\to0}\frac{0-0}{y}=0,$$

又

$$\Delta z-[f_x(0,0)\Delta x+f_y(0,0)\Delta y]=\frac{(\Delta x)^2\cdot(\Delta y)^2}{[(\Delta x)^2+(\Delta y)^2]^{\frac{3}{2}}},$$

而

$$\lim_{\substack{(\Delta x,\Delta y)\to(0,0)\\ \Delta y=\Delta x}}\frac{\dfrac{(\Delta x)^2\cdot(\Delta y)^2}{[(\Delta x)^2+(\Delta y)^2]^{\frac{3}{2}}}}{\rho}=\lim_{\Delta x\to0}\frac{(\Delta x)^4}{[2(\Delta x)^2]^2}=\frac{1}{4}\neq0,$$

其中

$$\rho=\sqrt{(\Delta x)^2+(\Delta y)^2},$$

故$f(x,y)$在点$(0,0)$处偏导数存在，但不可微分.

12. 设$x=e^u\cos v$，$y=e^u\sin v$，$z=uv$，试求$\dfrac{\partial z}{\partial x}$和$\dfrac{\partial z}{\partial y}$.

解 方法一 $\dfrac{\partial z}{\partial x}=\dfrac{\partial z}{\partial u}\cdot\dfrac{\partial u}{\partial x}+\dfrac{\partial z}{\partial v}\cdot\dfrac{\partial v}{\partial x}=v\cdot\dfrac{\partial u}{\partial x}+u\cdot\dfrac{\partial v}{\partial x}$.

分别在$x=e^u\cos v$，$y=e^u\sin v$的两端对x求偏导数，得

$$\begin{cases} e^u\cos v\dfrac{\partial u}{\partial x}-e^u\sin v\dfrac{\partial v}{\partial x}=1, \\ e^u\sin v\dfrac{\partial u}{\partial x}+e^u\cos v\dfrac{\partial v}{\partial x}=0. \end{cases}$$

由以上方程组解得

$$\frac{\partial u}{\partial x}=e^{-u}\cos v,\ \frac{\partial v}{\partial x}=-e^{-u}\sin v,$$

从而

$$\frac{\partial z}{\partial x}=e^{-u}(v\cos v-u\sin v).$$

同理

$$\frac{\partial z}{\partial y}=\frac{\partial z}{\partial u}\cdot\frac{\partial u}{\partial y}+\frac{\partial z}{\partial v}\cdot\frac{\partial v}{\partial y}=v\cdot\frac{\partial u}{\partial y}+u\cdot\frac{\partial v}{\partial y}.$$

分别在 $x=e^u\cos v$，$y=e^u\sin v$ 的两端对 y 求偏导数，得

$$\begin{cases} e^u\cos v\dfrac{\partial u}{\partial y}-e^u\sin v\dfrac{\partial v}{\partial y}=0, \\ e^u\sin v\dfrac{\partial u}{\partial y}+e^u\cos v\dfrac{\partial v}{\partial y}=1. \end{cases}$$

由以上方程组解得

$$\frac{\partial u}{\partial y}=e^{-u}\sin v,\ \frac{\partial v}{\partial y}=e^{-u}\cos v,$$

从而

$$\frac{\partial z}{\partial y}=e^{-u}(u\cos v+v\sin v).$$

方法二　由于 $x^2+y^2=e^{2u}$，$z=uv$

$$\tan v=\frac{y}{x}$$

从而

$$z=\frac{1}{2}\ln(x^2+y^2)\cdot\arctan\frac{y}{x}$$

$$\frac{\partial z}{\partial x}=\frac{x}{x^2+y^2}\arctan\frac{y}{x}+\frac{1}{2}\ln(x^2+y^2)\cdot\frac{-y}{x^2+y^2}$$

$$\frac{\partial z}{\partial y}=\frac{y}{x^2+y^2}\arctan\frac{y}{x}+\frac{1}{2}\ln(x^2+y^2)\cdot\frac{x}{x^2+y^2}$$

14. 在曲面 $z=xy$ 上求一点，使这点处的法线垂直于平面 $x+3y+z+9=0$，并写出这法线的方程.

解　设所求点为 $P(x_0, y_0, z_0)$，令 $F(x, y, z)=xy-z$，则曲面在点 P 处的法线的方向向量 $\boldsymbol{T}=(F_x, F_y, F_z)|_P=(y_0, x_0, -1)$平行于已知平面的法向量 $\boldsymbol{n}=(1, 3, 1)$，即 $\frac{y_0}{1}=\frac{x_0}{3}=\frac{-1}{1}$，解得 $x_0=-3$，$y_0=-1$，代入 $z=xy$，得 $z_0=3$，于是所求点为$(-3, -1, 3)$，所求的法线的方程为

$$\frac{x+3}{1}=\frac{y+1}{3}=\frac{z-3}{1}.$$

17. 求平面$\frac{x}{3}+\frac{y}{4}+\frac{z}{5}=1$和柱面$x^2+y^2=1$的交线上与$xOy$平面距离最短的点.

解 设点$M(x, y, z)$为平面$\frac{x}{3}+\frac{y}{4}+\frac{z}{5}=1$和柱面$x^2+y^2=1$的交线上的一点，则该点到$xOy$平面的距离为$d=|z|$，于是问题可转化为在约束条件$\frac{x}{3}+\frac{y}{4}+\frac{z}{5}=1$，$x^2+y^2=1$下求函数$d^2=z^2$的极值.

作拉格朗日函数$L(x, y, z)=z^2+\lambda\left(\frac{x}{3}+\frac{y}{4}+\frac{z}{5}-1\right)+\mu(x^2+y^2-1)$，解方程组

$$\begin{cases} L_x=\frac{\lambda}{3}+2x\mu=0, \\ L_y=\frac{\lambda}{4}+2y\mu=0, \\ L_z=2z+\frac{\lambda}{5}=0, \\ \frac{x}{3}+\frac{y}{4}+\frac{z}{5}-1=0, \\ x^2+y^2-1=0, \end{cases}$$

得$x=\frac{4}{5}$，$y=\frac{3}{5}$，$z=\frac{35}{12}$或$x=-\frac{4}{5}$，$y=-\frac{3}{5}$，$z=\frac{85}{12}$.

由于平面$\frac{x}{3}+\frac{y}{4}+\frac{z}{5}=1$和柱面$x^2+y^2=1$的交线上与$xOy$平面距离最短的点一定存在，且驻点$\left(\frac{4}{5}, \frac{3}{5}, \frac{35}{12}\right)$到$xOy$平面的距离较驻点$\left(-\frac{4}{5}, -\frac{3}{5}, \frac{85}{12}\right)$到$xOy$平面的距离小，因此$\left(\frac{4}{5}, \frac{3}{5}, \frac{35}{12}\right)$即为所求点.

五、培优提升

1. (2016考研题)设函数$f(u, v)$可微，$z=z(x, y)$由方程$(x+1)z-y^2=x^2f(x-z, y)$确定，则$\mathrm{d}z|_{(0,1)}=$________________.

解 应填$-\mathrm{d}x+2\mathrm{d}y$.

将方程$(x+1)z-y^2=x^2f(x-z, y)$两端分别关于x、y求偏导数，得

$$z+(x+1)\frac{\partial z}{\partial x}=2xf(x-z, y)+x^2f_1'(x-z, y)\left(1-\frac{\partial z}{\partial x}\right),$$

$$(x+1)\frac{\partial z}{\partial y}-2y=x^2\left[f_1'(x-z, y)\left(-\frac{\partial z}{\partial y}\right)+f_2'(x-z, y)\cdot 1\right].$$

由$x=0$，$y=1$得$z=1$，将$x=0$，$y=1$，$z=1$代入上式，解得

$$\left.\frac{\partial z}{\partial x}\right|_{(0,1)}=-1,\quad \left.\frac{\partial z}{\partial y}\right|_{(0,1)}=2,$$

故

$$\mathrm{d}z|_{(0,1)}=-\mathrm{d}x+2\mathrm{d}y.$$

2.（2015 考研题）若函数 $z=z(x, y)$ 由方程 $e^z+xyz+x+\cos x=2$ 确定，则 $dz|_{(0,1)}=$____________.

解　应填 $-dx$.

令 $F(x, y, z)=e^z+xyz+x+\cos x-2$，则

$$F_x=yz+1-\sin x,\ F_y=xz,\ F_z=e^z+xy.$$

当 $x=0$，$y=1$ 时，$e^z=1$，即 $z=0$. 所以

$$\left.\frac{\partial z}{\partial x}\right|_{(0,1,0)}=-\left.\frac{F_x}{F_z}\right|_{(0,1,0)}=-1,\ \left.\frac{\partial z}{\partial y}\right|_{(0,1,0)}=-\left.\frac{F_y}{F_z}\right|_{(0,1,0)}=0,$$

故

$$dz|_{(0,1)}=-dx.$$

3.（2015 考研题）已知函数 $f(x, y)=x+y+xy$，曲线 C：$x^2+y^2+xy=3$，求 $f(x, y)$ 在曲线 C 上的最大方向导数.

解　因为 $f(x, y)$ 沿着梯度的方向的方向导数最大，且最大值为梯度的模，又

$$f_x(x, y)=1+y,\ f_y(x, y)=1+x,$$

故 $\mathbf{grad}f(x, y)=\{1+y, 1+x\}$，模为 $\sqrt{(1+y)^2+(1+x)^2}$.

题目转化为计算函数 $g(x, y)=\sqrt{(1+y)^2+(1+x)^2}$ 在约束条件

$$C：x^2+y^2+xy=3$$

下的最大值，即为条件极值问题.

为了计算简单，可以将题目转化为函数 $d(x, y)=(1+y)^2+(1+x)^2$ 在约束条件 C：$x^2+y^2+xy=3$ 下的最大值.

构造函数：$F(x, y)=(1+y)^2+(1+x)^2+\lambda(x^2+y^2+xy-3)$，解方程组

$$\begin{cases}F_x=2(1+x)+\lambda(2x+y)=0,\\ F_y=2(1+y)+\lambda(2y+x)=0,\\ x^2+y^2+xy-3=0,\end{cases}$$

得到 $M_1(1, 1)$，$M_2(-1, -1)$，$M_3(2, -1)$，$M_4(-1, 2)$，从而

$$d(M_1)=8,\ d(M_2)=0,\ d(M_3)=9,\ d(M_4)=9,$$

所以 $f(x, y)$ 在曲线 C 上的最大方向导数为 $\sqrt{9}=3$.

4.（2014 考研题）曲面 $z=x^2(1-\sin y)+y^2(1-\sin x)$ 在点 $(1, 0, 1)$ 处的切平面方程为____________.

解　应填 $2x-y-z-1=0$.

由于 $z=x^2(1-\sin y)+y^2(1-\sin x)$，则

$$\frac{\partial z}{\partial x}=2x(1-\sin y)-y^2\cos x,\ \left.\frac{\partial z}{\partial x}\right|_{(1,0)}=2;$$

$$\frac{\partial z}{\partial y}=-x^2\cos y+2y(1-\sin x),\ \left.\frac{\partial z}{\partial y}\right|_{(1,0)}=-1.$$

于是曲面在点 $(1, 0, 1)$ 处的法向量为 $\boldsymbol{n}=(2, -1, -1)$. 故切平面方程为

$$2(x-1)+(-1)(y-0)-(z-1)=0,$$

即

$$2x-y-z-1=0.$$

5.（2014 考研题）设函数 $f(u)$ 具有二阶连续导数，$z=f(e^x\cos y)$ 满足

$$\frac{\partial^2 z}{\partial x^2}+\frac{\partial^2 z}{\partial y^2}=(4z+\mathrm{e}^x\cos y)\mathrm{e}^{2x}.$$

若 $f(0)=0$，$f'(0)=0$，求 $f(u)$的表达式.

解 由 $z=f(\mathrm{e}^x\cos y)$得

$$\frac{\partial z}{\partial x}=f'(\mathrm{e}^x\cos y)\cdot \mathrm{e}^x\cos y,$$

$$\frac{\partial z}{\partial y}=f'(\mathrm{e}^x\cos y)\cdot(-\mathrm{e}^x\sin y),$$

$$\frac{\partial^2 z}{\partial x^2}=f''(\mathrm{e}^x\cos y)\cdot \mathrm{e}^{2x}\cos^2 y+f'(\mathrm{e}^x\cos y)\cdot \mathrm{e}^x\cos y,$$

$$\frac{\partial^2 z}{\partial y^2}=f''(\mathrm{e}^x\cos y)\cdot \mathrm{e}^{2x}\sin^2 y+f'(\mathrm{e}^x\cos y)\cdot(-\mathrm{e}^x\cos y).$$

将$\frac{\partial^2 z}{\partial x^2}+\frac{\partial^2 z}{\partial y^2}=(4z+\mathrm{e}^x\cos y)\mathrm{e}^{2x}$代入得

$$f''(\mathrm{e}^x\cos y)\cdot \mathrm{e}^{2x}=[4f(\mathrm{e}^x\cos y)+\mathrm{e}^x\cos y]\mathrm{e}^{2x},$$

即

$$f''(\mathrm{e}^x\cos y)-4f(\mathrm{e}^x\cos y)=\mathrm{e}^x\cos y.$$

令 $\mathrm{e}^x\cos y=u$，从而函数 $f(u)$满足方程

$$f''(u)-4f(u)=u. \qquad (*)$$

方程(*)对应的齐次方程的通解为

$$\overline{y}=C_1\mathrm{e}^{2u}+C_2\mathrm{e}^{-2u}.$$

方程(*)的一个特解为 $y^*=-\frac{u}{4}$，故方程(*)的通解为 $f(u)=C_1\mathrm{e}^{2u}+C_2\mathrm{e}^{-2u}-\frac{u}{4}$.

由 $f(0)=0$，$f'(0)=0$ 得 $C_1=\frac{1}{16}$，$C_2=-\frac{1}{16}$，故

$$f(u)=\frac{1}{16}(\mathrm{e}^{2u}-\mathrm{e}^{-2u}-4u).$$

6. (2013 考研题)曲面 $x^2+\cos(xy)+yz+x=0$ 在点(0，1，−1)处的切平面方程为(　　).

(A) $x-y+z=-2$　(B) $x+y+z=0$　(C) $x-2y+z=-3$　(D) $x-y-z=0$

解 应选(A).

记 $F(x,y,z)=x^2+\cos(xy)+yz+x$，曲面在点(0，1，−1)处的法向量为

$$\begin{aligned}\boldsymbol{n}&=\left(\frac{\partial F}{\partial x},\frac{\partial F}{\partial y},\frac{\partial F}{\partial z}\right)\Big|_{(0,1,-1)}\\&=(2x-y\sin(xy)+1,-x\sin(xy)+z,y)\Big|_{(0,1,-1)}\\&=(1,-1,1).\end{aligned}$$

于是曲面在点(0，1，−1)处的切平面方程为

$$1\cdot(x-0)-(y-1)+(z+1)=0,\text{即 } x-y+z=-2.$$

故选(A).

7. (2013 考研题)求函数 $f(x,y)=\left(y+\frac{x^3}{3}\right)\mathrm{e}^{x+y}$的极值.

解　因为 $f(x, y)=\left(y+\frac{x^3}{3}\right)e^{x+y}$，所以

$$\frac{\partial f}{\partial x}=\left(x^2+y+\frac{x^3}{3}\right)e^{x+y},\ \frac{\partial f}{\partial y}=\left(1+y+\frac{x^3}{3}\right)e^{x+y}.$$

由 $\begin{cases}\frac{\partial f}{\partial x}=0,\\ \frac{\partial f}{\partial y}=0\end{cases}$ 解得 $\begin{cases}x=1,\\ y=-\frac{4}{3}\end{cases}$ 或 $\begin{cases}x=-1,\\ y=-\frac{2}{3},\end{cases}$ 于是驻点为 $\left(1, -\frac{4}{3}\right)$、$\left(-1, -\frac{2}{3}\right)$. 又

$$\frac{\partial^2 f}{\partial x^2}=\left(2x+2x^2+\frac{x^3}{3}+y\right)e^{x+y},$$

$$\frac{\partial^2 f}{\partial x\partial y}=\left(x^2+\frac{x^3}{3}+y+1\right)e^{x+y},$$

$$\frac{\partial^2 f}{\partial y^2}=\left(y+\frac{x^3}{3}+2\right)e^{x+y}.$$

在驻点 $\left(1, -\frac{4}{3}\right)$ 处，由于

$$A=\left.\frac{\partial^2 f}{\partial x^2}\right|_{\left(1, -\frac{4}{3}\right)}=3e^{-\frac{1}{3}},$$

$$B=\left.\frac{\partial^2 f}{\partial x\partial y}\right|_{\left(1, -\frac{4}{3}\right)}=e^{-\frac{1}{3}},$$

$$C=\left.\frac{\partial^2 f}{\partial y^2}\right|_{\left(1, -\frac{4}{3}\right)}=e^{-\frac{1}{3}},$$

所以 $AC-B^2=3e^{-\frac{2}{3}}-e^{-\frac{2}{3}}=2e^{-\frac{2}{3}}>0$，且 $A>0$，从而 $\left(1, -\frac{4}{3}\right)$ 为 $f(x, y)$ 的极小值点，极小值为 $f\left(1, -\frac{4}{3}\right)=-e^{-\frac{1}{3}}$.

在驻点 $\left(-1, -\frac{2}{3}\right)$ 处，由于

$$A=\left.\frac{\partial^2 f}{\partial x^2}\right|_{\left(-1, -\frac{2}{3}\right)}=-e^{-\frac{5}{3}},$$

$$B=\left.\frac{\partial^2 f}{\partial x\partial y}\right|_{\left(-1, -\frac{2}{3}\right)}=e^{-\frac{5}{3}},$$

$$C=\left.\frac{\partial^2 f}{\partial y^2}\right|_{\left(-1, -\frac{2}{3}\right)}=e^{-\frac{5}{3}},$$

所以 $AC-B^2<0$，从而 $\left(-1, -\frac{2}{3}\right)$ 不是函数 $f(x, y)$ 的极值点.

8.（2012 考研题）如果函数 $f(x, y)$ 在点 $(0, 0)$ 处连续，那么下列命题正确的是（　　）.

(A) 若极限 $\lim\limits_{(x, y)\to(0, 0)}\frac{f(x, y)}{|x|+|y|}$ 存在，则 $f(x, y)$ 在点 $(0, 0)$ 处可微

(B) 若极限 $\lim\limits_{(x, y)\to(0, 0)}\frac{f(x, y)}{x^2+y^2}$ 存在，则 $f(x, y)$ 在点 $(0, 0)$ 处可微

(C) 若 $f(x, y)$ 在点 $(0, 0)$ 处可微，则极限 $\lim\limits_{(x, y)\to(0, 0)}\frac{f(x, y)}{|x|+|y|}$ 存在

(D) 若 $f(x, y)$在点(0, 0)处可微，则极限 $\lim\limits_{(x, y)\to(0, 0)}\dfrac{f(x, y)}{x^2+y^2}$存在

解　应选(B).

方法一：令 $f(x, y)=|x|+|y|$，则函数 $f(x, y)$在点(0, 0)处连续，且极限 $\lim\limits_{(x, y)\to(0, 0)}\dfrac{f(x, y)}{|x|+|y|}=1$ 存在，但 $f_x(0, 0)$不存在，从而 $f(x, y)$在点(0, 0)处不可微，所以(A)不正确；

又令 $f(x, y)=1$，则函数 $f(x, y)$在点(0, 0)处连续且可微，但极限 $\lim\limits_{(x, y)\to(0, 0)}\dfrac{f(x, y)}{|x|+|y|}$与 $\lim\limits_{(x, y)\to(0, 0)}\dfrac{f(x, y)}{x^2+y^2}$都不存在，故(C)、(D)不正确；

综上故选(B).

方法二：如果 $\lim\limits_{(x, y)\to(0, 0)}\dfrac{f(x, y)}{x^2+y^2}$存在，则必有

$$\lim_{(x, y)\to(0, 0)} f(x, y)=\lim_{(x, y)\to(0, 0)}\frac{f(x, y)}{x^2+y^2}\cdot(x^2+y^2)=0.$$

由 $f(x, y)$在点(0, 0)处连续可知 $f(0, 0)=0$. 不妨假设 $\lim\limits_{(x, y)\to(0, 0)}\dfrac{f(x, y)}{x^2+y^2}=k$，则

$$f_x(0, 0)=\lim_{x\to 0}\frac{f(x, 0)-f(0, 0)}{x}=\lim_{x\to 0}\frac{f(x, 0)}{x^2+0^2}\cdot x=k\cdot 0=0=A,$$

$$f_y(0, 0)=\lim_{y\to 0}\frac{f(0, y)-f(0, 0)}{y}=\lim_{y\to 0}\frac{f(0, y)}{y^2+0^2}\cdot y=k\cdot 0=0=B,$$

$$\begin{aligned}\lim_{\rho\to 0}\frac{\Delta f-A\Delta x-B\Delta y}{\rho}&=\lim_{\rho\to 0}\frac{f(\Delta x, \Delta y)-f(0, 0)}{\rho}=\lim_{(x, y)\to(0, 0)}\frac{f(x, y)}{\sqrt{x^2+y^2}}\\&=\lim_{(x, y)\to(0, 0)}\frac{f(x, y)}{x^2+y^2}\cdot\sqrt{x^2+y^2}\\&=k\times 0=0,\end{aligned}$$

所以 $f(x, y)$在点(0, 0)处可微，故选(B).

9. (2012 考研题)$\mathbf{grad}\left(xy+\dfrac{z}{y}\right)\Big|_{(2, 1, 1)}=$____________.

解　应填 $\boldsymbol{i}+\boldsymbol{j}+\boldsymbol{k}$.

由于 $\mathbf{grad}\left(xy+\dfrac{z}{y}\right)=y\boldsymbol{i}+\left(x-\dfrac{z}{y^2}\right)\boldsymbol{j}+\dfrac{1}{y}\boldsymbol{k}$，所以

$$\mathbf{grad}\left(xy+\frac{z}{y}\right)\Big|_{(2, 1, 1)}=\boldsymbol{i}+\boldsymbol{j}+\boldsymbol{k}.$$

10. (2012 考研题)求 $f(x, y)=x\mathrm{e}^{-\frac{x^2+y^2}{2}}$的极值.

解　由于$\dfrac{\partial f}{\partial x}=\mathrm{e}^{-\frac{x^2+y^2}{2}}-x^2\mathrm{e}^{-\frac{x^2+y^2}{2}}=(1-x^2)\mathrm{e}^{-\frac{x^2+y^2}{2}}$，$\dfrac{\partial f}{\partial y}=-xy\mathrm{e}^{-\frac{x^2+y^2}{2}}$，解方程组

$$\begin{cases}\dfrac{\partial f}{\partial x}=(1-x^2)\mathrm{e}^{-\frac{x^2+y^2}{2}}=0,\\ \dfrac{\partial f}{\partial y}=-xy\mathrm{e}^{-\frac{x^2+y^2}{2}}=0,\end{cases}$$

可得$\begin{cases}x=1,\\y=0\end{cases}$或$\begin{cases}x=-1,\\y=0,\end{cases}$所以函数 $f(x, y)$的全部驻点为(1, 0)、(−1, 0). 又

$$\frac{\partial^2 f}{\partial x^2}=[-2x-x(1-x^2)]e^{-\frac{x^2+y^2}{2}}=x(x^2-3)e^{-\frac{x^2+y^2}{2}},$$

$$\frac{\partial^2 f}{\partial x\partial y}=y(1-x^2)e^{-\frac{x^2+y^2}{2}},$$

$$\frac{\partial^2 f}{\partial y^2}=-xe^{-\frac{x^2+y^2}{2}}+xy^2e^{-\frac{x^2+y^2}{2}}=x(y^2-1)e^{-\frac{x^2+y^2}{2}}.$$

在驻点(1，0)处，由于

$$A=\left.\frac{\partial^2 f}{\partial x^2}\right|_{(1,0)}=-2e^{-\frac{1}{2}},\ B=\left.\frac{\partial^2 f}{\partial x\partial y}\right|_{(1,0)}=0,\ C=\left.\frac{\partial^2 f}{\partial y^2}\right|_{(1,0)}=-e^{-\frac{1}{2}},$$

所以 $AC-B^2=2e^{-1}>0$，且 $A<0$，从而 $f(1,0)=e^{-\frac{1}{2}}$ 为极大值.

在驻点(−1，0)处，由于

$$A=\left.\frac{\partial^2 f}{\partial x^2}\right|_{(-1,0)}=2e^{-\frac{1}{2}},\ B=\left.\frac{\partial^2 f}{\partial x\partial y}\right|_{(-1,0)}=0,\ C=\left.\frac{\partial^2 f}{\partial y^2}\right|_{(-1,0)}=e^{-\frac{1}{2}},$$

所以 $AC-B^2=2e^{-1}>0$，且 $A>0$，从而 $f(-1,0)=-e^{-\frac{1}{2}}$ 为极小值.

11. (2011 考研题)设函数 $f(x)$ 具有二阶连续导数，且 $f(x)>0$，$f'(0)=0$，则函数 $z=f(x)\ln f(y)$ 在点(0，0)处取得极小值的一个充分条件是(　　).

(A) $f(0)>1$，$f''(0)>0$　　(B) $f(0)>1$，$f''(0)<0$

(C) $f(0)<1$，$f''(0)>0$　　(D) $f(0)<1$，$f''(0)<0$

解　应选(A).

由 $z=f(x)\ln f(y)$ 得

$$\frac{\partial z}{\partial x}=f'(x)\ln f(y),\ \frac{\partial z}{\partial y}=\frac{f(x)}{f(y)}f'(y),$$

$$\frac{\partial^2 z}{\partial x^2}=f''(x)\ln f(y),\ \frac{\partial^2 z}{\partial x\partial y}=\frac{f'(x)}{f(y)}f'(y),$$

$$\frac{\partial^2 z}{\partial y^2}=f(x)\frac{f''(y)f(y)-(f'(y))^2}{f^2(y)},$$

在点(0，0)处，

$$A=\left.\frac{\partial^2 z}{\partial x^2}\right|_{\substack{x=0\\y=0}}=f''(0)\ln f(0),$$

$$B=\left.\frac{\partial^2 z}{\partial x\partial y}\right|_{\substack{x=0\\y=0}}=\frac{f'(0)}{f(0)}f'(0)=0,$$

$$C=\left.\frac{\partial^2 z}{\partial x\partial y}\right|_{\substack{x=0\\y=0}}=f(0)\frac{f''(0)f(0)-(f'(0))^2}{f^2(0)}=f''(0).$$

要使得函数 $z=f(x)\ln f(y)$ 在点(0，0)处取得极小值，仅需

$$AC-B^2=f''(0)\ln f(0)\cdot f''(0)>0,\ 且\ A=f''(0)\ln f(0)>0,$$

所以有 $f(0)>1$，$f''(0)>0$，故选(A).

12. (2011 考研题)设函数 $F(x,y)=\int_0^{xy}\frac{\sin t}{1+t^2}dt$，则 $\left.\frac{\partial^2 F}{\partial x^2}\right|_{\substack{x=0\\y=2}}=$ ________.

解　应填 4.

因为 $\frac{\partial F}{\partial x}=\frac{y\sin xy}{1+x^2y^2}$，$\frac{\partial^2 F}{\partial x^2}=\frac{y^2(1+x^2y^2)\cos xy-2xy^3\sin xy}{(1+x^2y^2)^2}$，故

$$\left.\frac{\partial^2 F}{\partial x^2}\right|_{\substack{x=0\\y=2}}=4.$$

13. (2011 考研题)设 $z=f(xy, yg(x))$，其中函数 f 具有二阶连续偏导数，函数 $g(x)$ 可导，且在 $x=1$ 处取得极值 $g(1)=1$，求 $\left.\frac{\partial^2 z}{\partial x\partial y}\right|_{\substack{x=1\\y=1}}$.

解 $\frac{\partial z}{\partial x}=f_1'(xy, yg(x))y+f_2'(xy, yg(x))yg'(x)$,

$$\begin{aligned}\frac{\partial^2 z}{\partial x\partial y}=&f_{11}''(xy, yg(x))xy+f_{12}''(xy, yg(x))yg(x)+f_1'(xy, yg(x))\\&+f_{21}''(xy, yg(x))xyg'(x)+f_{22}''(xy, yg(x))yg(x)g'(x)\\&+f_2'(xy, yg(x))g'(x).\end{aligned}$$

由可导函数 $g(x)$ 在 $x=1$ 处取得极值 $g(1)=1$ 知 $g'(1)=0$，故

$$\begin{aligned}\left.\frac{\partial^2 z}{\partial x\partial y}\right|_{\substack{x=1\\y=1}}=&f_{11}''(1, g(1))+f_{12}''(1, g(1))g(1)+f_1'(1, g(1))\\&+f_{21}''(1, g(1))g'(1)+f_{22}''(1, g(1))g(1)g'(1)+f_2'(1, g(1))g'(1)\\=&f_{12}''(1, 1)+f_{12}''(1, 1)+f_1'(1, 1).\end{aligned}$$

14. (2010 考研题)设函数 $z=z(x, y)$ 由方程 $F\left(\frac{y}{x}, \frac{z}{x}\right)=0$ 确定，其中 F 为可微函数，且 $F_2'\neq 0$，则 $x\frac{\partial z}{\partial x}+y\frac{\partial z}{\partial y}=$(　　).

(A) x　　(B) z　　(C) $-x$　　(D) $-z$

解 应选(B).

方程 $F\left(\frac{y}{x}, \frac{z}{x}\right)=0$ 两边对 x 求偏导，得

$$-\frac{y}{x^2}F_1'+\frac{x\frac{\partial z}{\partial x}-z}{x^2}F_2'=0,$$

所以

$$\frac{\partial z}{\partial x}=\frac{yF_1'+zF_2'}{xF_2'};$$

方程 $F\left(\frac{y}{x}, \frac{z}{x}\right)=0$ 两边对 y 求偏导，得

$$\frac{1}{x}F_1'+\frac{1}{x}F_2'\frac{\partial z}{\partial y}=0,$$

所以

$$\frac{\partial z}{\partial y}=-\frac{F_1'}{F_2'}.$$

于是

$$x\frac{\partial z}{\partial x}+y\frac{\partial z}{\partial y}=\frac{yF_1'+zF_2'}{F_2'}-\frac{yF_1'}{F_2'}=\frac{F_2'\cdot z}{F_2'}=z,$$

故选(B).

15. (2015 竞赛题)设 $u=z^{y^x}$，则 $\frac{\partial u}{\partial y}=$__________.

解　应填 $xy^{x-1}z^{y^x}\ln z$.

由复合函数求导法则得

$$\frac{\partial u}{\partial y}=z^{y^x}\cdot\ln z\cdot xy^{x-1}=xy^{x-1}z^{y^x}\ln z.$$

16. (2012 竞赛题)已知 $f(x, y)$在点(0, 0)处连续，且 $\lim\limits_{(x, y)\to(0, 0)}\dfrac{f(x, y)}{x^2+y^2}$存在，试讨论 $f(x, y)$在点(0, 0)处是否可微.

解　由于 $f(x, y)$在点(0, 0)处连续，则 $\lim\limits_{(x, y)\to(0, 0)}f(x, y)=f(0, 0)$.

由题设知极限存在，设 $\lim\limits_{(x, y)\to(0, 0)}\dfrac{f(x, y)}{x^2+y^2}=M$，故

$$f(x, y)=M\cdot(x^2+y^2)+o(x^2+y^2),$$

所以 $f(0, 0)=\lim\limits_{(x, y)\to(0, 0)}f(x, y)=0$. 又因为

$$f_x(0, 0)=\lim_{x\to0}\frac{f(x, 0)-f(0, 0)}{x}=\lim_{x\to0}\frac{f(x, 0)}{x^2+0^2}\cdot x=M\times0=0=A,$$

$$f_y(0, 0)=\lim_{y\to0}\frac{f(0, y)-f(0, 0)}{y}=\lim_{y\to0}\frac{f(0, y)}{y^2+0^2}\cdot y=M\times0=0=B,$$

因此

$$\lim_{\rho\to0}\frac{\Delta f-A\Delta x-B\Delta y}{\rho}=\lim_{\rho\to0}\frac{f(\Delta x, \Delta y)-f(0, 0)}{\rho}=\lim_{(x, y)\to(0, 0)}\frac{f(x, y)}{\sqrt{x^2+y^2}}$$

$$=\lim_{(x, y)\to(0, 0)}\frac{f(x, y)}{x^2+y^2}\cdot\sqrt{x^2+y^2}=M\times0=0,$$

即 $\Delta f-f_x(0, 0)\Delta x-f_y(0, 0)\Delta y=o(\rho)$. 所以 $f(x, y)$在点(0, 0)处可微，且 $\mathrm{d}f|_{(0, 0)}=0$.

第十章 重 积 分

一、教学要求

1. 理解二重积分的概念，了解二重积分的性质. 掌握二重积分在直角坐标系和极坐标系下的计算方法.

2. 理解三重积分的概念，了解三重积分的基本性质. 掌握三重积分(在直角坐标系、柱面坐标系、球面坐标系下)的计算方法.

二、答疑解惑

问题 1 如何利用对称性计算二重积分?

答 正确利用对称性可以简化二重积分的计算. 利用对称性计算二重积分时，既要考虑积分区域的对称性，还要考虑与之匹配的被积函数的奇偶性.

设函数 $f(x, y)$在积分区域 D 上连续，且 $I=\iint\limits_{D} f(x, y)\mathrm{d}\sigma$ 存在.

(1) 如果积分区域 D 关于 y 轴对称，那么

当函数 $f(x, y)$关于 x 是奇函数，即 $f(-x, y)=-f(x, y)$时，$I=0$;

当函数 $f(x, y)$关于 x 是偶函数，即 $f(-x, y)=f(x, y)$时，$I=2\iint\limits_{D_1} f(x, y)\mathrm{d}\sigma$，其中 D_1 为 D 在 y 轴右侧部分.

(2) 如果积分区域 D 关于 x 轴对称，那么

当函数 $f(x, y)$关于 y 是奇函数，即 $f(x, -y)=-f(x, y)$时，$I=0$;

当函数 $f(x, y)$关于 y 是偶函数，即 $f(x, -y)=f(x, y)$时，$I=2\iint\limits_{D_2} f(x, y)\mathrm{d}\sigma$，其中 D_2 为 D 在 x 轴上方部分.

(3) 如果积分区域 D 关于原点对称，那么

当函数 $f(x, y)$关于 x，y 是奇函数，即 $f(-x, -y)=-f(x, y)$时，$I=0$;

当函数 $f(x, y)$关于 x，y 是偶函数，即 $f(-x, -y)=f(x, y)$时，$I=2\iint\limits_{D_1} f(x, y)\mathrm{d}\sigma$

或 $I=2\iint\limits_{D_2}f(x,y)\mathrm{d}\sigma$，其中 D_1 为 D 在 y 轴右侧部分，D_2 为 D 在 x 轴上方部分.

(4) 如果积分区域 D 关于直线 $y=x$ 对称，那么

$$\iint\limits_D f(x,y)\mathrm{d}\sigma=\iint\limits_D f(y,x)\mathrm{d}\sigma=\frac{1}{2}\iint\limits_D[f(x,y)+f(y,x)]\mathrm{d}\sigma.$$

例 1 设积分区域 D 是圆环 $1\leqslant x^2+y^2\leqslant 4$，求 $\iint\limits_D\left(2x^3+3\sin\dfrac{x}{y}+7\right)\mathrm{d}\sigma$.

解 由于积分区域 D 关于 y 轴对称，函数 $f(x,y)=2x^3+3\sin\dfrac{x}{y}$ 关于 x 是奇函数，故

$$\iint\limits_D\left(2x^3+3\sin\frac{x}{y}\right)\mathrm{d}\sigma=0.$$

又由二重积分的几何意义知 $\iint\limits_D 7\mathrm{d}\sigma=21\pi$，故

$$\iint\limits_D\left(2x^3+3\sin\frac{x}{y}+7\right)\mathrm{d}\sigma=21\pi.$$

例 2 计算 $I=\iint\limits_D(x^2-2x+3y+2)\mathrm{d}\sigma$，其中 $D=\{(x,y)\,|\,x^2+y^2\leqslant a^2\}$.

解 由于积分区域 D 关于 x，y 轴对称，故

$$\iint\limits_D(-2x)\mathrm{d}\sigma=0,\ \iint\limits_D 3y\mathrm{d}\sigma=0.$$

又积分区域 D 关于直线 $y=x$ 对称，则

$$\iint\limits_D x^2\mathrm{d}\sigma=\iint\limits_D y^2\mathrm{d}\sigma=\frac{1}{2}\iint\limits_D(x^2+y^2)\mathrm{d}\sigma=\frac{1}{2}\int_0^{2\pi}\mathrm{d}\theta\int_0^a\rho^3\mathrm{d}\rho=\frac{\pi}{4}a^4,$$

而 $\iint\limits_D 2\mathrm{d}\sigma=2\pi a^2$，所以

$$I=\iint\limits_D(x^2-2x+3y+2)\mathrm{d}\sigma=\frac{\pi}{4}a^4+2\pi a^2.$$

例 3 计算 $I=\iint\limits_D(x+y)\operatorname{sgn}(x-y)\mathrm{d}\sigma$，其中 $D=\{(x,y)\,|\,0\leqslant x\leqslant 1,\ 0\leqslant y\leqslant 1\}$.

解 由于积分区域 D 关于直线 $y=x$ 对称，故

$$\begin{aligned}I&=\iint\limits_D(x+y)\operatorname{sgn}(x-y)\mathrm{d}\sigma\\&=\iint\limits_D(x+y)\operatorname{sgn}(y-x)\mathrm{d}\sigma\\&=-\iint\limits_D(x+y)\operatorname{sgn}(x-y)\mathrm{d}\sigma\quad(\text{因 }\operatorname{sgn}x\text{ 是奇函数})\\&=-I,\end{aligned}$$

所以 $I=0$.

问题 2 进行二重积分计算时，为什么要选择积分顺序？

答 重积分的计算最终要化为累次积分来进行，二重积分可以用两种积分次序的累次

积分来计算，积分区域的特征与被积函数的性质将决定某一积分次序的难易程度，选取适当的积分次序可简化计算；若题目已给的积分次序不便计算，还可以采用交换积分次序的方法简化计算.

例 计算积分$\int_1^3 dy\int_{y-1}^2 \sin x^2 dx$.

解 由于$\sin x^2$的原函数不是初等函数，所以定积分不易计算，故考虑选择先y、后x的另一种积分顺序来计算，即

$$\int_1^3 dy\int_{y-1}^2 \sin x^2 dx=\int_0^2 dx\int_1^{1+x}\sin x^2 dy=\int_0^2 x\sin x^2 dx$$

$$=\left[-\frac{1}{2}\cos x^2\right]_0^2=\frac{1}{2}(1-\cos 4).$$

问题 3 二重积分化为二次积分时，每个积分的上限是否必须大于下限？

答 是. 二重积分化为二次积分时，每个积分的上限必须大于下限，如：

$$\iint_D f(x,y)d\sigma=\int_a^b dx\int_{\varphi_1(x)}^{\varphi_2(x)} f(x,y)dy\quad(\text{其中 } a<b,\ \varphi_1(x)<\varphi_2(x))$$

$$=\int_c^d dy\int_{\psi_1(y)}^{\psi_2(y)} f(x,y)dx\quad(\text{其中 } c<d,\ \psi_1(y)<\psi_2(y)),$$

原因是二重积分定义$\iint_D f(x,y)d\sigma=\lim_{\lambda\to 0}\sum_{i=1}^n f(\xi_i,\eta_i)\Delta\sigma_i$中的$\Delta\sigma_i$表示面积，故$\Delta\sigma_i>0$，所以上限必须大于下限. 类似地，三重积分化为三次积分时，每个积分上限必须大于下限.

问题 4 利用直角坐标计算三重积分时，什么情况下采用“先一后二”法？什么情况下采用“先二后一”法？

答 若积分区域Ω可表示为$\begin{cases}z_1(x,y)\leqslant z\leqslant z_2(x,y),\\(x,y)\in D,\end{cases}$则采用“先一后二”法，即

$$\iiint_\Omega f(x,y,z)dv=\iint_D dxdy\int_{z_1(x,y)}^{z_2(x,y)} f(x,y,z)dz.$$

若D为X型区域$\{(x,y)\mid a\leqslant x\leqslant b,\ y_1(x)\leqslant y\leqslant y_2(x)\}$，可进一步化为三次积分，即

$$\iiint_\Omega f(x,y,z)dv=\int_a^b dx\int_{y_1(x)}^{y_2(x)} dy\int_{z_1(x,y)}^{z_2(x,y)} f(x,y,z)dz.$$

若积分区域Ω可表示为$\begin{cases}(x,y)\in D_z,\\c_1\leqslant z\leqslant c_2,\end{cases}$则采用“先二后一”法，即

$$\iiint_\Omega f(x,y,z)dv=\int_{c_1}^{c_2} dz\iint_{D_z} f(x,y,z)dxdy.$$

也可进一步化为三次积分来计算.

问题 5 如何利用对称性计算三重积分？

答 与二重积分类似，正确利用对称性可以简化三重积分的计算. 利用对称性计算三重积分时，既要考虑积分区域的对称性，还要考虑与之匹配的被积函数的相应奇偶性.

设函数$f(x,y,z)$在积分区域Ω上连续，且$I=\iiint_\Omega f(x,y,z)dv$存在.

(1) 如果积分区域Ω关于坐标平面对称，例如关于xOy平面对称，那么

当函数 $f(x, y, z)$ 关于 z 是奇函数，即 $f(x, y, -z)=-f(x, y, z)$ 时，$I=0$；

当函数 $f(x, y, z)$ 关于 z 是偶函数，即 $f(x, y, -z)=f(x, y, z)$ 时，

$$I = 2\iiint\limits_{\Omega_1} f(x, y, z)\mathrm{d}v,$$

其中 Ω_1 为 Ω 位于 xOy 平面上方的部分区域.

当积分区域 Ω 关于 yOz 平面或 zOx 平面对称时，有类似结论.

(2) 如果积分区域 Ω 关于坐标轴对称，例如关于 z 轴对称，那么

当函数 $f(x, y, z)$ 关于 x，y 是奇函数，即 $f(-x, -y, z)=-f(x, y, z)$ 时，$I=0$；

当函数 $f(x, y, z)$ 关于 x，y 是偶函数，即 $f(-x, -y, z)=f(x, y, z)$ 时，

$$I = 2\iiint\limits_{\Omega_2} f(x, y, z)\mathrm{d}v,$$

其中 Ω_2 为 Ω 关于 z 轴对称的一半区域.

当积分区域 Ω 关于 x 轴或 y 轴对称时，有类似结论.

(3) 如果积分区域 Ω 关于坐标原点对称，那么

当函数 $f(x, y, z)$ 关于 x，y，z 是奇函数，即 $f(-x, -y, -z)=-f(x, y, z)$ 时，$I=0$；

当函数 $f(x, y, z)$ 关于 x，y，z 是偶函数，即 $f(-x, -y, -z)=f(x, y, z)$ 时，

$$I = 2\iiint\limits_{\Omega_3} f(x, y, z)\mathrm{d}v,$$

其中 Ω_3 为 Ω 关于原点对称的一半区域.

(4) 如果积分区域 Ω 的表达式具有轮换对称性，即将其表达式中的变量 x，y，z 依次轮换为 y，z，x 和 z，x，y，表达式形式不变，那么

$$\begin{aligned}\iiint\limits_{\Omega} f(x, y, z)\mathrm{d}v &= \iiint\limits_{\Omega} f(y, z, x)\mathrm{d}v = \iiint\limits_{\Omega} f(z, x, y)\mathrm{d}v \\ &= \frac{1}{3}\iiint\limits_{\Omega}[f(x, y, z)+f(y, z, x)+f(z, x, y)]\mathrm{d}v.\end{aligned}$$

例 1　计算三重积分 $\iiint\limits_{\Omega} \dfrac{z\ln(x^2+y^2+z^2+1)}{x^2+y^2+z^2+1}\mathrm{d}v$，其中 Ω 是由球面 $x^2+y^2+z^2=1$ 所围成的闭区域.

解　因为积分区域 Ω 关于 xOy 平面对称，而被积函数为关于 z 的奇函数，所以

$$\iiint\limits_{\Omega} \frac{z\ln(x^2+y^2+z^2+1)}{x^2+y^2+z^2+1}\mathrm{d}v = 0.$$

例 2　计算三重积分 $\iiint\limits_{\Omega} x[(x-a)^2+y^2+z^2]\mathrm{d}v$，其中 Ω 是由球面 $x^2+y^2+z^2\leqslant a^2$ 所围成的闭区域.

解

$$\begin{aligned}&\iiint\limits_{\Omega} x[(x-a)^2+y^2+z^2]\mathrm{d}v \\ =&\iiint\limits_{\Omega} x(x^2+y^2+z^2)\mathrm{d}v - 2a\iiint\limits_{\Omega} x^2\mathrm{d}v + a^2\iiint\limits_{\Omega} x\mathrm{d}v.\end{aligned}$$

由于积分区域 Ω 关于 yOz 平面对称，函数 $f(x, y, z)=x(x^2+y^2+z^2)$ 与 $g(x, y, z)=x$

关于 x 是奇函数，从而

$$\iiint_{\Omega} x(x^2+y^2+z^2)\mathrm{d}v=0,\ \iiint_{\Omega} x\mathrm{d}v=0.$$

又积分区域 Ω 的表达式具有轮换对称性，故

$$\iiint_{\Omega} x^2\mathrm{d}v=\frac{1}{3}\iiint_{\Omega}(x^2+y^2+z^2)\mathrm{d}v=\frac{1}{3}\int_0^{2\pi}\mathrm{d}\theta\int_0^{\pi}\sin\varphi\mathrm{d}\varphi\int_0^a r^4\mathrm{d}r=\frac{4}{15}\pi a^5.$$

所以 $\iiint_{\Omega} x[(x-a)^2+y^2+z^2]\mathrm{d}v=-\frac{8}{15}\pi a^6$.

三、典型例题

例 1　不计算积分，估计下列二重积分的值：

(1) $\iint_D (x^2+4y^2+9)\mathrm{d}\sigma$, $D=\{(x,y)\mid x^2+y^2\leqslant 4\}$;

(2) $\iint_D \frac{1}{100+\cos^2 x+\cos^2 y}\mathrm{d}\sigma$, $D=\{(x,y)\mid |x|+|y|\leqslant 10\}$.

解　(1) 在区域 $x^2+y^2\leqslant 4$ 上，

$$9\leqslant x^2+4y^2+9\leqslant 4(x^2+y^2)+9\leqslant 25,$$

由二重积分的性质，有

$$9\sigma\leqslant\iint_D (x^2+4y^2+9)\mathrm{d}\sigma\leqslant 25\sigma,$$

其中 $\sigma=4\pi$，所以

$$36\pi\leqslant\iint_D (x^2+4y^2+9)\mathrm{d}\sigma\leqslant 100\pi.$$

(2) 在区域 $|x|+|y|\leqslant 10$ 上，

$$\frac{1}{102}\leqslant\frac{1}{100+\cos^2 x+\cos^2 y}\leqslant\frac{1}{100},$$

所以有

$$\frac{1}{102}\sigma\leqslant\iint_D \frac{1}{100+\cos^2 x+\cos^2 y}\mathrm{d}\sigma\leqslant\frac{1}{100}\sigma,$$

而 D 是边长为 $\sqrt{200}$ 的正方形区域，其面积为 $\sigma=200$，故

$$\frac{100}{51}\leqslant\iint_D \frac{1}{100+\cos^2 x+\cos^2 y}\mathrm{d}\sigma\leqslant 2.$$

例 2　计算下列二次积分：

(1) $\int_0^2\mathrm{d}x\int_x^2 \mathrm{e}^{-y^2}\mathrm{d}y$;　　　(2) $\int_0^{\frac{\pi}{6}}\mathrm{d}y\int_y^{\frac{\pi}{6}}\frac{\cos x}{x}\mathrm{d}x$.

解　方法一：交换积分次序.

因为积分 $\int_x^2 \mathrm{e}^{-y^2}\mathrm{d}y$、$\int_y^{\frac{\pi}{6}}\frac{\cos x}{x}\mathrm{d}x$ 不能用初等函数表示，故交换积分次序，选择先对另一个变量积分.

(1) $\int_0^2 dx\int_x^2 e^{-y^2}dy=\int_0^2 dy\int_0^y e^{-y^2}dx=\int_0^2 ye^{-y^2}dy=\left[-\frac{1}{2}e^{-y^2}\right]_0^2=\frac{1}{2}(1-e^{-4})$.

(2) $\int_0^{\frac{\pi}{6}} dy\int_y^{\frac{\pi}{6}}\frac{\cos x}{x}dx=\int_0^{\frac{\pi}{6}} dx\int_0^x\frac{\cos x}{x}dy=\int_0^{\frac{\pi}{6}}\cos x dx=[\sin x]_0^{\frac{\pi}{6}}=\frac{1}{2}$.

方法二：分部积分法.

(1) 记 $A(x)=\int_x^2 e^{-y^2}dy$，则 $A'(x)=-e^{-x^2}$，于是

$$\int_0^2 dx\int_x^2 e^{-y^2}dy=\int_0^2 A(x)dx=[xA(x)]_0^2-\int_0^2 x d[A(x)]$$
$$=\int_0^2 xe^{-x^2}dx=\left[-\frac{1}{2}e^{-x^2}\right]_0^2=\frac{1}{2}(1-e^{-4}).$$

(2) 记 $A(y)=\int_y^{\frac{\pi}{6}}\frac{\cos x}{x}dx$，则 $A'(y)=-\frac{\cos y}{y}$，于是

$$\int_0^{\frac{\pi}{6}} dy\int_y^{\frac{\pi}{6}}\frac{\cos x}{x}dx=\int_0^{\frac{\pi}{6}} A(y)dy=[yA(y)]_0^{\frac{\pi}{6}}-\int_0^{\frac{\pi}{6}} y d[A(y)]=\int_0^{\frac{\pi}{6}}\cos y dy=\frac{1}{2}.$$

注 因为积分 $\int e^{-x^2}dx$、$\int\frac{\sin x}{x}dx$、$\int\frac{1}{\ln x}dx$、$\int\sin x^2 dx$、$\int\cos x^2 dx$、$\int e^{x^2}dx$、$\int e^{\frac{1}{x}}dx$、$\int\frac{1}{\sin x}dx$、$\int\frac{1}{\cos x}dx$ 等不能用初等函数表示，所以遇到这类积分可以交换积分次序，即选择先对另一个变量积分，或者应用分部积分法.

例 3 计算下列二重积分：

(1) $\iint\limits_D|\cos(x+y)|dxdy$，其中 D 是由直线 $y=0$、$y=x$ 及 $x=\frac{\pi}{2}$ 所围成的区域；

(2) $\iint\limits_D e^{\max\{x^2,y^2\}}dxdy$，其中 $D=\{(x,y)\mid 0\leqslant x\leqslant 1,0\leqslant y\leqslant 1\}$；

(3) $\iint\limits_D xy[1+x^2+y^2]dxdy$，其中 $D=\{(x,y)\mid x^2+y^2\leqslant\sqrt{2},x\geqslant 0,y\geqslant 0\}$，$[1+x^2+y^2]$表示不超过 $1+x^2+y^2$ 的最大整数.

解 (1) 为去掉被积函数的绝对值符号，需用 $\cos(x+y)=0$ 即直线 $x+y=\frac{\pi}{2}$将区域 D 划分为两部分 D_1、D_2，如图 10－1 所示，其中

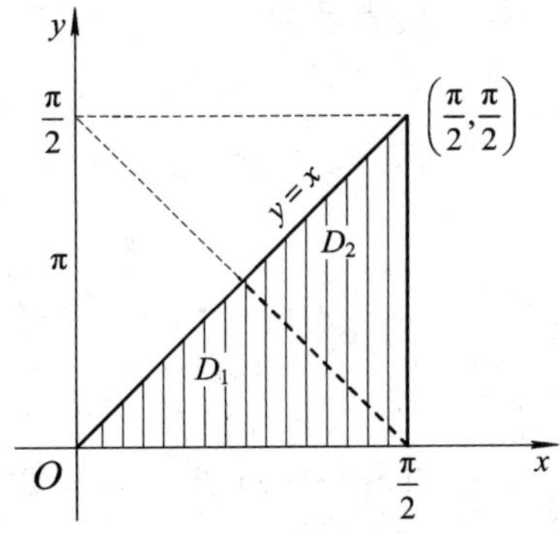

图 10－1

$$D_1=\left\{(x,y)\mid 0\leqslant y\leqslant\frac{\pi}{4},\ y\leqslant x\leqslant\frac{\pi}{2}-y\right\},$$

$$D_2=\left\{(x,y)\mid \frac{\pi}{4}\leqslant x\leqslant\frac{\pi}{2},\ \frac{\pi}{2}-x\leqslant y\leqslant x\right\},$$

再将二重积分化为二次积分计算.

在 D_1 上，$|\cos(x+y)|=\cos(x+y)$；在 D_2 上，$|\cos(x+y)|=-\cos(x+y)$，故

$$\begin{aligned}\iint\limits_D|\cos(x+y)|\mathrm{d}x\mathrm{d}y&=\iint\limits_{D_1}\cos(x+y)\mathrm{d}x\mathrm{d}y-\iint\limits_{D_2}\cos(x+y)\mathrm{d}x\mathrm{d}y\\&=\int_0^{\frac{\pi}{4}}\mathrm{d}y\int_y^{\frac{\pi}{2}-y}\cos(x+y)\mathrm{d}x-\int_{\frac{\pi}{4}}^{\frac{\pi}{2}}\mathrm{d}x\int_{\frac{\pi}{2}-x}^{x}\cos(x+y)\mathrm{d}y\\&=\int_0^{\frac{\pi}{4}}(1-\sin2y)\mathrm{d}y-\int_{\frac{\pi}{4}}^{\frac{\pi}{2}}(\sin2x-1)\mathrm{d}x=\frac{\pi}{2}-1.\end{aligned}$$

(2) 积分区域 D 是正方形区域，在 D 上被积函数分块表示为

$$\mathrm{e}^{\max\{x^2,\ y^2\}}=\begin{cases}\mathrm{e}^{x^2},\ x\geqslant y,\\ \mathrm{e}^{y^2},\ x\leqslant y,\end{cases}\qquad(x,y)\in D,$$

用直线 $y=x$ 将 D 分成 D_1、D_2 两块，其中

$$D_1=\{(x,y)\mid 0\leqslant x\leqslant1,\ 0\leqslant y\leqslant x\},$$
$$D_2=\{(x,y)\mid 0\leqslant y\leqslant1,\ 0\leqslant x\leqslant y\},$$

所以

$$\begin{aligned}\iint\limits_D\mathrm{e}^{\max\{x^2,\ y^2\}}\mathrm{d}x\mathrm{d}y&=\iint\limits_{D_1}\mathrm{e}^{\max\{x^2,\ y^2\}}\mathrm{d}x\mathrm{d}y+\iint\limits_{D_2}\mathrm{e}^{\max\{x^2,\ y^2\}}\mathrm{d}x\mathrm{d}y\\&=\iint\limits_{D_1}\mathrm{e}^{x^2}\mathrm{d}x\mathrm{d}y+\iint\limits_{D_2}\mathrm{e}^{y^2}\mathrm{d}x\mathrm{d}y\\&=\int_0^1\mathrm{d}x\int_0^x\mathrm{e}^{x^2}\mathrm{d}y+\int_0^1\mathrm{d}y\int_0^y\mathrm{e}^{y^2}\mathrm{d}x\\&=\int_0^1x\mathrm{e}^{x^2}\mathrm{d}x+\int_0^1y\mathrm{e}^{y^2}\mathrm{d}y\\&=[\mathrm{e}^{x^2}]_0^1=\mathrm{e}-1.\end{aligned}$$

(3) 方法一：在 D 上被积函数分块表示为

$$xy[1+x^2+y^2]=\begin{cases}xy,\quad x^2+y^2<1,\ x\geqslant0,\ y\geqslant0,\\ 2xy,\quad 1\leqslant x^2+y^2\leqslant\sqrt{2},\ x\geqslant0,\ y\geqslant0,\end{cases}$$

于是

$$\begin{aligned}\iint\limits_D xy[1+x^2+y^2]\mathrm{d}x\mathrm{d}y&=\iint\limits_{\substack{x^2+y^2<1\\x\geqslant0,\ y\geqslant0}}xy\mathrm{d}x\mathrm{d}y+\iint\limits_{\substack{1\leqslant x^2+y^2\leqslant\sqrt{2}\\x\geqslant0,\ y\geqslant0}}2xy\mathrm{d}x\mathrm{d}y\\&=\int_0^{\frac{\pi}{2}}\mathrm{d}\theta\int_0^1\rho\cos\theta\cdot\rho\sin\theta\cdot\rho\mathrm{d}\rho+2\int_0^{\frac{\pi}{2}}\mathrm{d}\theta\int_1^{\sqrt[4]{2}}\rho\cos\theta\cdot\rho\sin\theta\cdot\rho\mathrm{d}\rho\\&=\frac{3}{8}.\end{aligned}$$

方法二：

$$\iint\limits_D xy[1+x^2+y^2]\mathrm{d}x\mathrm{d}y=\int_0^{\frac{\pi}{2}}\mathrm{d}\theta\int_0^{\sqrt[4]{2}}\rho\cos\theta\cdot\rho\sin\theta\cdot[1+\rho^2]\cdot\rho\mathrm{d}\rho$$

$$=\int_0^{\frac{\pi}{2}}\cos\theta\sin\theta\mathrm{d}\theta\int_0^{\sqrt[4]{2}}\rho^3[1+\rho^2]\mathrm{d}\rho$$

$$=\frac{1}{2}\left(\int_0^1\rho^3\mathrm{d}\rho+\int_1^{\sqrt[4]{2}}2\rho^3\mathrm{d}\rho\right)=\frac{3}{8}.$$

注　(1) 当被积函数带有绝对值符号时，应先去掉绝对值符号，为此需将积分区域划分为若干个子区域，使得在每个子区域上，被积函数的取值不变号.

(2) 当被积函数含有最大值或最小值符号以及取整符号等时，也需将积分区域划分为若干个子区域，以去掉最大值或最小值符号以及取整符号等.

例 4　计算下列二次积分：

(1) $\int_0^{2a}\mathrm{d}x\int_0^{\sqrt{2ax-x^2}}(x^2+y^2)\mathrm{d}y$；　　(2) $\int_0^a\mathrm{d}y\int_0^{\sqrt{a^2-y^2}}(x^2+y^2)\mathrm{d}x$.

解　(1) 积分区域 D 如图 10-2 所示，在极坐标系中

$$D=\{(\rho,\theta)\,|\,0\leqslant\theta\leqslant\frac{\pi}{2},\ 0\leqslant\rho\leqslant 2a\cos\theta\},$$

所以

$$\int_0^{2a}\mathrm{d}x\int_0^{\sqrt{2ax-x^2}}(x^2+y^2)\mathrm{d}y=\int_0^{\frac{\pi}{2}}\mathrm{d}\theta\int_0^{2a\cos\theta}\rho^2\cdot\rho\mathrm{d}\rho$$

$$=4a^4\int_0^{\frac{\pi}{2}}\cos^4\theta\mathrm{d}\theta$$

$$=4a^4\cdot\frac{3}{4}\cdot\frac{1}{2}\cdot\frac{\pi}{2}=\frac{3}{4}\pi a^4.$$

(2) 积分区域 D 如图 10-3 所示，在极坐标系中

$$D=\{(\rho,\theta)\,|\,0\leqslant\theta\leqslant\frac{\pi}{2},\ 0\leqslant\rho\leqslant a\},$$

所以

$$\int_0^a\mathrm{d}y\int_0^{\sqrt{a^2-y^2}}(x^2+y^2)\mathrm{d}x=\int_0^{\frac{\pi}{2}}\mathrm{d}\theta\int_0^a\rho^2\cdot\rho\mathrm{d}\rho=\frac{\pi}{2}\cdot\frac{a^4}{4}=\frac{\pi}{8}a^4.$$

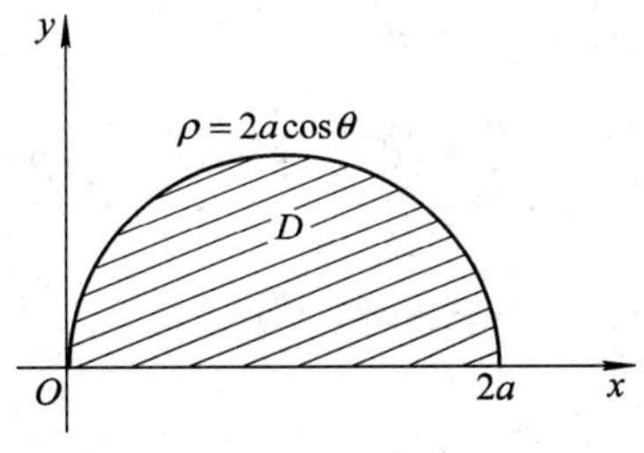

图 10-2

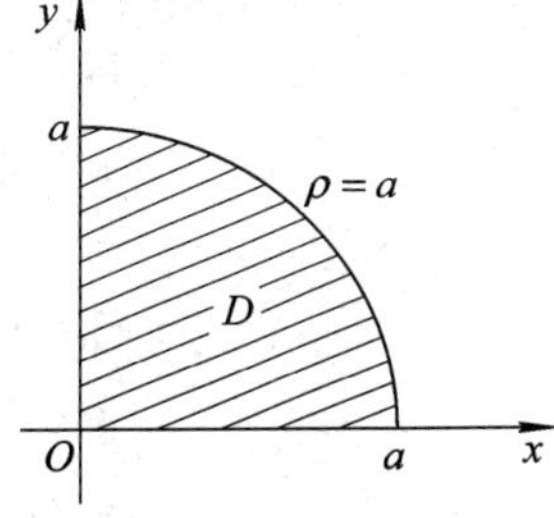

图 10-3

注　(1) 在多元函数积分学的计算题中，常会遇到定积分$\int_0^{\frac{\pi}{2}}\sin^n\theta\mathrm{d}\theta$和$\int_0^{\frac{\pi}{2}}\cos^n\theta\mathrm{d}\theta$，因此记住如下的结果是有益的：

$$\int_0^{\frac{\pi}{2}}\sin^n\theta\mathrm{d}\theta=\int_0^{\frac{\pi}{2}}\cos^n\theta\mathrm{d}\theta=\begin{cases}\dfrac{n-1}{n}\cdot\dfrac{n-3}{n-2}\cdot\cdots\cdot\dfrac{3}{4}\cdot\dfrac{1}{2}\cdot\dfrac{\pi}{2},\ n\text{为正偶数},\\ \dfrac{n-1}{n}\cdot\dfrac{n-3}{n-2}\cdot\cdots\cdot\dfrac{4}{5}\cdot\dfrac{2}{3},\ n\text{为大于1的正奇数}.\end{cases}$$

(2) 当被积函数含有x^2+y^2或$\dfrac{y}{x}$，或者积分区域为圆域、圆环或由圆周的一部分围成的区域时，常采用极坐标计算二重积分. 注意极坐标系的面积元素为$\mathrm{d}\sigma=\rho\mathrm{d}\rho\mathrm{d}\theta$.

例 5　选用适当的坐标计算下列各题：

(1) $\iint\limits_D\dfrac{x^2}{y^2}\mathrm{d}\sigma$，其中$D$是由直线$x=2$、$y=x$及曲线$xy=1$所围成的闭区域；

(2) $\iint\limits_D\sqrt{\dfrac{1-x^2-y^2}{1+x^2+y^2}}\mathrm{d}\sigma$，其中$D$是由圆周$x^2+y^2=1$及坐标轴所围成的在第一象限内的闭区域；

(3) $\iint\limits_D(x^2+y^2)\mathrm{d}\sigma$，其中$D$是由直线$y=x$、$y=x+a$、$y=a$及$y=3a(a>0)$所围成的闭区域.

解　(1) 根据积分区域的形状(如图 10-4 所示)选用直角坐标较宜. 积分区域可表示为

$$D=\left\{(x,y)\mid 1\leqslant x\leqslant 2,\ \frac{1}{x}\leqslant y\leqslant x\right\},$$

所以

$$\iint\limits_D\frac{x^2}{y^2}\mathrm{d}\sigma=\int_1^2x^2\mathrm{d}x\int_{\frac{1}{x}}^{x}\frac{1}{y^2}\mathrm{d}y=\int_1^2(x^3-x)\mathrm{d}x=\frac{9}{4}.$$

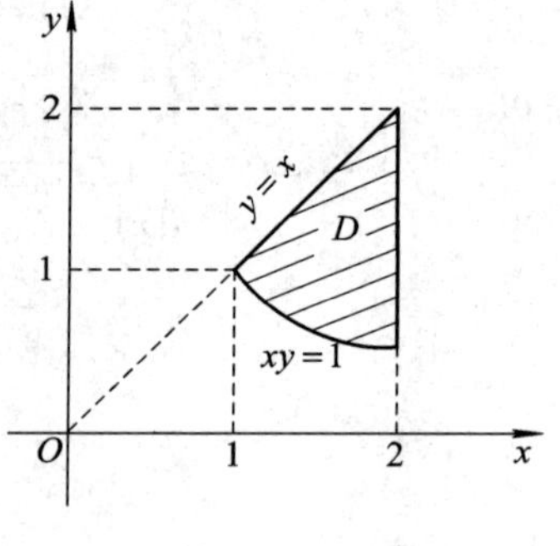

图 10-4

(2) 根据积分区域的形状和被积函数的特点，选用极坐标较宜. 在极坐标系下$D=\left\{(\rho,\theta)\mid 0\leqslant\theta\leqslant\dfrac{\pi}{2},\ 0\leqslant\rho\leqslant 1\right\}$，所以

$$\begin{aligned}\iint\limits_D\sqrt{\frac{1-x^2-y^2}{1+x^2+y^2}}\mathrm{d}\sigma&=\iint\limits_D\sqrt{\frac{1-\rho^2}{1+\rho^2}}\cdot\rho\mathrm{d}\rho\mathrm{d}\theta=\int_0^{\frac{\pi}{2}}\mathrm{d}\theta\int_0^1\sqrt{\frac{1-\rho^2}{1+\rho^2}}\rho\mathrm{d}\rho\\&=\frac{\pi}{2}\int_0^1\frac{1-\rho^2}{\sqrt{1-\rho^4}}\rho\mathrm{d}\rho=\frac{\pi}{2}\left(\int_0^1\frac{\rho}{\sqrt{1-\rho^4}}\mathrm{d}\rho-\int_0^1\frac{\rho^3}{\sqrt{1-\rho^4}}\mathrm{d}\rho\right)\\&=\frac{\pi}{2}\left[\frac{1}{2}\int_0^1\frac{1}{\sqrt{1-\rho^4}}\mathrm{d}\rho^2+\frac{1}{4}\int_0^1\frac{1}{\sqrt{1-\rho^4}}\mathrm{d}(1-\rho^4)\right]\\&=\frac{\pi}{2}\left(\left[\frac{1}{2}\arcsin\rho^2\right]_0^1+\left[\frac{1}{2}\sqrt{1-\rho^4}\right]_0^1\right)=\frac{\pi}{8}(\pi-2).\end{aligned}$$

(3) 如图 10-5 所示，选用直角坐标为宜. 根据 D 的边界曲线的情况，宜采用先对 x、后对 y 的积分次序，于是

$$\iint_D (x^2+y^2)\mathrm{d}\sigma=\int_a^{3a}\mathrm{d}y\int_{y-a}^{y}(x^2+y^2)\mathrm{d}x=\int_a^{3a}\left(2ay^2-a^2y+\frac{1}{3}a^3\right)\mathrm{d}y=14a^4.$$

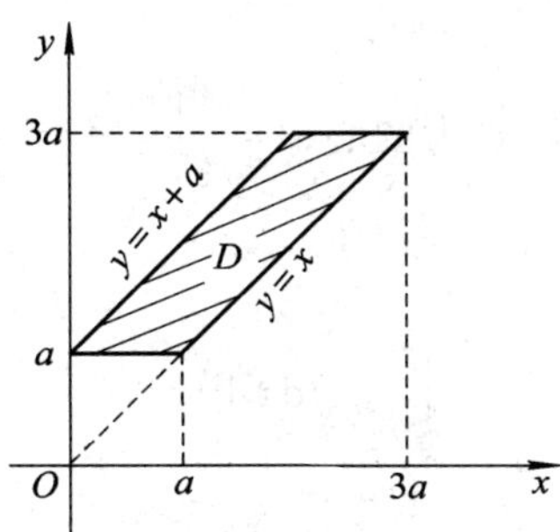

图 10-5

例 6 计算下列二重积分：

(1) $\displaystyle\iint_{x^2+y^2\leqslant x+y}(x+y)\mathrm{d}x\mathrm{d}y$；

(2) $\displaystyle\iint_D y\,\mathrm{d}x\mathrm{d}y$，$D$ 由直线 $x=-2$、$y=0$、$y=2$ 及 $x=-\sqrt{2y-y^2}$ 所围成.

解 (1) 方法一：积分区域如图 10-6 所示，利用极坐标计算.

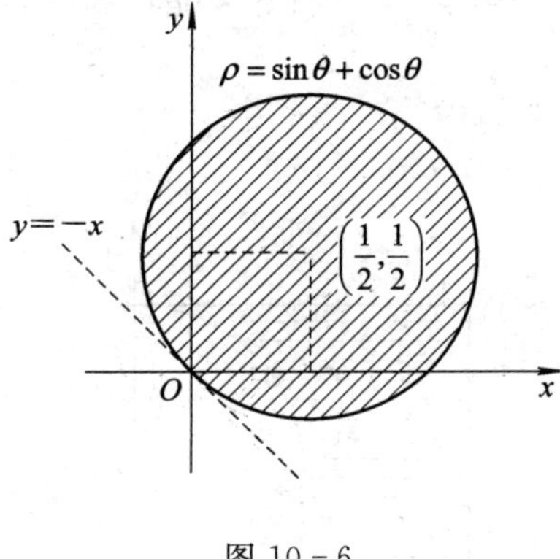

图 10-6

$$\begin{aligned}\iint_{x^2+y^2\leqslant x+y}(x+y)\mathrm{d}x\mathrm{d}y&=\int_{-\frac{\pi}{4}}^{\frac{3\pi}{4}}\mathrm{d}\theta\int_0^{\sin\theta+\cos\theta}\rho^2(\sin\theta+\cos\theta)\mathrm{d}\rho\\&=\frac{1}{3}\int_{-\frac{\pi}{4}}^{\frac{3\pi}{4}}(\sin\theta+\cos\theta)^4\mathrm{d}\theta=\frac{1}{3}\int_{-\frac{\pi}{4}}^{\frac{3\pi}{4}}\left[\sqrt{2}\sin\left(\theta+\frac{\pi}{4}\right)\right]^4\mathrm{d}\theta\\&\xlongequal{t=\theta+\frac{\pi}{4}}\frac{4}{3}\int_0^{\pi}\sin^4t\,\mathrm{d}t\\&=\frac{4}{3}\cdot 2\cdot\frac{3}{4}\cdot\frac{1}{2}\cdot\frac{\pi}{2}=\frac{\pi}{2}.\end{aligned}$$

方法二：利用质心公式计算.

由对称性知

$$\iint\limits_{x^2+y^2\leqslant x+y}(x+y)\mathrm{d}x\mathrm{d}y=2\iint\limits_{x^2+y^2\leqslant x+y}x\mathrm{d}x\mathrm{d}y.$$

而均匀圆板 $x^2+y^2\leqslant x+y$ 的质心为圆心 $\bar{x}=\frac{1}{2}$，$\bar{y}=\frac{1}{2}$，且 $\bar{x}=\frac{1}{2}=\frac{\iint\limits_{x^2+y^2\leqslant x+y}x\mathrm{d}x\mathrm{d}y}{\frac{1}{2}\pi}$，

于是

$$\iint\limits_{x^2+y^2\leqslant x+y}x\mathrm{d}x\mathrm{d}y=\frac{\pi}{4},$$

所以

$$\iint\limits_{x^2+y^2\leqslant x+y}(x+y)\mathrm{d}x\mathrm{d}y=\frac{\pi}{2}.$$

(2) 方法一：积分区域如图 10－7 所示，利用直角坐标计算.

$$\begin{aligned}\iint\limits_D y\mathrm{d}x\mathrm{d}y&=\int_0^2\mathrm{d}y\int_{-2}^{-\sqrt{2y-y^2}}y\mathrm{d}x=\int_0^2 y(2-\sqrt{2y-y^2})\mathrm{d}y\\&=4-\int_0^2 y\sqrt{2y-y^2}\mathrm{d}y=4-\int_0^2 y\sqrt{1-(y-1)^2}\mathrm{d}y\\&\xlongequal{y-1=\sin\theta}4-\int_{-\frac{\pi}{2}}^{\frac{\pi}{2}}(1+\sin\theta)\cos^2\theta\mathrm{d}\theta\\&=4-\frac{\pi}{2}.\end{aligned}$$

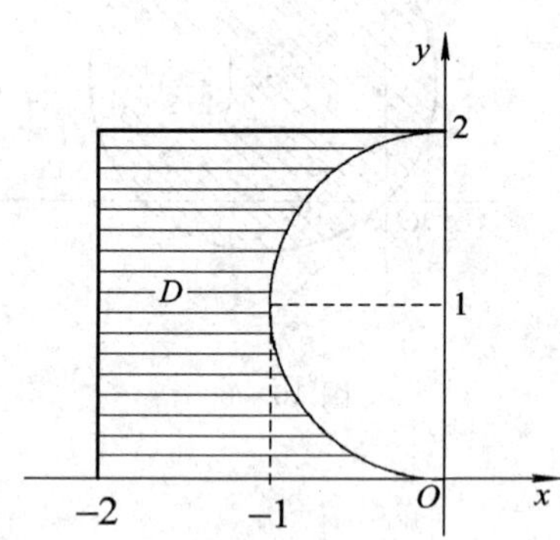

图 10－7

方法二：利用二重积分的区域可加性计算.

$$\begin{aligned}\iint\limits_D y\mathrm{d}x\mathrm{d}y&=\int_{-2}^0\mathrm{d}x\int_0^2 y\mathrm{d}y-\int_{\frac{\pi}{2}}^{\pi}\mathrm{d}\theta\int_0^{2\sin\theta}\rho^2\sin\theta\mathrm{d}\rho\\&=4-\int_{\frac{\pi}{2}}^{\pi}\frac{8}{3}\sin^4\theta\mathrm{d}\theta\\&=4-\frac{\pi}{2}.\end{aligned}$$

方法三：利用质心公式计算.

积分区域 D 的面积 $A=4-\frac{\pi}{2}$，又积分区域 D 关于直线 $y=1$ 对称，故 D 的形心的纵坐标 $\overline{y}=1$，且 $\overline{y}=1=\frac{\iint\limits_D y\mathrm{d}x\mathrm{d}y}{A}$，于是

$$\iint\limits_D y\mathrm{d}x\mathrm{d}y=\overline{y}\cdot A=4-\frac{\pi}{2}.$$

注　对于 $\iint\limits_D(ax+by)\mathrm{d}x\mathrm{d}y$ 这类积分，反过来利用质心公式计算可以简化运算.

例 7　设 $f(x)$ 为连续函数，$F(t)=\int_1^t\mathrm{d}y\int_y^t f(x)\mathrm{d}x$，求 $F'(2)$.

解　方法一：这是变限积分的求导问题，其中 $F(t)$ 是含参变量 t 的变限积分. 用分部积分法将 $F(t)$ 化成变限定积分，然后对变限积分求导.

$$\begin{aligned}F(t)&=\int_1^t\left[\int_y^t f(x)\mathrm{d}x\right]\mathrm{d}y\\&\xlongequal{\text{分部积分}}\left[y\int_y^t f(x)\mathrm{d}x\right]_{y=1}^{y=t}-\int_1^t y\mathrm{d}\left[\int_y^t f(x)\mathrm{d}x\right]\\&=-\int_1^t f(x)\mathrm{d}x+\int_1^t yf(y)\mathrm{d}y\\&=\int_1^t(y-1)f(y)\mathrm{d}y\end{aligned}$$

所以 $F'(2)=[(t-1)f(t)]_{t=2}=f(2)$.

方法二：将 $F(t)$ 看成二重积分的一个累次积分(其中 $t>1$)，则有

$$F(t)=\iint\limits_D f(x)\mathrm{d}x\mathrm{d}y,$$

其中 D：$y\leqslant x\leqslant t$，$1\leqslant y\leqslant t$，如图 10-8 所示，交换积分次序得

$$F(t)=\int_1^t\mathrm{d}x\int_1^x f(x)\mathrm{d}y=\int_1^t(x-1)f(x)\mathrm{d}x,$$

于是 $F'(2)=[(t-1)f(t)]_{t=2}=f(2)$.

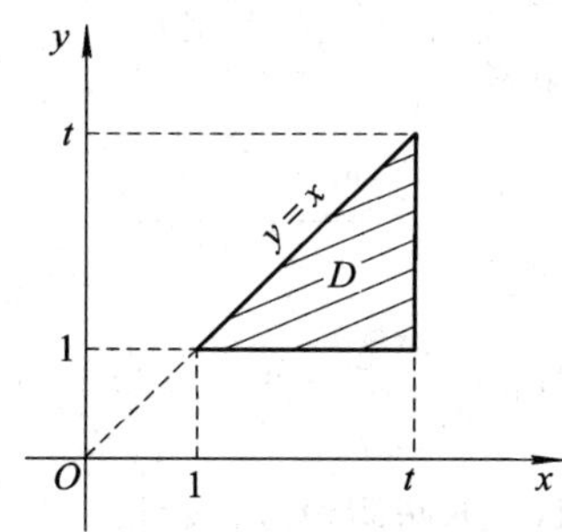

图 10-8

方法三：转化为用变限积分求导公式的情形.

$$F(t)=\int_1^t\left[\int_y^t f(x)\mathrm{d}x\right]\mathrm{d}y$$
$$=\int_1^t\left[\int_y^1 f(x)\mathrm{d}x\right]\mathrm{d}y+\int_1^t\left[\int_1^t f(x)\mathrm{d}x\right]\mathrm{d}y$$
$$=\int_1^t\left[\int_y^1 f(x)\mathrm{d}x\right]\mathrm{d}y+(t-1)\int_1^t f(x)\mathrm{d}x,$$

于是

$$F'(t)=\int_t^1 f(x)\mathrm{d}x+\int_1^t f(x)\mathrm{d}x+(t-1)f(t)=(t-1)f(t),$$

所以 $F'(2)=f(2)$.

例 8 设函数 $f(x,y)$在闭区域 $D=\{(x,y)\mid x^2+y^2\leqslant y,\ x\geqslant 0\}$上连续，且

$$f(x,y)=\sqrt{1-x^2-y^2}-\frac{8}{\pi}\iint_D f(x,y)\mathrm{d}x\mathrm{d}y,$$

求 $f(x,y)$.

解 设 $\iint_D f(x,y)\mathrm{d}x\mathrm{d}y=A$，则

$$f(x,y)=\sqrt{1-x^2-y^2}-\frac{8}{\pi}A,$$

从而

$$\iint_D f(x,y)\mathrm{d}x\mathrm{d}y=\iint_D\sqrt{1-x^2-y^2}\,\mathrm{d}x\mathrm{d}y-\frac{8}{\pi}A\iint_D\mathrm{d}x\mathrm{d}y,$$

又 $\iint_D\mathrm{d}x\mathrm{d}y=\frac{\pi}{8}$(即闭区域 D 的面积)，故得 $A=\iint_D\sqrt{1-x^2-y^2}\,\mathrm{d}x\mathrm{d}y-A$，因此

$$A=\frac{1}{2}\iint_D\sqrt{1-x^2-y^2}\,\mathrm{d}x\mathrm{d}y.$$

在极坐标系中，

$$D=\{(\rho,\theta)\mid 0\leqslant\theta\leqslant\frac{\pi}{2},\ 0\leqslant\rho\leqslant\sin\theta\},$$

因此

$$A=\frac{1}{2}\iint_D\sqrt{1-x^2-y^2}\,\mathrm{d}x\mathrm{d}y=\frac{1}{2}\int_0^{\frac{\pi}{2}}\mathrm{d}\theta\int_0^{\sin\theta}\sqrt{1-\rho^2}\,\rho\mathrm{d}\rho=\frac{\pi}{12}-\frac{1}{9}.$$

从而

$$f(x,y)=\sqrt{1-x^2-y^2}+\frac{8}{9\pi}-\frac{2}{3}.$$

例 9 证明若 $a>0$，$b>0$，则有 $\int_0^{+\infty}\frac{\mathrm{e}^{-ax}-\mathrm{e}^{-bx}}{x}\mathrm{d}x=\ln\frac{b}{a}$.

证 由 $\frac{\mathrm{e}^{-ax}-\mathrm{e}^{-bx}}{x}=\int_a^b\mathrm{e}^{-xy}\mathrm{d}y$ (不妨假设 $b>a$)得

$$\int_0^t\frac{\mathrm{e}^{-ax}-\mathrm{e}^{-bx}}{x}\mathrm{d}x=\int_0^t\mathrm{d}x\int_a^b\mathrm{e}^{-xy}\mathrm{d}y=\int_a^b\mathrm{d}y\int_0^t\mathrm{e}^{-xy}\mathrm{d}x$$
$$=\int_a^b\frac{1-\mathrm{e}^{-ty}}{y}\mathrm{d}y=\ln\frac{b}{a}-\int_a^b\frac{\mathrm{e}^{-ty}}{y}\mathrm{d}y,$$

又 $0\leqslant\int_a^b\frac{\mathrm{e}^{-ty}}{y}\mathrm{d}y\leqslant\frac{\mathrm{e}^{-ta}}{a}(b-a)$，由夹逼定理知

$$\lim_{t\to+\infty}\int_a^b\frac{\mathrm{e}^{-ty}}{y}\mathrm{d}y=0,$$

所以

$$\int_0^{+\infty}\frac{\mathrm{e}^{-ax}-\mathrm{e}^{-bx}}{x}\mathrm{d}x=\ln\frac{b}{a}.$$

注　由牛顿-莱布尼茨公式，一般地，当函数 $F'(x)$ 在闭区间 $[a,b]$ 上连续时，有

$$F(b)-F(a)=\int_a^bF'(x)\mathrm{d}x,$$

这一结论常被用到 $\frac{f(ax)-f(bx)}{x}=\int_a^bf'(xy)\mathrm{d}y$ 上.

例 10　设正值函数 $f(x)$ 在闭区间 $[a,b]$ 上连续，试利用二重积分证明：

$$\int_a^bf(x)\mathrm{d}x\cdot\int_a^b\frac{1}{f(x)}\mathrm{d}x\geqslant(b-a)^2.$$

证　因为 $\int_a^bf(x)\mathrm{d}x\cdot\int_a^b\frac{1}{f(x)}\mathrm{d}x=\int_a^bf(x)\mathrm{d}x\cdot\int_a^b\frac{1}{f(y)}\mathrm{d}y=\iint\limits_D\frac{f(x)}{f(y)}\mathrm{d}x\mathrm{d}y$，又

$$\int_a^bf(x)\mathrm{d}x\cdot\int_a^b\frac{1}{f(x)}\mathrm{d}x=\int_a^bf(y)\mathrm{d}y\cdot\int_a^b\frac{1}{f(x)}\mathrm{d}x=\iint\limits_D\frac{f(y)}{f(x)}\mathrm{d}x\mathrm{d}y,$$

其中 D：$a\leqslant x\leqslant b$，$a\leqslant y\leqslant b$，所以

$$\begin{aligned}2\int_a^bf(x)\mathrm{d}x\cdot\int_a^b\frac{1}{f(x)}\mathrm{d}x&=\iint\limits_D\frac{f(x)}{f(y)}\mathrm{d}x\mathrm{d}y+\iint\limits_D\frac{f(y)}{f(x)}\mathrm{d}x\mathrm{d}y\\&=\iint\limits_D\left[\frac{f(x)}{f(y)}+\frac{f(y)}{f(x)}\right]\mathrm{d}x\mathrm{d}y\\&\geqslant\iint\limits_D2\mathrm{d}x\mathrm{d}y=2(b-a)^2.\end{aligned}$$

即

$$\int_a^bf(x)\mathrm{d}x\cdot\int_a^b\frac{1}{f(x)}\mathrm{d}x\geqslant(b-a)^2.$$

例 11　设函数 $f(x)$ 在闭区间 $[0,1]$ 上连续，证明：

$$\int_0^1f(x)\mathrm{d}x\int_x^1f(y)\mathrm{d}y=\frac{1}{2}\left[\int_0^1f(x)\mathrm{d}x\right]^2.$$

证　方法一：对等式左边的积分交换积分次序，应用积分与积分变量所用的字母无关，得

$$\int_0^1f(x)\mathrm{d}x\int_x^1f(y)\mathrm{d}y=\int_0^1f(y)\mathrm{d}y\int_0^yf(x)\mathrm{d}x=\int_0^1f(x)\mathrm{d}x\int_0^xf(y)\mathrm{d}y,$$

所以

$$\begin{aligned}\int_0^1f(x)\mathrm{d}x\int_x^1f(y)\mathrm{d}y&=\frac{1}{2}\left[\int_0^1f(x)\mathrm{d}x\int_x^1f(y)\mathrm{d}y+\int_0^1f(x)\mathrm{d}x\int_0^xf(y)\mathrm{d}y\right]\\&=\frac{1}{2}\int_0^1f(x)\mathrm{d}x\left[\int_x^1f(y)\mathrm{d}y+\int_0^xf(y)\mathrm{d}y\right]\\&=\frac{1}{2}\int_0^1f(x)\mathrm{d}x\int_0^1f(y)\mathrm{d}y=\frac{1}{2}\left[\int_0^1f(x)\mathrm{d}x\right]^2.\end{aligned}$$

方法二：设被积函数 $f(x)$ 的一个原函数为 $F(x)=\int_1^x f(t)\mathrm{d}t$，即 $F'(x)=f(x)$ 且 $F(1)=0$，则

$$\begin{aligned}\int_0^1 f(x)\mathrm{d}x\int_x^1 f(y)\mathrm{d}y&=-\int_0^1 f(x)F(x)\mathrm{d}x=-\int_0^1 F'(x)F(x)\mathrm{d}x\\&=-\int_0^1 F(x)\mathrm{d}F(x)=-\frac{1}{2}\left[F^2(x)\right]_0^1\\&=\frac{1}{2}F^2(0)=\frac{1}{2}\left[\int_0^1 f(x)\mathrm{d}x\right]^2.\end{aligned}$$

例 12 计算 $\iiint\limits_{\Omega} xyz\,\mathrm{d}x\mathrm{d}y\mathrm{d}z$，其中 Ω 为球面 $x^2+y^2+z^2=1$ 及三个坐标面所围成的在第一卦限内的闭区域.

解 方法一：利用直角坐标计算.由于积分区域 Ω 为

$$0\leqslant x\leqslant 1,\ 0\leqslant y\leqslant\sqrt{1-x^2},\ 0\leqslant z\leqslant\sqrt{1-x^2-y^2},$$

故

$$\begin{aligned}\iiint\limits_{\Omega} xyz\,\mathrm{d}x\mathrm{d}y\mathrm{d}z&=\int_0^1\mathrm{d}x\int_0^{\sqrt{1-x^2}}\mathrm{d}y\int_0^{\sqrt{1-x^2-y^2}}xyz\,\mathrm{d}z\\&=\int_0^1\mathrm{d}x\int_0^{\sqrt{1-x^2}}\frac{1}{2}xy(1-x^2-y^2)\mathrm{d}y=\int_0^1\frac{1}{8}x(1-x^2)^2\mathrm{d}x=\frac{1}{48}.\end{aligned}$$

方法二：利用柱面坐标计算.由于积分区域 Ω 为

$$0\leqslant\theta\leqslant\frac{\pi}{2},\ 0\leqslant\rho\leqslant 1,\ 0\leqslant z\leqslant\sqrt{1-\rho^2},$$

故

$$\begin{aligned}\iiint\limits_{\Omega} xyz\,\mathrm{d}x\mathrm{d}y\mathrm{d}z&=\int_0^{\frac{\pi}{2}}\mathrm{d}\theta\int_0^1\rho\mathrm{d}\rho\int_0^{\sqrt{1-\rho^2}}\rho^2\sin\theta\cos\theta\cdot z\mathrm{d}z\\&=\int_0^{\frac{\pi}{2}}\sin\theta\cos\theta\mathrm{d}\theta\int_0^1\rho^3\mathrm{d}\rho\int_0^{\sqrt{1-\rho^2}}z\mathrm{d}z\\&=\frac{1}{4}\int_0^1(\rho^3-\rho^5)\mathrm{d}\rho=\frac{1}{48}.\end{aligned}$$

方法三：利用球面坐标计算.由于积分区域 Ω 为

$$0\leqslant\theta\leqslant\frac{\pi}{2},\ 0\leqslant\varphi\leqslant\frac{\pi}{2},\ 0\leqslant r\leqslant 1,$$

故

$$\begin{aligned}\iiint\limits_{\Omega} xyz\,\mathrm{d}x\mathrm{d}y\mathrm{d}z&=\int_0^{\frac{\pi}{2}}\mathrm{d}\theta\int_0^{\frac{\pi}{2}}\mathrm{d}\varphi\int_0^1 r^3\sin^2\varphi\cos\varphi\sin\theta\cos\theta\cdot r^2\sin\varphi\mathrm{d}r\\&=\int_0^{\frac{\pi}{2}}\sin\theta\cos\theta\mathrm{d}\theta\int_0^{\frac{\pi}{2}}\sin^3\varphi\cos\varphi\mathrm{d}\varphi\int_0^1 r^5\mathrm{d}r\\&=\left[\frac{\sin^2\theta}{2}\right]_0^{\frac{\pi}{2}}\cdot\left[\frac{\sin^4\varphi}{4}\right]_0^{\frac{\pi}{2}}\cdot\left[\frac{r^6}{6}\right]_0^1=\frac{1}{2}\cdot\frac{1}{4}\cdot\frac{1}{6}=\frac{1}{48}.\end{aligned}$$

注 比较本题的三种解法，显然用球面坐标计算要简便一些，这是由本题的积分区域 Ω 的形状和被积函数所决定的.

例 13 计算积分 $I=\iiint\limits_{x^2+y^2+z^2\leqslant 2z}(ax+by+cz)\mathrm{d}x\mathrm{d}y\mathrm{d}z$，其中 a、b、c 为常数.

解 方法一：利用球面坐标计算.

由对称性知 $\iiint\limits_{x^2+y^2+z^2\leqslant 2z}x\mathrm{d}x\mathrm{d}y\mathrm{d}z=\iiint\limits_{x^2+y^2+z^2\leqslant 2z}y\mathrm{d}x\mathrm{d}y\mathrm{d}z=0$，于是

$$\iiint\limits_{x^2+y^2+z^2\leqslant 2z}z\mathrm{d}x\mathrm{d}y\mathrm{d}z=\int_0^{2\pi}\mathrm{d}\theta\int_0^{\frac{\pi}{2}}\mathrm{d}\varphi\int_0^{2\cos\varphi}r^3\sin\varphi\cos\varphi\mathrm{d}r=\frac{4}{3}\pi,$$

所以 $I=\dfrac{4c}{3}\pi$.

方法二：利用“先二后一”法计算.

$$\iiint\limits_{x^2+y^2+z^2\leqslant 2z}z\mathrm{d}x\mathrm{d}y\mathrm{d}z=\int_0^2\mathrm{d}z\iint\limits_{x^2+y^2\leqslant 2z-z^2}z\mathrm{d}x\mathrm{d}y=\pi\int_0^2(2z^2-z^3)\mathrm{d}z=\frac{4}{3}\pi,$$

所以 $I=\dfrac{4c}{3}\pi$.

方法三：利用质心坐标计算.

积分区域 $x^2+y^2+z^2\leqslant 2z$ 的形心为(0，0，1)，所以 $\iiint\limits_{x^2+y^2+z^2\leqslant 2z}z\mathrm{d}x\mathrm{d}y\mathrm{d}z=V=\dfrac{4}{3}\pi$，其中 V 是球体 $x^2+y^2+z^2\leqslant 2z$ 的体积，所以 $I=\dfrac{4c}{3}\pi$.

例 14 计算 $\iiint\limits_{\Omega}z\mathrm{d}x\mathrm{d}y\mathrm{d}z$，其中 Ω 是由锥面 $z=\dfrac{h}{R}\sqrt{x^2+y^2}$ 与平面 $z=h(R>0,\ h>0)$ 所围成的闭区域.

解 方法一：如图 10 - 9 所示，利用“先一后二”法计算.

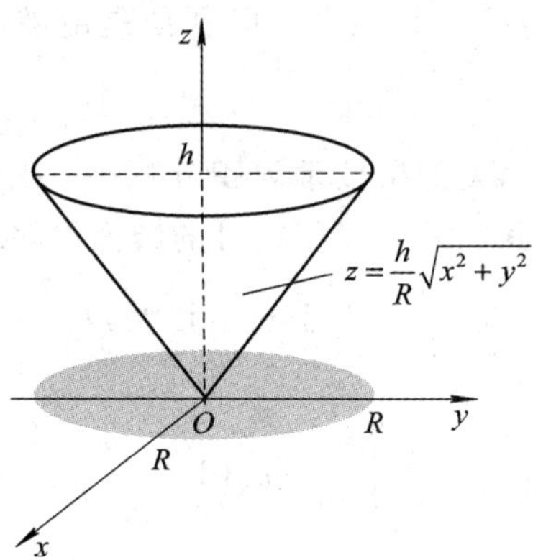

图 10 - 9

由 $z=\dfrac{h}{R}\sqrt{x^2+y^2}$ 与 $z=h$ 消去 z，得

$$x^2+y^2=R^2,$$

故 Ω 在 xOy 面的投影区域 $D_{xy}=\{(x,\ y)\mid x^2+y^2\leqslant R^2\}$，

$$\Omega=\left\{(x,\ y,\ z)\left|\frac{h}{R}\sqrt{x^2+y^2}\leqslant z\leqslant h,\ (x,\ y)\in D_{xy}\right.\right\}.$$

于是

$$\begin{aligned}\iiint\limits_{\Omega} z\,\mathrm{d}x\mathrm{d}y\mathrm{d}z &= \iint\limits_{D_{xy}}\mathrm{d}x\mathrm{d}y\int_{\frac{h}{R}\sqrt{x^2+y^2}}^{h} z\mathrm{d}z \\ &= \frac{1}{2}\iint\limits_{D_{xy}}\left[h^2-\frac{h^2}{R^2}(x^2+y^2)\right]\mathrm{d}x\mathrm{d}y \\ &= \frac{1}{2}\left[h^2\iint\limits_{D_{xy}}\mathrm{d}x\mathrm{d}y-\frac{h^2}{R^2}\iint\limits_{D_{xy}}(x^2+y^2)\mathrm{d}x\mathrm{d}y\right] \\ &= \frac{h^2}{2}\cdot\pi R^2-\frac{h^2}{2R^2}\int_0^{2\pi}\mathrm{d}\theta\int_0^R\rho^3\mathrm{d}\rho \\ &= \frac{1}{4}\pi R^2h^2.\end{aligned}$$

方法二：利用“先二后一”法计算.

过点(0，0，z)($0\leqslant z\leqslant h$)作平行于 xOy 面的平面截 Ω 得平面圆域

$$D_z=\left\{(x,\ y)\,\middle|\,x^2+y^2\leqslant\left(\frac{Rz}{h}\right)^2\right\},$$

其半径为$\dfrac{Rz}{h}$，面积为$\dfrac{\pi R^2}{h^2}z^2$. 于是

$$\iiint\limits_{\Omega} z\,\mathrm{d}x\mathrm{d}y\mathrm{d}z=\int_0^h z\mathrm{d}z\iint\limits_{D_z}\mathrm{d}x\mathrm{d}y=\frac{\pi R^2}{h^2}\int_0^h z^3\mathrm{d}z=\frac{\pi R^2h^2}{4}.$$

注　方法二也称为“截面法”，即先在 D_z上作关于 x，y 的二重积分，然后再对 z 作定积分. 如果在 D_z上关于 x，y 的二重积分易于计算，特别地，当被积函数与 x，y 无关，且 D_z的面积容易表达为 z 的函数，则采用这种方法比较简便.

例 15　计算 $\iiint\limits_{\Omega}\left(\dfrac{x^2}{a^2}+\dfrac{y^2}{b^2}+\dfrac{z^2}{c^2}\right)\mathrm{d}x\mathrm{d}y\mathrm{d}z$，其中 Ω 是由椭球面$\dfrac{x^2}{a^2}+\dfrac{y^2}{b^2}+\dfrac{z^2}{c^2}=1$ 所围成的闭区域.

分析　本题用直角坐标计算. 如果按常规积分顺序，积分限的确定比较麻烦，因此考虑对被积函数中的一项求解，其它两项可用字母的转换得解.

解　因为 $\iiint\limits_{\Omega}\dfrac{x^2}{a^2}\mathrm{d}x\mathrm{d}y\mathrm{d}z=2\int_0^a\dfrac{x^2}{a^2}\mathrm{d}x\iint\limits_{D_{yz}}\mathrm{d}y\mathrm{d}z$，其中 D_{yz}：$\dfrac{y^2}{b^2\left(1-\frac{x^2}{a^2}\right)}+\dfrac{z^2}{c^2\left(1-\frac{x^2}{a^2}\right)}\leqslant 1$，故

$$\iiint\limits_{\Omega}\frac{x^2}{a^2}\mathrm{d}x\mathrm{d}y\mathrm{d}z=2\int_0^a\frac{x^2}{a^2}\pi bc\left(1-\frac{x^2}{a^2}\right)\mathrm{d}x=\frac{4}{15}\pi abc.$$

同理可得

$$\iiint\limits_{\Omega}\frac{y^2}{b^2}\mathrm{d}x\mathrm{d}y\mathrm{d}z=\iiint\limits_{\Omega}\frac{z^2}{c^2}\mathrm{d}x\mathrm{d}y\mathrm{d}z=\frac{4}{15}\pi abc.$$

所以

$$\begin{aligned}\iiint\limits_{\Omega}\left(\frac{x^2}{a^2}+\frac{y^2}{b^2}+\frac{z^2}{c^2}\right)\mathrm{d}x\mathrm{d}y\mathrm{d}z&=\iiint\limits_{\Omega}\frac{x^2}{a^2}\mathrm{d}x\mathrm{d}y\mathrm{d}z+\iiint\limits_{\Omega}\frac{y^2}{b^2}\mathrm{d}x\mathrm{d}y\mathrm{d}z+\iiint\limits_{\Omega}\frac{z^2}{c^2}\mathrm{d}x\mathrm{d}y\mathrm{d}z. \\ &=3\cdot\frac{4}{15}\pi abc=\frac{4}{5}\pi abc.\end{aligned}$$

例 16　设函数 $f(t)$ 具有连续导数，试求 $\lim\limits_{t\to 0^+}\dfrac{1}{t^4}\iiint\limits_{\Omega} f(\sqrt{x^2+y^2+z^2})\mathrm{d}x\mathrm{d}y\mathrm{d}z$，其中 Ω：$x^2+y^2+z^2\leqslant t^2(t>0)$.

解　利用球面坐标计算三重积分，于是

$$\begin{aligned}&\lim_{t\to 0^+}\frac{1}{t^4}\iiint\limits_{\Omega} f(\sqrt{x^2+y^2+z^2})\mathrm{d}x\mathrm{d}y\mathrm{d}z\\&=\lim_{t\to 0^+}\frac{1}{t^4}\int_0^{2\pi}\mathrm{d}\theta\int_0^{\pi}\sin\varphi\mathrm{d}\varphi\int_0^t f(r)r^2\mathrm{d}r\\&=\lim_{t\to 0^+}\frac{4\pi\int_0^t f(r)r^2\mathrm{d}r}{t^4}=\lim_{t\to 0^+}\frac{4\pi f(t)t^2}{4t^3}\\&=\lim_{t\to 0^+}\frac{\pi f(t)}{t}=\begin{cases}\pi f'(0), & f(0)=0,\\ \infty, & f(0)\neq 0.\end{cases}\end{aligned}$$

注　一般地，当积分区域为球面 $x^2+y^2+z^2=R^2$ 或 $x^2+y^2+z^2=az$、锥面 $\varphi=\varphi_0$、半平面 $\theta=\theta_0$ 所围，且被积函数含 $x^2+y^2+z^2$ 时，用球面坐标计算三重积分比较简便.

例 17　设函数 $f(x)$ 在闭区间$[0,1]$上连续，证明：

$$\int_0^1\mathrm{d}x\int_x^1\mathrm{d}y\int_x^y f(x)f(y)f(z)\mathrm{d}z=\frac{1}{6}\left[\int_0^1 f(x)\mathrm{d}x\right]^3.$$

证　设 $F(x)=\int_0^x f(t)\mathrm{d}t$，则 $F(x)$ 是 $f(x)$ 的一个原函数，且 $F'(x)=f(x)$，

$$F(1)=\int_0^1 f(x)\mathrm{d}x,\ F(0)=0.$$

于是

$$\begin{aligned}\int_0^1\mathrm{d}x\int_x^1\mathrm{d}y\int_x^y f(x)f(y)f(z)\mathrm{d}z&=\int_0^1 f(x)\mathrm{d}x\int_x^1 f(y)\mathrm{d}y\int_x^y f(z)\mathrm{d}z\\&=\int_0^1 f(x)\mathrm{d}x\int_x^1 f(y)[F(y)-F(x)]\mathrm{d}y\\&=\int_0^1 f(x)\mathrm{d}x\int_x^1[F(y)-F(x)]\mathrm{d}[F(y)]\\&=\int_0^1 f(x)\left[\frac{1}{2}F^2(y)-F(x)F(y)\right]_x^1\mathrm{d}x\\&=\int_0^1\left[\frac{1}{2}F^2(1)-F(x)F(1)+\frac{1}{2}F^2(x)\right]\mathrm{d}[F(x)]\\&=\left[\frac{1}{2}F^2(1)F(x)-\frac{1}{2}F^2(x)F(1)+\frac{1}{6}F^3(x)\right]_0^1\\&=\frac{1}{6}F^3(1)=\frac{1}{6}\left[\int_0^1 f(x)\mathrm{d}x\right]^3.\end{aligned}$$

例 18　计算三重积分 $I=\iiint\limits_{\Omega}(x+y+z)^2\mathrm{d}v$，其中 Ω 是由抛物面 $z=x^2+y^2$ 和球面 $z=\sqrt{2-x^2-y^2}$ 所围成的空间闭区域.

解　被积函数$(x+y+z)^2=x^2+y^2+z^2+2(xy+yz+zx)$，由于 Ω 关于 zOx 平面对

称，$xy+yz$ 关于 y 是奇函数，所以 $\iiint\limits_{\Omega}(xy+yz)\mathrm{d}v=0$. 类似地，由于 Ω 关于 yOz 平面对称，xz 关于 x 是奇函数，所以 $\iiint\limits_{\Omega}xz\,\mathrm{d}v=0$. 又 Ω 在 xOy 平面上的投影区域 D：$x^2+y^2\leqslant 1$，则

$$\iiint\limits_{\Omega}(x+y+z)^2\mathrm{d}v=\iiint\limits_{\Omega}(x^2+y^2+z^2)\mathrm{d}v=\int_0^{2\pi}\mathrm{d}\theta\int_0^1\rho\mathrm{d}\rho\int_{\rho^2}^{\sqrt{2-\rho^2}}(\rho^2+z^2)\mathrm{d}z$$

$$=2\pi\int_0^1\left[\rho^3(\sqrt{2-\rho^2}-\rho^2)+\frac{1}{3}\rho(2-\rho^2)^{\frac{3}{2}}-\frac{1}{3}\rho^7\right]\mathrm{d}\rho$$

$$=\frac{\pi}{60}(96\sqrt{2}-89).$$

例 19 求底面半径相同的两个直交柱面 $x^2+y^2=R^2$ 及 $x^2+z^2=R^2$ 所围立体的表面积.

解 如图 10-10 所示，设第一卦限内的立体表面位于圆柱面 $x^2+z^2=R^2$ 上的那一部分面积为 A_1，则由对称性知所求全部表面积为 $A=16A_1$.

$$A=16\iint\limits_{D}\sqrt{1+\left(\frac{\partial z}{\partial x}\right)^2+\left(\frac{\partial z}{\partial y}\right)^2}\mathrm{d}x\mathrm{d}y$$

$$=16\iint\limits_{D}\sqrt{1+\left(-\frac{x}{\sqrt{R^2-x^2}}\right)^2+0^2}\,\mathrm{d}x\mathrm{d}y$$

$$=16\iint\limits_{D}\frac{R}{\sqrt{R^2-x^2}}\mathrm{d}x\mathrm{d}y=16R\int_0^R\mathrm{d}x\int_0^{\sqrt{R-x^2}}\frac{1}{\sqrt{R^2-x^2}}\mathrm{d}y$$

$$=16R\int_0^R\mathrm{d}x=16R^2.$$

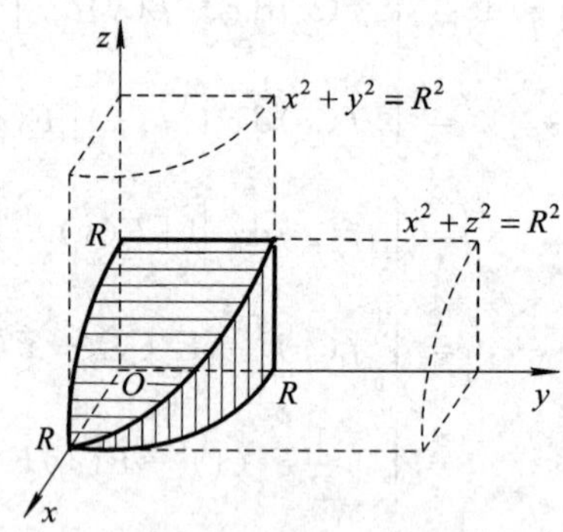

图 10-10

注 用对称性不仅可以简化积分的计算，而且使图形更简单，便于分析.

例 20 曲面 $x^2+y^2+z=4$ 将球体 $x^2+y^2+z^2\leqslant 4z$ 分成两部分，求这两部分的体积之比.

解 球体 $x^2+y^2+z^2\leqslant 4z$ 的半径为 2，其体积为 $V=\frac{32}{3}\pi$. 由 $\begin{cases}x^2+y^2+z=4,\\x^2+y^2+z^2=4z\end{cases}$ 解得两曲面的交线为 $\begin{cases}x^2+y^2=3,\\z=1.\end{cases}$ 记球体在抛物面下方的部分区域为 Ω，其体积为 V_1，则

$$V_1=\iiint_{\Omega}\mathrm{d}v=\int_0^{2\pi}\mathrm{d}\theta\int_0^{\sqrt{3}}\rho\mathrm{d}\rho\int_{2-\sqrt{4-\rho^2}}^{4-\rho^2}\mathrm{d}z$$

$$=2\pi\int_0^{\sqrt{3}}\rho(2-\rho^2+\sqrt{4-\rho^2})\mathrm{d}\rho=\frac{37}{6}\pi.$$

再记球体在抛物面上方的部分的体积为 V_2，则

$$V_2=V-V_1=\frac{27}{6}\pi.$$

故 $V_1:V_2=37:27$.

例 21　一均匀物体（密度 ρ 为常量）占有的闭区域 Ω 由曲面 $z=x^2+y^2$ 和平面 $z=0$、$|x|=a$、$|y|=a$ 所围成. 求：

(1) 物体的体积；

(2) 物体的质心；

(3) 物体关于 z 轴的转动惯量.

解　(1) 如图 10－11 所示，由对称性可知

$$V=4\int_0^a\mathrm{d}x\int_0^a\mathrm{d}y\int_0^{x^2+y^2}\mathrm{d}z=4\int_0^a\mathrm{d}x\int_0^a(x^2+y^2)\mathrm{d}y$$

$$=4\int_0^a\left(ax^2+\frac{a^3}{3}\right)\mathrm{d}x=\frac{8}{3}a^4.$$

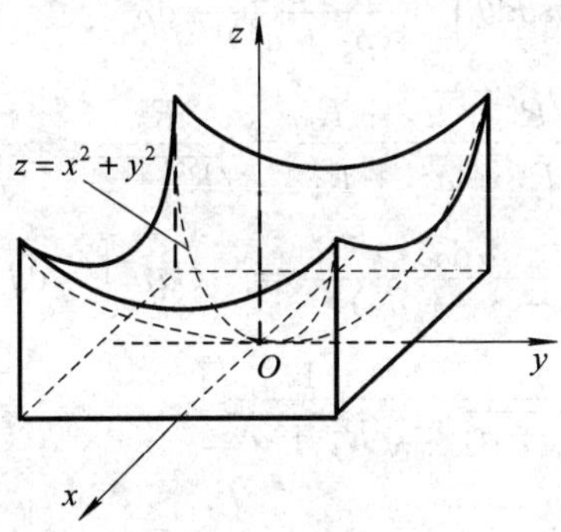

图 10－11

(2) 由对称性可知，质心位于 z 轴上，即有 $\bar{x}=\bar{y}=0$. 物体的质量 $M=\iiint_{\Omega}\rho\mathrm{d}v=\rho V$，则

$$\bar{z}=\frac{1}{M}\iiint_{\Omega}\rho z\,\mathrm{d}v=\frac{4}{V}\int_0^a\mathrm{d}x\int_0^a\mathrm{d}y\int_0^{x^2+y^2}z\mathrm{d}z$$

$$=\frac{2}{V}\int_0^a\mathrm{d}x\int_0^a(x^4+2x^2y^2+y^4)\mathrm{d}y$$

$$=\frac{2}{V}\int_0^a\left(ax^4+\frac{2}{3}a^3x^2+\frac{a^5}{5}\right)\mathrm{d}x=\frac{7}{15}a^2.$$

(3) $$I_z=\iiint_{\Omega}\rho(x^2+y^2)\mathrm{d}v=4\rho\int_0^a\mathrm{d}x\int_0^a\mathrm{d}y\int_0^{x^2+y^2}(x^2+y^2)\mathrm{d}z$$

$$=4\rho\int_0^a\mathrm{d}x\int_0^a(x^4+2x^2y^2+y^4)\mathrm{d}y=\frac{112}{45}\rho a^6.$$

例 22 设面密度为常量 μ 的匀质半圆环形薄片占有闭区域

$$D=\left\{(x,\ y,\ 0)\,|\,R_1\leqslant\sqrt{x^2+y^2}\leqslant R_2,\ x\geqslant 0\right\},$$

求它对位于 z 轴上点 $M_0(0,\ 0,\ a)(a>0)$ 处单位质量的质点的引力 $\boldsymbol{F}$.

解 设引力 $\boldsymbol{F}=(F_x,\ F_y,\ F_z)$，如图 10－12 所示，由对称性知 $F_y=0$，而

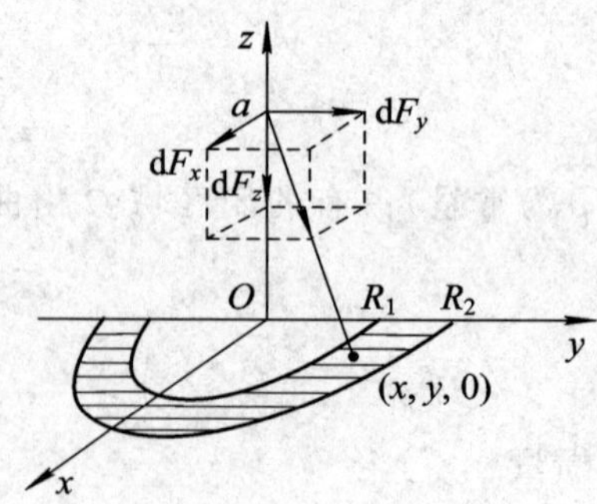

图 10－12

$$\begin{aligned}F_x&=G\iint\limits_D\frac{\mu x}{(x^2+y^2+a^2)^{3/2}}\mathrm{d}\sigma\\&=G\mu\int_{-\frac{\pi}{2}}^{\frac{\pi}{2}}\cos\theta\mathrm{d}\theta\int_{R_1}^{R_2}\frac{\rho^2}{(\rho^2+a^2)^{3/2}}\mathrm{d}\rho\\&=2G\mu\left[\ln\frac{\sqrt{R_2^2+a^2}+R_2}{\sqrt{R_1^2+a^2}+R_1}-\frac{R_2}{\sqrt{R_2^2+a^2}}+\frac{R_1}{\sqrt{R_1^2+a^2}}\right],\end{aligned}$$

$$\begin{aligned}F_z&=-Ga\iint\limits_D\frac{\mu\mathrm{d}\sigma}{(x^2+y^2+a^2)^{3/2}}=-Ga\mu\int_{-\frac{\pi}{2}}^{\frac{\pi}{2}}\mathrm{d}\theta\int_{R_1}^{R_2}\frac{\rho\mathrm{d}\rho}{(\rho^2+a^2)^{3/2}}\\&=\pi Ga\mu\left[\frac{1}{\sqrt{R_2^2+a^2}}-\frac{1}{\sqrt{R_1^2+a^2}}\right],\end{aligned}$$

故所求引力 $\boldsymbol{F}=(F_x,\ 0,\ F_z)$.

例 23 设函数 $f(x)$ 连续且恒大于零，

$$F(t)=\frac{\iiint\limits_{\Omega(t)}f(x^2+y^2+z^2)\mathrm{d}v}{\iint\limits_{D(t)}f(x^2+y^2)\mathrm{d}\sigma},\ G(t)=\frac{\iint\limits_{D(t)}f(x^2+y^2)\mathrm{d}\sigma}{\int_{-t}^{t}f(x^2)\mathrm{d}x},$$

其中 $\Omega(t)=\{(x,\ y,\ z)\,|\,x^2+y^2+z^2\leqslant t^2\}$，$D(t)=\{(x,\ y)\,|\,x^2+y^2\leqslant t^2\}$.

(1) 讨论 $F(t)$ 在区间 $(0,\ +\infty)$ 内的单调性；

(2) 证明当 $t>0$ 时，$F(t)>\dfrac{2}{\pi}G(t)$.

解 (1) 利用球面坐标，有

$$\iiint\limits_{\Omega(t)}f(x^2+y^2+z^2)\mathrm{d}v=\int_0^{2\pi}\mathrm{d}\theta\int_0^{\pi}\sin\varphi\mathrm{d}\varphi\int_0^t f(r^2)r^2\mathrm{d}r=4\pi\int_0^t f(r^2)r^2\mathrm{d}r;$$

利用极坐标，有

$$\iint\limits_{D(t)} f(x^2+y^2)\mathrm{d}\sigma = \int_0^{2\pi}\mathrm{d}\theta\int_0^t f(\rho^2)\rho\mathrm{d}\rho = 2\pi\int_0^t f(r^2)r\mathrm{d}r.$$

于是

$$F(t)=\frac{2\int_0^t f(r^2)r^2\mathrm{d}r}{\int_0^t f(r^2)r\mathrm{d}r},$$

求导，得

$$F'(t)=\frac{2tf(t^2)\int_0^t f(r^2)r(t-r)\mathrm{d}r}{\left[\int_0^t f(r^2)r\mathrm{d}r\right]^2},$$

所以在区间$(0, +\infty)$内，$F'(t)>0$，故$F(t)$在区间$(0, +\infty)$内单调增加.

(2) 因为$f(x^2)$为偶函数，故

$$\int_{-t}^t f(x^2)\mathrm{d}x = 2\int_0^t f(x^2)\mathrm{d}x = 2\int_0^t f(r^2)\mathrm{d}r,$$

于是

$$G(t)=\frac{\int_0^{2\pi}\mathrm{d}\theta\int_0^t f(r^2)r\mathrm{d}r}{2\int_0^t f(r^2)\mathrm{d}r}=\frac{\pi\int_0^t f(r^2)r\mathrm{d}r}{\int_0^t f(r^2)\mathrm{d}r}.$$

要证明当$t>0$时，$F(t)>\frac{2}{\pi}G(t)$，即证

$$\frac{2\int_0^t f(r^2)r^2\mathrm{d}r}{\int_0^t f(r^2)r\mathrm{d}r}>\frac{2\int_0^t f(r^2)r\mathrm{d}r}{\int_0^t f(r^2)\mathrm{d}r},$$

只需证当$t>0$时，$H(t)=\int_0^t f(r^2)r^2\mathrm{d}r\cdot\int_0^t f(r^2)\mathrm{d}r-\left[\int_0^t f(r^2)r\mathrm{d}r\right]^2>0$. 由于$H(0)=0$，且

$$H'(t)=f(t^2)\int_0^t f(r^2)(t-r)^2\mathrm{d}r>0,$$

所以$H(t)$在区间$(0, +\infty)$内单调增加，又$H(t)$在区间$[0, +\infty)$上连续，故当$t>0$时，

$$H(t)>H(0)=0.$$

因此当$t>0$时，

$$F(t)>\frac{2}{\pi}G(t).$$

四、习题选解

习题 10－1

1. 设有一平面薄板(不计其厚度)占有xOy面上的闭区域D，薄板上分布有面密度为$\mu=\mu(x, y)$的电荷，且$\mu(x, y)$在D上连续，试用二重积分表达该薄板上的全部电荷Q.

解　用一组曲线网将D分成n个小闭区域$\Delta\sigma_i$，其面积也记为$\Delta\sigma_i(i=1, 2, \cdots, n)$. 任

取一点$(\xi_i, \eta_i)\in\Delta\sigma_i$，则$\Delta\sigma_i$上分布的电荷$\Delta Q_i\approx\mu(\xi_i, \eta_i)\Delta\sigma_i$. 通过求和，取极限，便得到该薄板上的全部电荷为

$$Q=\lim_{\lambda\to 0}\sum_{i=1}^{n}\mu(\xi_i, \eta_i)\Delta\sigma_i=\iint_D\mu(x, y)\mathrm{d}\sigma,$$

其中$\lambda=\max\limits_{1\leqslant i\leqslant n}\{\Delta\sigma_i\text{的直径}\}$.

3. 利用二重积分定义证明：

(2) $\iint\limits_D kf(x, y)\mathrm{d}\sigma=k\iint\limits_D f(x, y)\mathrm{d}\sigma$，其中$k$为常数)；

(3) $\iint\limits_D f(x, y)\mathrm{d}\sigma=\iint\limits_{D_1}f(x, y)\mathrm{d}\sigma+\iint\limits_{D_2}f(x, y)\mathrm{d}\sigma$，其中$D=D_1\cup D_2$，$D_1$、$D_2$为两个无公共内点的闭区域.

证 (2) $$\iint_D kf(x, y)\mathrm{d}\sigma=\lim_{\lambda\to 0}\sum_{i=1}^{n}kf(\xi_i, \eta_i)\Delta\sigma_i=\lim_{\lambda\to 0}k\sum_{i=1}^{n}f(\xi_i, \eta_i)\Delta\sigma_i$$
$$=k\lim_{\lambda\to 0}\sum_{i=1}^{n}f(\xi_i, \eta_i)\Delta\sigma_i=k\iint_D f(x, y)\mathrm{d}\sigma.$$

(3) 因为函数$f(x, y)$在闭区域D上可积，故不论把D怎样分割，积分和的极限总是不变的. 因此在分割D时，可以使D_1和D_2的公共边界永远是一条分割线. 这样$f(x, y)$在$D_1\cup D_2$上的积分和就等于D_1上的积分和加D_2上的积分和，记为

$$\sum_{D_1\cup D_2}f(\xi_i, \eta_i)\Delta\sigma_i=\sum_{D_1}f(\xi_i, \eta_i)\Delta\sigma_i+\sum_{D_2}f(\xi_i, \eta_i)\Delta\sigma_i.$$

令所有$\Delta\sigma_i$的直径的最大值$\lambda\to 0$，上式两端同时取极限，则有

$$\iint_D f(x, y)\mathrm{d}\sigma=\iint_{D_1}f(x, y)\mathrm{d}\sigma+\iint_{D_2}f(x, y)\mathrm{d}\sigma.$$

5. 根据二重积分的性质，比较下列积分的大小：

(3) $\iint\limits_D\ln(x+y)\mathrm{d}\sigma$与$\iint\limits_D[\ln(x+y)]^2\mathrm{d}\sigma$，其中$D$是三角形闭区域，三顶点分别为$(1, 0)$，$(1, 1)$，$(2, 0)$；

(4) $\iint\limits_D\ln(x+y)\mathrm{d}\sigma$与$\iint\limits_D[\ln(x+y)]^2\mathrm{d}\sigma$，其中$D=\{(x, y)\mid 3\leqslant x\leqslant 5, 0\leqslant y\leqslant 1\}$.

解 (3) 由于积分区域D位于条形区域$\{(x, y)\mid 1\leqslant x+y\leqslant 2\}$内，故在$D$上有$0\leqslant\ln(x+y)<1$，从而$[\ln(x+y)]^2\leqslant\ln(x+y)$. 因此

$$\iint_D[\ln(x+y)]^2\mathrm{d}\sigma\leqslant\iint_D\ln(x+y)\mathrm{d}\sigma.$$

(4) 由于积分区域D位于半平面$\{(x, y)\mid x+y>\mathrm{e}\}$内，故在$D$上有$\ln(x+y)>1$，从而$[\ln(x+y)]^2\geqslant\ln(x+y)$. 因此

$$\iint_D[\ln(x+y)]^2\mathrm{d}\sigma>\iint_D\ln(x+y)\mathrm{d}\sigma.$$

6. 利用二重积分的性质估计下列积分的值：

(1) $I=\iint\limits_D xy(x+y)\mathrm{d}\sigma$，其中$D=\{(x, y)\mid 0\leqslant x\leqslant 1, 0\leqslant y\leqslant 1\}$；

(2) $I=\iint\limits_D \sin^2 x\sin^2 y\mathrm{d}\sigma$，其中 $D=\{(x,y)\mid 0\leqslant x\leqslant\pi,\ 0\leqslant y\leqslant\pi\}$.

解　(1) 在积分区域 D 上，$0\leqslant x\leqslant 1$，$0\leqslant y\leqslant 1$，从而 $0\leqslant xy(x+y)\leqslant 2$，又 D 的面积等于 1，因此

$$\iint\limits_D 0\mathrm{d}\sigma\leqslant\iint\limits_D xy(x+y)\mathrm{d}\sigma\leqslant\iint\limits_D 2\mathrm{d}\sigma,$$

即 $0\leqslant\iint\limits_D xy(x+y)\mathrm{d}\sigma\leqslant 2$.

(2) 在积分区域 D 上，$0\leqslant\sin x\leqslant 1$，$0\leqslant\sin y\leqslant 1$，所以有 $0\leqslant\sin^2 x\sin^2 y\leqslant 1$，又 D 的面积等于 π^2，因此

$$0\leqslant\iint\limits_D \sin^2 x\sin^2 y\mathrm{d}\sigma\leqslant\pi^2.$$

习题 10 - 2

1. 计算下列二重积分：

(2) $\iint\limits_D (3x+2y)\mathrm{d}\sigma$，其中 D 是由两坐标轴及直线 $x+y=2$ 所围成的闭区域；

(4) $\iint\limits_D x\cos(x+y)\mathrm{d}\sigma$，其中 D 是顶点分别为 $(0,0)$，$(\pi,0)$ 和 (π,π) 的三角形闭区域.

解　(2) 如图 10 - 13 所示，积分区域 D 可用不等式表示为

$$0\leqslant x\leqslant 2,\ 0\leqslant y\leqslant 2-x,$$

又积分区域 D 关于直线 $y=x$ 对称，于是 $\iint\limits_D 2y\mathrm{d}\sigma=\iint\limits_D 2x\mathrm{d}\sigma$，故

$$\begin{aligned}\iint\limits_D (3x+2y)\mathrm{d}\sigma&=\iint\limits_D 5x\mathrm{d}\sigma=5\int_0^2\mathrm{d}x\int_0^{2-x}x\mathrm{d}y\\&=5\int_0^2 x(2-x)\mathrm{d}x=\frac{20}{3}.\end{aligned}$$

(4) 如图 10 - 14 所示，积分区域 D 可用不等式表示为

$$0\leqslant x\leqslant\pi,\ 0\leqslant y\leqslant x,$$

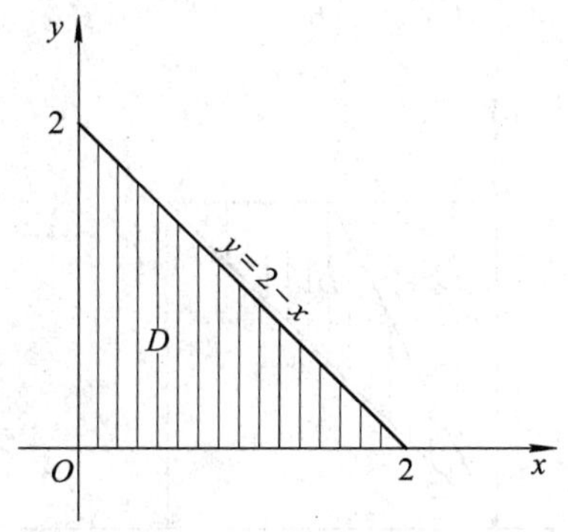

图 10 - 13

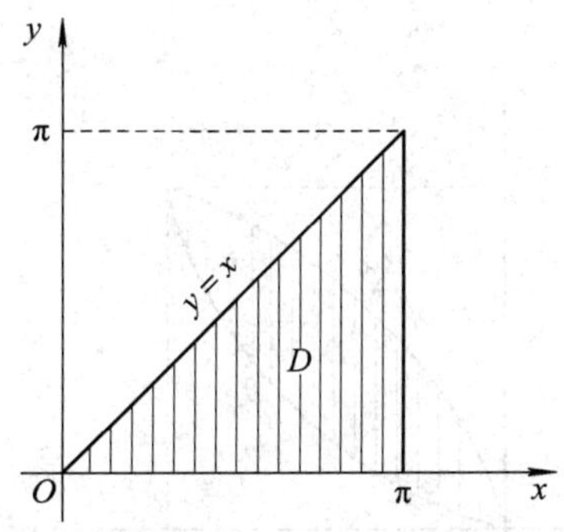

图 10 - 14

于是

$$\iint\limits_D x\cos(x+y)\mathrm{d}\sigma=\int_0^\pi x\mathrm{d}x\int_0^x\cos(x+y)\mathrm{d}y=\int_0^\pi x[\sin(x+y)]_0^x\mathrm{d}x$$

$$=\int_0^\pi x(\sin 2x-\sin x)\mathrm{d}x=-\int_0^\pi x\mathrm{d}\left(\frac{1}{2}\cos 2x-\cos x\right)$$

$$=\left[-x\left(\frac{1}{2}\cos 2x-\cos x\right)\right]_0^\pi+\int_0^\pi\left(\frac{1}{2}\cos 2x-\cos x\right)\mathrm{d}x$$

$$=-\frac{3}{2}\pi.$$

2. 画出积分区域，并计算下列二重积分：

(1) $\iint\limits_D x\sqrt{y}\,\mathrm{d}\sigma$，其中 D 是由两条抛物线 $y=\sqrt{x}$、$y=x^2$ 所围成的闭区域；

(4) $\iint\limits_D (x^2+y^2-x)\mathrm{d}\sigma$，其中 D 是由直线 $y=2$、$y=x$ 及 $y=2x$ 所围成的闭区域.

解 (1) 如图 10－15 所示，积分区域 D 可用不等式表示为

$$0\leqslant x\leqslant 1,\ x^2\leqslant y\leqslant\sqrt{x},$$

于是

$$\iint\limits_D x\sqrt{y}\,\mathrm{d}\sigma=\int_0^1\mathrm{d}x\int_{x^2}^{\sqrt{x}}x\sqrt{y}\,\mathrm{d}y=\int_0^1 x\left[\frac{2}{3}y^{\frac{3}{2}}\right]_{x^2}^{\sqrt{x}}\mathrm{d}x=\frac{2}{3}\int_0^1(x^{\frac{7}{4}}-x^4)\mathrm{d}x=\frac{6}{55}.$$

(4) 如图 10－16 所示，积分区域 D 可用不等式表示为

$$0\leqslant y\leqslant 2,\ \frac{y}{2}\leqslant x\leqslant y,$$

于是

$$\iint\limits_D (x^2+y^2-x)\mathrm{d}\sigma=\int_0^2\mathrm{d}y\int_{\frac{y}{2}}^{y}(x^2+y^2-x)\mathrm{d}x$$

$$=\int_0^2\left[\frac{1}{3}x^3+y^2x-\frac{1}{2}x^2\right]_{\frac{y}{2}}^{y}\mathrm{d}y$$

$$=\int_0^2\left(\frac{19}{24}y^3-\frac{3}{8}y^2\right)\mathrm{d}y=\frac{13}{6}.$$

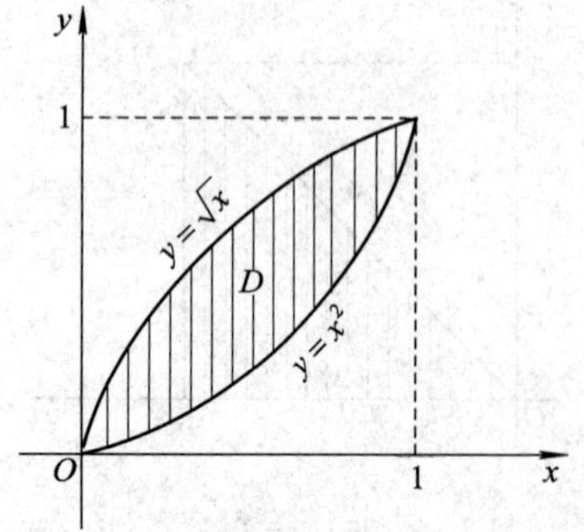

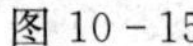
图 10－15

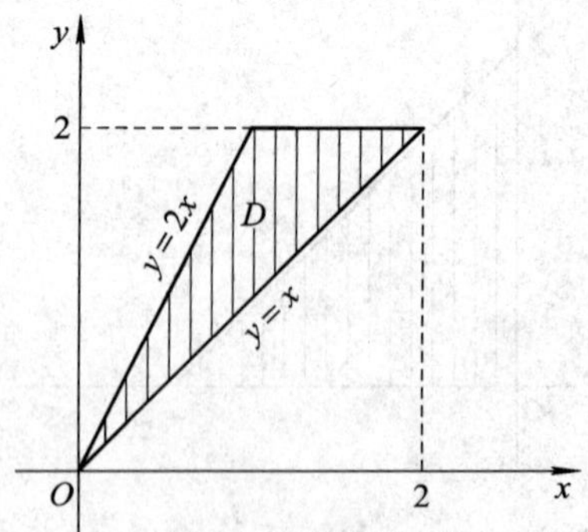

图 10－16

3. 如果二重积分$\iint\limits_D f(x, y)\mathrm{d}x\mathrm{d}y$的被积函数$f(x, y)$是两个函数$f_1(x)$及$f_2(y)$的乘积，即$f(x, y)=f_1(x)\cdot f_2(y)$，积分区域$D=\{(x, y)\mid a\leqslant x\leqslant b, c\leqslant y\leqslant d\}$，证明这个二重积分等于两个单积分的乘积，即

$$\iint\limits_D f_1(x)\cdot f_2(y)\mathrm{d}x\mathrm{d}y=\left[\int_a^b f_1(x)\mathrm{d}x\right]\cdot\left[\int_c^d f_2(y)\mathrm{d}y\right].$$

证 $\iint\limits_D f_1(x)\cdot f_2(y)\mathrm{d}x\mathrm{d}y=\int_a^b \mathrm{d}x\int_c^d f_1(x)\cdot f_2(y)\mathrm{d}y=\int_a^b\left[\int_c^d f_1(x)\cdot f_2(y)\mathrm{d}y\right]\mathrm{d}x$

而$\int_c^d f_1(x)\cdot f_2(y)\mathrm{d}y=f_1(x)\int_c^d f_2(y)\mathrm{d}y$，故

$$\iint\limits_D f_1(x)\cdot f_2(y)\mathrm{d}x\mathrm{d}y=\int_a^b\left[f_1(x)\int_c^d f_2(y)\mathrm{d}y\right]\mathrm{d}x.$$

在这个积分中，由于$\int_c^d f_2(y)\mathrm{d}y$为常数，因而可提到积分号外，于是得

$$\iint\limits_D f_1(x)\cdot f_2(y)\mathrm{d}x\mathrm{d}y=\left[\int_a^b f_1(x)\mathrm{d}x\right]\cdot\left[\int_c^d f_2(y)\mathrm{d}y\right].$$

6. 改换下列二次积分的积分次序：

(2) $\int_0^2\mathrm{d}y\int_{y^2}^{2y}f(x, y)\mathrm{d}x$；　(4) $\int_1^2\mathrm{d}x\int_{2-x}^{\sqrt{2x-x^2}}f(x, y)\mathrm{d}y$；　(6) $\int_0^{\pi}\mathrm{d}x\int_{-\sin\frac{x}{2}}^{\sin x}f(x, y)\mathrm{d}y$.

解 (2) 如图 10－17 所示，所给二次积分等于二重积分$\iint\limits_D f(x, y)\mathrm{d}\sigma$，其中

$$D=\{(x, y)\mid y^2\leqslant x\leqslant 2y, 0\leqslant y\leqslant 2\}.$$

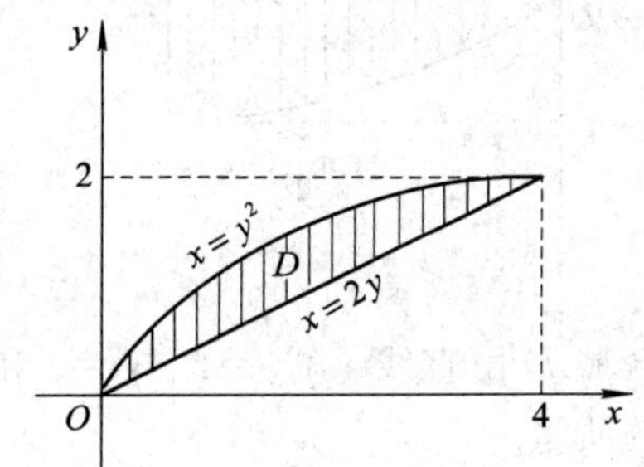

图 10－17

因为积分区域还可以表示为$D=\left\{(x, y)\,\middle|\,\frac{x}{2}\leqslant y\leqslant\sqrt{x}, 0\leqslant x\leqslant 4\right\}$，所以

$$\int_0^2\mathrm{d}y\int_{y^2}^{2y}f(x, y)\mathrm{d}x=\int_0^4\mathrm{d}x\int_{\frac{x}{2}}^{\sqrt{x}}f(x, y)\mathrm{d}y.$$

(4) 如图 10－18 所示，所给二次积分等于二重积分$\iint\limits_D f(x, y)\mathrm{d}\sigma$，其中

$$D=\{(x, y)\mid 2-x\leqslant y\leqslant\sqrt{2x-x^2}, 1\leqslant x\leqslant 2\}.$$

因为积分区域还可以表示为$D=\{(x, y)\mid 2-y\leqslant x\leqslant 1+\sqrt{1-y^2}, 0\leqslant y\leqslant 1\}$，所以

$$\int_1^2\mathrm{d}x\int_{2-x}^{\sqrt{2x-x^2}}f(x, y)\mathrm{d}y=\int_0^1\mathrm{d}y\int_{2-y}^{1+\sqrt{1-y^2}}f(x, y)\mathrm{d}x.$$

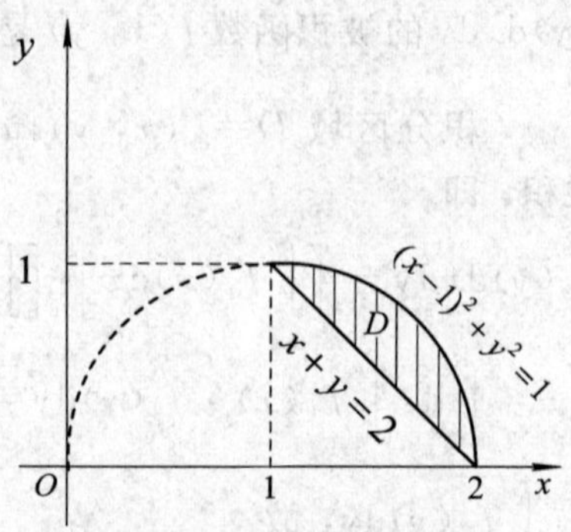

图 10-18

(6) 如图 10-19 所示，将积分区域 D 表示为 $D_1 \cup D_2$，其中

$$D_1 = \{(x, y) \mid \arcsin y \leqslant x \leqslant \pi - \arcsin y,\ 0 \leqslant y \leqslant 1\},$$

$$D_2 = \{(x, y) \mid -2\arcsin y \leqslant x \leqslant \pi,\ -1 \leqslant y \leqslant 0\}.$$

所以

$$\int_0^{\pi} dx \int_{-\sin\frac{x}{2}}^{\sin x} f(x, y)dy = \int_{-1}^{0} dy \int_{-2\arcsin y}^{\pi} f(x, y)dx + \int_0^1 dy \int_{\arcsin y}^{\pi - \arcsin y} f(x, y)dx.$$

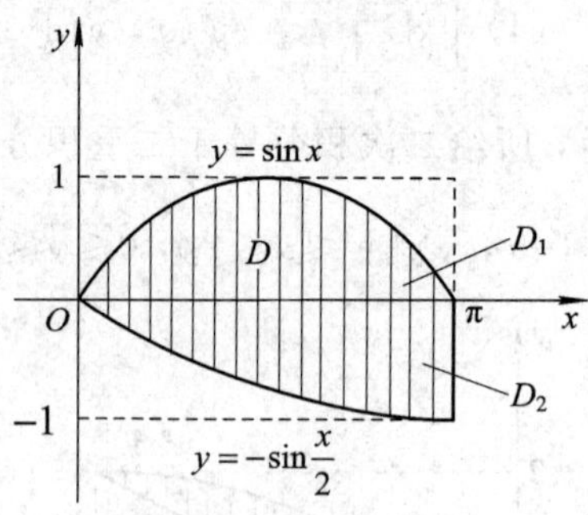

图 10-19

7. 设平面薄片所占的闭区域 D 由直线 $x+y=2$、$y=x$ 和 x 轴所围成，它的面密度为 $\mu(x, y)=x^2+y^2$，求该薄片的质量.

解 闭区域 D 如图 10-20 所示.

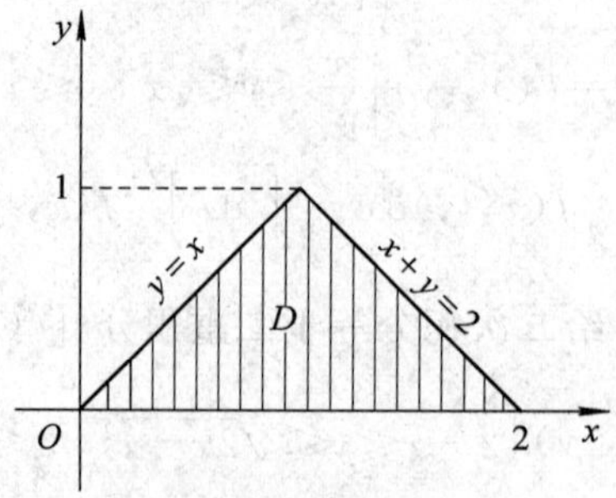

图 10-20

该薄片的质量为

$$M=\iint_D \mu(x,\ y)\mathrm{d}\sigma=\int_0^1 \mathrm{d}y\int_y^{2-y}(x^2+y^2)\mathrm{d}x$$

$$=\int_0^1\left[\frac{1}{3}(2-y)^3+2y^2-\frac{7}{3}y^3\right]\mathrm{d}y=\frac{4}{3}.$$

8. 计算由四个平面 $x=0$、$y=0$、$x=1$、$y=1$ 所围成的柱体被平面 $z=0$ 及 $2x-3y+z=6$ 截得的立体的体积.

解　该立体为一曲顶柱体，如图 10-21 所示，它的底是 xOy 面上的闭区域 $D=\{(x,\ y)\mid 0\leqslant x\leqslant 1,\ 0\leqslant y\leqslant 1\}$，顶是曲面 $z=6-2x-3y$，因此所求立体的体积为

$$V=\iint_D(6-2x-3y)\mathrm{d}x\mathrm{d}y=\int_0^1\mathrm{d}x\int_0^1(6-2x-3y)\mathrm{d}y$$

$$=\int_0^1\left[6y-2xy-\frac{3}{2}y^2\right]_0^1\mathrm{d}x=\int_0^1\left(\frac{9}{2}-2x\right)\mathrm{d}x=\frac{7}{2}.$$

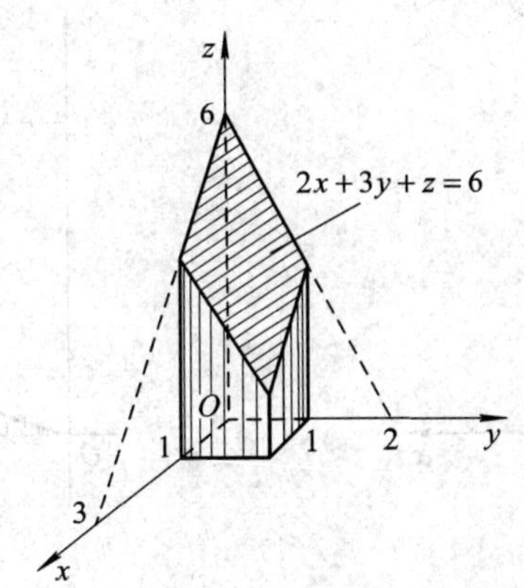

图 10-21

10. 求由曲面 $z=x^2+2y^2$ 及 $z=6-2x^2-y^2$ 所围成的立体的体积.

解　由 $\begin{cases}z=x^2+2y^2,\\ z=6-2x^2-y^2\end{cases}$ 消去 z，得 $x^2+y^2=2$，故立体在 xOy 面上的投影区域为

$$D=\{(x,\ y)\mid x^2+y^2\leqslant 2\},$$

因此所求立体的体积为

$$V=\iint_D[(6-2x^2-y^2)-(x^2+2y^2)]\mathrm{d}\sigma=\iint_D(6-3x^2-3y^2)\mathrm{d}\sigma$$

$$=\int_0^{2\pi}\mathrm{d}\theta\int_0^{\sqrt{2}}(6-3\rho^2)\rho\mathrm{d}\rho=6\pi.$$

12. 化下列二次积分为极坐标形式的二次积分：

(3) $\int_0^1\mathrm{d}x\int_{1-x}^{\sqrt{1-x^2}}f(x,\ y)\mathrm{d}y$；　　(4) $\int_0^1\mathrm{d}x\int_0^{x^2}f(x,\ y)\mathrm{d}y$.

解　(3) 积分区域 D 如图 10-22 所示，在极坐标系中，直线 $y=1-x$ 的方程为 $\rho=\dfrac{1}{\sin\theta+\cos\theta}$，圆 $y=\sqrt{1-x^2}$ 的方程为 $\rho=1$，因此

$$D=\left\{(\rho,\theta)\,\middle|\,0\leqslant\theta\leqslant\frac{\pi}{2},\ \frac{1}{\cos\theta+\sin\theta}\leqslant\rho\leqslant 1\right\},$$

所以

$$\int_0^1 \mathrm{d}x\int_{1-x}^{\sqrt{1-x^2}} f(x,y)\mathrm{d}y=\int_0^{\frac{\pi}{2}}\mathrm{d}\theta\int_{\frac{1}{\cos\theta+\sin\theta}}^{1} f(\rho\cos\theta,\rho\sin\theta)\rho\mathrm{d}\rho.$$

(4) 积分区域 D 如图 10-23 所示，在极坐标系中，直线 $x=1$ 的方程为 $\rho=\sec\theta$，抛物线 $y=x^2$ 的方程为 $\rho=\tan\theta\sec\theta$，从原点到两者的交点的射线是 $\theta=\frac{\pi}{4}$，因此

$$D=\left\{(\rho,\theta)\,\middle|\,0\leqslant\theta\leqslant\frac{\pi}{4},\ \sec\theta\tan\theta\leqslant\rho\leqslant\sec\theta\right\},$$

所以

$$\int_0^1 \mathrm{d}x\int_0^{x^2} f(x,y)\mathrm{d}y=\int_0^{\frac{\pi}{4}}\mathrm{d}\theta\int_{\sec\theta\tan\theta}^{\sec\theta} f(\rho\cos\theta,\rho\sin\theta)\rho\mathrm{d}\rho.$$

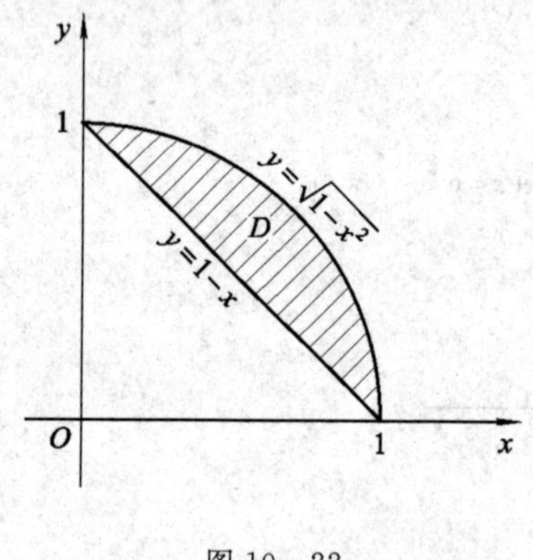

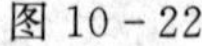
图 10-22

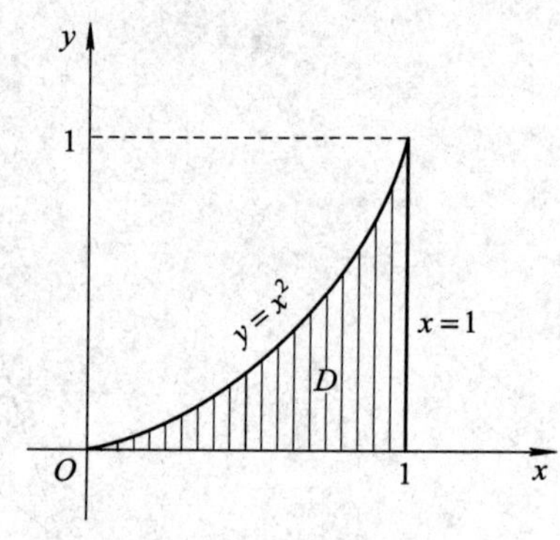

图 10-23

14. 利用极坐标计算下列各题：

(2) $\iint\limits_D \ln(1+x^2+y^2)\mathrm{d}\sigma$，其中 D 是由圆周 $x^2+y^2=1$ 及坐标轴所围成的在第一象限内的闭区域；

(3) $\iint\limits_D \arctan\frac{y}{x}\mathrm{d}\sigma$，其中 D 是由圆周 $x^2+y^2=4$、$x^2+y^2=1$ 及直线 $y=0$、$y=x$ 所围成的第一象限内的闭区域.

解 (2) 在极坐标系中，积分区域 $D=\left\{(\rho,\theta)\,\middle|\,0\leqslant\theta\leqslant\frac{\pi}{2},\ 0\leqslant\rho\leqslant 1\right\}$，所以

$$\iint\limits_D \ln(1+x^2+y^2)\mathrm{d}\sigma=\int_0^{\frac{\pi}{2}}\mathrm{d}\theta\int_0^1 \ln(1+\rho^2)\rho\mathrm{d}\rho=\frac{\pi}{2}\cdot\frac{1}{2}\int_0^1 \ln(1+\rho^2)\mathrm{d}(1+\rho^2)$$

$$=\frac{\pi}{4}\left[(1+\rho^2)\ln(1+\rho^2)\Big|_0^1-\int_0^1 2\rho\mathrm{d}\rho\right]=\frac{\pi}{4}(2\ln 2-1).$$

(3) 在极坐标系中，积分区域 $D=\left\{(\rho,\theta)\,\middle|\,0\leqslant\theta\leqslant\frac{\pi}{4},\ 1\leqslant\rho\leqslant 2\right\}$，所以

$$\iint\limits_D \arctan\frac{y}{x}\mathrm{d}\sigma=\iint\limits_D \theta\cdot\rho\mathrm{d}\rho\mathrm{d}\theta=\int_0^{\frac{\pi}{4}}\mathrm{d}\theta\int_1^2 \theta\cdot\rho\mathrm{d}\rho=\int_0^{\frac{\pi}{4}}\theta\mathrm{d}\theta\int_1^2\rho\mathrm{d}\rho=\frac{3\pi^2}{64}.$$

18. 计算以 xOy 面上圆周 $x^2+y^2=ax$ 围成的闭区域为底，而以曲面 $z=x^2+y^2$ 为顶的曲顶柱体的体积.

解　曲顶柱体在 xOy 面上的投影区域为 $D=\{(x,y)\mid x^2+y^2\leqslant ax\}$. 在极坐标系下，

$$D=\left\{(\rho,\theta)\middle|-\frac{\pi}{2}\leqslant\theta\leqslant\frac{\pi}{2},\ 0\leqslant\rho\leqslant a\cos\theta\right\},$$

所以所求立体的体积为

$$\begin{aligned}V&=\iint_D(x^2+y^2)\mathrm{d}x\mathrm{d}y=\int_{-\frac{\pi}{2}}^{\frac{\pi}{2}}\mathrm{d}\theta\int_0^{a\cos\theta}\rho^2\cdot\rho\mathrm{d}\rho\\&=\frac{a^4}{4}\int_{-\frac{\pi}{2}}^{\frac{\pi}{2}}\cos^4\theta\mathrm{d}\theta=2\cdot\frac{a^4}{4}\int_0^{\frac{\pi}{2}}\cos^4\theta\mathrm{d}\theta\\&=\frac{a^4}{2}\cdot\frac{3}{4}\cdot\frac{1}{2}\cdot\frac{\pi}{2}=\frac{3}{32}\pi a^4.\end{aligned}$$

习题 10－3

4. 计算 $\iiint\limits_{\Omega}xy^2z^3\mathrm{d}x\mathrm{d}y\mathrm{d}z$，其中 Ω 是由曲面 $z=xy$ 与平面 $y=x$、$x=1$ 和 $z=0$ 所围成的闭区域.

解　如图 10－24 所示，积分区域 Ω 可用不等式表示为

$$0\leqslant z\leqslant xy,\ 0\leqslant y\leqslant x,\ 0\leqslant x\leqslant 1,$$

于是

$$\begin{aligned}\iiint\limits_{\Omega}xy^2z^3\mathrm{d}x\mathrm{d}y\mathrm{d}z&=\int_0^1x\mathrm{d}x\int_0^xy^2\mathrm{d}y\int_0^{xy}z^3\mathrm{d}z\\&=\frac{1}{4}\int_0^1x^5\mathrm{d}x\int_0^xy^6\mathrm{d}y\\&=\frac{1}{28}\int_0^1x^{12}\mathrm{d}x=\frac{1}{364}.\end{aligned}$$

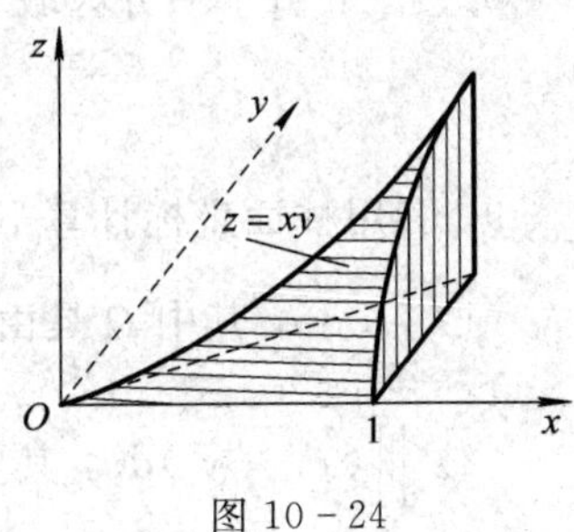

图 10－24

5. 计算 $\iiint\limits_{\Omega}\dfrac{\mathrm{d}x\mathrm{d}y\mathrm{d}z}{(1+x+y+z)^3}$，其中 Ω 为平面 $x=0$、$y=0$、$z=0$、$x+y+z=1$ 所围成的四面体.

解　如图 10－25 所示，积分区域 Ω 可用不等式表示为

$$0\leqslant z\leqslant 1-x-y,\ 0\leqslant y\leqslant 1-x,\ 0\leqslant x\leqslant 1,$$

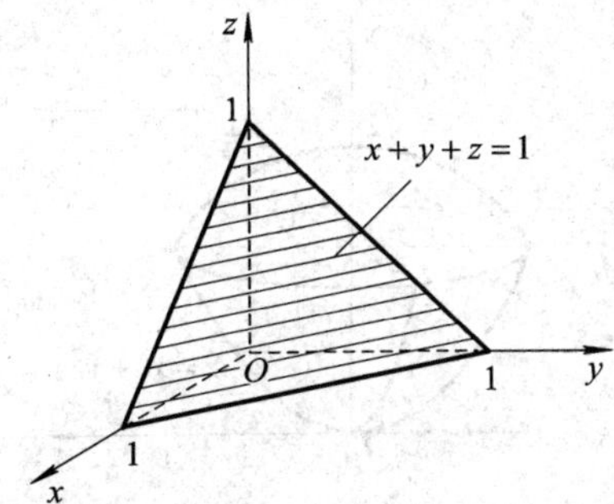

图 10－25

于是

$$\iiint\limits_{\Omega}\frac{\mathrm{d}x\mathrm{d}y\mathrm{d}z}{(1+x+y+z)^3}=\int_0^1\mathrm{d}x\int_0^{1-x}\mathrm{d}y\int_0^{1-x-y}\frac{1}{(1+x+y+z)^3}\mathrm{d}z$$
$$=\int_0^1\mathrm{d}x\int_0^{1-x}\left[\frac{1}{2(1+x+y)^2}-\frac{1}{8}\right]\mathrm{d}y$$
$$=\int_0^1\left[\frac{1}{2(1+x)}-\frac{3}{8}+\frac{1}{8}x\right]\mathrm{d}x=\frac{1}{2}\left(\ln 2-\frac{5}{8}\right).$$

7. 计算 $\iiint\limits_{\Omega}xz\mathrm{d}x\mathrm{d}y\mathrm{d}z$，其中 Ω 是由平面 $z=0$、$z=y$、$y=1$ 以及抛物柱面 $y=x^2$ 所围成的闭区域.

解 方法一：容易看出，Ω 的顶为平面 $z=y$，底为平面 $z=0$，Ω 在 xOy 面的投影区域由 $y=1$ 和 $y=x^2$ 所围成，故积分区域可表示为

$$-1\leqslant x\leqslant 1,\ x^2\leqslant y\leqslant 1,\ 0\leqslant z\leqslant y.$$

于是

$$\iiint\limits_{\Omega}xz\mathrm{d}x\mathrm{d}y\mathrm{d}z=\int_{-1}^1x\mathrm{d}x\int_{x^2}^1\mathrm{d}y\int_0^y z\mathrm{d}z=\int_{-1}^1x\mathrm{d}x\int_{x^2}^1\frac{1}{2}y^2\mathrm{d}y$$
$$=\frac{1}{6}\int_{-1}^1x(1-x^6)\mathrm{d}x=0.$$

方法二：由于积分区域 Ω 关于 yOz 面对称，且被积函数 xz 关于 x 是奇函数，因此

$$\iiint\limits_{\Omega}xz\mathrm{d}x\mathrm{d}y\mathrm{d}z=0.$$

9. 利用柱面坐标计算下列三重积分：

(1) $\iiint\limits_{\Omega}z\mathrm{d}v$，其中 Ω 是由曲面 $z=\sqrt{2-x^2-y^2}$ 及 $z=x^2+y^2$ 所围成的闭区域；

(2) $\iiint\limits_{\Omega}(x^2+y^2)\mathrm{d}v$，其中 Ω 是由曲面 $x^2+y^2=2z$ 及平面 $z=2$ 所围成的闭区域.

解 (1) 由 $z=\sqrt{2-x^2-y^2}$ 和 $z=x^2+y^2$ 消去 z，得 $(x^2+y^2)^2=2-(x^2+y^2)$，即

$$x^2+y^2=1.$$

如图 10 - 26 所示，Ω 在 xOy 面的投影区域 $D_{xy}=\{(x,y)\,|\,x^2+y^2\leqslant 1\}$. 利用柱面坐标，$\Omega$ 可表示为

$$0\leqslant\theta\leqslant 2\pi,\ 0\leqslant\rho\leqslant 1,\ \rho^2\leqslant z\leqslant\sqrt{2-\rho^2},$$

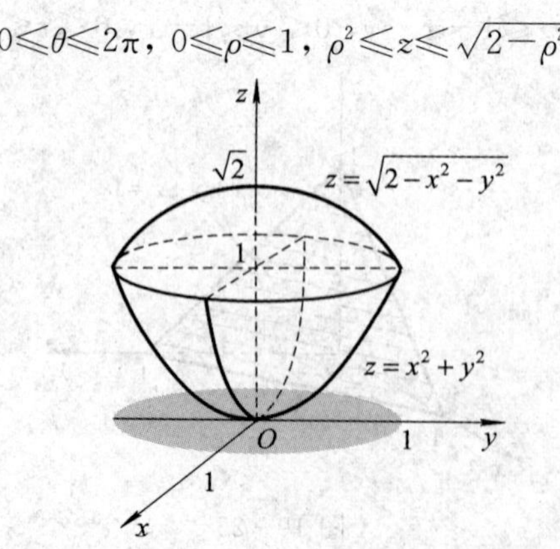

图 10 - 26

于是

$$\iiint_{\Omega} z\,\mathrm{d}v=\int_0^{2\pi}\mathrm{d}\theta\int_0^1\rho\mathrm{d}\rho\int_{\rho^2}^{\sqrt{2-\rho^2}}z\mathrm{d}z=2\pi\int_0^1\frac{1}{2}\rho(2-\rho^2-\rho^4)\mathrm{d}\rho$$
$$=\pi\int_0^1(2\rho-\rho^3-\rho^5)\mathrm{d}\rho=\frac{7}{12}\pi.$$

(2) 由 $x^2+y^2=2z$ 和 $z=2$ 消去 z，得

$$x^2+y^2=4.$$

如图 10-27 所示，Ω 在 xOy 面的投影区域 $D_{xy}=\{(x,y)\mid x^2+y^2\leqslant 4\}$. 利用柱面坐标，$\Omega$ 可表示为

$$0\leqslant\theta\leqslant 2\pi,\ 0\leqslant\rho\leqslant 2,\ \frac{\rho^2}{2}\leqslant z\leqslant 2,$$

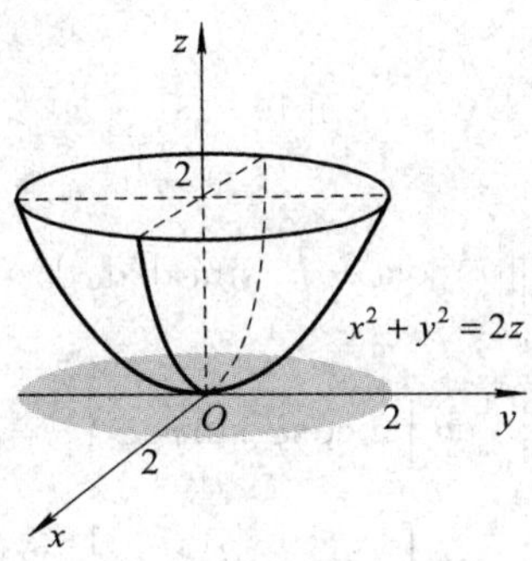

图 10-27

于是

$$\iiint_{\Omega}(x^2+y^2)\mathrm{d}v=\iiint_{\Omega}\rho^2\cdot\rho\mathrm{d}\rho\mathrm{d}\theta\mathrm{d}z=\int_0^{2\pi}\mathrm{d}\theta\int_0^2\rho^3\mathrm{d}\rho\int_{\frac{\rho^2}{2}}^2\mathrm{d}z$$
$$=\int_0^{2\pi}\mathrm{d}\theta\int_0^2\left(2\rho^3-\frac{1}{2}\rho^5\right)\mathrm{d}\rho=2\pi\left[\frac{\rho^4}{2}-\frac{\rho^6}{12}\right]_0^2=\frac{16}{3}\pi.$$

10. 利用球面坐标计算下列三重积分：

(1) $\iiint_{\Omega}(x^2+y^2+z^2)\mathrm{d}v$，其中 Ω 是由球面 $x^2+y^2+z^2=1$ 所围成的闭区域；

(2) $\iiint_{\Omega}z\mathrm{d}v$，其中闭区域 Ω 由不等式 $x^2+y^2+(z-a)^2\leqslant a^2$、$x^2+y^2\leqslant z^2$ 所确定.

解 (1) 在球面坐标下，积分区域 Ω 可表示为

$$0\leqslant\theta\leqslant 2\pi,\ 0\leqslant\varphi\leqslant\pi,\ 0\leqslant r\leqslant 1,$$

于是

$$\iiint_{\Omega}(x^2+y^2+z^2)\mathrm{d}v=\iiint_{\Omega}r^4\cdot\sin\varphi\mathrm{d}r\mathrm{d}\varphi\mathrm{d}\theta=\int_0^{2\pi}\mathrm{d}\theta\int_0^{\pi}\sin\varphi\mathrm{d}\varphi\int_0^1 r^4\mathrm{d}r=\frac{4}{5}\pi.$$

(2) 在球面坐标下，不等式 $x^2+y^2+(z-a)^2\leqslant a^2$ 可化为 $r^2\leqslant 2ar\cos\varphi$，即$r\leqslant 2a\cos\varphi$；$x^2+y^2\leqslant z^2$ 可化为 $r^2\sin^2\varphi\leqslant r^2\cos^2\varphi$，即 $\tan\varphi\leqslant 1$，亦即 $\varphi\leqslant\frac{\pi}{4}$. 因此在球面坐标下积分区域 Ω 如图 10-28 所示，可表示为

$$0\leqslant\theta\leqslant 2\pi,\ 0\leqslant\varphi\leqslant\frac{\pi}{4},\ 0\leqslant r\leqslant 2a\cos\varphi.$$

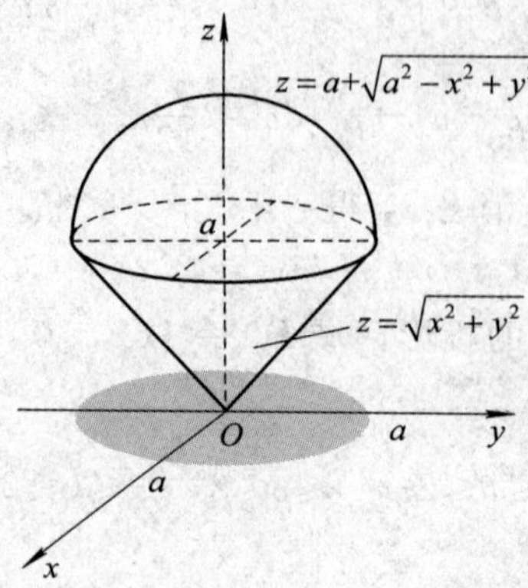

图 10 - 28

于是

$$\begin{aligned}\iiint_{\Omega} z\,\mathrm{d}v&=\iiint_{\Omega} r\ \cos\varphi\cdot r^2\ \sin\varphi\mathrm{d}r\mathrm{d}\varphi\mathrm{d}\theta\\&=\int_0^{2\pi}\mathrm{d}\theta\int_0^{\frac{\pi}{4}}\cos\varphi\ \sin\varphi\mathrm{d}\varphi\int_0^{2a\cos\varphi}r^3\,\mathrm{d}r\\&=\int_0^{2\pi}\mathrm{d}\theta\int_0^{\frac{\pi}{4}}\cos\varphi\ \sin\varphi\cdot\frac{1}{4}(2a\cos\varphi)^4\mathrm{d}\varphi\\&=2\pi\int_0^{\frac{\pi}{4}}4a^4\ \cos^5\varphi\ \sin\varphi\mathrm{d}\varphi\\&=8\pi a^4\left[-\frac{\cos^6\varphi}{6}\right]_0^{\frac{\pi}{4}}=\frac{7}{6}\pi a^4.\end{aligned}$$

11. 选用适当的坐标计算下列三重积分：

(4) $\iiint_{\Omega}(x^2+y^2)\mathrm{d}v$，其中闭区域 Ω 由不等式 $0<a\leqslant\sqrt{x^2+y^2+z^2}\leqslant A$，$z\geqslant 0$ 所确定.

解 在球面坐标下，积分区域 Ω 可表示为

$$0\leqslant\theta\leqslant 2\pi,\ 0\leqslant\varphi\leqslant\frac{\pi}{2},\ a\leqslant r\leqslant A,$$

于是

$$\begin{aligned}\iiint_{\Omega}(x^2+y^2)\mathrm{d}v&=\iiint_{\Omega} r^2\ \sin^2\varphi\cdot r^2\ \sin\varphi\mathrm{d}r\mathrm{d}\varphi\mathrm{d}\theta\\&=\int_0^{2\pi}\mathrm{d}\theta\int_0^{\frac{\pi}{2}}\sin^3\varphi\mathrm{d}\varphi\int_a^A r^4\,\mathrm{d}r\\&=2\pi\cdot\frac{2}{3}\cdot\frac{A^5-a^5}{5}\\&=\frac{4\pi}{15}(A^5-a^5).\end{aligned}$$

12. 利用三重积分计算下列由曲面所围成的立体的体积：

(1) $z=6-x^2-y^2$ 及 $z=\sqrt{x^2+y^2}$；

(2) $x^2+y^2+z^2=2az(a>0)$ 及 $x^2+y^2=z^2$(含有 z 轴的部分).

解　(1) 在柱面坐标下，如图 10-29 所示，积分区域 Ω 可表示为

$$0\leqslant\theta\leqslant 2\pi,\ 0\leqslant\rho\leqslant 2,\ \rho\leqslant z\leqslant 6-\rho^2,$$

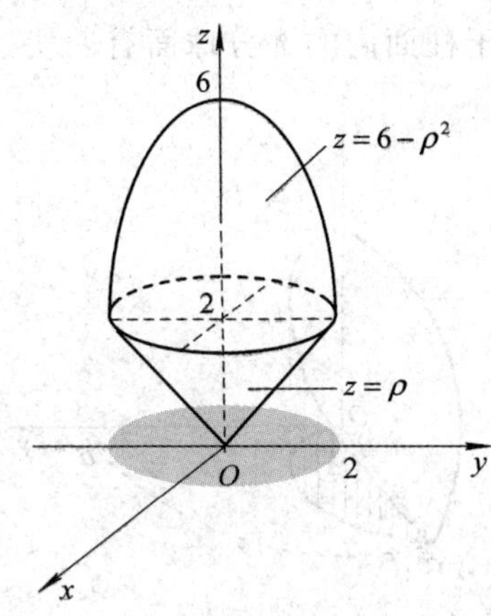

图 10-29

于是

$$V=\iiint_{\Omega}\mathrm{d}v=\iiint_{\Omega}\rho\,\mathrm{d}\rho\mathrm{d}\theta\mathrm{d}z=\int_0^{2\pi}\mathrm{d}\theta\int_0^2\rho\mathrm{d}\rho\int_{\rho}^{6-\rho^2}\mathrm{d}z$$

$$=2\pi\int_0^2(6\rho-\rho^2-\rho^3)\mathrm{d}\rho=\frac{32}{3}\pi.$$

(2) 球面 $x^2+y^2+z^2=2az(a>0)$ 及圆锥面 $x^2+y^2=z^2$ 的球面坐标方程分别为 $r=2a\cos\varphi$ 和 $\varphi=\frac{\pi}{4}$，故在球面坐标下积分区域 Ω 可表示为

$$0\leqslant\theta\leqslant 2\pi,\ 0\leqslant\varphi\leqslant\frac{\pi}{4},\ 0\leqslant r\leqslant 2a\cos\varphi,$$

于是

$$V=\iiint_{\Omega}\mathrm{d}v=\iiint_{\Omega}r^2\sin\varphi\mathrm{d}r\mathrm{d}\varphi\mathrm{d}\theta=\int_0^{2\pi}\mathrm{d}\theta\int_0^{\frac{\pi}{4}}\sin\varphi\mathrm{d}\varphi\int_0^{2a\cos\varphi}r^2\mathrm{d}r$$

$$=2\pi\int_0^{\frac{\pi}{4}}\frac{8}{3}a^3\cos^3\varphi\sin\varphi\mathrm{d}\varphi=\pi a^3.$$

15. 球心在原点、半径为 R 的球，在其上任意一点的密度的大小与这点到球心的距离成正比，求这球的质量.

解　密度函数为 $\rho(x,y,z)=k\sqrt{x^2+y^2+z^2}$，$k>0$ 为比例系数.

在球面坐标下，积分区域 Ω 可表示为

$$0\leqslant\theta\leqslant 2\pi,\ 0\leqslant\varphi\leqslant\pi,\ 0\leqslant r\leqslant R,$$

于是

$$M=\iiint_{\Omega}k\sqrt{x^2+y^2+z^2}\,\mathrm{d}v=\iiint_{\Omega}kr\cdot r^2\sin\varphi\mathrm{d}r\mathrm{d}\varphi\mathrm{d}\theta$$

$$=\int_0^{2\pi}\mathrm{d}\theta\int_0^{\pi}\sin\varphi\mathrm{d}\varphi\int_0^R kr\cdot r^2\mathrm{d}r=k\cdot 2\pi\cdot 2\cdot\frac{R^4}{4}=k\pi R^4.$$

习题 10－4

1. 求球面 $x^2+y^2+z^2=a^2$ 含在圆柱面 $x^2+y^2=ax$ 内部的那部分面积.

解 如图 10－30 所示，位于柱面内的部分球面有四块，其面积是相同的.

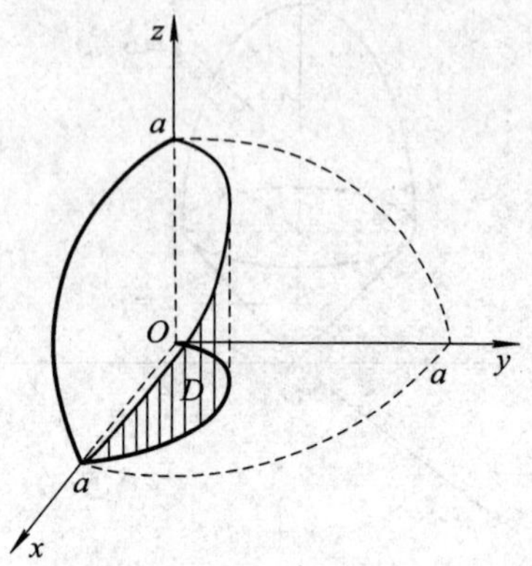

图 10－30

上半球面的方程 $z=\sqrt{a^2-x^2-y^2}$，则

$$\frac{\partial z}{\partial x}=-\frac{x}{\sqrt{a^2-x^2-y^2}},\ \frac{\partial z}{\partial y}=-\frac{y}{\sqrt{a^2-x^2-y^2}},$$

记 D：$x^2+y^2\leqslant ax(y\geqslant 0)$. 由曲面的对称性得所求面积为

$$A=4\iint_D\sqrt{1+\left(\frac{\partial z}{\partial x}\right)^2+\left(\frac{\partial z}{\partial y}\right)^2}\,\mathrm{d}x\mathrm{d}y=4\iint_D\frac{a}{\sqrt{a^2-x^2-y^2}}\mathrm{d}x\mathrm{d}y$$

$$=4a\int_0^{\frac{\pi}{2}}\mathrm{d}\theta\int_0^{2a\cos\theta}\frac{1}{\sqrt{a^2-\rho^2}}\rho\mathrm{d}\rho$$

$$=4a\int_0^{\frac{\pi}{2}}(a-a\sin\theta)\mathrm{d}\theta=2a^2(\pi-2).$$

2. 求锥面 $z=\sqrt{x^2+y^2}$ 被柱面 $z^2=2x$ 所割下部分的曲面面积.

解 由 $z=\sqrt{x^2+y^2}$ 和 $z^2=2x$ 解得 $x^2+y^2=2x$，于是所求曲面在 xOy 面上的投影区域 $D=\{(x,y)\mid x^2+y^2\leqslant 2x\}$.

被割曲面方程为 $z=\sqrt{x^2+y^2}$，则

$$\frac{\partial z}{\partial x}=\frac{x}{\sqrt{x^2+y^2}},\ \frac{\partial z}{\partial y}=\frac{y}{\sqrt{x^2+y^2}},$$

于是所求曲面面积为

$$A=\iint_D\sqrt{1+\left(\frac{\partial z}{\partial x}\right)^2+\left(\frac{\partial z}{\partial y}\right)^2}\,\mathrm{d}x\mathrm{d}y=\sqrt{2}\iint_D\mathrm{d}x\mathrm{d}y=\sqrt{2}\pi.$$

4. 设薄片所占的闭区域 D 如下，求均匀薄片的质心：

(2) D 是半椭圆形闭区域$\left\{(x, y)\left|\frac{x^2}{a^2}+\frac{y^2}{b^2}\leqslant 1, y\geqslant 0\right.\right\}$.

解　因为闭区域 D 关于 y 轴对称，故质心$(\bar{x}, \bar{y})$必位于 y 轴上，于是 $\bar{x}=0$. 又

$$A=\iint_D \mathrm{d}x\mathrm{d}y=\frac{1}{2}\pi ab(\text{椭圆的面积}),$$

$$\bar{y}=\frac{1}{A}\iint_D y\,\mathrm{d}x\mathrm{d}y=\frac{1}{A}\int_{-a}^{a}\mathrm{d}x\int_0^{\frac{b}{a}\sqrt{a^2-x^2}}y\mathrm{d}y$$

$$=\frac{1}{A}\cdot\frac{b^2}{2a^2}\int_{-a}^{a}(a^2-x^2)\mathrm{d}x=\frac{4b}{3\pi}.$$

因此所求质心为$\left(0, \frac{4b}{3\pi}\right)$.

7. 利用三重积分计算下列由曲面所围立体的质心(设密度 $\rho=1$)：

(1) $z^2=x^2+y^2$, $z=1$；

(2) $z=\sqrt{A^2-x^2-y^2}$, $z=\sqrt{a^2-x^2-y^2}$ $(A>a>0)$, $z=0$.

解　(1) 如图 10-31 所示，曲面所围立体为圆锥体，其顶点在原点，且关于 z 轴对称，又由于它是匀质的，因此它的质心位于 z 轴上，即有 $\bar{x}=\bar{y}=0$. 立体的体积为

$$V=\iiint_\Omega \mathrm{d}v=\frac{1}{3}\pi(\text{圆锥的体积}),$$

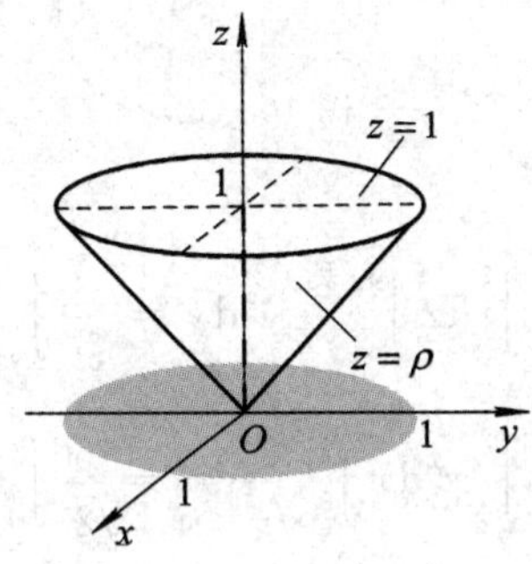

图 10-31

从而

$$\bar{z}=\frac{1}{V}\iiint_\Omega z\,\mathrm{d}v=\frac{1}{V}\int_0^{2\pi}\mathrm{d}\theta\int_0^1\rho\mathrm{d}\rho\int_\rho^1 z\,\mathrm{d}z=\frac{3}{4},$$

故所求立体的质心为$\left(0, 0, \frac{3}{4}\right)$.

(2) 立体由两个同心的上半球面和 xOy 面所围成，关于 z 轴对称，又由于它是匀质的，因此它的质心位于 z 轴上，即有 $\bar{x}=\bar{y}=0$. 立体的体积为

$$V=\iiint_\Omega \mathrm{d}v=\frac{2}{3}\pi A^3-\frac{2}{3}\pi a^3=\frac{2}{3}\pi(A^3-a^3)(\text{两个半球体体积的差}),$$

从而

$$\bar{z}=\frac{1}{V}\iiint_{\Omega}z\,\mathrm{d}v=\frac{1}{V}\iiint_{\Omega}r^3\ \sin\varphi\ \cos\varphi\mathrm{d}r\mathrm{d}\varphi\mathrm{d}\theta$$

$$=\frac{1}{V}\int_0^{2\pi}\mathrm{d}\theta\int_0^{\frac{\pi}{2}}\ \sin\varphi\ \cos\varphi\mathrm{d}\varphi\int_a^A r^3\,\mathrm{d}r=\frac{3(A^4-a^4)}{8(A^3-a^3)},$$

因此所求立体的质心为$\left(0,\ 0,\ \dfrac{3(A^4-a^4)}{8(A^3-a^3)}\right)$.

9. 设均匀薄片(面密度为常数 1)所占闭区域 D 如下，求指定的转动惯量：

(2) D 由抛物线 $y^2=\dfrac{9}{2}x$ 与直线 $x=2$ 所围成，求 I_x 和 I_y.

解 如图 10－32 所示，积分区域 D 可表示为

$$0\leqslant x\leqslant 2,\ -3\sqrt{\frac{x}{2}}\leqslant y\leqslant 3\sqrt{\frac{x}{2}},$$

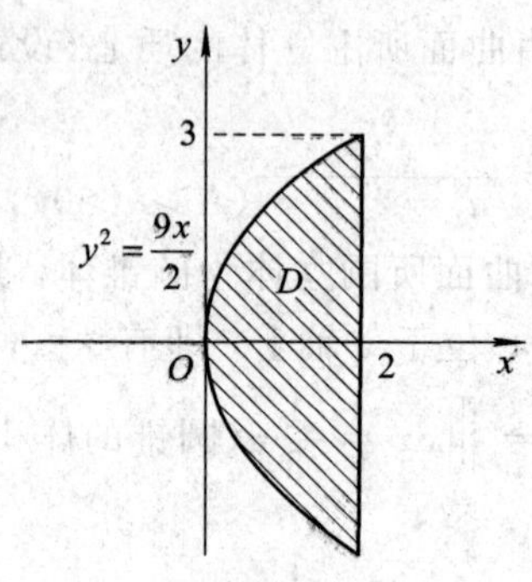

图 10－32

于是

$$I_x=\iint_D y^2\,\mathrm{d}x\mathrm{d}y=\int_0^2\mathrm{d}x\int_{-3\sqrt{\frac{x}{2}}}^{3\sqrt{\frac{x}{2}}}y^2\,\mathrm{d}y=\frac{2}{3}\int_0^2\frac{27}{2\sqrt{2}}x^{\frac{3}{2}}\,\mathrm{d}x=\frac{72}{5},$$

$$I_y=\iint_D x^2\,\mathrm{d}x\mathrm{d}y=\int_0^2 x^2\,\mathrm{d}x\int_{-3\sqrt{\frac{x}{2}}}^{3\sqrt{\frac{x}{2}}}\mathrm{d}y=\frac{6}{\sqrt{2}}\int_0^2 x^{\frac{5}{2}}\,\mathrm{d}x=\frac{96}{7}.$$

14. 设均匀柱体密度为 ρ，占有闭区域 $\Omega=\{(x,\ y,\ z)\,|\,x^2+y^2\leqslant R^2,\ 0\leqslant z\leqslant h\}$，求它对于位于点 $M_0(0,\ 0,\ a)(a>h)$处的单位质量的质点的引力.

解 由柱体的对称性和质量分布的均匀性知 $F_x=F_y=0$. 引力沿 z 轴的分量为

$$F_z=\iiint_{\Omega}G\rho\frac{z-a}{[x^2+y^2+(z-a)^2]^{3/2}}\mathrm{d}v$$

$$=G\rho\int_0^h(z-a)\mathrm{d}z\iint_{x^2+y^2\leqslant R^2}\frac{\mathrm{d}x\mathrm{d}y}{[x^2+y^2+(z-a)^2]^{3/2}}$$

$$=G\rho\int_0^h(z-a)\mathrm{d}z\int_0^{2\pi}\mathrm{d}\theta\int_0^R\frac{\rho\mathrm{d}\rho}{[\rho^2+(z-a)^2]^{3/2}}$$

$$=2\pi G\rho\int_0^h(z-a)\left[\frac{1}{a-z}-\frac{1}{\sqrt{R^2+(z-a)^2}}\right]\mathrm{d}z$$

$$=-2\pi G\rho\left[h+\sqrt{R^2+(h-a)^2}-\sqrt{R^2+a^2}\right].$$

总习题十

3. 计算下列二重积分：

(3) $\iint\limits_D \sqrt{R^2-x^2-y^2}\,\mathrm{d}\sigma$，其中 D 是圆周 $x^2+y^2=Rx$ 所围成的闭区域；

(4) $\iint\limits_D (y^2+3x-6y+9)\,\mathrm{d}\sigma$，其中 $D=\{(x,y)\mid x^2+y^2\leqslant R^2\}$.

解　(3) 如图 10-33 所示，利用极坐标计算. 在极坐标系下，积分区域 D 可表示为

$$-\frac{\pi}{2}\leqslant\theta\leqslant\frac{\pi}{2},\ 0\leqslant\rho\leqslant R\cos\theta,$$

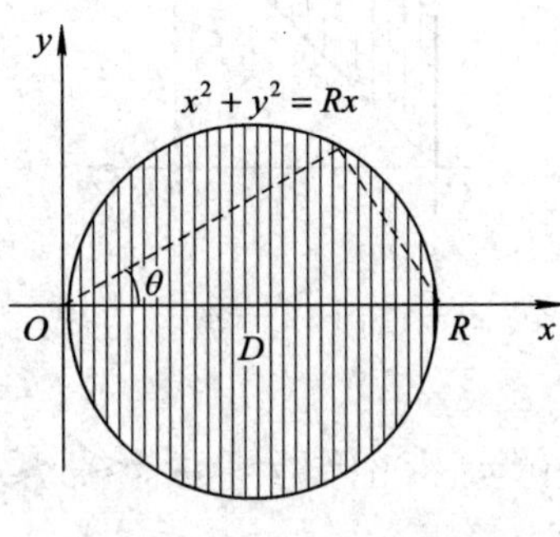

图 10-33

于是

$$\begin{aligned}\iint\limits_D \sqrt{R^2-x^2-y^2}\,\mathrm{d}\sigma &= \iint\limits_D \sqrt{R^2-\rho^2}\,\rho\mathrm{d}\rho\mathrm{d}\theta = \int_{-\frac{\pi}{2}}^{\frac{\pi}{2}}\mathrm{d}\theta\int_0^{R\cos\theta}\sqrt{R^2-\rho^2}\,\rho\mathrm{d}\rho \\ &= \int_{-\frac{\pi}{2}}^{\frac{\pi}{2}}\left[-\frac{1}{3}(R^2-\rho^2)^{\frac{3}{2}}\right]_0^{R\cos\theta}\mathrm{d}\theta = \frac{R^3}{3}\int_{-\frac{\pi}{2}}^{\frac{\pi}{2}}(1-|\sin^3\theta|)\,\mathrm{d}\theta \\ &= \frac{2R^3}{3}\int_0^{\frac{\pi}{2}}(1-\sin^3\theta)\,\mathrm{d}\theta \\ &= \frac{1}{9}(3\pi-4)R^3.\end{aligned}$$

(4) 利用对称性可知 $\iint\limits_D 3x\,\mathrm{d}\sigma=\iint\limits_D 6y\,\mathrm{d}\sigma=0$. 又

$$\iint\limits_D 9\,\mathrm{d}\sigma = 9\iint\limits_D \mathrm{d}\sigma = 9\pi R^2.$$

因为

$$\begin{aligned}\iint\limits_D y^2\,\mathrm{d}\sigma &= \iint\limits_D x^2\,\mathrm{d}\sigma = \frac{1}{2}\iint\limits_D (x^2+y^2)\,\mathrm{d}\sigma \\ &= \frac{1}{2}\int_0^{2\pi}\mathrm{d}\theta\int_0^R \rho^2\cdot\rho\mathrm{d}\rho = \frac{\pi R^4}{4},\end{aligned}$$

所以

$$\iint\limits_D (y^2+3x-6y+9)\,\mathrm{d}\sigma = 9\pi R^2+\frac{\pi}{4}R^4.$$

5. 证明：

$$\int_0^a dy\int_0^y e^{m(a-x)}f(x)dx=\int_0^a (a-x)e^{m(a-x)}f(x)dx.$$

证 如图 10-34 所示，积分区域 D 为

$$D=\{(x,y)\mid 0\leqslant y\leqslant a,\ 0\leqslant x\leqslant y\},$$

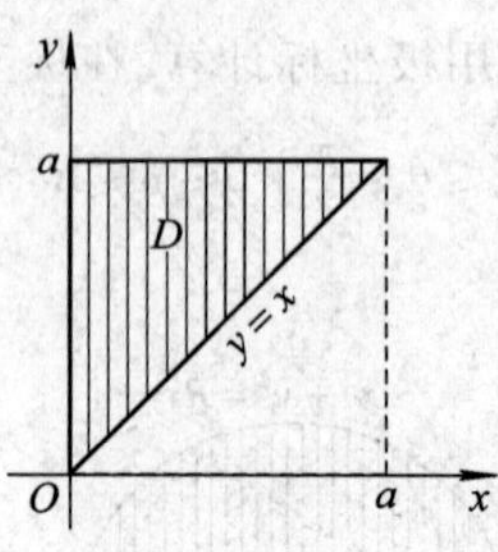

图 10-34

并且积分区域 D 又可表示为

$$D=\{(x,y)\mid 0\leqslant x\leqslant a,\ x\leqslant y\leqslant a\},$$

所以

$$\int_0^a dy\int_0^y e^{m(a-x)}f(x)dx=\int_0^a dx\int_x^a e^{m(a-x)}f(x)dy=\int_0^a (a-x)e^{m(a-x)}f(x)dx.$$

6. 把积分 $\iint\limits_D f(x,y)dxdy$ 表为极坐标形式的二次积分，其中积分区域

$$D=\{(x,y)\mid x^2\leqslant y\leqslant 1,\ -1\leqslant x\leqslant 1\}.$$

解 积分区域 D 如图 10-35 所示，抛物线 $y=x^2$ 的极坐标方程为 $\rho=\tan\theta\sec\theta$，直线 $y=1$ 的极坐标方程为 $\rho=\csc\theta$. 用射线 $\theta=\frac{\pi}{4}$ 和 $\theta=\frac{3\pi}{4}$ 将 D 分成 D_1、D_2、D_3 三部分，其中：

$$D_1:\ 0\leqslant\theta\leqslant\frac{\pi}{4},\ 0\leqslant\rho\leqslant\tan\theta\sec\theta,$$

$$D_2:\ \frac{\pi}{4}\leqslant\theta\leqslant\frac{3\pi}{4},\ 0\leqslant\rho\leqslant\csc\theta,$$

$$D_3:\ \frac{3\pi}{4}\leqslant\theta\leqslant\pi,\ 0\leqslant\rho\leqslant\tan\theta\sec\theta.$$

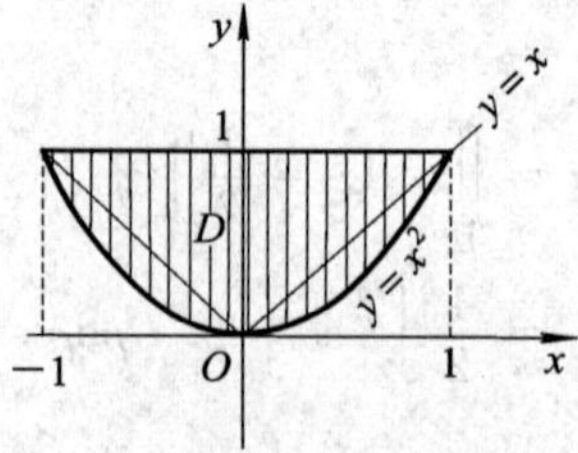

图 10-35

所以

$$\iint_D f(x,\ y)\mathrm{d}x\mathrm{d}y=\int_0^{\frac{\pi}{4}}\mathrm{d}\theta\int_0^{\tan\theta\sec\theta}f(\rho\cos\theta,\ \rho\sin\theta)\rho\mathrm{d}\rho$$

$$+\int_{\frac{\pi}{4}}^{\frac{3\pi}{4}}\mathrm{d}\theta\int_0^{\csc\theta}f(\rho\cos\theta,\ \rho\sin\theta)\rho\mathrm{d}\rho$$

$$+\int_{\frac{3\pi}{4}}^{\pi}\mathrm{d}\theta\int_0^{\tan\theta\sec\theta}f(\rho\cos\theta,\ \rho\sin\theta)\rho\mathrm{d}\rho.$$

9. 计算下列三重积分：

(1) $\iiint_\Omega z^2\mathrm{d}x\mathrm{d}y\mathrm{d}z$，其中 Ω 是两个球：$x^2+y^2+z^2\leqslant R^2$ 和 $x^2+y^2+z^2\leqslant 2Rz(R>0)$ 的公共部分；

(3) $\iiint_\Omega (y^2+z^2)\mathrm{d}v$，其中 Ω 是由 xOy 平面上曲线 $y^2=2x$ 绕 x 轴旋转而成的曲面与平面 $x=5$ 所围成的闭区域.

解　(1) 如图 10－36 所示，两球面的公共部分在 xOy 面上的投影区域为

$$x^2+y^2\leqslant\left(\frac{\sqrt{3}}{2}R\right)^2,$$

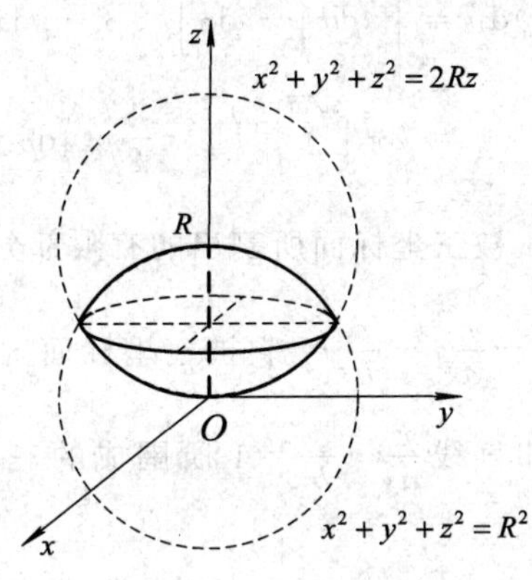

图 10－36

在柱面坐标下，积分区域可表示为

$$0\leqslant\theta\leqslant 2\pi,\ 0\leqslant\rho\leqslant\frac{\sqrt{3}}{2}R,\ R-\sqrt{R^2-\rho^2}\leqslant z\leqslant\sqrt{R^2-\rho^2},$$

所以

$$\iiint_\Omega z^2\mathrm{d}x\mathrm{d}y\mathrm{d}z=\int_0^{2\pi}\mathrm{d}\theta\int_0^{\frac{\sqrt{3}}{2}R}\mathrm{d}\rho\int_{R-\sqrt{R^2-\rho^2}}^{\sqrt{R^2-\rho^2}}z^2\rho\mathrm{d}z$$

$$=\frac{2\pi}{3}\int_0^{\frac{\sqrt{3}}{2}R}\left[(R^2-\rho^2)^{\frac{3}{2}}-(R-\sqrt{R^2-\rho^2})^3\right]\rho\mathrm{d}\rho$$

$$=\frac{59}{480}\pi R^5.$$

(3) 如图 10-37 所示，曲线 $y^2=2x$ 绕 x 轴旋转而成的曲面的方程为 $y^2+z^2=2x$. 由曲面 $y^2+z^2=2x$ 和平面 $x=5$ 所围成的闭区域 Ω 在 yOz 面上的投影区域为

$$D_{yz}: y^2+z^2\leqslant(\sqrt{10})^2,$$

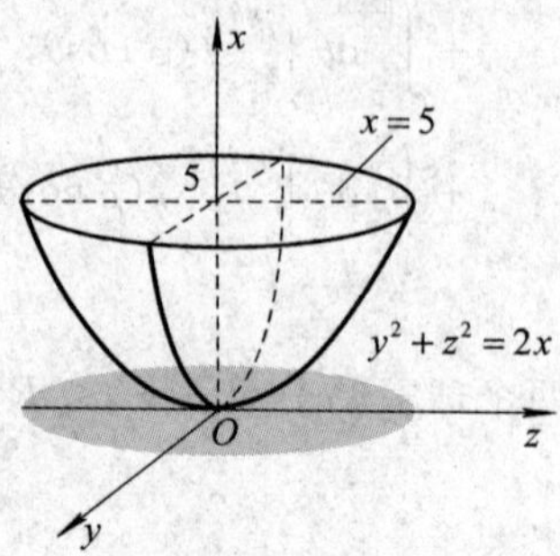

图 10-37

在柱面坐标下，此区域又可表示为

$$\Omega: 0\leqslant\theta\leqslant 2\pi,\ 0\leqslant\rho\leqslant\sqrt{10},\ \frac{1}{2}\rho^2\leqslant x\leqslant 5,$$

所以

$$\begin{aligned}\iiint_{\Omega}(y^2+z^2)\mathrm{d}v&=\int_0^{2\pi}\mathrm{d}\theta\int_0^{\sqrt{10}}\mathrm{d}\rho\int_{\frac{1}{2}\rho^2}^{5}\rho^2\cdot\rho\mathrm{d}x\\&=2\pi\int_0^{\sqrt{10}}\rho^3\left(5-\frac{1}{2}\rho^2\right)\mathrm{d}\rho=\frac{250}{3}\pi.\end{aligned}$$

11. 求平面 $\frac{x}{a}+\frac{y}{b}+\frac{z}{c}=1$ 被三坐标面所割出的有限部分的面积.

解 平面方程可写为 $z=c-\frac{c}{a}x-\frac{c}{b}y$，它被三坐标面割出的有限部分在 xOy 面上的投影区域 D 为由 x 轴、y 轴和直线 $\frac{x}{a}+\frac{y}{b}=1$ 所围成的三角形区域，区域 D 的面积为 $\frac{1}{2}|ab|$，于是所求面积为

$$\begin{aligned}A&=\iint_D\sqrt{1+\left(\frac{\partial z}{\partial x}\right)^2+\left(\frac{\partial z}{\partial y}\right)^2}\mathrm{d}x\mathrm{d}y=\iint_D\sqrt{1+\frac{c^2}{a^2}+\frac{c^2}{b^2}}\mathrm{d}x\mathrm{d}y\\&=\sqrt{1+\frac{c^2}{a^2}+\frac{c^2}{b^2}}\iint_D\mathrm{d}x\mathrm{d}y=\frac{1}{2}\sqrt{a^2b^2+b^2c^2+a^2c^2}.\end{aligned}$$

14. 设在 xOy 面上有一质量为 M 的质量均匀的半圆形薄片，占有平面闭区域 $D=\{(x,y)\,|\,x^2+y^2\leqslant R^2, y\geqslant 0\}$，过圆心 O 垂直于薄片的直线上有一质量为 m 的质点 P，$OP=a$. 求半圆形薄片对质点 P 的引力.

解 设 P 点的坐标为 $(0,0,a)$，薄片的面密度为 $\mu=\frac{M}{\frac{1}{2}\pi R^2}=\frac{2M}{\pi R^2}$，所求引力为 $\boldsymbol{F}=(F_x,F_y,F_z)$.

由于薄片关于 y 轴对称，且质量均匀分布，所以引力在 x 轴上的分量 $F_x=0$，且

$$F_y=G\iint\limits_D\frac{m\mu y}{(x^2+y^2+a^2)^{3/2}}\mathrm{d}\sigma=m\mu G\int_0^{\pi}\mathrm{d}\theta\int_0^R\frac{\rho^2\sin\theta}{(\rho^2+a^2)^{3/2}}\mathrm{d}\rho$$

$$=m\mu G\int_0^{\pi}\sin\theta\mathrm{d}\theta\int_0^R\frac{\rho^2}{(\rho^2+a^2)^{3/2}}\mathrm{d}\rho=2m\mu G\int_0^R\frac{\rho^2}{(\rho^2+a^2)^{3/2}}\mathrm{d}\rho$$

$$=\frac{4GmM}{\pi R^2}\left(\ln\frac{R+\sqrt{a^2+R^2}}{a}-\frac{R}{\sqrt{a^2+R^2}}\right),$$

$$F_z=-G\iint\limits_D\frac{m\mu a}{(x^2+y^2+a^2)^{3/2}}\mathrm{d}\sigma=-m\mu Ga\int_0^{\pi}\mathrm{d}\theta\int_0^R\frac{\rho}{(\rho^2+a^2)^{3/2}}\mathrm{d}\rho$$

$$=-\pi m\mu Ga\int_0^R\frac{\rho}{(\rho^2+a^2)^{3/2}}\mathrm{d}\rho$$

$$=-\frac{2GmM}{R^2}\left(1-\frac{a}{\sqrt{a^2+R^2}}\right).$$

所以，所求引力为 $\boldsymbol{F}=(0,F_y,F_z)$.

五、培优提升

1.（2016 考研题）已知平面区域 $D=\left\{(r,\theta)\,\middle|\,2\leqslant r\leqslant 2(1+\cos\theta),-\frac{\pi}{2}\leqslant\theta\leqslant\frac{\pi}{2}\right\}$，计算二重积分 $\iint\limits_D x\,\mathrm{d}x\mathrm{d}y$.

解

$$\iint\limits_D x\,\mathrm{d}x\mathrm{d}y=\int_{-\frac{\pi}{2}}^{\frac{\pi}{2}}\mathrm{d}\theta\int_2^{2(1+\cos\theta)}r^2\cos\theta\mathrm{d}r=\int_{-\frac{\pi}{2}}^{\frac{\pi}{2}}\cos\theta\cdot\left[\frac{r^3}{3}\right]_2^{2(1+\cos\theta)}\mathrm{d}\theta$$

$$=\frac{8}{3}\int_{-\frac{\pi}{2}}^{\frac{\pi}{2}}(3\cos^2\theta+3\cos^3\theta+\cos^4\theta)\mathrm{d}\theta$$

$$=16\int_0^{\frac{\pi}{2}}\cos^2\theta\mathrm{d}\theta+16\int_0^{\frac{\pi}{2}}\cos^3\theta\mathrm{d}\theta+\frac{16}{3}\int_0^{\frac{\pi}{2}}\cos^4\theta\mathrm{d}\theta$$

$$=16\left(\frac{1}{2}\times\frac{\pi}{2}+\frac{2}{3}+\frac{1}{3}\times\frac{3}{4}\times\frac{1}{2}\times\frac{\pi}{2}\right)$$

$$=5\pi+\frac{32}{3}.$$

2.（2015 考研题）设 Ω 是由平面 $x+y+z=1$ 与三个坐标面所围成的空间区域，则 $\iiint\limits_{\Omega}(x+2y+3z)\mathrm{d}x\mathrm{d}y\mathrm{d}z=$ ________.

解　应填 $\frac{1}{4}$.

由轮换对称性得

$$\iiint\limits_{\Omega}(x+2y+3z)\mathrm{d}x\mathrm{d}y\mathrm{d}z=6\iiint\limits_{\Omega}z\mathrm{d}x\mathrm{d}y\mathrm{d}z=6\int_0^1 z\mathrm{d}z\iint\limits_{D_z}\mathrm{d}x\mathrm{d}y,$$

其中 D_z 为平行于坐标面 xOy 的平面截空间区域 Ω 所得的截面区域($0\leqslant z\leqslant 1$)，其面积为 $\frac{1}{2}(1-z)^2$. 所以

$$\iiint\limits_{\Omega}(x+2y+3z)\mathrm{d}x\mathrm{d}y\mathrm{d}z=6\iiint\limits_{\Omega}z\,\mathrm{d}x\mathrm{d}y\mathrm{d}z=6\int_0^1 z\cdot\frac{1}{2}(1-z)^2\mathrm{d}z$$
$$=3\int_0^1(z^3-2z^2+z)\mathrm{d}z=\frac{1}{4}.$$

3. (2015 考研题)设 D 是第一象限由曲线 $2xy=1$、$4xy=1$ 与直线 $y=x$、$y=\sqrt{3}x$ 围成的平面区域，函数 $f(x,y)$ 在 D 上连续，则 $\iint\limits_D f(x,y)\mathrm{d}x\mathrm{d}y=(\quad)$.

(A) $\int_{\frac{\pi}{4}}^{\frac{\pi}{3}}\mathrm{d}\theta\int_{\frac{1}{2\sin2\theta}}^{\frac{1}{\sin2\theta}}f(r\cos\theta,r\sin\theta)r\mathrm{d}r$　　(B) $\int_{\frac{\pi}{4}}^{\frac{\pi}{3}}\mathrm{d}\theta\int_{\frac{1}{\sqrt{2\sin2\theta}}}^{\frac{1}{\sqrt{\sin2\theta}}}f(r\cos\theta,r\sin\theta)r\mathrm{d}r$

(C) $\int_{\frac{\pi}{4}}^{\frac{\pi}{3}}\mathrm{d}\theta\int_{\frac{1}{2\sin2\theta}}^{\frac{1}{\sin2\theta}}f(r\cos\theta,r\sin\theta)\mathrm{d}r$　　(D) $\int_{\frac{\pi}{4}}^{\frac{\pi}{3}}\mathrm{d}\theta\int_{\frac{1}{\sqrt{2\sin2\theta}}}^{\frac{1}{\sqrt{\sin2\theta}}}f(r\cos\theta,r\sin\theta)\mathrm{d}r$

解　应选(B).

积分区域 D 如图 10-38 所示，所以

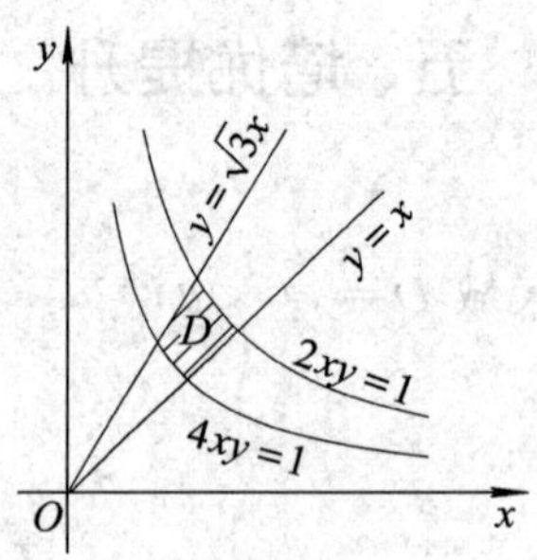

图 10-38

$$\iint\limits_D f(x,y)\mathrm{d}x\mathrm{d}y=\int_{\frac{\pi}{4}}^{\frac{\pi}{3}}\mathrm{d}\theta\int_{\frac{1}{\sqrt{2\sin2\theta}}}^{\frac{1}{\sqrt{\sin2\theta}}}f(r\cos\theta,r\sin\theta)r\mathrm{d}r,$$

故选(B).

4. (2014 考研题)设 $f(x)$ 是连续函数，则 $\int_0^1\mathrm{d}y\int_{-\sqrt{1-y^2}}^{1-y}f(x,y)\mathrm{d}x=(\quad)$.

(A) $\int_0^1\mathrm{d}x\int_0^{x-1}f(x,y)\mathrm{d}y+\int_{-1}^0\mathrm{d}x\int_0^{\sqrt{1-x^2}}f(x,y)\mathrm{d}y$

(B) $\int_0^1\mathrm{d}x\int_0^{1-x}f(x,y)\mathrm{d}y+\int_{-1}^0\mathrm{d}x\int_{-\sqrt{1-x^2}}^0 f(x,y)\mathrm{d}y$

(C) $\int_0^{\frac{\pi}{2}}\mathrm{d}\theta\int_0^{\frac{1}{\cos\theta+\sin\theta}}f(r\cos\theta,r\sin\theta)\mathrm{d}r+\int_{\frac{\pi}{2}}^{\pi}\mathrm{d}\theta\int_0^1 f(r\cos\theta,r\sin\theta)\mathrm{d}r$

(D) $\int_0^{\frac{\pi}{2}}\mathrm{d}\theta\int_0^{\frac{1}{\cos\theta+\sin\theta}}f(r\cos\theta,r\sin\theta)r\mathrm{d}r+\int_{\frac{\pi}{2}}^{\pi}\mathrm{d}\theta\int_0^1 f(r\cos\theta,r\sin\theta)r\mathrm{d}r$

解　应选(D).

由于

$$\int_0^1 \mathrm{d}y\int_{-\sqrt{1-y^2}}^{1-y} f(x,y)\mathrm{d}x=\int_{-1}^0 \mathrm{d}x\int_0^{\sqrt{1-x^2}} f(x,y)\mathrm{d}y+\int_0^1 \mathrm{d}x\int_0^{1-x} f(x,y)\mathrm{d}y$$

$$=\int_0^{\frac{\pi}{2}} \mathrm{d}\theta\int_0^{\frac{1}{\cos\theta+\sin\theta}} f(r\cos\theta,r\sin\theta)r\mathrm{d}r$$

$$+\int_{\frac{\pi}{2}}^{\pi} \mathrm{d}\theta\int_0^1 f(r\cos\theta,r\sin\theta)r\mathrm{d}r,$$

故选(D).

5. (2013 考研题)设直线 L 过 $A(1,0,0)$、$B(0,1,1)$两点，将 L 绕 z 轴旋转一周得到曲面 Σ，Σ 与平面 $z=0$、$z=2$ 所围成的立体为 Ω. 求：

(1) 曲面 Σ 的方程；

(2) Ω 的形心坐标.

解　(1) 直线 L 的方向向量为 $\overrightarrow{AB}=(-1,1,1)$，直线 L 的方程为 $\dfrac{x-1}{-1}=\dfrac{y}{1}=\dfrac{z}{1}$. 设 $M(x,y,z)$为Σ 上任意一点，它由 L 上的点 $M_0(x_0,y_0,z_0)$绕 z 轴旋转得到，则有 $x^2+y^2=x_0^2+y_0^2$，这里 $z=z_0$，由 $\dfrac{x_0-1}{-1}=\dfrac{y_0}{1}=\dfrac{z}{1}$ 得 $\begin{cases}x_0=1-z,\\ y_0=z,\end{cases}$ 于是 $x^2+y^2=(1-z)^2+z^2$，即曲面 Σ 的方程为

$$x^2+y^2=2z^2-2z+1,$$

这是以 z 轴为对称轴的单叶双曲面.

(2) 设 Ω 的形心坐标为$(\bar{x},\bar{y},\bar{z})$. 由于 Ω 对称于 z 轴，故形心位于 z 轴上，因此 $\bar{x}=0$，$\bar{y}=0$.

对任一 $z\in[0,2]$，记 $D_z=\{(x,y)\mid x^2+y^2\leqslant 2z^2-2z+1\}$，则

$$\iiint_\Omega \mathrm{d}v=\int_0^2 \mathrm{d}z\iint_{D_z}\mathrm{d}x\mathrm{d}y=\pi\int_0^2(2z^2-2z+1)\mathrm{d}z=\pi\left(\frac{16}{3}-4+2\right)=\frac{10}{3}\pi,$$

$$\iiint_\Omega z\,\mathrm{d}v=\int_0^2 z\mathrm{d}z\iint_{D_z}\mathrm{d}x\mathrm{d}y=\pi\int_0^2(2z^3-2z^2+z)\mathrm{d}z=\pi\left(8-\frac{16}{3}+2\right)=\frac{14}{3}\pi,$$

$$\bar{z}=\frac{\iiint_\Omega z\,\mathrm{d}v}{\iiint_\Omega \mathrm{d}v}=\frac{7}{5},$$

因此形心坐标为 $\left(0,0,\dfrac{7}{5}\right)$.

6. (2011 考研题)已知函数 $f(x,y)$具有二阶连续偏导数，且 $f(1,y)=f(x,1)=0$，$\iint_D f(x,y)\mathrm{d}x\mathrm{d}y=a$，其中 $D=\{(x,y)\mid 0\leqslant x\leqslant 1,0\leqslant y\leqslant 1\}$，计算二重积分

$$I=\iint_D xyf''_{xy}(x,y)\mathrm{d}x\mathrm{d}y.$$

解　将二重积分 $\iint_D xyf''_{xy}(x,y)\mathrm{d}x\mathrm{d}y$ 化为累次积分，即

$$\iint_D xyf''_{xy}(x,y)\mathrm{d}x\mathrm{d}y=\int_0^1\mathrm{d}y\int_0^1 xyf''_{xy}(x,y)\mathrm{d}x,$$

由于

$$\begin{aligned}\int_0^1 xyf''_{xy}(x,y)\mathrm{d}x&=y\int_0^1 x\mathrm{d}f'_y(x,y)\\&=[xyf'_y(x,y)]_0^1-\int_0^1 yf'_y(x,y)\mathrm{d}x\\&=yf'_y(1,y)-\int_0^1 yf'_y(x,y)\mathrm{d}x,\end{aligned}$$

又由 $f(1,y)=f(x,1)=0$ 知 $f'_y(1,y)=f'_x(x,1)=0$，故

$$\int_0^1 xyf''_{xy}(x,y)\mathrm{d}x=-\int_0^1 yf'_y(x,y)\mathrm{d}x.$$

于是

$$\begin{aligned}\iint_D xyf''_{xy}(x,y)\mathrm{d}x\mathrm{d}y&=\int_0^1\mathrm{d}y\int_0^1 xyf''_{xy}(x,y)\mathrm{d}x\\&=-\int_0^1\mathrm{d}y\int_0^1 yf'_y(x,y)\mathrm{d}x=-\int_0^1\mathrm{d}x\int_0^1 yf'_y(x,y)\mathrm{d}y,\end{aligned}$$

其中

$$\begin{aligned}\int_0^1 yf'_y(x,y)\mathrm{d}y&=\int_0^1 y\mathrm{d}f(x,y)\\&=[yf(x,y)]_0^1-\int_0^1 f(x,y)\mathrm{d}y=-\int_0^1 f(x,y)\mathrm{d}y,\end{aligned}$$

因此

$$\begin{aligned}\iint_D xyf''_{xy}(x,y)\mathrm{d}x\mathrm{d}y&=-\int_0^1\mathrm{d}x\int_0^1 yf'_y(x,y)\mathrm{d}y\\&=\int_0^1\mathrm{d}x\int_0^1 f(x,y)\mathrm{d}y=\iint_D f(x,y)\mathrm{d}x\mathrm{d}y=a.\end{aligned}$$

7. (2010 考研题) $\lim\limits_{n\to\infty}\sum\limits_{i=1}^{n}\sum\limits_{j=1}^{n}\dfrac{n}{(n+i)(n^2+j^2)}=(\quad)$.

(A) $\int_0^1\mathrm{d}x\int_0^x\dfrac{1}{(1+x)(1+y^2)}\mathrm{d}y$　　(B) $\int_0^1\mathrm{d}x\int_0^x\dfrac{1}{(1+x)(1+y)}\mathrm{d}y$

(C) $\int_0^1\mathrm{d}x\int_0^1\dfrac{1}{(1+x)(1+y)}\mathrm{d}y$　　(D) $\int_0^1\mathrm{d}x\int_0^1\dfrac{1}{(1+x)(1+y^2)}\mathrm{d}y$

解　应选(D).

因为

$$\begin{aligned}\lim_{n\to\infty}\sum_{i=1}^{n}\sum_{j=1}^{n}\frac{n}{(n+i)(n^2+j^2)}&=\lim_{n\to\infty}\sum_{i=1}^{n}\sum_{j=1}^{n}\frac{n}{n\left(1+\frac{i}{n}\right)\cdot n^2\cdot\left[1+\left(\frac{j}{n}\right)^2\right]}\\&=\lim_{n\to\infty}\sum_{i=1}^{n}\sum_{j=1}^{n}\frac{1}{n^2}\cdot\frac{1}{1+\frac{i}{n}}\cdot\frac{1}{1+\left(\frac{j}{n}\right)^2}\\&=\int_0^1\mathrm{d}x\int_0^1\frac{1}{(1+x)(1+y^2)}\mathrm{d}y,\end{aligned}$$

故选(D).

8.(2010考研题)设$\Omega=\{(x,y,z)\mid x^2+y^2\leqslant z\leqslant 1\}$，则$\Omega$的形心的竖坐标$\bar{z}=$______.

解　应填$\frac{2}{3}$.

设与z轴垂直的截面区域为$D(z)$，$D(z)$：$x^2+y^2\leqslant z$，其面积为πz.于是

$$\iiint_{\Omega}\mathrm{d}v=\int_0^1\mathrm{d}z\iint_{D(z)}\mathrm{d}x\mathrm{d}y=\int_0^1\pi z\mathrm{d}z=\frac{1}{2}\pi,$$

$$\iiint_{\Omega}z\mathrm{d}v=\int_0^1\mathrm{d}z\iint_{D(z)}z\mathrm{d}x\mathrm{d}y=\int_0^1\pi z^2\mathrm{d}z=\frac{1}{3}\pi,$$

所以

$$\bar{z}=\frac{\iiint_{\Omega}z\mathrm{d}v}{\iiint_{\Omega}\mathrm{d}v}=\frac{2}{3}.$$

9.(2015竞赛题)设区域$D=\{(x,y)\mid |x|+|y|\leqslant 2\}$，则$\iint_D\frac{3\mathrm{e}^x-2\mathrm{e}^y}{\mathrm{e}^x+\mathrm{e}^y}\mathrm{d}\sigma=$(　　).

(A) 1　　(B) 8　　(C) 4　　(D) $\frac{1}{2}$

解　应选(C).

积分区域D关于直线$y=x$对称，则$\iint_D\frac{\mathrm{e}^x}{\mathrm{e}^x+\mathrm{e}^y}\mathrm{d}\sigma=\iint_D\frac{\mathrm{e}^y}{\mathrm{e}^x+\mathrm{e}^y}\mathrm{d}\sigma$，故

$$\iint_D\frac{3\mathrm{e}^x-2\mathrm{e}^y}{\mathrm{e}^x+\mathrm{e}^y}\mathrm{d}\sigma=3\iint_D\frac{\mathrm{e}^x}{\mathrm{e}^x+\mathrm{e}^y}\mathrm{d}\sigma-2\iint_D\frac{\mathrm{e}^y}{\mathrm{e}^x+\mathrm{e}^y}\mathrm{d}\sigma=\iint_D\frac{\mathrm{e}^x}{\mathrm{e}^x+\mathrm{e}^y}\mathrm{d}\sigma=\iint_D\frac{\mathrm{e}^y}{\mathrm{e}^x+\mathrm{e}^y}\mathrm{d}\sigma,$$

从而

$$\iint_D\frac{3\mathrm{e}^x-2\mathrm{e}^y}{\mathrm{e}^x+\mathrm{e}^y}\mathrm{d}\sigma=\frac{1}{2}\iint_D\frac{\mathrm{e}^x+\mathrm{e}^y}{\mathrm{e}^x+\mathrm{e}^y}\mathrm{d}\sigma=\frac{1}{2}\iint_D\mathrm{d}\sigma=4,$$

故选(C).

10.(2015竞赛题)设Ω是由曲面$z=x^2+y^2-2$和$z=\sqrt{x^2+y^2}$所围的有限区域，则积分$\iiint_{\Omega}\mathrm{d}v=$____________.

解　应填$\frac{16\pi}{3}$.

方法一：令$\Omega=\Omega_1-\Omega_2$，其中Ω_1：$\begin{cases}-2\leqslant z\leqslant 2,\\x^2+y^2\leqslant z+2,\end{cases}$　Ω_2：$\begin{cases}0\leqslant z\leqslant 2,\\\sqrt{x^2+y^2}\leqslant z.\end{cases}$

$$I_1=\iiint_{\Omega_1}\mathrm{d}v=\int_{-2}^2\mathrm{d}z\iint_{x^2+y^2\leqslant z+2}\mathrm{d}x\mathrm{d}y=\int_{-2}^2\pi(z+2)\mathrm{d}z=8\pi,$$

$$I_2=\frac{1}{3}\pi\cdot 2^2\cdot 2=\frac{8\pi}{3},$$

因此

$$\iiint_{\Omega}\mathrm{d}v=I_1-I_2=\frac{16\pi}{3}.$$

方法二：由$\begin{cases} z=x^2+y^2-2, \\ z=\sqrt{x^2+y^2} \end{cases}$ 解得 $z=2$ $(x^2+y^2=4)$.

Ω 在 xOy 平面上的投影区域 D：$x^2+y^2\leqslant 4$，于是

$$\Omega:\ 0\leqslant\theta\leqslant 2\pi,\ 0\leqslant\rho\leqslant 2,\ \rho^2-2\leqslant z\leqslant\rho,$$

$$\begin{aligned}\iiint_{\Omega}\mathrm{d}v &= \int_0^{2\pi}\mathrm{d}\theta\int_0^2\rho\mathrm{d}\rho\int_{\rho^2-2}^{\rho}\mathrm{d}z \\ &= 2\pi\int_0^2(\rho^2-\rho^3+2\rho)\mathrm{d}\rho \\ &= \frac{16\pi}{3}.\end{aligned}$$

11. (2010 竞赛题)设 $F(t)=\iiint_{\Omega}(2-3z^2)\mathrm{d}v$，其中 Ω：$\dfrac{x^2}{4}+\dfrac{y^2}{9}+z^2\leqslant t^2$，$t>0$，求曲线 $u=F(t)$ 的凹凸区间与拐点.

解 积分区域 Ω 与垂直于 z 轴的平面的交集在 xOy 面上的投影为

$$D_z:\ \frac{x^2}{4(t^2-z^2)}+\frac{y^2}{9(t^2-z^2)}\leqslant 1,\ -t\leqslant z\leqslant t,$$

于是

$$\begin{aligned}F(t) &= \iiint_{\Omega}(2-3z^2)\mathrm{d}v = 2\iiint_{\Omega}\mathrm{d}v-3\iiint_{\Omega}z^2\mathrm{d}v \\ &= 2\cdot\frac{4\pi}{3}\cdot 2t\cdot 3t\cdot t-3\int_{-t}^{t}z^2\mathrm{d}z\iint_{D_z}\mathrm{d}x\mathrm{d}y \\ &= 16\pi t^3-3\int_{-t}^{t}z^2\cdot\pi(2\sqrt{t^2-z^2})(3\sqrt{t^2-z^2})\mathrm{d}z \\ &= 8\pi\left(-\frac{3t^5}{5}+2t^3\right),\end{aligned}$$

所以 $F''(t)=96\pi t(1-t^2)$，$t>0$. 令 $F''(t)=0$，得 $t=1$，$F(1)=\dfrac{56\pi}{5}$.

当 $0<t<1$ 时，由 $F''(t)>0$ 知曲线在区间 $(0,1)$ 内是凹的；当 $t>1$ 时，由 $F''(t)<0$ 知曲线在区间 $(1,+\infty)$ 内是凸的. 因此，点 $\left(1,\dfrac{56\pi}{5}\right)$ 是曲线的拐点.

第十一章　曲线积分与曲面积分

一、教学要求

1. 理解两类曲线积分的概念，了解两类曲线积分的性质，掌握曲线积分的计算法. 了解两类曲线积分之间的关系. 掌握格林(Green)公式及曲线积分与路径无关的条件，会求全微分的原函数.

2. 理解两类曲面积分的概念，了解两类曲面积分的性质，会计算曲面积分. 了解两类曲面积分之间的关系. 理解高斯(Gauss)公式，并会用高斯公式计算曲面积分. 了解斯托克斯(Stokes)公式.

3. 了解曲线积分、曲面积分在几何学与物理学中的应用，如求曲面面积、质量、重心、转动惯量等. 会利用元素法(微元法)建立某些简单的几何量和物理量的积分表达式.

二、答疑解惑

问题 1　怎样正确利用对称性来简化对弧长的曲线积分的计算?

答　利用对称性来简化对弧长的曲线积分的计算是十分有效的，它与求定积分时利用函数的奇、偶性来简化计算是相类似的. 在运用对称性计算对弧长的曲线积分时，既要考虑积分曲线，又要兼顾被积函数，只有两个方面的对称性相匹配，对称性才能使用. 具体总结如下：

(1) 若平面曲线弧 L 关于 y 轴对称，则对于 $\forall (x, y)\in L$，

当 $f(-x, y)=-f(x, y)$时，$\int_L f(x, y)\mathrm{d}s=0$；

当 $f(-x, y)=f(x, y)$ 时，$\int_L f(x, y)\mathrm{d}s=2\int_{L_1} f(x, y)\mathrm{d}s$，

其中 L_1 为 L 在 $x\geqslant 0$ 的部分曲线.

若平面曲线弧 L 关于 x 轴对称，也有类似的结论.

(2) 若空间曲线弧 Γ 关于 yOz 平面对称，则对于 $\forall (x, y, z)\in \Gamma$，

当 $f(-x, y, z)=-f(x, y, z)$ 时，$\int_\Gamma f(x, y, z)\mathrm{d}s=0$；

当 $f(-x, y, z)=f(x, y, z)$ 时，

$$\int_{\Gamma} f(x, y, z)\mathrm{d}s = 2\int_{\Gamma_1} f(x, y, z)\mathrm{d}s,$$

其中 Γ_1 为 Γ 在 $x\geqslant 0$ 的部分曲线.

若空间曲线 Γ 关于 xOz 平面或 xOy 平面对称，也有类似的结论.

例 1 设 L 为椭圆 $\frac{x^2}{3}+\frac{y^2}{4}=1$，其周长为 a，求 $\int_L (4x^2+3y^2+5xy)\mathrm{d}s$.

解 因曲线 L 关于 x 轴对称，而被积函数 $5xy$ 关于 y 为奇函数，故由对称性知 $\int_L 5xy\mathrm{d}s = 0$，又 $\int_L (4x^2+3y^2)\mathrm{d}s = 12\int_L \mathrm{d}s = 12a$，所以

$$\int_L (4x^2+3y^2+5xy)\mathrm{d}s = 12a.$$

例 2 计算 $\int_L (x^3+y^3\sin x)\mathrm{d}s$，其中 L 是 $y=\sqrt{a^2-x^2}$ $(|x|\leqslant a)$.

解 因曲线 L 关于 y 轴对称，而被积函数 $x^3+y^3\sin x$ 关于 x 为奇函数，故由对称性知

$$\int_L (x^3+y^3\sin x)\mathrm{d}s = 0.$$

例 3 计算 $\int_\Gamma x^2\mathrm{d}s$，其中 Γ 是圆周 $\begin{cases} x^2+y^2+z^2=a^2, \\ x+y+z=0, \end{cases}$ $(a>0)$.

解 由于在 Γ 的方程 $\begin{cases} x^2+y^2+z^2=a^2, \\ x+y+z=0 \end{cases}$ 中变量 x, y, z 具有“轮换对称性”，即 x, y, z 三变量中任意两个变量对换，Γ 的方程不变，而且对弧长的曲线积分与积分曲线的方向无关，故有

$$\int_\Gamma x^2\mathrm{d}s = \int_\Gamma y^2\mathrm{d}s = \int_\Gamma z^2\mathrm{d}s = \frac{1}{3}\int_\Gamma (x^2+y^2+z^2)\mathrm{d}s = \frac{1}{3}\int_\Gamma a^2\mathrm{d}s = \frac{2}{3}\pi a^3.$$

问题 2 在极坐标系下对弧长的曲线积分 $\int_L f(x, y)\mathrm{d}s$ 是否存在专门的计算公式?

答 存在.事实上，若曲线 L 的极坐标方程由 $\rho=\rho(\theta)$，$\alpha\leqslant\theta\leqslant\beta$ 给出，因为

$$x=\rho(\theta)\cos\theta,\ y=\rho(\theta)\sin\theta,\ \mathrm{d}s=\sqrt{\rho^2(\theta)+[\rho'(\theta)]^2}\,\mathrm{d}\theta,$$

则在极坐标系下对弧长的曲线积分 $\int_L f(x, y)\mathrm{d}s$ 的计算公式为

$$\int_L f(x, y)\mathrm{d}s = \int_\alpha^\beta f[\rho(\theta)\cos\theta, \rho(\theta)\sin\theta]\sqrt{\rho^2(\theta)+\rho'^2(\theta)}\,\mathrm{d}\theta.$$

例 计算 $\int_L \ln(x^2+y^2)\mathrm{d}s$，其中 L 是对数螺线的一段：$\rho=\mathrm{e}^\theta$，$0\leqslant\theta\leqslant 2\pi$.

解 因为 $x=\rho(\theta)\cos\theta=\mathrm{e}^\theta\cos\theta$，$y=\rho(\theta)\sin\theta=\mathrm{e}^\theta\sin\theta$，$\ln(x^2+y^2)=2\theta$，

$$\mathrm{d}s=\sqrt{\rho^2(\theta)+[\rho'(\theta)]^2}\,\mathrm{d}\theta=\sqrt{\mathrm{e}^{2\theta}+\mathrm{e}^{2\theta}}\,\mathrm{d}\theta=\sqrt{2}\,\mathrm{e}^\theta\mathrm{d}\theta,$$

所以

$$\begin{aligned}\int_L \ln(x^2+y^2)\mathrm{d}s &= \int_0^{2\pi} 2\theta\cdot\sqrt{2}\,\mathrm{e}^\theta\mathrm{d}\theta = 2\sqrt{2}\int_0^{2\pi}\theta\mathrm{d}(\mathrm{e}^\theta) \\ &= 2\sqrt{2}\left[\mathrm{e}^\theta(\theta-1)\right]_0^{2\pi} = 2\sqrt{2}\left[\mathrm{e}^{2\pi}(2\pi-1)+1\right].\end{aligned}$$

问题 3　计算对坐标的曲线积分$\int_L P(x, y)\mathrm{d}x + Q(x, y)\mathrm{d}y$，主要有哪几种方法？

答　计算对坐标的曲线积分$\int_L P(x, y)\mathrm{d}x + Q(x, y)\mathrm{d}y$，主要有三种方法：

(1) 合理选择积分曲线 L 的参数方程，直接将所求积分转化为定积分计算；

(2) 利用格林公式：$\oint_L P(x, y)\mathrm{d}x + Q(x, y)\mathrm{d}y = \iint_D \left(\frac{\partial Q}{\partial x} - \frac{\partial P}{\partial y}\right)\mathrm{d}x\mathrm{d}y$；

(3) 利用曲线积分与路径无关的条件求解：若积分曲线 L 所在的区域 D 为单连通区域，且在 D 内$\frac{\partial Q}{\partial x} = \frac{\partial P}{\partial y}$成立，则曲线积分$\int_L P(x, y)\mathrm{d}x + Q(x, y)\mathrm{d}y$与路径无关，从而在 D 内可选择以 L 的起点(x_1, y_1)为起点、L 的终点(x_2, y_2)为终点的简捷路径进行积分.

例 1　计算曲线积分$\oint_L xy\mathrm{d}x$，其中 L 为圆周$(x-a)^2 + y^2 = a^2 (a > 0)$ 及 x 轴所围成的在第一象限内的区域的整个边界(按逆时针方向绕行).

解　方法一：如图 11－1 所示，L_1 的参数方程为$\begin{cases} x = a + a\cos\theta, \\ y = a\sin\theta, \end{cases}$ θ 从 0 变到 π，L_2 的参数方程为 $y=0$，$x=x$，x 从 0 变到 $2a$，则

$$\begin{aligned}
\oint_L xy\mathrm{d}x &= \int_{L_1} xy\mathrm{d}x + \int_{L_2} xy\mathrm{d}x \\
&= \int_0^{\pi} (a + a\cos\theta)a\sin\theta \cdot (-a\sin\theta)\mathrm{d}\theta + \int_0^{2a} 0\mathrm{d}x \\
&= -\int_0^{\pi} a^3 \sin^2\theta\mathrm{d}\theta - \int_0^{\pi} a^3 \cos\theta \sin^2\theta\mathrm{d}\theta \\
&= -2a^3 \int_0^{\frac{\pi}{2}} \sin^2\theta\mathrm{d}\theta - a^3 \int_0^{\pi} \sin^2\theta\mathrm{d}(\sin\theta) \\
&= -2a^3 \cdot \frac{1}{2} \cdot \frac{\pi}{2} - a^3 \left[\frac{\sin^3\theta}{3}\right]_0^{\pi} = -\frac{\pi a^3}{2}.
\end{aligned}$$

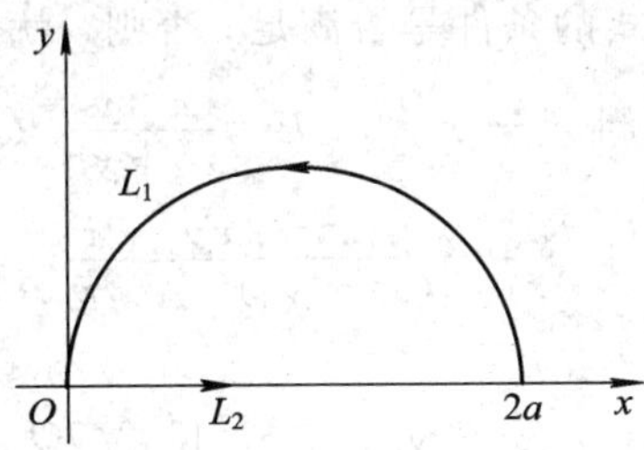

图 11－1

方法二：记 L 围成的平面区域为 D，$P = xy$，$Q = 0$，$\frac{\partial Q}{\partial x} - \frac{\partial P}{\partial y} = -x$，由格林公式得

$$\begin{aligned}
\oint_L xy\mathrm{d}x &= \iint_D (-x)\mathrm{d}x\mathrm{d}y = -\int_0^{\frac{\pi}{2}} \mathrm{d}\theta \int_0^{2a\cos\theta} \rho^2 \cos\theta\mathrm{d}\rho \\
&= -\frac{8a^3}{3} \int_0^{\frac{\pi}{2}} \cos^4\theta\mathrm{d}\theta = -\frac{8a^3}{3}\left(\frac{3}{4} \times \frac{1}{2} \times \frac{\pi}{2}\right) = -\frac{\pi a^3}{2}.
\end{aligned}$$

例 2 计算曲线积分 $\int_{(0,0)}^{(1,2)}(e^y+x)dx+(xe^y-2y)dy$，其中积分路径为从点$O(0,0)$经点 $C(0,1)$再到点 $B(1,2)$的圆弧段.

分析 此题若要直接化为对参量的定积分，就需写出过三点的圆的参数方程，这相当繁琐；若用格林公式求解，则必须添加曲线构成闭区域. 注意到本题中$\frac{\partial P}{\partial y}=\frac{\partial Q}{\partial x}$，因此选择利用曲线积分与路径无关的条件求解.

解 由于$\frac{\partial P}{\partial y}=e^y$，$\frac{\partial Q}{\partial x}=e^y$，$e^y$连续，且$\frac{\partial P}{\partial y}=\frac{\partial Q}{\partial x}$，所以所求积分与路径无关，故可选择从点 O 到点 $A(1,0)$再到点 B 折线路径积分(见图 11－2).

$$\int_{(0,0)}^{(1,2)}(e^y+x)dx+(xe^y-2y)dy=\int_0^1(1+x)dx+\int_0^2(e^y-2y)dy=e^2-\frac{7}{2}.$$

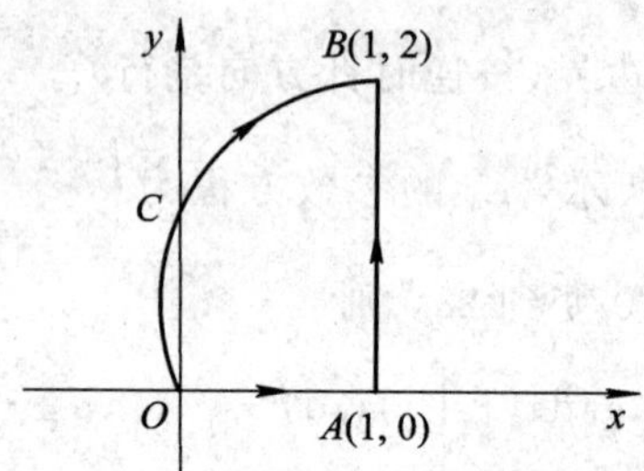

图 11－2

问题 4 格林公式成立的条件是什么？应用格林公式时应注意哪些问题？

答 设闭区域 D 由分段光滑的闭曲线 L 围成，且 L 为 D 的正向边界曲线，函数 $P(x,y)$及 $Q(x,y)$在 D 上具有一阶连续偏导数，则格林公式成立，即

$$\iint_D\left(\frac{\partial Q}{\partial x}-\frac{\partial P}{\partial y}\right)dxdy=\oint_L Pdx+Qdy.$$

应用格林公式时应注意以下几点：

(1) 必须注意应用格林公式的条件是否满足，否则，就会出现错误.

例如：设 L 为正向单位圆周 $x^2+y^2=1$，$P=\frac{x-y}{x^2+y^2}$，$Q=\frac{x+y}{x^2+y^2}$，因为

$$\frac{\partial Q}{\partial x}=\frac{y^2-x^2-2xy}{(x^2+y^2)^2}=\frac{\partial P}{\partial y},$$

故由格林公式得

$$I=\oint_L\frac{x+y}{x^2+y^2}dy+\frac{x-y}{x^2+y^2}dx=\iint_{x^2+y^2\leqslant 1}\left(\frac{\partial Q}{\partial x}-\frac{\partial P}{\partial y}\right)dxdy=0.$$

这种解法显然是错误的，因为$\frac{\partial Q}{\partial x}$、$\frac{\partial P}{\partial y}$在 L 围成的区域内的$(0,0)$处不连续，故不能直接应用格林公式. 事实上，

$$\begin{aligned}I&=\oint_L\frac{x+y}{x^2+y^2}dy+\frac{x-y}{x^2+y^2}dx=\oint_L(x+y)dy+(x-y)dx\\&=2\iint_{x^2+y^2\leqslant 1}dxdy=2\pi.\end{aligned}$$

（2）若 L 为 D 的负向边界曲线，而格林公式的其他条件不变，则格林公式为

$$\oint_L P\,dx + Q\,dy = -\iint_D \left(\frac{\partial Q}{\partial x} - \frac{\partial P}{\partial y}\right) dxdy.$$

（3）格林公式对复连通区域 D 结论也成立，但应注意 L 必须是 D 的所有正向边界曲线.

例如：设 L 为区域 $D=\{(x, y) \mid 1 \leqslant x^2 + y^2 \leqslant 4\}$ 的正向边界曲线（如图 11-3 所示）. 取 $P=\frac{-y}{x^2+y^2}$，$Q=\frac{x}{x^2+y^2}$，因为

$$\frac{\partial Q}{\partial x} = \frac{y^2 - x^2}{(x^2 + y^2)^2} = \frac{\partial P}{\partial y},$$

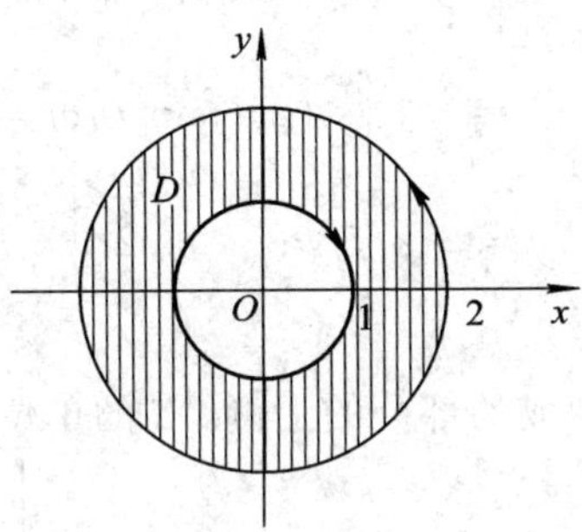

图 11-3

故由格林公式得

$$\oint_L \frac{x\,dy - y\,dx}{x^2 + y^2} = \iint_D \left(\frac{\partial Q}{\partial x} - \frac{\partial P}{\partial y}\right) dxdy = 0.$$

（4）若 L 不是封闭曲线，直接利用参数代入法计算曲线积分又较困难，则可添加辅助曲线 C，使积分弧段封闭，从而利用格林公式，但须注意将所加曲线积分减去 $\left(\int_L = \oint_{L+C} - \int_C\right)$.

（5）利用格林公式将曲线积分化为二重积分时，应特别注意两种积分计算的不同，曲线积分可将积分弧段 L 的表达式直接代入积分表达式，而重积分则不可.

例如：设 L 为正向圆周 $x^2 + y^2 = a^2$，计算曲线积分 $I = \oint_L \frac{x^3\,dy - y^3\,dx}{(x^2 + y^2)^{\frac{3}{2}}}$ 的过程如下：

$$\begin{aligned} I &= \frac{1}{a^3}\oint_L x^3\,dy - y^3\,dx = \frac{3}{a^3}\iint_{x^2+y^2 \leqslant a^2} (x^2 + y^2)\,dxdy \\ &= \frac{3}{a^3}\iint_{x^2+y^2 \leqslant a^2} a^2\,dxdy = \frac{3}{a} \cdot \pi a^2 = 3\pi a. \end{aligned}$$

上述计算过程不正确，错在第三步. 事实上，

$$\begin{aligned} I &= \frac{1}{a^3}\oint_L x^3\,dy - y^3\,dx = \frac{3}{a^3}\iint_{x^2+y^2 \leqslant a^2} (x^2 + y^2)\,dxdy \\ &= \frac{3}{a^3}\int_0^{2\pi} d\theta \int_0^a \rho^3\,d\rho = \frac{3}{2}\pi a. \end{aligned}$$

问题 5 计算对坐标的空间曲线积分，主要有哪几种方法？

答 计算对坐标的空间曲线积分，主要有两种方法：

(1) 合理选择积分曲线 Γ 的参数方程，直接将所求积分化为定积分；

(2) 利用斯托克斯公式求解.

例 计算 $\int_{\Gamma} 3y\mathrm{d}x - xz\mathrm{d}y + yz^2\mathrm{d}z$，其中 Γ 为圆周 $x^2+y^2=2z$，$z=2$，若从 z 轴的正向看去，这个圆周是取逆时针方向.

解 方法一：直接化为定积分.

Γ 的参数方程为 $x=2\cos t$，$y=2\sin t$，$z=2$，t 从 0 变到 2π，于是

$$\begin{aligned}\int_{\Gamma} 3y\mathrm{d}x - xz\mathrm{d}y + yz^2\mathrm{d}z &= \int_0^{2\pi}[6\sin t\cdot(-2\sin t)-4\cos t\cdot 2\cos t]\mathrm{d}t\\ &=-4\int_0^{2\pi}(2+\sin^2 t)\mathrm{d}t=-2\int_0^{2\pi}(5-\cos 2t)\mathrm{d}t\\ &=-2\left[5t-\frac{1}{2}\sin 2t\right]_0^{2\pi}=-20\pi.\end{aligned}$$

方法二：利用斯托克斯公式.

取 Σ 为平面 $z=2$ 被 Γ 所围成的部分的上侧，Σ 的单位法向量为 $\boldsymbol{n}=(0,0,1)$，于是

$$\begin{aligned}\int_{\Gamma} 3y\mathrm{d}x - xz\mathrm{d}y + yz^2\mathrm{d}z &= \iint_{\Sigma}\begin{vmatrix}0 & 0 & 1\\ \dfrac{\partial}{\partial x} & \dfrac{\partial}{\partial y} & \dfrac{\partial}{\partial z}\\ 3y & -xz & yz^2\end{vmatrix}\mathrm{d}S=\iint_{\Sigma}(-z-3)\mathrm{d}S\\ &=-5\iint_{\Sigma}\mathrm{d}S=-20\pi.\end{aligned}$$

问题 6 设 L 为椭圆 $x^2+\dfrac{y^2}{4}=1$，l 为圆 $x^2+y^2=\dfrac{1}{2}$，且均为逆时针方向，问下列积分的计算过程是否正确？

$$\oint_L \frac{x\mathrm{d}y-4y\mathrm{d}x}{x^2+y^2}=\oint_l \frac{x\mathrm{d}y-4y\mathrm{d}x}{x^2+y^2}=2\oint_l x\mathrm{d}y-4y\mathrm{d}x=2\iint_{x^2+y^2\leqslant\frac{1}{2}} 5\mathrm{d}x\mathrm{d}y=5\pi.$$

答 上述计算过程是错误的，错在第一步. 因为 $P=\dfrac{-4y}{x^2+y^2}$，$Q=\dfrac{x}{x^2+y^2}$，当 $x^2+y^2\neq 0$ 时，$\dfrac{\partial P}{\partial y}=\dfrac{4(y^2-x^2)}{(x^2+y^2)^2}$，$\dfrac{\partial Q}{\partial x}=\dfrac{y^2-x^2}{(x^2+y^2)^2}$，故在 L 与 l 围成的区域中 $\dfrac{\partial P}{\partial y}\neq\dfrac{\partial Q}{\partial x}$，所以

$$\oint_L \frac{x\mathrm{d}y-4y\mathrm{d}x}{x^2+y^2}\neq\oint_l \frac{x\mathrm{d}y-4y\mathrm{d}x}{x^2+y^2}.$$

正确解法是：因为 L 的参数方程为 $x=\cos t$，$y=2\sin t$，t 从 0 变到 2π，所以

$$\int_L \frac{x\mathrm{d}y-4y\mathrm{d}x}{x^2+y^2}=\int_0^{2\pi}\frac{\cos t\cdot 2\cos t-8\sin t\cdot(-\sin t)}{\cos^2 t+4\sin^2 t}\mathrm{d}t=2\int_0^{2\pi}\mathrm{d}t=4\pi.$$

综上所述，当我们要将积分 $\int_L P(x,y)\mathrm{d}x+Q(x,y)\mathrm{d}y$ 化为另一个积分

$$\int_l P(x,y)\mathrm{d}x+Q(x,y)\mathrm{d}y$$

时，一定要验证条件 $\dfrac{\partial P}{\partial y}=\dfrac{\partial Q}{\partial x}$ 是否在 L 与 l 围成的区域内成立，且 L 与 l 的正向是否一致.

问题 7　当 Σ 是 xOy 面内的闭区域时，曲面积分 $\iint\limits_{\Sigma} f(x, y, z)\mathrm{d}S$ 与二重积分有什么关系？

答　当 Σ 是 xOy 面内的一个闭区域 D 时，Σ 在 xOy 面上的投影也为 D，而 Σ 的方程为 $z=0$，且 $z_x=z_y=0$，所以

$$\mathrm{d}S=\sqrt{1+z_x^2+z_y^2}\,\mathrm{d}x\mathrm{d}y=\mathrm{d}x\mathrm{d}y,$$

故

$$\iint\limits_{\Sigma} f(x, y, z)\mathrm{d}S=\iint\limits_{D} f(x, y, 0)\mathrm{d}x\mathrm{d}y,$$

即 xOy 面内的闭区域 D 上的对面积曲面积分就是二重积分.

问题 8　积分 $\iint\limits_{\Sigma} f(x, y)\mathrm{d}x\mathrm{d}y$ 与积分 $\iint\limits_{D_{xy}} f(x, y)\mathrm{d}x\mathrm{d}y$ 有什么区别及联系？

答　二者的区别是：

① $\iint\limits_{\Sigma} f(x, y)\mathrm{d}x\mathrm{d}y$ 为第二类曲面积分，Σ 是有方向的曲面，而 $\iint\limits_{D_{xy}} f(x, y)\mathrm{d}x\mathrm{d}y$ 为二重积分，D_{xy} 为曲面 Σ 在 xOy 面上的投影区域；

② 前者的 $\mathrm{d}x\mathrm{d}y$ 是有向曲面元 $\mathrm{d}S$ 在 xOy 面上的投影（可正可负），后者的 $\mathrm{d}x\mathrm{d}y$ 是 xOy 面上的面积元素（只取正）.

二者的关系是：$\iint\limits_{\Sigma} f(x, y)\mathrm{d}x\mathrm{d}y=\pm\iint\limits_{D_{xy}} f(x, y)\mathrm{d}x\mathrm{d}y$（当 Σ 为上侧时，取正号；当 Σ 为下侧时，取负号）.

问题 9　两类曲面积分能否使用奇、偶对称性及轮换对称性？

答　(1) 第一类曲面积分可以使用奇、偶对称性，它与计算对弧长的曲线积分奇、偶对称性是相类似的.

例如，设曲面 Σ 关于 xOy 坐标面对称，则当被积函数 $f(x, y, z)$ 是 z 的奇函数时，$\iint\limits_{\Sigma} f(x, y, z)\mathrm{d}S=0$；当被积函数 $f(x, y, z)$ 是 z 的偶函数时，

$$\iint\limits_{\Sigma} f(x, y, z)\mathrm{d}S=2\iint\limits_{\Sigma_1} f(x, y, z)\mathrm{d}S$$

其中 Σ_1 是 Σ 中 $z\geqslant 0$ 的部分曲面.

例 1　设曲面 Σ 为半球面 $x^2+y^2+z^2=1$，$x\geqslant 0$，计算积分 $\iint\limits_{\Sigma}(3+2y+xz)\mathrm{d}S$.

解　由于 Σ 关于 xOy 坐标面对称，被积函数 xz 关于变量 z 为奇函数，所以 $\iint\limits_{\Sigma} xz\mathrm{d}S=0$，同理 $\iint\limits_{\Sigma} 2y\mathrm{d}S=0$，因而

$$\iint\limits_{\Sigma}(3+2y+xz)\mathrm{d}S=\iint\limits_{\Sigma} 3\mathrm{d}S=3\cdot 2\pi=6\pi.$$

例 2　设曲面 Σ 为球面 $(x-a)^2+(y-b)^2+(z-c)^2=R^2$，计算积分 $\iint\limits_{\Sigma}(x+y+z)\mathrm{d}S$.

解　因为$\iint\limits_{\Sigma}(x+y+z)\mathrm{d}S=\iint\limits_{\Sigma}[(x-a)+(y-b)+(z-c)]\mathrm{d}S+\iint\limits_{\Sigma}(a+b+c)\mathrm{d}S$，而球面$\Sigma$关于平面$z=c$对称，被积函数$(z-c)$在关于$z=c$平面的对称点上，所以

$$\iint\limits_{\Sigma}(z-c)\mathrm{d}S=0,$$

同理$\iint\limits_{\Sigma}(x-a)\mathrm{d}S=0$，$\iint\limits_{\Sigma}(y-b)\mathrm{d}S=0$，因而

$$\iint\limits_{\Sigma}(x+y+z)\mathrm{d}S=\iint\limits_{\Sigma}(a+b+c)\mathrm{d}S=4\pi(a+b+c)R^2.$$

(2) 因为第二类曲面积分与曲面的方向有关，故不能使用奇、偶对称性.

(3) 两类曲面积分都具有轮换对称性.

利用轮换对称性来简化曲面积分的计算是十分有效的.不过在运用该对称性计算曲面积分时，既要考虑积分曲面，又要兼顾被积函数，只有两个方面的对称性相匹配，轮换对称性才能使用.

例　设曲面Σ为球面$x^2+y^2+z^2=R^2$的内侧，计算下列积分：

(1) $\iint\limits_{\Sigma}x^2\mathrm{d}S$；　　(2) $\iint\limits_{\Sigma}z^2\mathrm{d}x\mathrm{d}y$.

解　(1) 由于球面$x^2+y^2+z^2=R^2$关于三个坐标面均对称，故由轮换对称性知

$$\iint\limits_{\Sigma}y^2\mathrm{d}S=\iint\limits_{\Sigma}z^2\mathrm{d}S=\iint\limits_{\Sigma}x^2\mathrm{d}S,$$

因此

$$\begin{aligned}\iint\limits_{\Sigma}x^2\mathrm{d}S&=\frac{1}{3}\left(\iint\limits_{\Sigma}x^2\mathrm{d}S+\iint\limits_{\Sigma}y^2\mathrm{d}S+\iint\limits_{\Sigma}z^2\mathrm{d}S\right)\\&=\frac{1}{3}\iint\limits_{\Sigma}(x^2+y^2+z^2)\mathrm{d}S\\&=\frac{1}{3}R^2\iint\limits_{\Sigma}\mathrm{d}S=\frac{4}{3}\pi R^4.\end{aligned}$$

(2) 由轮换对称性知$\iint\limits_{\Sigma}x^2\mathrm{d}y\mathrm{d}z=\iint\limits_{\Sigma}y^2\mathrm{d}z\mathrm{d}x=\iint\limits_{\Sigma}z^2\mathrm{d}x\mathrm{d}y$，因而

$$\iint\limits_{\Sigma}z^2\mathrm{d}x\mathrm{d}y=\frac{1}{3}\iint\limits_{\Sigma}x^2\mathrm{d}y\mathrm{d}z+y^2\mathrm{d}z\mathrm{d}x+z^2\mathrm{d}x\mathrm{d}y,$$

又Σ为封闭曲面的内侧，记Ω：$x^2+y^2+z^2\leqslant R^2$，应用高斯公式，得

$$\iint\limits_{\Sigma}z^2\mathrm{d}x\mathrm{d}y=-\frac{2}{3}\iiint\limits_{\Omega}(x+y+z)\mathrm{d}x\mathrm{d}y\mathrm{d}z=0(\text{应用三重积分的对称性}).$$

问题 10　高斯公式成立的条件是什么？应用高斯公式时应注意哪些问题？

答　若函数$P(x,y,z)$、$Q(x,y,z)$、$R(x,y,z)$及其一阶偏导数在空间有界闭区域Ω上连续，则高斯公式成立，即有

$$\begin{aligned}\iiint\limits_{\Omega}\left(\frac{\partial P}{\partial x}+\frac{\partial Q}{\partial y}+\frac{\partial R}{\partial z}\right)\mathrm{d}v&=\oint\!\!\!\oint\limits_{\Sigma}P\mathrm{d}y\mathrm{d}z+Q\mathrm{d}z\mathrm{d}x+R\mathrm{d}x\mathrm{d}y\\&=\oint\!\!\!\oint\limits_{\Sigma}(P\cos\alpha+Q\cos\beta+R\cos\gamma)\mathrm{d}S,\end{aligned}$$

其中 Σ 是 Ω 的整个边界曲面的外侧，$\cos\alpha$、$\cos\beta$、$\cos\gamma$ 是 Σ 在点(x, y, z)处的外法向量的方向余弦.

与格林公式类似，应用高斯公式时首先要注意满足的条件，若 Σ 取内侧，则在公式左端前加一个负号；其次，高斯公式对复连通区域也成立，但 Σ 必须是 Ω 的全部边界曲面，并注意曲面的侧.

问题 11　计算对坐标的曲面积分，主要有哪几种方法?

答　计算对坐标的曲面积分，主要有三种方法：

(1) 直接法：将曲面方程写为二元显函数，求出曲面在相应坐标面上的投影区域，再根据曲面的侧确定面积元素的符号，最后将曲面积分转化为投影区域上的二重积分.

(2) 高斯公式法：当积分曲面封闭，且满足高斯定理的条件时，直接应用高斯公式计算积分；当积分曲面不封闭时，可通过补充若干张曲面使其形成同为外侧(或内侧)的封闭曲面，然后应用高斯公式.

(3) 合理转换法：将对坐标的曲面积分转化为对面积的曲面积分，或转化为对同一个坐标面上的曲面积分.

例　设 Σ 为圆锥面 $z=\sqrt{x^2+y^2}\,(0\leqslant z\leqslant h)$的下侧，计算 $I=\iint\limits_{\Sigma}\mathrm{d}y\mathrm{d}z+2\mathrm{d}z\mathrm{d}x+3\mathrm{d}x\mathrm{d}y$.

解　方法一：直接法.

由对称性知 $I_1=\iint\limits_{\Sigma}\mathrm{d}z\mathrm{d}x=\iint\limits_{\Sigma}\mathrm{d}y\mathrm{d}z$，又记 $I_2=\iint\limits_{\Sigma}\mathrm{d}x\mathrm{d}y$，则 $I=3(I_1+I_2)$.

因曲面 $z=\sqrt{x^2+y^2}\,(0\leqslant z\leqslant h)$在 xOy 面的投影为 D_{xy}：$x^2+y^2\leqslant h^2$，并取下侧，则

$$I_2=\iint\limits_{\Sigma}\mathrm{d}x\mathrm{d}y=-\iint\limits_{D_{xy}}\mathrm{d}x\mathrm{d}y=-\pi h^2.$$

对于积分 $I_1=\iint\limits_{\Sigma}\mathrm{d}z\mathrm{d}x$，将 Σ 分成左、右两部分，

$$\Sigma_1：y=-\sqrt{z^2-x^2}\ \text{取左侧},$$

$$\Sigma_2：y=\sqrt{z^2-x^2}\ \text{取右侧},$$

它们在 zOx 面的投影均为 D_{zx}：$-z\leqslant x\leqslant z$，$0\leqslant z\leqslant h$，因而

$$I_1=\iint\limits_{\Sigma_1}\mathrm{d}z\mathrm{d}x+\iint\limits_{\Sigma_2}\mathrm{d}z\mathrm{d}x=-\iint\limits_{D_{zx}}\mathrm{d}z\mathrm{d}x+\iint\limits_{D_{zx}}\mathrm{d}z\mathrm{d}x=0.$$

所以，

$$I=\iint\limits_{\Sigma}\mathrm{d}y\mathrm{d}z+2\mathrm{d}z\mathrm{d}x+3\mathrm{d}x\mathrm{d}y=3(I_1+I_2)=-3\pi h^2.$$

注　计算曲面积分时，曲面的表达式应是单值函数，因而计算积分 I_1 时，需将 Σ 分成两张曲面.

方法二：高斯公式.

因为曲面 Σ 不封闭，故不能直接用高斯公式. 先补有向平面 Σ_1：$z=h(x^2+y^2\leqslant h^2)$取上侧，则 Σ 和 Σ_1 围成封闭曲面的外侧，故由高斯公式得

$$\oiint\limits_{\Sigma+\Sigma_1}\mathrm{d}y\mathrm{d}z+2\mathrm{d}z\mathrm{d}x+3\mathrm{d}x\mathrm{d}y=\iiint\limits_{\Omega}0\mathrm{d}v=0,$$

所以

$$I=\iint_{\Sigma}\mathrm{d}y\mathrm{d}z+2\mathrm{d}z\mathrm{d}x+3\mathrm{d}x\mathrm{d}y$$

$$=\oiint_{\Sigma+\Sigma_1}\mathrm{d}y\mathrm{d}z+2\mathrm{d}z\mathrm{d}x+3\mathrm{d}x\mathrm{d}y-\iint_{\Sigma_1}\mathrm{d}y\mathrm{d}z+2\mathrm{d}z\mathrm{d}x+3\mathrm{d}x\mathrm{d}y$$

$$=-3\iint_{x^2+y^2\leqslant h^2}\mathrm{d}x\mathrm{d}y=-3\pi h^2.$$

显然，用高斯公式计算曲面积分要简单很多.

方法三：两类曲面积分之间的关系.

由于曲面 Σ：$z=\sqrt{x^2+y^2}$ 取下侧，故 Σ 的单位法向量为

$$\boldsymbol{n}=(\cos\alpha,\cos\beta,\cos\gamma)=\left(\frac{x}{\sqrt{2(x^2+y^2)}},\frac{y}{\sqrt{2(x^2+y^2)}},-\frac{1}{\sqrt{2}}\right).$$

又 Σ 在 xOy 平面的投影为 D_{xy}：$x^2+y^2\leqslant h^2$，则有

$$I=\iint_{\Sigma}(\cos\alpha+2\cos\beta+3\cos\gamma)\mathrm{d}S=\iint_{\Sigma}\left(\frac{\cos\alpha}{\cos\gamma}+2\,\frac{\cos\beta}{\cos\gamma}+3\right)\cos\gamma\mathrm{d}S$$

$$=\iint_{\Sigma}\left(\frac{-x}{\sqrt{x^2+y^2}}+\frac{-2y}{\sqrt{x^2+y^2}}-3\right)\mathrm{d}x\mathrm{d}y$$

$$=-\iint_{D_{xy}}\left(\frac{x}{\sqrt{x^2+y^2}}+\frac{2y}{\sqrt{x^2+y^2}}+3\right)\mathrm{d}x\mathrm{d}y\quad(\text{利用二重积分的对称性})$$

$$=-\iint_{D_{xy}}3\mathrm{d}x\mathrm{d}y=-3\pi h^2.$$

问题 12 定积分、二重积分、三重积分、对弧长的曲线积分、对面积的曲面积分是否可以统一在同一定义下？

答 以上各种积分可以统一在同一定义下，这个定义可以这样叙述：

设有几何体 Ω(Ω 可以是数轴上的线段，平面或空间中的一段曲线，坐标平面上的一块平面区域，空间中的一块曲面或立体区域)，及 $f(M)$为定义在 Ω 上的有界函数，点 $M\in\Omega$.

(1) 将 Ω 任意分割为 n 个部分 $\Delta\Omega_1$，$\Delta\Omega_2$，…，$\Delta\Omega_n$；

(2) 在 $\Delta\Omega_i$ 上任取一点 M_i 作乘积 $f(M_i)\Delta\Omega_i$；

(3) 作和 $\sum\limits_{i=1}^{n}f(M_i)\Delta\Omega_i$；

(4) 令 $\lambda=\max\limits_{1\leqslant i\leqslant n}\{\Delta\Omega_i\text{ 的直径}\}$.

当极限 $I=\lim\limits_{\lambda\to 0}\sum\limits_{i=1}^{n}f(M_i)\Delta\Omega_i$ 存在时，

若 Ω 为 x 轴上的直线段，$f(M)=f(x)$，则称 I 为函数 $f(M)$在 Ω 上的定积分；

若 Ω 为 xOy 面上的一段曲线，$f(M)=f(x,y)$，则称 I 为函数 $f(M)$在 Ω 上对弧长的曲线积分；

若 Ω 为空间中的一段曲线，$f(M)=f(x,y,z)$，则称 I 为函数 $f(M)$在 Ω 上对弧长的曲线积分；

若 Ω 为 xOy 面上的平面有界闭区域，$f(M)=f(x, y)$，则称 I 为函数 $f(M)$ 在 Ω 上的二重积分；

若 Ω 为空间中的光滑曲面，$f(M)=f(x, y, z)$，则称 I 为函数 $f(M)$ 在 Ω 上对面积的曲面积分；

若 Ω 为空间中的立体区域，$f(M)=f(x, y, z)$，则称 I 为函数 $f(M)$ 在 Ω 上的三重积分.

三、典型例题

例 1　计算 $\oint_L |xy| \mathrm{d}s$，其中 L 是椭圆 $\frac{x^2}{a^2}+\frac{y^2}{b^2}=1$.

解　令 L_1：$\begin{cases} x=a\cos t, \\ y=b\sin t, \end{cases}$ $0\leqslant t\leqslant\frac{\pi}{2}$，则

$$\mathrm{d}s=\sqrt{a^2\sin^2 t+b^2\cos^2 t}\,\mathrm{d}t,$$

由对称性知

$$\begin{aligned}\oint_L |xy|\mathrm{d}s &= 4\int_{L_1} xy\mathrm{d}s = 4ab\int_0^{\frac{\pi}{2}} \cos t\sin t\sqrt{a^2\sin^2 t+b^2\cos^2 t}\,\mathrm{d}t \\ &= 4ab\cdot\frac{1}{2(a^2-b^2)}\int_0^{\frac{\pi}{2}}\sqrt{a^2\sin^2 t+b^2\cos^2 t}\,\mathrm{d}(a^2\sin^2 t+b^2\cos^2 t) \\ &= \frac{2ab}{a^2-b^2}\cdot\frac{2}{3}\left[(a^2\sin^2 t+b^2\cos^2 t)^{\frac{3}{2}}\right]_0^{\frac{\pi}{2}} \\ &= \frac{4ab(a^2+ab+b^2)}{3(a+b)}.\end{aligned}$$

例 2　设在 xOy 面上有一分布着质量的曲线弧 L，其方程为 $\sqrt{x}+\sqrt{y}=\sqrt{a}$，在任一点 (x, y) 处 L 的线密度为 $\mu(x, y)=\sqrt{\frac{xy}{a(x+y)}}$，求 L 对于原点 O 处的质点的引力 $\boldsymbol{F}$.

解　L 的参数方程为 $x=a\cos^4 t$，$y=a\sin^4 t$，$0\leqslant t\leqslant\frac{\pi}{2}$，则

$$\mathrm{d}s=\sqrt{(\mathrm{d}x)^2+(\mathrm{d}y)^2}=4a\cos t\sin t\sqrt{\sin^4 t+\cos^4 t}\,\mathrm{d}t.$$

因为对 L 的方程及线密度 $\mu(x, y)=\sqrt{\frac{xy}{a(x+y)}}$，变量 x 和 y 是对等的，故 $F_x=F_y$，所以

$$\begin{aligned}F_x=F_y &= G\int_L \frac{y\mu(x, y)}{(x^2+y^2)^{\frac{3}{2}}}\mathrm{d}s=\frac{4G}{a}\int_0^{\frac{\pi}{2}}\frac{\sin^7 t\cos^3 t}{(\cos^8 t+\sin^8 t)^{\frac{3}{2}}}\mathrm{d}t \\ &= \frac{4G}{a}\int_0^{\frac{\pi}{2}}\frac{\tan^7 t\sec^2 t}{(1+\tan^8 t)^{\frac{3}{2}}}\mathrm{d}t=\frac{4G}{a}\cdot\frac{1}{8}\int_0^{\frac{\pi}{2}}(1+\tan^8 t)^{-\frac{3}{2}}\mathrm{d}(1+\tan^8 t) \\ &= -\frac{G}{a}\left[(1+\tan^8 t)^{-\frac{1}{2}}\right]_0^{\frac{\pi}{2}} \\ &= -\frac{G}{a}\lim_{x\to\frac{\pi}{2}}-\frac{1}{\sqrt{1+\tan^8 x}}+\frac{G}{a}=\frac{G}{a}\end{aligned}$$

故所求引力为 $\boldsymbol{F}=\frac{G}{a}(\boldsymbol{i}+\boldsymbol{j})$，其中 G 为引力系数.

例 3 计算曲线积分 $\int_L y\mathrm{d}x+x\mathrm{d}y$，其中积分路径 L 为从 $O(0,0)$ 经 $A(1,1)$ 到 $B(2,0)$ 的圆弧：$x^2+y^2=2x(y\geqslant 0)$.

解 方法一：L：$y=\sqrt{2x-x^2}\ (0\leqslant x\leqslant 2)$，因 L 上 O 点对应 $x=0$，B 点对应 $x=2$，且

$$\mathrm{d}y=\frac{1-x}{\sqrt{2x-x^2}}\mathrm{d}x,$$

所以

$$\begin{aligned}\int_L y\mathrm{d}x+x\mathrm{d}y&=\int_0^2\left(\sqrt{2x-x^2}+x\cdot\frac{1-x}{\sqrt{2x-x^2}}\right)\mathrm{d}x\\&=\left[x\sqrt{2x-x^2}\right]_0^2=0.\end{aligned}$$

方法二：L 的参数方程为 $x=1+\cos t$，$y=\sin t$，t 从 π 变到 0，所以

$$\begin{aligned}\int_L y\mathrm{d}x+x\mathrm{d}y&=\int_\pi^0[-\sin^2 t+(1+\cos t)\cos t]\mathrm{d}t\\&=\int_\pi^0(\cos t+\cos 2t)\mathrm{d}t\\&=0.\end{aligned}$$

方法三：补有向曲线 $\overline{BO}$：$y=0$，x 从 2 变到 0，记 D 为 L 与 $\overline{BO}$ 所围成的区域，以及 $P(x,y)=y$、$Q(x,y)=x$，利用格林公式得

$$\begin{aligned}\int_L y\mathrm{d}x+x\mathrm{d}y&=\oint_{L+\overline{BO}}y\mathrm{d}x+x\mathrm{d}y-\int_{\overline{BO}}y\mathrm{d}x+x\mathrm{d}y\\&=-\iint_D\left(\frac{\partial Q}{\partial x}-\frac{\partial P}{\partial y}\right)\mathrm{d}x\mathrm{d}y-\int_2^0 0\mathrm{d}x\\&=0.\end{aligned}$$

方法四：利用曲线积分与路径无关的条件计算.

记 $P=P(x,y)=y$，$Q=Q(x,y)=x$，因为 P、Q 有连续的偏导数，且 $\frac{\partial Q}{\partial x}=\frac{\partial P}{\partial y}$，所以曲线积分与路径无关，故选取便于积分的路径 $\overline{OB}$：$y=0$，x 从 0 变到 2，于是

$$\int_L y\mathrm{d}x+x\mathrm{d}y=\int_{\overline{OB}}y\mathrm{d}x+x\mathrm{d}y=\int_0^2 0\mathrm{d}x=0.$$

方法五：利用全微分计算曲线积分.

记 $P=P(x,y)=y$，$Q=Q(x,y)=x$，因为 P、Q 有连续的偏导数，且 $\frac{\partial Q}{\partial x}=\frac{\partial P}{\partial y}$，所以

$$\int_L y\mathrm{d}x+x\mathrm{d}y=\int_{(0,0)}^{(2,0)}\mathrm{d}(xy)=[xy]_{(0,0)}^{(2,0)}=0.$$

例 4 计算曲线积分

$$\int_L(\mathrm{e}^x\sin y-2y)\mathrm{d}x+(\mathrm{e}^x\cos y-2)\mathrm{d}y,$$

其中 L 为上半圆周 $(x-a)^2+y^2=a^2$，$y\geqslant 0$，沿逆时针方向.

解 方法一：记 $O(0,0)$、$A(2a,0)$，取直线段 $\overline{OA}$ 为 L_1：$y=0$，x 从 0 变到 $2a$，记 L 与 L_1 围成的区域为 D，则由格林公式得

$$\int_L (e^x \sin y - 2y)dx + (e^x \cos y - 2)dy$$

$$= \oint_{L+L_1} (e^x \sin y - 2y)dx + (e^x \cos y - 2)dy$$

$$- \int_{L_1} (e^x \sin y - 2y)dx + (e^x \cos y - 2)dy$$

$$= \iint_D (e^x \cos y - e^x \cos y + 2)dxdy - \int_0^{2a} 0dx = 2\iint_D dxdy = \pi a^2.$$

方法二：原式 $= \int_L e^x \sin y dx + (e^x \cos y - 2)dy - \int_L 2ydx$，

取 $P=e^x \sin y$，$Q=e^x \cos y-2$，因为

$$\frac{\partial P}{\partial y} = e^x \cos y = \frac{\partial Q}{\partial x},$$

所以上述第一个积分与路径无关，取 $A(2a, 0)$到 $O(0, 0)$的直线段积分，得

$$\int_L e^x \sin y dx + (e^x \cos y - 2)dy = \int_{2a}^0 0dx = 0,$$

又 L 的参数方程为 $x=a+a\cos t$，$y=a\sin t$，t 从 0 变到 π，所以

$$\int_L 2ydx = \int_0^{\pi} 2a \sin t \cdot (-a \sin t)dt = -2a^2 \int_0^{\pi} \sin^2 t dt$$

$$= -4a^2 \int_0^{\frac{\pi}{2}} \sin^2 t dt = -4a^2 \times \frac{\pi}{4} = -\pi a^2,$$

故 $\int_L (e^x \sin y - 2y)dx + (e^x \cos y - 2)dy = 0 - (-\pi a^2) = \pi a^2$.

例 5　计算曲线积分 $I = \oint_L (y^2 + 2x \sin y)dx + x^2(\cos y + x)dy$，其中 L 是以 $A(3, 0)$、$B(0, 3)$、$C(-3, 0)$、$D(0, -3)$为顶点的正方形的正向边界.

分析　已知 L 的方程为 $|x|+|y|=3$，由于积分曲线分段光滑，若将四段直线方程直接代入积分式计算显然非常麻烦，因此本题宜使用格林公式.

解　取 $P=y^2+2x\sin y$，$Q=x^2(\cos y+x)$，$\frac{\partial Q}{\partial x}-\frac{\partial P}{\partial y}=3x^2-2y$，由格林公式得

$$I = \oint_L (y^2 + 2x \sin y)dx + x^2(\cos y + x)dy$$

$$= \iint_{|x|+|y|\leqslant 3} (3x^2 - 2y)dxdy$$

$$= \iint_{|x|+|y|\leqslant 3} 3x^2 dxdy - \iint_{|x|+|y|\leqslant 3} 2ydxdy.$$

记 $D_1=\{(x, y) \mid 0\leqslant x\leqslant 3, 0\leqslant y\leqslant 3-x\}$，利用二重积分的对称性得

$$\iint_{|x|+|y|\leqslant 3} 2ydxdy = 0, \quad \iint_{|x|+|y|\leqslant 3} 3x^2 dxdy = 4 \cdot 3\iint_{D_1} x^2 dxdy,$$

所以

$$I = 12\iint_{D_1} x^2 dxdy = 12\int_0^3 dx \int_0^{3-x} x^2 dy = 12\int_0^3 x^2(3-x)dx = 81.$$

例 6 试证曲线积分的估值公式：$\left|\int_L P\mathrm{d}x+Q\mathrm{d}y\right|\leqslant Ml$，其中 l 是光滑曲线 L 的长度，$M=\max\limits_{(x,y)\in L}\sqrt{P^2+Q^2}$，函数 $P(x,y)$ 与 $Q(x,y)$ 在 L 上连续.

证 由于估计的是第二类曲线积分的绝对值，故 L 的方向可以随意选一个，且只有化为第一类曲线积分才好估计. 因此，令 $\frac{\mathrm{d}x}{\mathrm{d}s}=\cos\alpha$，$\frac{\mathrm{d}y}{\mathrm{d}s}=\cos\beta=\sin\alpha$，则

$$\begin{aligned}\left|\int_L P\mathrm{d}x+Q\mathrm{d}y\right|&=\left|\int_L (P\cos\alpha+Q\sin\alpha)\mathrm{d}s\right|\\&\leqslant\int_L |P\cos\alpha+Q\sin\alpha|\mathrm{d}s\\&=\int_L \sqrt{P^2+Q^2}\,|\sin\varphi\cos\alpha+\cos\varphi\sin\alpha|\mathrm{d}s\\&=\int_L \sqrt{P^2+Q^2}\,|\sin(\varphi+\alpha)|\mathrm{d}s,\end{aligned}$$

其中 $\sin\varphi=\frac{P}{\sqrt{P^2+Q^2}}$，$\cos\varphi=\frac{Q}{\sqrt{P^2+Q^2}}$.

由于

$$M=\max_{(x,y)\in L}\sqrt{P^2+Q^2}，|\sin(\varphi+\alpha)|\leqslant1，\sqrt{P^2+Q^2}\leqslant M，$$

所以

$$\left|\int_L P\mathrm{d}x+Q\mathrm{d}y\right|\leqslant\int_L \sqrt{P^2+Q^2}\,|\sin(\varphi+\alpha)|\mathrm{d}s\leqslant\int_L M\mathrm{d}s=Ml.$$

例 7 试确定 λ 的值，使 $\int_L \frac{x}{y}(x^2+y^2)^\lambda\mathrm{d}x-\frac{x^2}{y^2}(x^2+y^2)^\lambda\mathrm{d}y$ 的值与路径无关，其中路径 L 与 x 轴不相交(或不相接触)；并计算

$$\int_{(1,1)}^{(0,2)}\frac{x}{y}(x^2+y^2)^\lambda\mathrm{d}x-\frac{x^2}{y^2}(x^2+y^2)^\lambda\mathrm{d}y.$$

解 记 $P=\frac{x}{y}(x^2+y^2)^\lambda$、$Q=-\frac{x^2}{y^2}(x^2+y^2)^\lambda$，则

$$\frac{\partial P}{\partial y}=\frac{x}{y^2}(x^2+y^2)^{\lambda-1}(2\lambda y^2-x^2-y^2),$$

$$\frac{\partial Q}{\partial x}=-\frac{2x}{y^2}(x^2+y^2)^{\lambda-1}[(\lambda+1)x^2+y^2].$$

由于曲线积分 $\int_L P\mathrm{d}x+Q\mathrm{d}y$ 的值与路径无关的充要条件为

$$\frac{\partial P}{\partial y}=\frac{\partial Q}{\partial x},$$

即

$$\frac{x}{y^2}(x^2+y^2)^{\lambda-1}(2\lambda y^2-x^2-y^2)=-\frac{2x}{y^2}(x^2+y^2)^{\lambda-1}[(\lambda+1)x^2+y^2],$$

亦即 $(2\lambda+1)(x^2+y^2)\equiv0$，故解得 $\lambda=-\frac{1}{2}$.

取从点 $A(1,1)$ 到点 $B(0,1)$ 再到点 $C(0,2)$ 的折线 ABC 为积分路径，则

$$\begin{aligned}&\int_{(1,1)}^{(0,2)} \frac{x}{y}(x^2+y^2)^{-\frac{1}{2}}\mathrm{d}x - \frac{x^2}{y^2}(x^2+y^2)^{-\frac{1}{2}}\mathrm{d}y\\ =&\int_{\overline{AB}} \frac{x}{y}(x^2+y^2)^{-\frac{1}{2}}\mathrm{d}x - \frac{x^2}{y^2}(x^2+y^2)^{-\frac{1}{2}}\mathrm{d}y\\ &+\int_{\overline{BC}} \frac{x}{y}(x^2+y^2)^{-\frac{1}{2}}\mathrm{d}x - \frac{x^2}{y^2}(x^2+y^2)^{-\frac{1}{2}}\mathrm{d}y\\ =&\int_1^0 \frac{x}{\sqrt{x^2+1}}\mathrm{d}x + \int_1^2 0\mathrm{d}y = \left[\sqrt{x^2+1}\right]_1^0 = 1-\sqrt{2}.\end{aligned}$$

例 8　验证$(2x\cos y+y^2\cos x)\mathrm{d}x+(2y\sin x-x^2\sin y)\mathrm{d}y$在整个$xOy$平面内是某一函数$u(x, y)$的全微分，并求$u(x, y)$.

解　方法一：在整个xOy平面内，$P=2x\cos y+y^2\cos x$和$Q=2y\sin x-x^2\sin y$具有一阶连续的偏导数，且

$$\frac{\partial P}{\partial y} = 2y\cos x - 2x\sin y = \frac{\partial Q}{\partial x},$$

所以$(2x\cos y+y^2\cos x)\mathrm{d}x+(2y\sin x-x^2\sin y)\mathrm{d}y$是某一函数$u(x, y)$的全微分. 取$(x_0, y_0)=(0, 0)$，则有

$$\begin{aligned}u(x, y)&=\int_{(0,0)}^{(x,y)} (2x\cos y+y^2\cos x)\mathrm{d}x+(2y\sin x-x^2\sin y)\mathrm{d}y+C\\ &=\int_0^x 2x\mathrm{d}x+\int_0^y (2y\sin x-x^2\sin y)\mathrm{d}y+C\\ &=x^2\cos y+y^2\sin x+C.\end{aligned}$$

方法二：偏积分法. 因函数$u(x, y)$满足

$$\frac{\partial u}{\partial x} = P(x, y) = 2x\cos y + y^2\cos x,$$

故

$$u(x, y) = \int (2x\cos y+y^2\cos x)\,\mathrm{d}x = x^2\cos y+y^2\sin x+\varphi(y),$$

其中$\varphi(y)$是y的某个可导函数，因此

$$\frac{\partial u}{\partial y} = 2y\sin x - x^2\sin y + \varphi'(y).$$

又$u(x, y)$必须满足

$$\frac{\partial u}{\partial y}=Q(x, y)=2y\sin x-x^2\sin y,$$

从而$\varphi'(y)=0$，$\varphi(y)=C$(C为任意常数). 因此

$$u(x, y)=x^2\cos y+y^2\sin x+C.$$

方法三：凑微分法. 利用微分运算法则直接凑出$u(x, y)$.

$$\begin{aligned}&(2x\cos y+y^2\cos x)\mathrm{d}x+(2y\sin x-x^2\sin y)\mathrm{d}y\\ =&(2x\cos y\mathrm{d}x-x^2\sin y\mathrm{d}y)+(y^2\cos x\mathrm{d}x+2y\sin x\mathrm{d}y)\\ =&\mathrm{d}(x^2\cdot\cos y)+\mathrm{d}(y^2\cdot\sin x)=\mathrm{d}(x^2\cos y+y^2\sin x).\end{aligned}$$

所以

$$u(x, y)=x^2\cos y+y^2\sin x+C.$$

例 9 已知曲线积分 $\int_C \left[\varphi(x)-\frac{x^2}{2}\right]y\mathrm{d}y+\frac{3}{2}y^2\varphi(x)\mathrm{d}x$ 在全平面上与路径无关，其中 $\varphi(x)$ 具有连续的一阶导数，并且当 C 是起点在(0, 0)、终点在(1, 1)的有向曲线时，该曲线积分值等于$\frac{1}{4}$，试求函数 $\varphi(x)$.

解 在整个 xOy 平面内，$P(x, y)=\frac{3}{2}y^2\varphi(x)$ 和 $Q(x, y)=\left[\varphi(x)-\frac{x^2}{2}\right]y$ 具有一阶连续的偏导数，由题意知曲线积分与路径无关，则$\frac{\partial Q}{\partial x}=\frac{\partial P}{\partial y}$，从而

$$y[\varphi'(x)-x]=3y\varphi(x),$$

即

$$\varphi'(x)-3\varphi(x)=x,$$

解方程得

$$\begin{aligned}\varphi(x)&=\mathrm{e}^{-\int(-3)\mathrm{d}x}\left(\int x\mathrm{e}^{\int(-3)\mathrm{d}x}\,\mathrm{d}x+C\right)\\&=\mathrm{e}^{3x}\left(\int x\mathrm{e}^{-3x}\,\mathrm{d}x+C\right)=C\mathrm{e}^{3x}-\frac{1}{3}\left(x+\frac{1}{3}\right),\end{aligned}$$

于是

$$\begin{aligned}\int_{(0,0)}^{(1,1)}\left[\varphi(x)-\frac{x^2}{2}\right]y\mathrm{d}y+\frac{3}{2}y^2\varphi(x)\mathrm{d}x&=\int_0^1\left[\varphi(1)-\frac{1}{2}\right]y\mathrm{d}y\\&=\int_0^1\left(C\mathrm{e}^3-\frac{17}{18}\right)y\mathrm{d}y=\frac{1}{4},\end{aligned}$$

解得 $C=\frac{13}{9}\mathrm{e}^{-3}$，故

$$\varphi(x)=\frac{13}{9}\mathrm{e}^{3x-3}-\frac{1}{3}\left(x+\frac{1}{3}\right).$$

例 10 设 $\varphi(x)$具有二阶连续导数，且 $\varphi(0)=0$，$\varphi'(0)=1$，求函数 $u=u(x, y)$，使

$$\mathrm{d}u=y[\mathrm{e}^x-\varphi(x)]\mathrm{d}x+[\varphi'(x)-2\varphi(x)]\mathrm{d}y$$

并计算曲线积分

$$\int_{(0,0)}^{(1,1)}y[\mathrm{e}^x-\varphi(x)]\mathrm{d}x+[\varphi'(x)-2\varphi(x)]\mathrm{d}y$$

的值.

解 记 $P(x, y)=y[\mathrm{e}^x-\varphi(x)]$，$Q(x, y)=[\varphi'(x)-2\varphi(x)]$，由题意，应有$\frac{\partial Q}{\partial x}=\frac{\partial P}{\partial y}$,即

$$\varphi''(x)-2\varphi'(x)+\varphi(x)=\mathrm{e}^x,\ \varphi(0)=0,\ \varphi'(0)=1.$$

解此二阶常系数线性非齐次微分方程可得

$$\varphi(x)=(C_1+C_2x)\mathrm{e}^x+\frac{1}{2}x^2\mathrm{e}^x,$$

代入初始条件，解得 $C_1=0$，$C_2=1$，故

$$\varphi(x)=\left(x+\frac{1}{2}x^2\right)\mathrm{e}^x,$$

从而

$$du = P(x, y)dx + Q(x, y)dy = y\left(1 - x - \frac{1}{2}x^2\right)e^x dx + \left(1 - \frac{1}{2}x^2\right)e^x dy,$$

则

$$\begin{aligned} u(x, y) &= \int_0^x P(x, 0)dx + \int_0^y Q(x, y)dy \\ &= \int_0^y \left(1 - \frac{1}{2}x^2\right)e^x dy = \left(1 - \frac{1}{2}x^2\right)e^x y + C, \end{aligned}$$

从而

$$\begin{aligned} &\int_{(0,0)}^{(1,1)} y[e^x - \varphi(x)]dx + [\varphi'(x) - 2\varphi(x)]dy \\ = &\left[\left(1 - \frac{1}{2}x^2\right)e^x y\right]_{(0,0)}^{(1,1)} = \frac{1}{2}e. \end{aligned}$$

例 11　设曲线 L 是正向圆周 $(x-a)^2+(y-a)^2=1$，$\varphi(x)$ 是连续的正值函数，证明：

$$\oint_L \frac{x}{\varphi(y)}dy - y\varphi(x)dx \geqslant 2\pi.$$

证　设 L 所围成的闭区域为 D，由格林公式得

$$\oint_L \frac{x}{\varphi(y)}dy - y\varphi(x)dx = \iint_D \left[\frac{1}{\varphi(y)} + \varphi(x)\right]dxdy.$$

因为区域 D 关于直线 $y=x$ 对称，所以

$$\iint_D \varphi(x)dxdy = \iint_D \varphi(y)dxdy,$$

于是

$$\begin{aligned} \oint_L \frac{x}{\varphi(y)}dy - y\varphi(x)dx &= \iint_D \left[\frac{1}{\varphi(y)} + \varphi(y)\right]dxdy \\ &\geqslant 2\iint_D \sqrt{\frac{1}{\varphi(y)} \cdot \varphi(y)}\,dxdy = 2\iint_D dxdy = 2\pi. \end{aligned}$$

例 12　计算曲线积分 $I = \oint_L \dfrac{xdy - ydx}{4x^2 + y^2}$，其中 L 是圆周 $(x-1)^2 + y^2 = 4$，取逆时针方向.

解　取 $P = \dfrac{-y}{4x^2+y^2}$，$Q = \dfrac{x}{4x^2+y^2}$. 当 $x^2+y^2 \neq 0$ 时，

$$\frac{\partial Q}{\partial x} = \frac{y^2 - 4x^2}{(4x^2+y^2)^2} = \frac{\partial P}{\partial y}.$$

作椭圆 C：$\begin{cases} x = \dfrac{\varepsilon}{2}\cos\theta, \\ y = \varepsilon\sin\theta, \end{cases}$ $(\varepsilon > 0)$，取 ε 充分小，使得 C 包含在 L 内，C 取逆时针方向，且 L 的内部与 C 的外部围成的区域为 D，则由格林公式得

$$\begin{aligned} \oint_L \frac{xdy - ydx}{4x^2 + y^2} - \oint_C \frac{xdy - ydx}{4x^2 + y^2} &= \oint_{L+(-C)} \frac{xdy - ydx}{4x^2 + y^2} \\ &= \iint_D \left(\frac{\partial Q}{\partial x} - \frac{\partial P}{\partial y}\right)dxdy = 0, \end{aligned}$$

所以

$$I=\oint_L \frac{x\mathrm{d}y-y\mathrm{d}x}{4x^2+y^2}=\oint_C \frac{x\mathrm{d}y-y\mathrm{d}x}{4x^2+y^2}=\frac{1}{\varepsilon^2}\oint_C x\mathrm{d}y-y\mathrm{d}x=\frac{1}{\varepsilon^2}\int_0^{2\pi}\frac{\varepsilon^2}{2}\mathrm{d}\theta=\pi.$$

例 13　设 $Q(x, y)$在 xOy 面内具有一阶连续偏导数，曲线积分 $\int_L 2xy\mathrm{d}x+Q(x, y)\mathrm{d}y$ 与路径无关，并且对任意的 t 恒有

$$\int_{(0,0)}^{(t,1)} 2xy\mathrm{d}x+Q(x, y)\mathrm{d}y=\int_{(0,0)}^{(1,t)} 2xy\mathrm{d}x+Q(x, y)\mathrm{d}y,$$

求 $Q(x, y)$.

解　由曲线积分与路径无关的条件知

$$\frac{\partial Q}{\partial x}=\frac{\partial}{\partial y}(2xy)=2x,$$

于是

$$Q(x, y)=x^2+c(y),$$

其中 $c(y)$为待定函数，又

$$\int_{(0,0)}^{(t,1)} 2xy\mathrm{d}x+Q(x, y)\mathrm{d}y=\int_0^t 0\mathrm{d}x+\int_0^1[t^2+c(y)]\mathrm{d}y=t^2+\int_0^1 c(y)\mathrm{d}y,$$

$$\int_{(0,0)}^{(1,t)} 2xy\mathrm{d}x+Q(x, y)\mathrm{d}y=\int_0^1 0\mathrm{d}x+\int_0^t[1^2+c(y)]\mathrm{d}y=t+\int_0^t c(y)\mathrm{d}y,$$

由题设，对任意的 t 恒有

$$t^2+\int_0^1 c(y)\mathrm{d}y=t+\int_0^t c(y)\mathrm{d}y.$$

上式两边对 t 求导，得 $2t=1+c(t)$，即 $c(y)=2y-1$，所以

$$Q(x, y)=x^2+2y-1.$$

例 14　计算曲线积分 $\int_L \frac{x}{x^2+y^2}\mathrm{d}y-\frac{y}{x^2+y^2}\mathrm{d}x$，其中 L 是沿曲线 $x^2=2(y+2)$从 $A(-2\sqrt{2}, 2)$到 $B(2\sqrt{2}, 2)$的弧段(如图 11-4 所示).

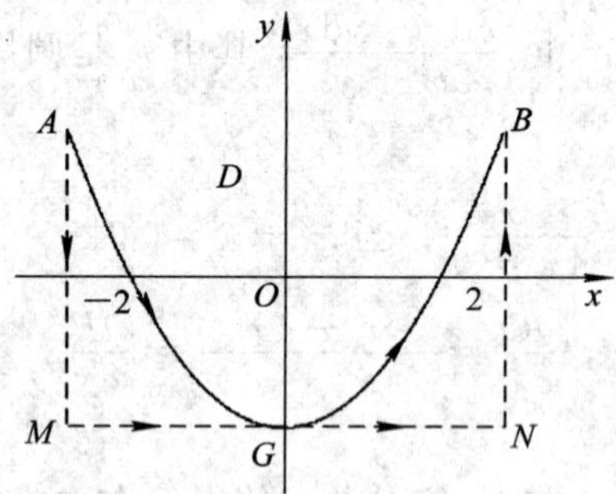

图 11-4

解　方法一：因为 $x^2+y^2\neq 0$ 时，$\frac{\partial Q}{\partial x}=\frac{y^2-x^2}{(x^2+y^2)^2}=\frac{\partial P}{\partial y}$，所以在不包含原点在内的区域内，所求曲线积分与路径无关. 记 $M(-2\sqrt{2}, -2)$，$G(0, -2)$，$N(2\sqrt{2}, -2)$，取 $A\to M\to G\to N\to B$ 的折线积分，得

$$\begin{aligned}&\int_L \frac{x}{x^2+y^2}\mathrm{d}y-\frac{y}{x^2+y^2}\mathrm{d}x\\&=\int_{\overline{AM}}\frac{x}{x^2+y^2}\mathrm{d}y-\frac{y}{x^2+y^2}\mathrm{d}x+\int_{\overline{MN}}\frac{x}{x^2+y^2}\mathrm{d}y-\frac{y}{x^2+y^2}\mathrm{d}x\\&\quad+\int_{\overline{NB}}\frac{x}{x^2+y^2}\mathrm{d}y-\frac{y}{x^2+y^2}\mathrm{d}x\\&=\int_2^{-2}\frac{-2\sqrt{2}}{(-2\sqrt{2})^2+y^2}\mathrm{d}y-\int_{-2\sqrt{2}}^{2\sqrt{2}}\frac{-2}{x^2+(-2)^2}\mathrm{d}x+\int_{-2}^{2}\frac{2\sqrt{2}}{(2\sqrt{2})^2+y^2}\mathrm{d}y\\&=8\sqrt{2}\int_0^2\frac{1}{(2\sqrt{2})^2+y^2}\mathrm{d}y+4\int_0^{2\sqrt{2}}\frac{1}{x^2+2^2}\mathrm{d}x\\&=4\left[\arctan\frac{y}{2\sqrt{2}}\right]_0^2+2\left[\arctan\frac{x}{2}\right]_0^{2\sqrt{2}}\\&=4\arctan\frac{\sqrt{2}}{2}+2\arctan\sqrt{2}\\&=4\left(\arctan\frac{\sqrt{2}}{2}+\arctan\sqrt{2}\right)-2\arctan\sqrt{2}\\&=2\pi-2\arctan\sqrt{2}.\end{aligned}$$

注　如果直接取

$$\begin{aligned}\int_L \frac{x}{x^2+y^2}\mathrm{d}y-\frac{y}{x^2+y^2}\mathrm{d}x&=\int_{\overline{AB}}\frac{x}{x^2+y^2}\mathrm{d}y-\frac{y}{x^2+y^2}\mathrm{d}x\\&=\int_{-2\sqrt{2}}^{2\sqrt{2}}\frac{-2}{x^2+2^2}\mathrm{d}x\\&=-2\arctan\sqrt{2},\end{aligned}$$

这是错误的，因为闭路$\overset{\frown}{AGBA}$包含原点在内，而在原点处，P、Q及$\frac{\partial Q}{\partial x}$、$\frac{\partial P}{\partial y}$均不连续，故不能推出$\int_L \frac{x}{x^2+y^2}\mathrm{d}y-\frac{y}{x^2+y^2}\mathrm{d}x=\int_{\overline{AB}}\frac{x}{x^2+y^2}\mathrm{d}y-\frac{y}{x^2+y^2}\mathrm{d}x$ 的结论.

方法二：因为$x^2+y^2\neq 0$时，$\frac{\partial Q}{\partial x}=\frac{y^2-x^2}{(x^2+y^2)^2}=\frac{\partial P}{\partial y}$，故可作正向单位圆周$L_1$：$x^2+y^2=1$，取如图 11-5 所示的路径积分，得

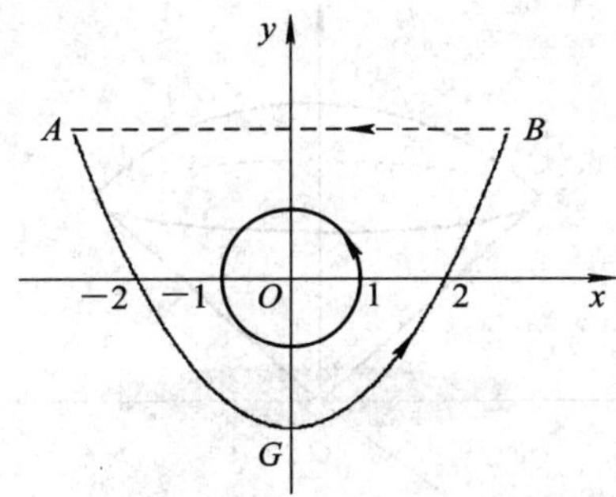

图 11-5

$$\int_L \frac{x}{x^2+y^2}dy-\frac{y}{x^2+y^2}dx$$
$$=\oint_{L+\overline{BA}} \frac{x}{x^2+y^2}dy-\frac{y}{x^2+y^2}dx-\int_{\overline{BA}} \frac{x}{x^2+y^2}dy-\frac{y}{x^2+y^2}dx$$
$$=\oint_{L_1} \frac{x}{x^2+y^2}dy-\frac{y}{x^2+y^2}dx+\int_{\overline{AB}} \frac{x}{x^2+y^2}dy-\frac{y}{x^2+y^2}dx$$
$$=\oint_{L_1} xdy-ydx+\int_{-2\sqrt{2}}^{2\sqrt{2}} \frac{-2}{x^2+2^2}dx$$
$$=\iint\limits_{x^2+y^2\leqslant 1} 2dxdy-4\int_0^{2\sqrt{2}} \frac{1}{x^2+2^2}dx$$
$$=2\pi-2\left[\arctan\frac{x}{2}\right]_0^{2\sqrt{2}}$$
$$=2\pi-2\arctan\sqrt{2}.$$

例 15 计算曲面积分 $I=\iint\limits_{\Sigma}(x^3+y^3+z^3)dS$，其中 Σ 是半球面 $z=\sqrt{a^2-x^2-y^2}$ 在锥面 $z=\sqrt{x^2+y^2}$ 里面的部分.

解 由对面积的曲面积分的对称性公式可知

$$I=\iint\limits_{\Sigma}(x^3+y^3)dS=0,$$

故 $I=\iint\limits_{\Sigma}z^3dS$.

由交线 C 的方程 $\begin{cases}z=\sqrt{a^2-x^2-y^2},\\ z=\sqrt{x^2+y^2}\end{cases}$ 中消去 z，得 C 在 xOy 面上的投影曲线

$$C':\begin{cases}x^2+y^2=\dfrac{a^2}{2},\\ z=0,\end{cases}$$

故曲面 Σ 在 xOy 面的投影区域为 D_{xy}：$x^2+y^2\leqslant\left(\dfrac{a}{\sqrt{2}}\right)^2$，如图 11 - 6 所示.

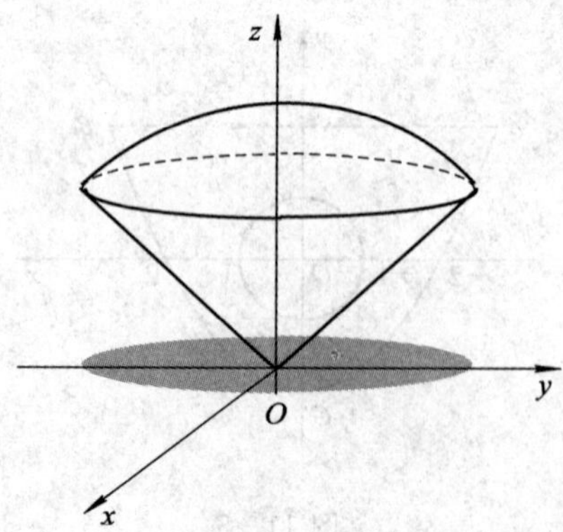

图 11 - 6

由 Σ：$z=\sqrt{a^2-x^2-y^2}$ 知

$$\mathrm{d}S=\sqrt{1+z_x^2+z_y^2}\,\mathrm{d}x\mathrm{d}y=\frac{a}{\sqrt{a^2-x^2-y^2}}\mathrm{d}x\mathrm{d}y,$$

因而所求曲面积分为

$$\begin{aligned}I&=\iint\limits_{D_{xy}}(a^2-x^2-y^2)^{3/2}\frac{a}{\sqrt{a^2-x^2-y^2}}\mathrm{d}x\mathrm{d}y\\&=a\iint\limits_{D_{xy}}(a^2-x^2-y^2)\mathrm{d}x\mathrm{d}y\\&=a\int_0^{2\pi}\mathrm{d}\theta\int_0^{a/\sqrt{2}}(a^2-\rho^2)\rho\mathrm{d}\rho=\frac{3}{8}\pi a^5.\end{aligned}$$

例 16　设曲面 Σ 为球面 $x^2+y^2+z^2=R^2$ 的外侧，计算曲面积分

$$I=\oiint\limits_{\Sigma}\frac{x^3\mathrm{d}y\mathrm{d}z+y^3\mathrm{d}z\mathrm{d}x+z^3\mathrm{d}x\mathrm{d}y}{\sqrt{(x^2+y^2+z^2)^3}}.$$

解　显然 Σ 为封闭曲面，但函数

$$P=\frac{x^3}{\sqrt{(x^2+y^2+z^2)^3}},\ Q=\frac{y^3}{\sqrt{(x^2+y^2+z^2)^3}},\ R=\frac{z^3}{\sqrt{(x^2+y^2+z^2)^3}}$$

在曲面 Σ 所围成的球体 Ω 内点(0，0，0)处无定义，因而不能直接应用高斯公式. 由于在曲面 Σ 上的点满足方程 $x^2+y^2+z^2=R^2$，所以

$$I=\oiint\limits_{\Sigma}\frac{x^3\mathrm{d}y\mathrm{d}z+y^3\mathrm{d}z\mathrm{d}x+z^3\mathrm{d}x\mathrm{d}y}{\sqrt{(x^2+y^2+z^2)^3}}=\frac{1}{R^3}\oiint\limits_{\Sigma}x^3\mathrm{d}y\mathrm{d}z+y^3\mathrm{d}z\mathrm{d}x+z^3\mathrm{d}x\mathrm{d}y,$$

再应用高斯公式，得

$$I=\frac{3}{R^3}\iiint\limits_{\Omega}(x^2+y^2+z^2)\mathrm{d}v=\frac{3}{R^3}\int_0^{2\pi}\mathrm{d}\theta\int_0^{\pi}\sin\varphi\mathrm{d}\varphi\int_0^R r^2r^2\mathrm{d}r=\frac{12}{5}\pi R^2.$$

注　在计算三重积分 $\iiint\limits_{\Omega}(x^2+y^2+z^2)\mathrm{d}v$ 时，应避免下面的错误解法，即

$$\iiint\limits_{\Omega}(x^2+y^2+z^2)\mathrm{d}v=\iiint\limits_{\Omega}R^2\mathrm{d}v=\frac{4}{3}\pi R^4.$$

因为在球体 Ω 上 $x^2+y^2+z^2\leqslant R^2$，只有在球面上的点才满足 $x^2+y^2+z^2=R^2$.

例 17　计算曲面积分 $I=\iint\limits_{\Sigma}(z^2+x)\mathrm{d}y\mathrm{d}z-z\mathrm{d}x\mathrm{d}y$，其中 Σ 是旋转抛物面 $z=\frac{1}{2}(x^2+y^2)$ 介于平面 $z=1$ 及 $z=2$ 之间的部分的下侧.

解　方法一：直接计算.

为计算 $I_1=\iint\limits_{\Sigma}(z^2+x)\mathrm{d}y\mathrm{d}z$，将 Σ 分成前、后两部分，即

$$\Sigma_1:x=\sqrt{2z-y^2}\ \text{和}\ \Sigma_2:x=-\sqrt{2z-y^2},$$

Σ_1 取前侧，Σ_2 取后侧，它们在 yOz 面的投影均为

$$D_{yz}:-\sqrt{2z}\leqslant y\leqslant\sqrt{2z},\ 1\leqslant z\leqslant 2,$$

因而

$$\begin{aligned}I_1&=\iint\limits_{\Sigma_1}(z^2+x)\mathrm{d}y\mathrm{d}z+\iint\limits_{\Sigma_2}(z^2+x)\mathrm{d}y\mathrm{d}z\\&=\iint\limits_{D_{yz}}(z^2+\sqrt{2z-y^2})\mathrm{d}y\mathrm{d}z-\iint\limits_{D_{yz}}(z^2-\sqrt{2z-y^2})\mathrm{d}y\mathrm{d}z\\&=2\iint\limits_{D_{yz}}\sqrt{2z-y^2}\,\mathrm{d}y\mathrm{d}z=4\int_1^2\mathrm{d}z\int_0^{\sqrt{2z}}\sqrt{2z-y^2}\,\mathrm{d}y\\&=4\int_1^2\frac{\pi}{4}(\sqrt{2z})^2\mathrm{d}z=3\pi.\end{aligned}$$

为计算 $I_2=-\iint\limits_{\Sigma}z\mathrm{d}x\mathrm{d}y$，取 Σ 为 $z=\frac{1}{2}(x^2+y^2)$ 下侧，它在 xOy 面的投影为

$$D_{xy}:2\leqslant x^2+y^2\leqslant 4,$$

故

$$I_2=-\iint\limits_{\Sigma}z\mathrm{d}x\mathrm{d}y=\iint\limits_{D_{xy}}\frac{1}{2}(x^2+y^2)\mathrm{d}x\mathrm{d}y=\frac{1}{2}\int_0^{2\pi}\mathrm{d}\theta\int_{\sqrt{2}}^2\rho^2\cdot\rho\mathrm{d}\rho=3\pi.$$

所以 $I=I_1+I_2=6\pi$.

方法二：高斯公式.

曲面 Σ 不封闭(见图 11－7)，故不能直接用高斯公式.若添加平面 Σ_1：$z=1(x^2+y^2\leqslant 2)$，取下侧，平面 Σ_2：$z=2(x^2+y^2\leqslant 4)$，取上侧，则 Σ、Σ_1、Σ_2 构成的空间闭区域记为 Ω，故由高斯公式得

$$\oiint\limits_{\Sigma+\Sigma_1+\Sigma_2}(z^2+x)\mathrm{d}y\mathrm{d}z-z\mathrm{d}x\mathrm{d}y=\iiint\limits_{\Omega}(1-1)\mathrm{d}v=0.$$

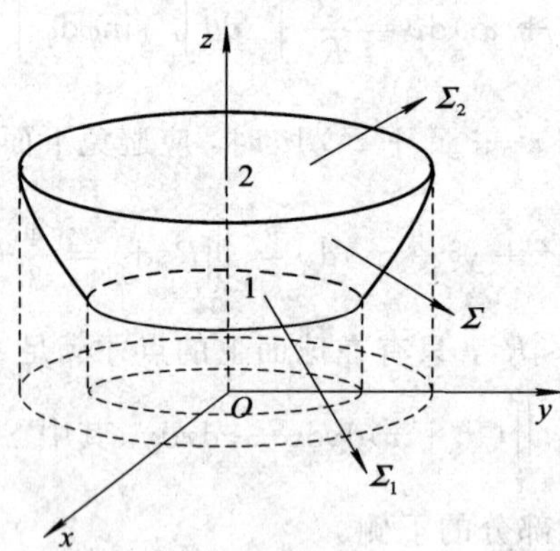

图 11－7

所以

$$\begin{aligned}I&=\iint\limits_{\Sigma}(z^2+x)\mathrm{d}y\mathrm{d}z-z\mathrm{d}x\mathrm{d}y\\&=\oiint\limits_{\Sigma+\Sigma_1+\Sigma_2}(z^2+x)\mathrm{d}y\mathrm{d}z-z\mathrm{d}x\mathrm{d}y-\iint\limits_{\Sigma_1}(z^2+x)\mathrm{d}y\mathrm{d}z-z\mathrm{d}x\mathrm{d}y\end{aligned}$$

$$-\iint_{\Sigma_2}(z^2+x)\mathrm{d}y\mathrm{d}z-z\mathrm{d}x\mathrm{d}y$$

$$=-\iint_{\Sigma_1}(z^2+x)\mathrm{d}y\mathrm{d}z-z\mathrm{d}x\mathrm{d}y-\iint_{\Sigma_2}(z^2+x)\mathrm{d}y\mathrm{d}z-z\mathrm{d}x\mathrm{d}y$$

$$=-\iint_{x^2+y^2\leqslant 2}\mathrm{d}x\mathrm{d}y+\iint_{x^2+y^2\leqslant 4}2\mathrm{d}x\mathrm{d}y=6\pi.$$

方法三：两类曲面积分之间的关系.

曲面 Σ 的方程为 $z=\frac{1}{2}(x^2+y^2)$，取下侧，故 Σ 的单位法向量为

$$\boldsymbol{n}=(\cos\alpha,\cos\beta,\cos\gamma)=\left\{\frac{x}{\sqrt{1+x^2+y^2}},\frac{y}{\sqrt{1+x^2+y^2}},\frac{-1}{\sqrt{1+x^2+y^2}}\right\}.$$

又 Σ 在 xOy 平面的投影区域为 $D_{xy}=\{(x,y)\mid 2\leqslant x^2+y^2\leqslant 4\}$，应用两类曲面积分之间的关系式，可得

$$I=\iint_{\Sigma}[(z^2+x)\cos\alpha-z\cos\gamma]\mathrm{d}S$$

$$=\iint_{\Sigma}\left[(z^2+x)\frac{\cos\alpha}{\cos\gamma}-z\right]\cos\gamma\mathrm{d}S$$

$$=\iint_{\Sigma}[(z^2+x)(-x)-z]\mathrm{d}x\mathrm{d}y$$

$$=-\iint_{D_{xy}}\left\{\left[\frac{1}{4}(x^2+y^2)^2+x\right](-x)-\frac{1}{2}(x^2+y^2)\right\}\mathrm{d}x\mathrm{d}y$$

$$=-\iint_{D_{xy}}\frac{1}{4}(x^2+y^2)^2(-x)\mathrm{d}x\mathrm{d}y+\iint_{D_{xy}}\left[x^2+\frac{1}{2}(x^2+y^2)\right]\mathrm{d}x\mathrm{d}y,$$

由二重积分的对称性质知，上式右端第一个积分值等于零，以及

$$\iint_{D_{xy}}x^2\mathrm{d}x\mathrm{d}y=\iint_{D_{xy}}y^2\mathrm{d}x\mathrm{d}y=\frac{1}{2}\iint_{D_{xy}}(x^2+y^2)\mathrm{d}x\mathrm{d}y,$$

故

$$I=\iint_{D_{xy}}(x^2+y^2)\mathrm{d}x\mathrm{d}y=\int_0^{2\pi}\mathrm{d}\theta\int_{\sqrt{2}}^{2}\rho^3\mathrm{d}\rho=6\pi.$$

例 18　设曲面 Σ 为锥面 $z=\sqrt{x^2+y^2}\,(0\leqslant z\leqslant h)$，其法向量 $\boldsymbol{n}$ 与 z 轴的夹角为锐角，试求向量场 $\boldsymbol{V}=(y-z)\boldsymbol{i}+(z-x)\boldsymbol{j}+(x-y)\boldsymbol{k}$ 通过曲面 Σ 指定侧的通量.

解　由题设知曲面 Σ 指定侧为上侧，故向量场 $\boldsymbol{V}=(y-z)\boldsymbol{i}+(z-x)\boldsymbol{j}+(x-y)\boldsymbol{k}$ 通过 Σ 指定侧的通量为

$$\Phi=\iint_{\Sigma}\boldsymbol{v}\cdot\mathrm{d}\boldsymbol{S}=\iint_{\Sigma}(y-z)\mathrm{d}y\mathrm{d}z+(z-x)\mathrm{d}z\mathrm{d}x+(x-y)\mathrm{d}x\mathrm{d}y.$$

若添加平面 Σ_1：$z=h(x^2+y^2\leqslant h^2)$，取下侧，则 Σ、Σ_1 围成封闭曲面的内侧，记 Σ、Σ_1 所围成的空间闭区域为 Ω，如图 11-8 所示，故由高斯公式得

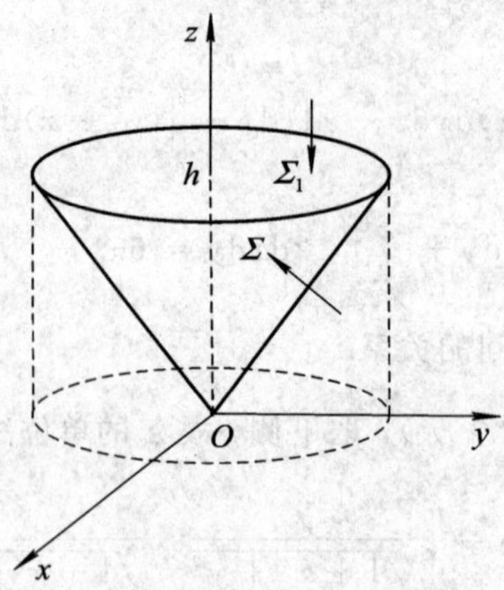

图 11 - 8

$$\Phi = \oiint_{\Sigma+\Sigma_1} (y-z)\mathrm{d}y\mathrm{d}z + (z-x)\mathrm{d}z\mathrm{d}x + (x-y)\mathrm{d}x\mathrm{d}y$$

$$- \iint_{\Sigma_1} (y-z)\mathrm{d}y\mathrm{d}z + (z-x)\mathrm{d}z\mathrm{d}x + (x-y)\mathrm{d}x\mathrm{d}y$$

$$= - \iiint_{\Omega} 0\mathrm{d}v + \iint_{x^2+y^2 \leqslant h^2} (x-y)\mathrm{d}x\mathrm{d}y = 0.$$

注　最后一个式子用到了重积分的对称性.

例 19　设 Σ 是光滑闭曲面，$\boldsymbol{n}$ 是 Σ 的外法向量，$\boldsymbol{l}$ 是一固定向量，θ 是 $\boldsymbol{l}$ 与 $\boldsymbol{n}$ 的夹角. 证明：$\oiint_{\Sigma} \cos\theta \mathrm{d}S = 0$.

证　不妨设 $\boldsymbol{n}=\{\cos\alpha, \cos\beta, \cos\gamma\}$，$\boldsymbol{l}=\{a, b, c\}$ 均为单位向量，则

$$\cos\theta = \frac{\boldsymbol{n} \cdot \boldsymbol{l}}{|\boldsymbol{n}||\boldsymbol{l}|} = a\cos\alpha + b\cos\beta + c\cos\gamma,$$

其中 a、b、c 为常数. 故由高斯公式得

$$\oiint_{\Sigma} \cos\theta \mathrm{d}S = \oiint_{\Sigma} (a\cos\alpha + b\cos\beta + c\cos\gamma)\mathrm{d}S$$

$$= \iiint_{\Omega} 0\mathrm{d}x\mathrm{d}y\mathrm{d}z = 0.$$

例 20　计算

$$I = \oint_L (y^2 - z^2)\mathrm{d}x + (2z^2 - x^2)\mathrm{d}y + (3x^2 - y^2)\mathrm{d}z,$$

其中 L 是平面 $x+y+z=2$ 与柱面 $|x|+|y|=1$ 的交线，从 z 轴正向看去，L 为逆时针方向.

解　记 Σ 为平面 $x+y+z=2$ 的上侧被 L 所围成的部分，则 Σ 上各点处的法向量的方向余弦为

$$\cos\alpha=\frac{1}{\sqrt{3}},\ \cos\beta=\frac{1}{\sqrt{3}},\ \cos\gamma=\frac{1}{\sqrt{3}},$$

Σ 在 xOy 面上的投影区域 $D_{xy}=\{(x, y)\,|\,|x|+|y|\leqslant 1\}$，如图 11－9 所示.

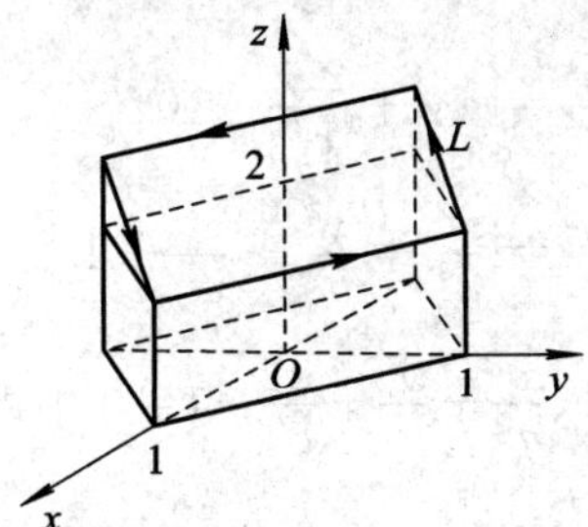

图 11－9

由斯托克斯公式，有

$$I=\iint_{\Sigma}\begin{vmatrix}\frac{1}{\sqrt{3}} & \frac{1}{\sqrt{3}} & \frac{1}{\sqrt{3}}\\ \frac{\partial}{\partial x} & \frac{\partial}{\partial y} & \frac{\partial}{\partial z}\\ y^2-z^2 & 2z^2-x^2 & 3x^2-y^2\end{vmatrix}\mathrm{d}S$$

$$=-\frac{2}{\sqrt{3}}\iint_{\Sigma}(4x+2y+3z)\mathrm{d}S$$

$$=-\frac{2}{\sqrt{3}}\iint_{D_{xy}}(x-y+6)\sqrt{3}\,\mathrm{d}x\mathrm{d}y\quad\left(\text{由对称性易知}\iint_{D_{xy}}(x-y)\mathrm{d}x\mathrm{d}y=0\right)$$

$$=-12\iint_{D_{xy}}\mathrm{d}x\mathrm{d}y=-24.$$

例 21　设质点从原点沿直线运动到椭球面 $\frac{x^2}{a^2}+\frac{y^2}{b^2}+\frac{z^2}{c^2}=1$ 上的点 $M(x_1, y_1, z_1)$ 处 $(x_1>0, y_1>0, z_1>0)$，求在此运动过程中力 $\boldsymbol{F}=yz\boldsymbol{i}+zx\boldsymbol{j}+xy\boldsymbol{k}$ 所作的功 W，并确定 M 使 W 取最大值.

解　原点到点 $M(x_1, y_1, z_1)$ 的直线方程为 $\begin{cases}x=x_1 t,\\ y=y_1 t,\\ z=z_1 t,\end{cases}$ t 从 0 变到 1，力 $\boldsymbol{F}=yz\boldsymbol{i}+zx\boldsymbol{j}+xy\boldsymbol{k}$ 沿直线 Γ 所作的功为

$$W=\int_{\Gamma}yz\,\mathrm{d}x+zx\,\mathrm{d}y+xy\,\mathrm{d}z=3x_1y_1z_1\int_0^1 t^2\mathrm{d}t=x_1y_1z_1.$$

求最大功的问题实为求 $W=xyz$ 在条件 $\frac{x^2}{a^2}+\frac{y^2}{b^2}+\frac{z^2}{c^2}=1\,(x>0, y>0, z>0)$ 下的极值问题.

作拉格朗日函数 $F(x, y, z, \lambda)=xyz+\lambda\left(\frac{x^2}{a^2}+\frac{y^2}{b^2}+\frac{z^2}{c^2}-1\right)$，由方程组

$$\begin{cases} F_x = yz + \dfrac{2x\lambda}{a^2} = 0, \\ F_y = xz + \dfrac{2y\lambda}{b^2} = 0, \\ F_z = xy + \dfrac{2z\lambda}{c^2} = 0, \\ F_\lambda = \dfrac{x^2}{a^2} + \dfrac{y^2}{b^2} + \dfrac{z^2}{c^2} - 1 = 0, \end{cases}$$

得$\dfrac{x^2}{a^2}=\dfrac{y^2}{b^2}=\dfrac{z^2}{c^2}$，将$\dfrac{x^2}{a^2}=\dfrac{y^2}{b^2}=\dfrac{z^2}{c^2}$代入$\dfrac{x^2}{a^2}+\dfrac{y^2}{b^2}+\dfrac{z^2}{c^2}-1=0$中即得

$$x = \frac{a}{\sqrt{3}},\ y = \frac{b}{\sqrt{3}},\ z = \frac{c}{\sqrt{3}}.$$

由问题的实际意义知点$\left(\dfrac{a}{\sqrt{3}}, \dfrac{b}{\sqrt{3}}, \dfrac{c}{\sqrt{3}}\right)$即为所求最值点，且

$$W_{\max}=\frac{\sqrt{3}}{9}abc.$$

四、习题选解

习题 11－1

3．计算下列对弧长的曲线积分：

(1)$\oint_L (x^2+y^2)^n \mathrm{d}s$，其中 L 为圆周 $x=a\cos t$，$y=a\sin t(0\leqslant t\leqslant 2\pi)$；

(4)$\oint_L \mathrm{e}^{\sqrt{x^2+y^2}}\mathrm{d}s$，其中 L 为圆周 $x^2+y^2=a^2$，直线 $y=x$ 及 x 轴在第一象限内所围成的扇形的整个边界；

(5)$\int_\Gamma \dfrac{1}{x^2+y^2+z^2}\mathrm{d}s$，其中 Γ 为曲线 $x=\mathrm{e}^t\cos t$，$y=\mathrm{e}^t\sin t$，$z=\mathrm{e}^t$ 上相应于 t 从 0 变到 2 的这段弧；

(6)$\int_\Gamma x^2yz\,\mathrm{d}s$，其中 Γ 为折线 $ABCD$，这里 A、B、C、D 依次为点(0，0，0)、(0，0，2)、(1，0，2)、(1，3，2)；

(8)$\int_L (x^2+y^2)\mathrm{d}s$，其中 L 为曲线 $x=a(\cos t+t\sin t)$，$y=a(\sin t-t\cos t)(0\leqslant t\leqslant 2\pi)$.

解 (1)$\oint_L (x^2+y^2)^n\mathrm{d}s=\oint_L (a^2\cos^2 t+a^2\sin^2 t)^n\mathrm{d}s=a^{2n}\oint_L \mathrm{d}s=2\pi a^{2n+1}$.

(4) 设 $L=L_1+L_2+L_3$(如图 11－10 所示)，则$\oint_L \mathrm{e}^{\sqrt{x^2+y^2}}\mathrm{d}s=\sum\limits_{i=1}^{3}\int_{L_i}\mathrm{e}^{\sqrt{x^2+y^2}}\mathrm{d}s$.

L_1：$\begin{cases} x=x, \\ y=x, \end{cases}$ $0\leqslant x\leqslant \dfrac{\sqrt{2}}{2}a$，$\mathrm{d}s=\sqrt{(\mathrm{d}x)^2+(\mathrm{d}y)^2}=\sqrt{2}\,\mathrm{d}x$，

$$\int_{L_1} e^{\sqrt{x^2+y^2}}\,ds = \int_0^{\frac{\sqrt{2}}{2}a} e^{\sqrt{2}x}\cdot\sqrt{2}\,dx = \left[e^{\sqrt{2}x}\right]_0^{\frac{\sqrt{2}}{2}a} = e^a - 1.$$

L_2：$x^2+y^2=a^2$，

$$\int_{L_2} e^{\sqrt{x^2+y^2}}\,ds = \int_{L_2} e^a\,ds = e^a\int_{L_2} ds = e^a\cdot\frac{2\pi a}{8} = \frac{\pi}{4}ae^a.$$

L_3：$\begin{cases} x = x, \\ y = 0, \end{cases}$ $0\leqslant x\leqslant a$，$ds=\sqrt{(dx)^2+(dy)^2}=dx$，

$$\int_{L_3} e^{\sqrt{x^2+y^2}}\,ds = \int_0^a e^x\,dx = e^a - 1.$$

故$\oint_L e^{\sqrt{x^2+y^2}}\,ds = \sum_{i=1}^{3}\int_{L_i} e^{\sqrt{x^2+y^2}}\,ds = e^a - 1 + \frac{\pi}{4}ae^a + e^a - 1 = e^a\left(2+\frac{\pi}{4}a\right) - 2.$

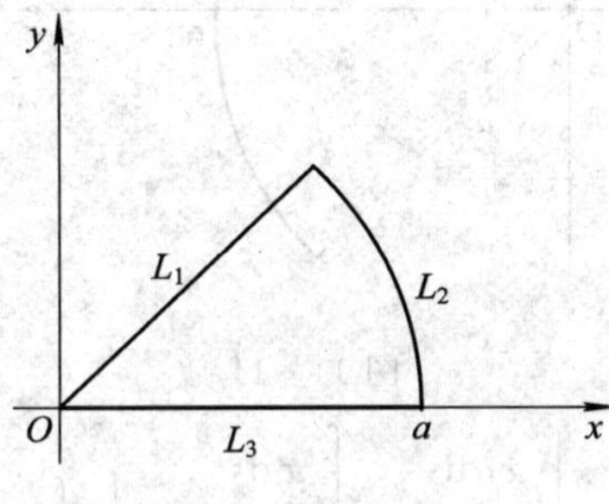

图 11 - 10

(5) 由于

$$\begin{aligned} ds &= \sqrt{(dx)^2+(dy)^2+(dz)^2} \\ &= \sqrt{[e^t(\cos t-\sin t)]^2+[e^t(\sin t+\cos t)]^2+(e^t)^2}\,dt \\ &= \sqrt{3}\,e^t\,dt, \end{aligned}$$

所以

$$\begin{aligned} \int_\Gamma \frac{1}{x^2+y^2+z^2}\,ds &= \int_0^2 \frac{1}{2e^{2t}}\cdot\sqrt{3}\,e^t\,dt = \frac{\sqrt{3}}{2}\int_0^2 e^{-t}\,dt \\ &= \left[-\frac{\sqrt{3}}{2}e^{-t}\right]_0^2 = \frac{\sqrt{3}}{2}(1-e^{-2}). \end{aligned}$$

(6) 已知 $\Gamma=\overline{AB}+\overline{BC}+\overline{CD}$，其中

$\overline{AB}$：$x=0$，$y=0$，$z=t$，$0\leqslant t\leqslant 2$，

$\overline{BC}$：$x=t$，$y=0$，$z=2$，$0\leqslant t\leqslant 1$，

$\overline{CD}$：$x=1$，$y=t$，$z=2$，$0\leqslant t\leqslant 3$，$ds=\sqrt{(dx)^2+(dy)^2+(dz)^2}=dt$.

在$\overline{AB}$及$\overline{BC}$上，被积函数 x^2yz 等于零，所以

$$\int_{\overline{AB}} x^2yz\,ds = \int_{\overline{BC}} x^2yz\,ds = 0,$$

故

$$\int_\Gamma x^2yz\,ds = \int_{\overline{AB}} x^2yz\,ds + \int_{\overline{BC}} x^2yz\,ds + \int_{\overline{CD}} x^2yz\,ds = \int_{\overline{CD}} x^2yz\,ds = \int_0^3 2t\,dt = 9.$$

(8) 由于 $ds=\sqrt{(dx)^2+(dy)^2}=\sqrt{(at\cos t)^2+(at\sin t)^2}dt=atdt$，所以

$$\int_L(x^2+y^2)ds=\int_0^{2\pi}[a^2(\cos t+t\sin t)^2+a^2(\sin t-t\cos t)^2]\cdot at\,dt$$

$$=a^3\int_0^{2\pi}t(1+t^2)dt=a^3\left[\frac{t^2}{2}+\frac{t^4}{4}\right]_0^{2\pi}=2\pi^2a^3(1+2\pi^2).$$

4. 求半径为 a、中心角为 2φ 的均匀圆弧(线密度 $\mu=1$)的质心.

解 取坐标系如图 11-11 所示，由对称性知 $\overline{y}=0$，

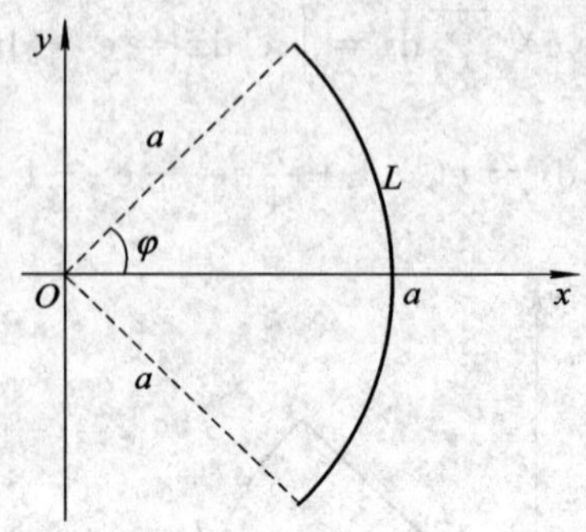

图 11-11

$$\overline{x}=\frac{\int_L x\mu ds}{\int_L \mu ds}=\frac{\int_L x\,ds}{\int_L ds}=\frac{1}{2a\varphi}\int_L x\,ds$$

$$=\frac{1}{2a\varphi}\int_{-\varphi}^{\varphi}a\cos\theta\cdot a\,d\theta=\frac{a}{\varphi}[\sin\theta]_0^{\varphi}=\frac{a\sin\varphi}{\varphi},$$

故所求圆弧的质心坐标为 $\left(\frac{a\sin\varphi}{\varphi},0\right)$.

5. 设螺旋形弹簧一圈的方程为 $x=a\cos t$，$y=a\sin t$，$z=kt$，其中 $0\leqslant t\leqslant 2\pi$，它的线密度 $\rho(x,y,z)=x^2+y^2+z^2$. 求：

(1) 它关于 z 轴的转动惯量 I_z；

(2) 它的质心.

解 $ds=\sqrt{(dx)^2+(dy)^2+(dz)^2}$

$$=\sqrt{(-a\sin t)^2+(a\cos t)^2+k^2}\,dt=\sqrt{a^2+k^2}\,dt,$$

$$M=\int_L\rho(x,y,z)ds=\int_L(x^2+y^2+z^2)ds$$

$$=\int_0^{2\pi}(a^2\cos^2t+a^2\sin^2t+k^2t^2)\sqrt{a^2+k^2}\,dt$$

$$=\int_0^{2\pi}(a^2+k^2t^2)\sqrt{a^2+k^2}\,dt=\frac{2}{3}\pi\sqrt{a^2+k^2}(3a^2+4\pi^2k^2).$$

(1) $I_z=\int_L(x^2+y^2)\rho(x,y,z)ds=\int_L(x^2+y^2)(x^2+y^2+z^2)ds$

$$=\int_0^{2\pi}a^2(a^2+k^2t^2)\sqrt{a^2+k^2}\,dt=\frac{2}{3}\pi a^2\sqrt{a^2+k^2}(3a^2+4\pi^2k^2).$$

(2) 设质心坐标为$(\bar{x}, \bar{y}, \bar{z})$，其中

$$\bar{x}=\frac{1}{M}\int_L x(x^2+y^2+z^2)\mathrm{d}s=\frac{1}{M}\int_0^{2\pi}a\cos t\cdot(a^2+k^2t^2)\sqrt{a^2+k^2}\,\mathrm{d}t$$

$$=\frac{a\sqrt{a^2+k^2}}{M}\int_0^{2\pi}(a^2\cos t+k^2t^2\cos t)\mathrm{d}t$$

$$=\frac{ak^2\sqrt{a^2+k^2}}{\frac{2}{3}\pi\sqrt{a^2+k^2}(3a^2+4\pi^2k^2)}\int_0^{2\pi}t^2\cos t\mathrm{d}t$$

$$=\frac{ak^2\cdot 4\pi}{\frac{2}{3}\pi(3a^2+4\pi^2k^2)}=\frac{6ak^2}{3a^2+4\pi^2k^2},$$

$$\bar{y}=\frac{1}{M}\int_L y(x^2+y^2+z^2)\mathrm{d}s=\frac{1}{M}\int_0^{2\pi}a\sin t\cdot(a^2+k^2t^2)\sqrt{a^2+k^2}\,\mathrm{d}t$$

$$=\frac{a\sqrt{a^2+k^2}}{M}\int_0^{2\pi}[a^2\sin t+k^2t^2\sin t]\mathrm{d}t$$

$$=\frac{ak^2\sqrt{a^2+k^2}}{\frac{2}{3}\pi\sqrt{a^2+k^2}(3a^2+4\pi^2k^2)}\int_0^{2\pi}t^2\sin t\mathrm{d}t$$

$$=\frac{ak^2\cdot(-4\pi^2)}{\frac{2}{3}\pi(3a^2+4\pi^2k^2)}=\frac{-6\pi ak^2}{3a^2+4\pi^2k^2},$$

$$\bar{z}=\frac{1}{M}\int_L z(x^2+y^2+z^2)\mathrm{d}s=\frac{1}{M}\int_0^{2\pi}kt\cdot(a^2+k^2t^2)\sqrt{a^2+k^2}\,\mathrm{d}t$$

$$=\frac{k\sqrt{a^2+k^2}}{M}\int_0^{2\pi}(a^2t+k^2t^3)\mathrm{d}t=\frac{k\sqrt{a^2+k^2}\cdot(2a^2\pi^2+4\pi^4k^2)}{\frac{2}{3}\pi\sqrt{a^2+k^2}(3a^2+4\pi^2k^2)}$$

$$=\frac{3\pi k(a^2+2\pi^2k^2)}{3a^2+4\pi^2k^2}.$$

习题 11－2

1. 设 L 为 xOy 面内直线 $x=a$ 上的一段，证明：

$$\int_L P(x, y)\mathrm{d}x=0.$$

证　将 L 的方程表达为如下的参数形式：

$$\begin{cases}x=a,\\ y=t,\end{cases}\quad t\text{ 从 }\alpha\text{ 变到 }\beta.$$

于是由第二类曲线积分的计算公式得

$$\int_L P(x, y)\mathrm{d}x=\int_\alpha^\beta P(a, t)\cdot 0\mathrm{d}t=0.$$

注　本题给出了第二类曲线积分的一个重要性质：

如果 L 为垂直于 x 轴的有向线段，则 $\int_L P(x, y)\mathrm{d}x=0$；如果 L 为垂直于 y 轴的有向线段，则 $\int_L Q(x, y)\mathrm{d}y=0$. 这一性质常被用来简化第二类曲线积分的计算.

3. 计算下列对坐标的曲线积分：

(1) $\int_L (x^2 - y^2)\mathrm{d}x$，其中 L 是抛物线 $y = x^2$ 上从点(0，0) 到点(2，4) 的一段弧；

(4) $\oint_L \frac{(x+y)\mathrm{d}x - (x-y)\mathrm{d}y}{x^2+y^2}$，其中 L 为圆周 $x^2 + y^2 = a^2$(按逆时针方向绕行)；

(7) $\oint_\Gamma \mathrm{d}x - \mathrm{d}y + y\mathrm{d}z$，其中 Γ 为有向闭折线 $ABCA$，这里的 A、B、C 依次为点(1，0，0)、(0，1，0)、(0，0，1)；

(8) $\int_L (x^2 - 2xy)\mathrm{d}x + (y^2 - 2xy)\mathrm{d}y$，其中 L 是抛物线 $y = x^2$ 上从点(−1，1) 到点(1，1) 的一段弧.

解 (1) 化为对 x 的定积分. L：$y=x^2$，$x=x$，x 从 0 变到 2. 所以

$$\int_L (x^2 - y^2)\mathrm{d}x = \int_0^2 (x^2 - x^4)\mathrm{d}x = \left[\frac{x^3}{3} - \frac{x^5}{5}\right]_0^2 = -\frac{56}{15}.$$

(4) L 的参数方程为 $\begin{cases} x=a\cos\theta, \\ y=a\sin\theta, \end{cases}$ θ 从 0 变到 2π，则

$$\begin{aligned}
&\oint_L \frac{(x+y)\mathrm{d}x - (x-y)\mathrm{d}y}{x^2+y^2} \\
&= \frac{1}{a^2}\int_0^{2\pi} [(a\cos\theta + a\sin\theta)\cdot(-a\sin\theta) - (a\cos\theta - a\sin\theta)\cdot(a\cos\theta)]\mathrm{d}\theta \\
&= \int_0^{2\pi} (-1)\mathrm{d}\theta \\
&= -2\pi.
\end{aligned}$$

(7) Γ 由有向线段 AB、BC、CA 依次连接而成，其中

AB：$x+y=1$，$z=0$，$\mathrm{d}y=-\mathrm{d}x$，x 从 1 变到 0(以 x 为参数)，

BC：$x=0$，$y+z=1$，$\mathrm{d}z=-\mathrm{d}y$，y 从 1 变到 0(以 y 为参数)，

CA：$x+z=1$，$y=0$，$\mathrm{d}x=-\mathrm{d}z$，z 从 1 变到 0(以 z 为参数)，

则

$$\begin{aligned}
&\oint_\Gamma \mathrm{d}x - \mathrm{d}y + y\mathrm{d}z \\
&= \int_{AB} \mathrm{d}x - \mathrm{d}y + y\mathrm{d}z + \int_{BC} \mathrm{d}x - \mathrm{d}y + y\mathrm{d}z + \int_{CA} \mathrm{d}x - \mathrm{d}y + y\mathrm{d}z \\
&= \int_1^0 [1 - (-1) + (1-x)\cdot 0]\mathrm{d}x + \int_1^0 [0 - 1 + y\cdot(-1)]\mathrm{d}y \\
&\quad + \int_1^0 [(-1) - 0 + 0]\mathrm{d}z \\
&= \int_1^0 2\mathrm{d}x - \int_1^0 (1+y)\mathrm{d}y - \int_1^0 \mathrm{d}z \\
&= -2 + \frac{3}{2} + 1 \\
&= \frac{1}{2}.
\end{aligned}$$

(8) 化为对 x 的定积分. L：$y=x^2$，$x=x$，x 从 −1 变到 1，所以

$$\int_L (x^2-2xy)\mathrm{d}x+(y^2-2xy)\mathrm{d}y=\int_{-1}^{1}[(x^2-2x\cdot x^2)+(x^4-2x\cdot x^2)\cdot 2x]\mathrm{d}x$$
$$=\int_{-1}^{1}(x^2-2x^3-4x^4+2x^5)\mathrm{d}x$$
$$=2\int_0^1(x^2-4x^4)\mathrm{d}x=2\left[\frac{x^3}{3}-\frac{4x^5}{5}\right]_0^1$$
$$=-\frac{14}{15}.$$

6. 设 z 轴与重力的方向一致，求质量为 m 的质点从位置(x_1, y_1, z_1)沿直线移到(x_2, y_2, z_2)时重力所作的功.

解　重力 $\boldsymbol{F}=(0, 0, mg)$，于是

$$W=\int_L \boldsymbol{F}\cdot\mathrm{d}\boldsymbol{r}=\int_L 0\mathrm{d}x+0\mathrm{d}y+mg\,\mathrm{d}z$$
$$=mg\int_{z_1}^{z_2}\mathrm{d}z=mg(z_2-z_1).$$

7. 把对坐标的曲线积分 $\int_L P(x, y)\mathrm{d}x+Q(x, y)\mathrm{d}y$ 化成对弧长的曲线积分，其中 L 为：

(1) 在 xOy 面内沿直线从点$(0, 0)$到点$(1, 1)$；

(2) 沿抛物线 $y=x^2$ 从点$(0, 0)$到点$(1, 1)$；

(3) 沿上半圆周 $x^2+y^2=2x$ 从点$(0, 0)$到点$(1, 1)$.

解　(1) L 为从点$(0, 0)$到点$(1, 1)$的有向线段，其上任一点的切向量的方向余弦满足 $\cos\alpha=\cos\beta=\cos\frac{\pi}{4}=\frac{1}{\sqrt{2}}$，于是

$$\int_L P(x, y)\mathrm{d}x+Q(x, y)\mathrm{d}y=\int_L[P(x, y)\cos\alpha+Q(x, y)\cos\beta]\mathrm{d}s$$
$$=\int_L\frac{P(x, y)+Q(x, y)}{\sqrt{2}}\mathrm{d}s.$$

(2) 因为 $\mathrm{d}s=\sqrt{(\mathrm{d}x)^2+(\mathrm{d}y)^2}=\sqrt{1+4x^2}\,\mathrm{d}x$，$L$ 的方向余弦为

$$\cos\alpha=\frac{\mathrm{d}x}{\mathrm{d}s}=\frac{1}{\sqrt{1+4x^2}},\ \cos\beta=\sin\alpha=\sqrt{1-\cos^2\alpha}=\frac{2x}{\sqrt{1+4x^2}},$$

所以

$$\int_L P(x, y)\mathrm{d}x+Q(x, y)\mathrm{d}y=\int_L\frac{P(x, y)+2xQ(x, y)}{\sqrt{1+4x^2}}\mathrm{d}s.$$

(3) 因为 $y=\sqrt{2x-x^2}$，于是

$$\mathrm{d}s=\sqrt{(\mathrm{d}x)^2+(\mathrm{d}y)^2}=\sqrt{1+\left(\frac{1-x}{\sqrt{2x-x^2}}\right)^2}\,\mathrm{d}x$$
$$=\frac{1}{\sqrt{2x-x^2}}\mathrm{d}x,$$

L 的方向余弦为

$$\cos\alpha=\frac{\mathrm{d}x}{\mathrm{d}s}=\sqrt{2x-x^2},\ \cos\beta=\sin\alpha=\sqrt{1-\cos^2\alpha}=1-x,$$

所以

$$\int_L P(x,y)\mathrm{d}x+Q(x,y)\mathrm{d}y=\int_L\left[P(x,y)\sqrt{2x-x^2}+Q(x,y)(1-x)\right]\mathrm{d}s.$$

8. 设Γ为曲线$x=t$，$y=t^2$，$z=t^3$上相应于t从0变到1的曲线弧，把对坐标的曲线积分$\int_\Gamma P\mathrm{d}x+Q\mathrm{d}y+R\mathrm{d}z$化成对弧长的曲线积分.

解 由$x=t$，$y=t^2$，$z=t^3$得$\mathrm{d}x=\mathrm{d}t$，$\mathrm{d}y=2t\mathrm{d}t=2x\mathrm{d}t$，$\mathrm{d}z=3t^2\mathrm{d}t=3y\mathrm{d}t$，则

$$\begin{aligned}\mathrm{d}s&=\sqrt{(\mathrm{d}x)^2+(\mathrm{d}y)^2+(\mathrm{d}z)^2}=\sqrt{1+(2x)^2+(3y)^2}\,\mathrm{d}t\\&=\sqrt{1+4x^2+9y^2}\,\mathrm{d}t,\end{aligned}$$

Γ的方向余弦为

$$\cos\alpha=\frac{\mathrm{d}x}{\mathrm{d}s}=\frac{1}{\sqrt{1+4x^2+9y^2}},$$

$$\cos\beta=\frac{\mathrm{d}y}{\mathrm{d}s}=\frac{2x}{\sqrt{1+4x^2+9y^2}},$$

$$\cos\gamma=\frac{\mathrm{d}z}{\mathrm{d}s}=\frac{3y}{\sqrt{1+4x^2+9y^2}},$$

因此

$$\int_\Gamma P\mathrm{d}x+Q\mathrm{d}y+R\mathrm{d}z=\int_\Gamma\frac{P+2xQ+3yR}{\sqrt{1+4x^2+9y^2}}\mathrm{d}s.$$

习题 11-3

2. 利用曲线积分，求下列曲线所围成的图形的面积：

(1) 星形线$x=a\cos^3t$，$y=a\sin^3t$；

(2) 椭圆$9x^2+16y^2=144$.

解 (1) 正向星形线的参数方程中的参数t从0变到2π，于是

$$\begin{aligned}A&=\frac{1}{2}\oint_L x\mathrm{d}y-y\mathrm{d}x\\&=\frac{1}{2}\int_0^{2\pi}[(a\cos^3t\cdot 3a\sin^2t\cos t)-(a\sin^3t\cdot 3a\cos^2t(-\sin t))]\mathrm{d}t\\&=\frac{3}{2}a^2\int_0^{2\pi}\cos^2t\sin^2t\mathrm{d}t=\frac{3}{8}a^2\int_0^{2\pi}\sin^22t\mathrm{d}t\\&=\frac{3}{16}a^2\int_0^{2\pi}(1-\cos4t)\mathrm{d}t\\&=\frac{3}{8}\pi a^2.\end{aligned}$$

(2) 正向椭圆的参数方程为$x=4\cos t$，$y=3\sin t$，t从0变到2π，于是

$$\begin{aligned}A&=\frac{1}{2}\oint_L x\mathrm{d}y-y\mathrm{d}x\\&=\frac{1}{2}\int_0^{2\pi}[(4\cos t\cdot 3\cos t)-(3\sin t\cdot(-4\sin t))]\mathrm{d}t\\&=6\int_0^{2\pi}\mathrm{d}t=12\pi.\end{aligned}$$

3. 计算曲线积分$\oint_L \frac{y\mathrm{d}x - x\mathrm{d}y}{2(x^2+y^2)}$，其中 L 为圆周$(x-1)^2+y^2=2$，L 的方向为逆时针方向.

解　取 $P=\frac{y}{2(x^2+y^2)}$，$Q=\frac{-x}{2(x^2+y^2)}$，$x^2+y^2\neq 0$，则$\frac{\partial Q}{\partial x}=\frac{x^2-y^2}{2(x^2+y^2)^2}=\frac{\partial P}{\partial y}$. 由于 P、Q、$\frac{\partial P}{\partial y}$，$\frac{\partial Q}{\partial x}$在 L 围成的区域 D 内除原点 $O(0,0)$外连续且$\frac{\partial Q}{\partial x}=\frac{\partial P}{\partial y}$，为了使用格林公式，不妨取圆周 L_1：$x^2+y^2=\varepsilon^2(\varepsilon>0)$，使得 L_1 包含在 L 内，且 L_1 取顺时针方向(见图 11-12). 在以 L 和 L_1为边界的区域 D 上应用格林公式，有

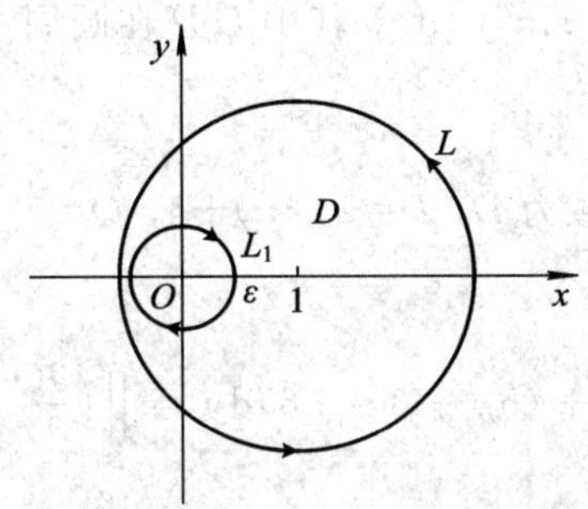

图 11-12

$$\begin{aligned}\oint_L \frac{y\mathrm{d}x - x\mathrm{d}y}{2(x^2+y^2)} &= \oint_{L+L_1} \frac{y\mathrm{d}x - x\mathrm{d}y}{2(x^2+y^2)} - \oint_{L_1} \frac{y\mathrm{d}x - x\mathrm{d}y}{2(x^2+y^2)} \\ &= \iint_D \left(\frac{\partial Q}{\partial x}-\frac{\partial P}{\partial y}\right)\mathrm{d}x\mathrm{d}y + \frac{1}{2\varepsilon^2}\oint_{-L_1} y\mathrm{d}x - x\mathrm{d}y. \\ &= 0+\frac{1}{2\varepsilon^2}\int_0^{2\pi}[\varepsilon\sin t\cdot(-\varepsilon\sin t)-\varepsilon\cos t\cdot(\varepsilon\cos t)]\mathrm{d}t \\ &= -\frac{1}{2}\int_0^{2\pi}\mathrm{d}t = -\pi.\end{aligned}$$

4. 确定闭曲线 C，使曲线积分$\oint_C \left(x+\frac{y^3}{3}\right)\mathrm{d}x+\left(y+x-\frac{2}{3}x^3\right)\mathrm{d}y$ 达到最大值.

解　记 D 为C 所围成的平面有界闭区域，C 为 D 的正向边界曲线，则由格林公式得

$$\oint_C \left(x+\frac{y^3}{3}\right)\mathrm{d}x+\left(y+x-\frac{2}{3}x^3\right)\mathrm{d}y = \iint_D [(1-2x^2)-y^2]\mathrm{d}x\mathrm{d}y.$$

要使上式右端的二重积分达到最大值，D 应包含所有使被积函数 $1-2x^2-y^2$ 大于零的点，而不包含使被积函数小于零的点. 因此 D 应为由椭圆 $2x^2+y^2=1$ 所围成的闭区域. 这就是说，当 C 为取逆时针方向的椭圆 $2x^2+y^2=1$ 时，所给的曲线积分达到最大值.

6. 证明下列曲线积分在整个 xOy 面内与路径无关，并计算积分值：

(3) $\int_{(1,0)}^{(2,1)}(2xy-y^4+3)\mathrm{d}x+(x^2-4xy^3)\mathrm{d}y$.

解　函数 $P=2xy-y^4+3$，$Q=x^2-4xy^3$ 在 xOy 面这个单连通区域内具有一阶连续偏导数，且

$$\frac{\partial P}{\partial y}=2x-4y^3=\frac{\partial Q}{\partial x},$$

所以曲线积分在整个 xOy 面内与路径无关，取(1，0)→(2，0)→(2，1)的折线积分，故

$$\int_{(1,0)}^{(2,1)}(2xy-y^4+3)\mathrm{d}x+(x^2-4xy^3)\mathrm{d}y$$
$$=\int_1^2 3\mathrm{d}x+\int_0^1(4-8y^3)\mathrm{d}y=3+\left[4y-2y^4\right]_0^1=5.$$

7. 利用格林公式，计算下列曲线积分：

(1) $\oint_L(2x-y+4)\mathrm{d}x+(5y+3x-6)\mathrm{d}y$，其中 L 是三顶点分别为(0，0)、(3，0)和(3，2)的三角形正向边界；

(4) $\int_L(x^2-y)\mathrm{d}x-(x+\sin^2 y)\mathrm{d}y$，其中 L 是在圆周 $y=\sqrt{2x-x^2}$ 上由点(0，0)到点(1，1)的一段弧.

解 (1) 记 L 围成的闭区域为 D，$P=2x-y+4$，$Q=5y+3x-6$，则 $\frac{\partial P}{\partial y}=-1$，$\frac{\partial Q}{\partial x}=3$，由格林公式得

$$\oint_L(2x-y+4)\mathrm{d}x+(5y+3x-6)\mathrm{d}y=\iint_D\left(\frac{\partial Q}{\partial x}-\frac{\partial P}{\partial y}\right)\mathrm{d}x\mathrm{d}y$$
$$=\iint_D 4\mathrm{d}x\mathrm{d}y=4\times 3=12.$$

(4) 由于 $P=x^2-y$，$Q=-(x+\sin^2 y)$ 在 xOy 面内具有一阶连续偏导数，且

$$\frac{\partial P}{\partial y}=-1=\frac{\partial Q}{\partial x},$$

故所给曲线积分与路径无关. 于是将原积分路径 L 改为折线路径 ORN(如图 11-13 所示)，其中 O 为(0，0)，R 为(1，0)，N 为(1，1)，得

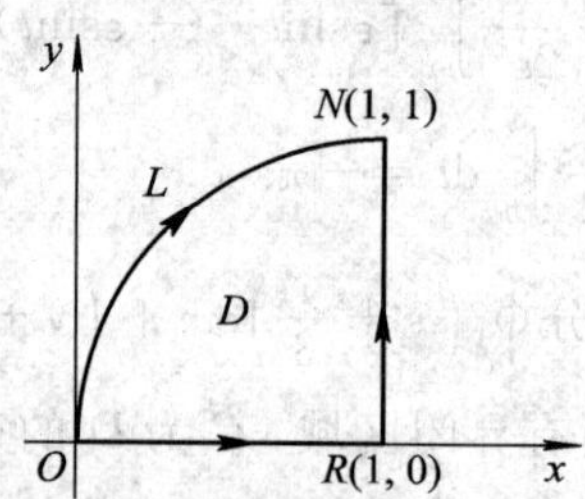

图 11-13

$$\int_L(x^2-y)\mathrm{d}x-(x+\sin^2 y)\mathrm{d}y=\int_0^1 x^2\mathrm{d}x-\int_0^1(1+\sin^2 y)\mathrm{d}y$$
$$=\frac{1}{3}-1-\int_0^1\frac{1-\cos 2y}{2}\mathrm{d}y$$
$$=-\frac{2}{3}-\frac{1}{2}+\frac{1}{4}\sin 2=-\frac{7}{6}+\frac{1}{4}\sin 2.$$

8. 验证下列 $P(x,y)\mathrm{d}x+Q(x,y)\mathrm{d}y$ 在整个 xOy 平面内是某一函数 $u(x,y)$ 的全微分，并求这样的一个 $u(x,y)$：

(3) $4\sin x\sin 3y\cos x\mathrm{d}x-3\cos 3y\cos 2x\mathrm{d}y$；

(4) $(3x^2y+8xy^2)\mathrm{d}x+(x^3+8x^2y+12y\mathrm{e}^y)\mathrm{d}y$.

解　(3) 在整个 xOy 平面内，函数 $P=4\sin x\sin 3y\cos x$ 和 $Q=-3\cos 3y\cos 2x$ 具有一阶连续偏导数，且

$$\frac{\partial P}{\partial y}=6\cos 3y\sin 2x=\frac{\partial Q}{\partial x},$$

所以 $4\sin x\sin 3y\cos x\mathrm{d}x-3\cos 3y\cos 2x\mathrm{d}y$ 是某一函数 $u(x,y)$的全微分. 取

$$(x_0,y_0)=(0,0),$$

则有

$$\begin{aligned}u(x,y)&=\int_{(0,0)}^{(x,y)}4\sin x\sin 3y\cos x\mathrm{d}x-3\cos 3y\cos 2x\mathrm{d}y\\&=\int_0^x 0\mathrm{d}x-\int_0^y 3\cos 3y\cos 2x\mathrm{d}y\\&=-\cos 2x\sin 3y.\end{aligned}$$

(4) 在整个 xOy 平面内，函数 $P=3x^2y+8xy^2$ 和 $Q=x^3+8x^2y+12y\mathrm{e}^y$ 具有一阶连续偏导数，且

$$\frac{\partial P}{\partial y}=3x^2+16xy=\frac{\partial Q}{\partial x},$$

故所给表达式为某一函数 $u(x,y)$的全微分. 取 $(x_0,y_0)=(0,0)$，则有

$$\begin{aligned}u(x,y)&=\int_{(0,0)}^{(x,y)}(3x^2y+8xy^2)\mathrm{d}x+(x^3+8x^2y+12y\mathrm{e}^y)\mathrm{d}y\\&=\int_0^x 0\mathrm{d}x+\int_0^y(x^3+8x^2y+12y\mathrm{e}^y)\mathrm{d}y\\&=x^3y+4x^2y^2+12\mathrm{e}^y(y-1).\end{aligned}$$

9. 设有一变力在坐标轴上的投影为 $X=x^2+y^2$，$Y=2xy-8$，这变力确定了一个力场. 证明质点在此场内移动时，场力所作的功与路径无关.

证　在场力作用下，质点沿曲线 L 从点 A 移动到点 B，场力所作的功为

$$W=\int_L X\mathrm{d}x+Y\mathrm{d}y=\int_L(x^2+y^2)\mathrm{d}x+(2xy-8)\mathrm{d}y,$$

由于 $P=x^2+y^2$ 和 $Q=2xy-8$ 在整个 xOy 平面内具有一阶连续偏导数，且$\dfrac{\partial P}{\partial y}=2y=\dfrac{\partial Q}{\partial x}$，故曲线积分在 xOy 平面内与路径无关，即场力所作的功与路径无关.

习题 11-4

1. 设有一分布着质量的曲面 Σ，在点(x,y,z)处它的面密度为 $\mu(x,y,z)$，用对面积的曲面积分表示这曲面对于 x 轴的转动惯量.

解　应用微元法推导曲面对于 x 轴的转动惯量.

取曲面上点(x,y,z)处微元 $\mathrm{d}S$，其质量为 $\mathrm{d}M=\mu(x,y,z)\mathrm{d}S$，点$(x,y,z)$到 x 轴的距离为 $d=\sqrt{y^2+z^2}$，则 $\mathrm{d}S$ 对于 x 轴的转动惯量为

$$\mathrm{d}I_x=d^2\mu(x,y,z)\mathrm{d}S=(y^2+z^2)\mu(x,y,z)\mathrm{d}S,$$

曲面 Σ 对于 x 轴的转动惯量为

$$I_x=\iint_\Sigma(y^2+z^2)\mu(x,y,z)\mathrm{d}S.$$

4. 计算曲面积分$\iint\limits_{\Sigma} f(x, y, z)\mathrm{d}S$，其中$\Sigma$为抛物面$z=2-(x^2+y^2)$在$xOy$面上方的部分，$f(x, y, z)$分别如下：

(1) $f(x, y, z)=1$；　　　　(2) $f(x, y, z)=x^2+y^2$.

解　抛物面Σ在xOy面上的投影区域为D_{xy}：$x^2+y^2\leqslant 2$. 又

$$\mathrm{d}S = \sqrt{1+z_x^2+z_y^2}\,\mathrm{d}x\mathrm{d}y = \sqrt{1+4x^2+4y^2}\,\mathrm{d}x\mathrm{d}y.$$

于是

$$\begin{aligned}(1)\ \iint\limits_{\Sigma} f(x, y, z)\mathrm{d}S &= \iint\limits_{\Sigma}\mathrm{d}S = \iint\limits_{D_{xy}}\sqrt{1+4x^2+4y^2}\,\mathrm{d}x\mathrm{d}y\\ &= \int_0^{2\pi}\mathrm{d}\theta\int_0^{\sqrt{2}}\sqrt{1+4\rho^2}\,\rho\mathrm{d}\rho\\ &= 2\pi\left[\frac{1}{12}(1+4\rho^2)^{\frac{3}{2}}\right]_0^{\sqrt{2}} = \frac{13}{3}\pi.\end{aligned}$$

$$\begin{aligned}(2)\ \iint\limits_{\Sigma} f(x, y, z)\mathrm{d}S &= \iint\limits_{\Sigma}(x^2+y^2)\mathrm{d}S = \iint\limits_{D_{xy}}(x^2+y^2)\sqrt{1+4x^2+4y^2}\,\mathrm{d}x\mathrm{d}y\\ &= \int_0^{2\pi}\mathrm{d}\theta\int_0^{\sqrt{2}}\sqrt{1+4\rho^2}\,\rho^3\mathrm{d}\rho\\ &= \frac{2\pi}{32}\int_0^{\sqrt{2}}[(1+4\rho^2)-1]\sqrt{1+4\rho^2}\,\mathrm{d}(1+4\rho^2) = \frac{149}{30}\pi.\end{aligned}$$

5. 计算$\iint\limits_{\Sigma}(x^2+y^2)\mathrm{d}S$，其中$\Sigma$是

(1) 锥面$z=\sqrt{x^2+y^2}$及平面$z=1$所围成的区域的整个边界曲面.

解　整个边界曲面Σ在锥面$z=\sqrt{x^2+y^2}$及平面$z=1$上的部分依次记为Σ_1、Σ_2. 又在Σ_1上，$z=\sqrt{x^2+y^2}$，$\mathrm{d}S=\sqrt{2}\,\mathrm{d}x\mathrm{d}y$，$\Sigma_1$在$xOy$平面上的投影区域$D_{xy}$：$x^2+y^2\leqslant 1$，在$\Sigma_2$上，$z=1$，$\mathrm{d}S=\mathrm{d}x\mathrm{d}y$，$\Sigma_2$在$xOy$平面上的投影区域$D_{xy}$：$x^2+y^2\leqslant 1$，从而

$$\begin{aligned}\iint\limits_{\Sigma}(x^2+y^2)\mathrm{d}S &= \iint\limits_{\Sigma_1}(x^2+y^2)\mathrm{d}S + \iint\limits_{\Sigma_2}(x^2+y^2)\mathrm{d}S\\ &= \iint\limits_{D_{xy}}(x^2+y^2)(\sqrt{2}+1)\mathrm{d}x\mathrm{d}y\\ &= (\sqrt{2}+1)\int_0^{2\pi}\mathrm{d}\theta\int_0^1\rho^3\,d\rho = \frac{1+\sqrt{2}}{2}\pi.\end{aligned}$$

6. 计算下列对面积的曲面积分：

(2) $\iint\limits_{\Sigma}(2xy-2x^2-x+z)\mathrm{d}S$，其中$\Sigma$为平面$2x+2y+z=6$在第一卦限中的部分；

(3) $\iint\limits_{\Sigma}(x+y+z)\mathrm{d}S$，其中$\Sigma$为球面$x^2+y^2+z^2=a^2$上$z\geqslant h(0<h<a)$的部分.

解　(2) Σ的方程为$z=6-2x-2y$，其在xOy面上的投影区域为D_{xy}：$x+y\leqslant 3$，$x\geqslant 0$，$y\geqslant 0$，又$\mathrm{d}S=\sqrt{1+z_x^2+z_y^2}\,\mathrm{d}x\mathrm{d}y=\sqrt{1+(-2)^2+(-2)^2}\,\mathrm{d}x\mathrm{d}y=3\mathrm{d}x\mathrm{d}y$，所以

$$\iint\limits_{\Sigma}(2xy-2x^2-x+z)\mathrm{d}S=3\iint\limits_{D_{xy}}[2xy-2x^2-x+(6-2x-2y)]\mathrm{d}x\mathrm{d}y$$

$$=3\int_0^3\mathrm{d}x\int_0^{3-x}[2(x-1)y+6-2x^2-3x]\mathrm{d}y$$

$$=3\int_0^3[(x-1)(3-x)^2+(6-2x^2-3x)(3-x)]\mathrm{d}x$$

$$=3\int_0^3(3x^3-10x^2+9)\mathrm{d}x$$

$$=-\frac{27}{4}.$$

(3) 由于积分曲面 Σ 关于 yOz 面和 zOx 面均对称，故有

$$\iint\limits_{\Sigma}x\mathrm{d}S=0,\ \iint\limits_{\Sigma}y\mathrm{d}S=0.$$

Σ 的方程为 $z=\sqrt{a^2-y^2-x^2}$，其在 xOy 面上的投影区域为 D_{xy}：$x^2+y^2\leqslant a^2-h^2$，又

$$\mathrm{d}S=\sqrt{1+z_x^2+z_y^2}\mathrm{d}x\mathrm{d}y=\frac{a}{\sqrt{a^2-x^2-y^2}}\mathrm{d}x\mathrm{d}y,$$

所以

$$\iint\limits_{\Sigma}(x+y+z)\mathrm{d}S=\iint\limits_{\Sigma}z\mathrm{d}S=\iint\limits_{D_{xy}}\sqrt{a^2-y^2-x^2}\ \frac{a}{\sqrt{a^2-x^2-y^2}}\mathrm{d}x\mathrm{d}y$$

$$=a\iint\limits_{D_{xy}}\mathrm{d}x\mathrm{d}y=\pi a(a^2-h^2).$$

7. 求抛物面壳 $z=\frac{1}{2}(x^2+y^2)(0\leqslant z\leqslant 1)$ 的质量，此壳的面密度为 $\mu=z$.

解　曲面 Σ：$z=\frac{1}{2}(x^2+y^2)(0\leqslant z\leqslant 1)$ 在 xOy 面上的投影为 D_{xy}：$x^2+y^2\leqslant 2$，$z_x=x$，$z_y=y$，则

$$\mathrm{d}S=\sqrt{1+x^2+y^2}\,\mathrm{d}x\mathrm{d}y,$$

故所求物体的质量为

$$M=\iint\limits_{\Sigma}\mu\mathrm{d}S=\iint\limits_{\Sigma}z\mathrm{d}S=\frac{1}{2}\iint\limits_{D_{xy}}(x^2+y^2)\sqrt{1+x^2+y^2}\,\mathrm{d}x\mathrm{d}y$$

$$=\frac{1}{2}\int_0^{2\pi}\mathrm{d}\theta\int_0^{\sqrt{2}}\sqrt{1+\rho^2}\,\rho^3\mathrm{d}\rho=\frac{\pi}{2}\int_0^{\sqrt{2}}[(\rho^2+1)-1]\sqrt{\rho^2+1}\,\mathrm{d}(\rho^2+1)$$

$$=\frac{\pi}{2}\left[\frac{2}{5}(\rho^2+1)^{\frac{5}{2}}-\frac{2}{3}(\rho^2+1)^{\frac{3}{2}}\right]_0^{\sqrt{2}}=\frac{2\pi}{15}(6\sqrt{3}+1).$$

习题 11－5

2. 当 Σ 为 xOy 面内的一个闭区域时，曲面积分 $\iint\limits_{\Sigma}R(x,y,z)\mathrm{d}x\mathrm{d}y$ 与二重积分有什么关系？

解　当 Σ 为 xOy 面内的一个闭区域时，Σ 在 xOy 面上的投影为闭区域 D，又 Σ 为有向曲面，方程为 $z=0$，所以

$$\iint\limits_{\Sigma} R(x, y, z)\mathrm{d}x\mathrm{d}y = \pm\iint\limits_{D} R(x, y, 0)\mathrm{d}x\mathrm{d}y.$$

当曲面取 Σ 上侧时为正，即 xOy 面内闭区域 D 上的曲面积分就是二重积分；当曲面取 Σ 下侧时为负，即 xOy 面内闭区域 D 上的曲面积分是二重积分的负值.

3. 计算下列对坐标的曲面积分：

(2) $\iint\limits_{\Sigma} z\mathrm{d}x\mathrm{d}y + x\mathrm{d}y\mathrm{d}z + y\mathrm{d}z\mathrm{d}x$，其中 Σ 是柱面 $x^2 + y^2 = 1$ 被平面 $z = 0$ 及 $z = 3$ 所截得的在第一卦限内的部分的前侧；

(3) $\iint\limits_{\Sigma} [f(x, y, z) + x]\mathrm{d}y\mathrm{d}z + [2f(x, y, z) + y]\mathrm{d}z\mathrm{d}x + [f(x, y, z) + z]\mathrm{d}x\mathrm{d}y$，其中 $f(x, y, z)$ 为连续函数，Σ 是平面 $x - y + z = 1$ 在第四卦限部分的上侧；

(4) $\oint\!\!\!\oint\limits_{\Sigma} xz\mathrm{d}x\mathrm{d}y + xy\mathrm{d}y\mathrm{d}z + yz\mathrm{d}z\mathrm{d}x$，其中 Σ 是平面 $x = 0$，$y = 0$，$z = 0$，$x + y + z = 1$ 所围成的空间区域的整个边界曲面的外侧.

解　(2) 由于柱面 $x^2 + y^2 = 1$ 在 xOy 面的投影为零，因此 $\iint\limits_{\Sigma} z\mathrm{d}x\mathrm{d}y = 0$. 如图 11-14 所示，$D_{yz}$：$0 \leqslant y \leqslant 1$，$0 \leqslant z \leqslant 3$，$D_{zx}$：$0 \leqslant x \leqslant 1$，$0 \leqslant z \leqslant 3$，因 Σ 取前侧，所以

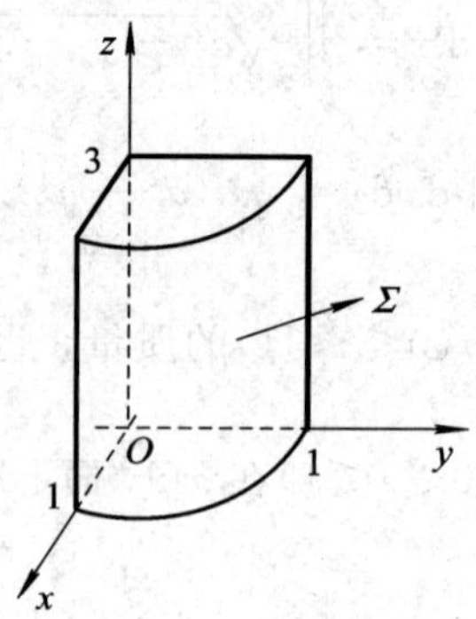

图 11-14

$$\begin{aligned}\iint\limits_{\Sigma} z\mathrm{d}x\mathrm{d}y + x\mathrm{d}y\mathrm{d}z + y\mathrm{d}z\mathrm{d}x &= \iint\limits_{\Sigma} x\mathrm{d}y\mathrm{d}z + \iint\limits_{\Sigma} y\mathrm{d}z\mathrm{d}x \\ &= \iint\limits_{D_{yz}} \sqrt{1 - y^2}\mathrm{d}y\mathrm{d}z + \iint\limits_{D_{zx}} \sqrt{1 - x^2}\mathrm{d}z\mathrm{d}x \\ &= \int_0^3 \mathrm{d}z\int_0^1 \sqrt{1 - y^2}\mathrm{d}y + \int_0^3 \mathrm{d}z\int_0^1 \sqrt{1 - x^2}\mathrm{d}x \\ &= 6\int_0^1 \sqrt{1 - x^2}\mathrm{d}x = 6 \times \frac{\pi}{4} = \frac{3}{2}\pi.\end{aligned}$$

(3) 曲面 Σ 上侧的法向量 $\boldsymbol{n} = \{1, -1, 1\}$，方向余弦分别为

$$\cos\alpha = \frac{1}{\sqrt{3}},\ \cos\beta = -\frac{1}{\sqrt{3}},\ \cos\gamma = \frac{1}{\sqrt{3}},$$

故由两类曲面积分之间的关系可得

$$\iint_{\Sigma}[f(x,y,z)+x]\mathrm{d}y\mathrm{d}z+[2f(x,y,z)+y]\mathrm{d}z\mathrm{d}x+[f(x,y,z)+z]\mathrm{d}x\mathrm{d}y$$

$$=\iint_{\Sigma}\{[f(x,y,z)+x]\cos\alpha+[2f(x,y,z)+y]\cos\beta+[f(x,y,z)+z]\cos\gamma\}\mathrm{d}S$$

$$=\frac{1}{\sqrt{3}}\iint_{\Sigma}(x-y+z)\mathrm{d}S=\frac{1}{\sqrt{3}}\iint_{\Sigma}\mathrm{d}S=\frac{1}{\sqrt{3}}\cdot(\Sigma\text{ 的面积})=\frac{1}{\sqrt{3}}\times\frac{\sqrt{3}}{2}=\frac{1}{2}.$$

(4) 如图 11－15 所示，记 Σ 在 xOy、yOz、zOx 面上的部分分别为 Σ_1、Σ_2、Σ_3，在 $x+y+z=1$ 面上的部分为 Σ_4，于是

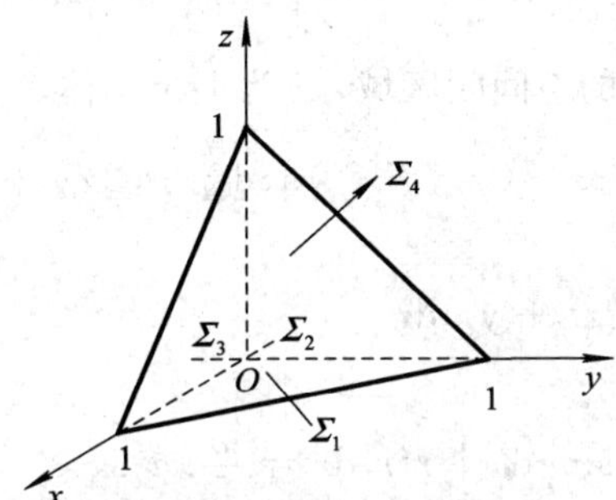

图 11－15

$$\oiint_{\Sigma}xz\mathrm{d}x\mathrm{d}y=\iint_{\Sigma_1}xz\mathrm{d}x\mathrm{d}y+\iint_{\Sigma_2}xz\mathrm{d}x\mathrm{d}y+\iint_{\Sigma_3}xz\mathrm{d}x\mathrm{d}y+\iint_{\Sigma_4}xz\mathrm{d}x\mathrm{d}y$$

$$=0+0+0+\iint_{D_{xy}}x(1-x-y)\mathrm{d}x\mathrm{d}y\quad(D_{xy}:0\leqslant y\leqslant 1-x,\ 0\leqslant x\leqslant 1)$$

$$=\int_0^1 x\mathrm{d}x\int_0^{1-x}(1-x-y)\mathrm{d}y=\frac{1}{24},$$

由被积函数和积分曲面关于积分变量的对称性可得

$$\oiint_{\Sigma}xy\mathrm{d}y\mathrm{d}z=\oiint_{\Sigma}yz\mathrm{d}z\mathrm{d}x=\frac{1}{24},$$

所以

$$\oiint_{\Sigma}xz\mathrm{d}x\mathrm{d}y+xy\mathrm{d}y\mathrm{d}z+yz\mathrm{d}z\mathrm{d}x=3\cdot\frac{1}{24}=\frac{1}{8}.$$

习题 11－6

1. 利用高斯公式计算曲面积分：

(2) $\oiint_{\Sigma}x^3\mathrm{d}y\mathrm{d}z+y^3\mathrm{d}z\mathrm{d}x+z^3\mathrm{d}x\mathrm{d}y$，其中 Σ 为球面 $x^2+y^2+z^2=a^2$ 的外侧；

(3) $\oiint_{\Sigma}xz^2\mathrm{d}y\mathrm{d}z+(x^2y-z^3)\mathrm{d}z\mathrm{d}x+(2xy+y^2z)\mathrm{d}x\mathrm{d}y$，其中 Σ 为上半球体 $0\leqslant z\leqslant\sqrt{a^2-x^2-y^2}$，$x^2+y^2\leqslant a^2$ 表面的外侧；

(4) $\oiint_{\Sigma}x\mathrm{d}y\mathrm{d}z+y\mathrm{d}z\mathrm{d}x+z\mathrm{d}x\mathrm{d}y$，其中 Σ 是介于 $z=0$ 和 $z=3$ 之间的圆柱体 $x^2+y^2\leqslant 9$ 的整个表面的外侧.

解 (2) 记 Ω 为曲面 Σ 所围成的空间闭区域，这里 $P=x^3$，$Q=y^3$，$R=z^3$，$\dfrac{\partial P}{\partial x}=3x^2$，$\dfrac{\partial Q}{\partial y}=3y^2$，$\dfrac{\partial R}{\partial z}=3z^2$，$\Sigma$ 为球面的外侧，应用高斯公式，得

$$\oiint_{\Sigma} x^3\,\mathrm{d}y\mathrm{d}z+y^3\,\mathrm{d}z\mathrm{d}x+z^3\,\mathrm{d}x\mathrm{d}y=\iiint_{\Omega}\left(\frac{\partial P}{\partial x}+\frac{\partial Q}{\partial y}+\frac{\partial R}{\partial z}\right)\mathrm{d}v$$
$$=3\iiint_{\Omega}(x^2+y^2+z^2)\,\mathrm{d}v$$
$$=3\int_0^{2\pi}\mathrm{d}\theta\int_0^{\pi}\sin\varphi\mathrm{d}\varphi\int_0^a r^2r^2\,\mathrm{d}r=\frac{12}{5}\pi a^5.$$

(3) 记 Ω 为曲面 Σ 所围成的空间闭区域，Σ 为上半球体表面的外侧，应用高斯公式，得

$$\oiint_{\Sigma} xz^2\,\mathrm{d}y\mathrm{d}z+(x^2y-z^3)\,\mathrm{d}z\mathrm{d}x+(2xy+y^2z)\,\mathrm{d}x\mathrm{d}y$$
$$=\iiint_{\Omega}(z^2+x^2+y^2)\,\mathrm{d}v$$
$$=\int_0^{2\pi}\mathrm{d}\theta\int_0^{\frac{\pi}{2}}\sin\varphi\mathrm{d}\varphi\int_0^a r^2r^2\,\mathrm{d}r=\frac{2}{5}\pi a^5.$$

(4) 记 Ω 为曲面 Σ 所围成的空间闭区域，应用高斯公式，得

$$\oiint_{\Sigma} x\,\mathrm{d}y\mathrm{d}z+y\mathrm{d}z\mathrm{d}x+z\mathrm{d}x\mathrm{d}y=\iiint_{\Omega}3\mathrm{d}v=3\pi\times 3^2\times 3=81\pi.$$

2. 求下列向量 $\boldsymbol{A}$ 穿过曲面 Σ 流向指定侧的通量：

(1) $\boldsymbol{A}=yz\boldsymbol{i}+xz\boldsymbol{j}+xy\boldsymbol{k}$，$\Sigma$ 为圆柱 $x^2+y^2\leqslant a^2(0\leqslant z\leqslant h)$的全表面，流向外侧；

(3) $\boldsymbol{A}=(2x+3z)\boldsymbol{i}-(xz+y)\boldsymbol{j}+(y^2+2z)\boldsymbol{k}$，$\Sigma$ 是以点(3，－1，2)为球心，半径 $R=3$ 的球面，流向外侧.

解 (1) 记 Ω 为曲面 Σ 所围成的空间闭区域，则所求通量为

$$\Phi=\oiint_{\Sigma}\boldsymbol{A}\cdot\mathrm{d}\boldsymbol{S}=\iiint_{\Omega}\mathrm{div}\boldsymbol{A}\mathrm{d}v$$
$$=\iiint_{\Omega}\left[\frac{\partial(yz)}{\partial x}+\frac{\partial(xz)}{\partial y}+\frac{\partial(xy)}{\partial z}\right]\mathrm{d}v$$
$$=\iiint_{\Omega}0\mathrm{d}v=0.$$

(3) 由题设知球面 Σ 的方程为$(x-3)^2+(y+1)^2+(z-2)^2=9$，取外侧，记 Ω 为曲面 Σ 所围成的空间闭区域，则所求通量为

$$\Phi=\oiint_{\Sigma}\boldsymbol{A}\cdot\mathrm{d}\boldsymbol{S}=\iiint_{\Omega}\mathrm{div}\boldsymbol{A}\mathrm{d}v$$
$$=\iiint_{\Omega}\left[\frac{\partial(2x+3z)}{\partial x}+\frac{\partial(-xz-y)}{\partial y}+\frac{\partial(y^2+2z)}{\partial z}\right]\mathrm{d}v$$
$$=\iiint_{\Omega}3\mathrm{d}v=3\cdot\frac{4\pi}{3}\cdot 3^3=108\pi.$$

3. 求下列向量场 $\boldsymbol{A}$ 的散度：

(1) $\boldsymbol{A}=(x^2+yz)\boldsymbol{i}+(y^2+xz)\boldsymbol{j}+(z^2+xy)\boldsymbol{k}$；

(2) $\boldsymbol{A}=\mathrm{e}^{xy}\boldsymbol{i}+\cos(xy)\boldsymbol{j}+\cos(xz^2)\boldsymbol{k}$.

解　(1) 令 $P=x^2+yz$，$Q=y^2+xz$，$R=z^2+xy$，则

$$\mathrm{div}\boldsymbol{A}=\frac{\partial P}{\partial x}+\frac{\partial Q}{\partial y}+\frac{\partial R}{\partial z}=2x+2y+2z.$$

(2) 令 $P=\mathrm{e}^{xy}$，$Q=\cos(xy)$，$R=\cos(xz^2)$，则

$$\mathrm{div}\boldsymbol{A}=\frac{\partial P}{\partial x}+\frac{\partial Q}{\partial y}+\frac{\partial R}{\partial z}=y\mathrm{e}^{xy}-x\sin(xy)-2xz\sin(xz^2).$$

4. 设 $u(x,y,z)$、$v(x,y,z)$是两个定义在闭区域 Ω 上的具有二阶连续偏导数的函数，$\frac{\partial u}{\partial n}$、$\frac{\partial v}{\partial n}$依次表示 $u(x,y,z)$、$v(x,y,z)$沿 Σ 的外法线方向的方向导数. 证明：

$$\iiint_{\Omega}(u\Delta v-v\Delta u)\mathrm{d}x\mathrm{d}y\mathrm{d}z=\oiint_{\Sigma}\left(u\frac{\partial v}{\partial n}-v\frac{\partial u}{\partial n}\right)\mathrm{d}S,$$

其中 Σ 是空间闭区域 Ω 的整个边界曲面. 这个公式叫做格林第二公式.

注　由教材本节例 3 证明的格林第一公式知

$$\iiint_{\Omega}u\Delta v\mathrm{d}x\mathrm{d}y\mathrm{d}z=\oiint_{\Sigma}u\frac{\partial v}{\partial n}\mathrm{d}S-\iiint_{\Omega}\left(\frac{\partial u}{\partial x}\frac{\partial v}{\partial x}+\frac{\partial u}{\partial y}\frac{\partial v}{\partial y}+\frac{\partial u}{\partial z}\frac{\partial v}{\partial z}\right)\mathrm{d}x\mathrm{d}y\mathrm{d}z,$$

在此公式中将函数 u 和 v 交换位置，得

$$\iiint_{\Omega}v\Delta u\mathrm{d}x\mathrm{d}y\mathrm{d}z=\oiint_{\Sigma}v\frac{\partial u}{\partial n}\mathrm{d}S-\iiint_{\Omega}\left(\frac{\partial u}{\partial x}\frac{\partial v}{\partial x}+\frac{\partial u}{\partial y}\frac{\partial v}{\partial y}+\frac{\partial u}{\partial z}\frac{\partial v}{\partial z}\right)\mathrm{d}x\mathrm{d}y\mathrm{d}z,$$

将上面两个式子相减即得

$$\iiint_{\Omega}(u\Delta v-v\Delta u)\mathrm{d}x\mathrm{d}y\mathrm{d}z=\oiint_{\Sigma}\left(u\frac{\partial v}{\partial n}-v\frac{\partial u}{\partial n}\right)\mathrm{d}S.$$

习题 11－7

2. 利用斯托克斯公式，计算下列曲线积分：

(1) $\oint_{\Gamma}y\mathrm{d}x+z\mathrm{d}y+x\mathrm{d}z$，其中 Γ 为圆周 $x^2+y^2+z^2=a^2$，$x+y+z=0$，若从 x 轴的正向看去，这圆周是取逆时针方向；

(3) $\oint_{\Gamma}3y\mathrm{d}x-xz\mathrm{d}y+yz^2\mathrm{d}z$，其中 Γ 是圆周 $x^2+y^2=2z$，$z=2$，若从 z 轴正向看去，这圆周是取逆时针方向.

解　(1) 取 Σ 为平面 $x+y+z=0$ 的上侧被 Γ 所围成的部分，则 Σ 的面积为 πa^2，Σ 的单位法向量为

$$\boldsymbol{n}=(\cos\alpha,\cos\beta,\cos\gamma)=\left(\frac{1}{\sqrt{3}},\frac{1}{\sqrt{3}},\frac{1}{\sqrt{3}}\right),$$

由斯托克斯公式得

$$\oint_\Gamma y\mathrm{d}x+z\mathrm{d}y+x\mathrm{d}z=\iint_\Sigma\begin{vmatrix}\frac{1}{\sqrt3} & \frac{1}{\sqrt3} & \frac{1}{\sqrt3}\\ \frac{\partial}{\partial x} & \frac{\partial}{\partial y} & \frac{\partial}{\partial z}\\ y & z & x\end{vmatrix}\mathrm{d}S$$

$$=\iint_\Sigma\left(-\frac{1}{\sqrt3}-\frac{1}{\sqrt3}-\frac{1}{\sqrt3}\right)\mathrm{d}S$$

$$=-\sqrt3\iint_\Sigma\mathrm{d}S=-\sqrt3\,\pi a^2.$$

(3) 取 Σ 为平面 $z=2$ 的上侧被 Γ 所围成的部分，则 Σ 的单位法向量为 $\boldsymbol{n}=(0,0,1)$，Σ 在 xOy 面上的投影区域 D_{xy} 为 $x^2+y^2\leqslant4$，于是由斯托克斯公式得

$$\oint_\Gamma 3y\mathrm{d}x-xz\mathrm{d}y+yz^2\mathrm{d}z=\iint_\Sigma\begin{vmatrix}0 & 0 & 1\\ \frac{\partial}{\partial x} & \frac{\partial}{\partial y} & \frac{\partial}{\partial z}\\ 3y & -xz & yz^2\end{vmatrix}\mathrm{d}S$$

$$=-\iint_\Sigma(z+3)\mathrm{d}S=-\iint_{D_{xy}}(2+3)\mathrm{d}x\mathrm{d}y=-20\pi.$$

3. 求下列向量场 $\boldsymbol{A}$ 的旋度：

(1) $\boldsymbol{A}=(2z-3y)\boldsymbol{i}+(3x-z)\boldsymbol{j}+(y-2x)\boldsymbol{k}$；

(2) $\boldsymbol{A}=(z+\sin y)\boldsymbol{i}-(z-x\cos y)\boldsymbol{j}$.

解 (1) $$\mathbf{rot}\,\boldsymbol{A}=\begin{vmatrix}\boldsymbol{i} & \boldsymbol{j} & \boldsymbol{k}\\ \frac{\partial}{\partial x} & \frac{\partial}{\partial y} & \frac{\partial}{\partial z}\\ 2z-3y & 3x-z & y-2x\end{vmatrix}=2\boldsymbol{i}+4\boldsymbol{j}+6\boldsymbol{k}.$$

(2) $$\mathbf{rot}\,\boldsymbol{A}=\begin{vmatrix}\boldsymbol{i} & \boldsymbol{j} & \boldsymbol{k}\\ \frac{\partial}{\partial x} & \frac{\partial}{\partial y} & \frac{\partial}{\partial z}\\ z+\sin y & -(z-x\cos y) & 0\end{vmatrix}=\boldsymbol{i}+\boldsymbol{j}.$$

5. 求下列向量场 $\boldsymbol{A}$ 沿闭曲线 Γ(从 z 轴正向看 Γ 依逆时针方向)的环流量：

(1) $\boldsymbol{A}=-y\boldsymbol{i}+x\boldsymbol{j}+c\boldsymbol{k}$($c$ 为常量)，其中 Γ 为圆周 $x^2+y^2=1$，$z=0$；

(2) $\boldsymbol{A}=(x-z)\boldsymbol{i}+(x^3+yz)\boldsymbol{j}-3xy^2\boldsymbol{k}$，其中 Γ 为圆周 $z=2-\sqrt{x^2+y^2}$，$z=0$.

解 (1) Γ 的参数方程为 $x=\cos t$，$y=\sin t$，$z=0$，t 从 0 变到 2π，于是所求环流量为

$$\oint_\Gamma\boldsymbol{A}\cdot\boldsymbol{\tau}\mathrm{d}s=\oint_\Gamma P\mathrm{d}x+Q\mathrm{d}y+R\mathrm{d}z$$

$$=\oint_\Gamma(-y)\mathrm{d}x+x\mathrm{d}y+c\mathrm{d}z$$

$$=\int_0^{2\pi}[(-\sin t)(-\sin t)+\cos t\cos t]\mathrm{d}t$$

$$=\int_0^{2\pi}\mathrm{d}t=2\pi.$$

(2) Γ 是 xOy 面上的圆周 $x^2+y^2=4$(从 z 轴正向看 Γ 依逆时针方向)，Γ 的参数方程

为 $x=2\cos t$，$y=2\sin t$，$z=0$，t 从 0 变到 2π，于是所求环流量为

$$\begin{aligned}\oint_\Gamma \mathbf{A}\cdot\boldsymbol{\tau}\mathrm{d}s&=\oint_\Gamma P\mathrm{d}x+Q\mathrm{d}y+R\mathrm{d}z\\&=\oint_\Gamma (x-z)\mathrm{d}x+(x^3+yz)\mathrm{d}y-3xy^2\mathrm{d}z\ (\text{代入 } z=0)\\&=\oint_\Gamma x\mathrm{d}x+x^3\mathrm{d}y\\&=\int_0^{2\pi}[2\cos t\cdot(-2\sin t)+8\cos^3 t\cdot 2\cos t]\mathrm{d}t\\&=-4\int_0^{2\pi}\sin t\cos t\mathrm{d}t+16\int_0^{2\pi}\cos^4 t\mathrm{d}t\\&=0+64\int_0^{\frac{\pi}{2}}\cos^4 t\mathrm{d}t=12\pi.\end{aligned}$$

总习题十一

3. 计算下列曲线积分：

(1) $\oint_L \sqrt{x^2+y^2}\mathrm{d}s$，其中 L 为圆周 $x^2+y^2=ax$；

(3) $\int_L (2a-y)\mathrm{d}x+x\mathrm{d}y$，其中 L 为摆线 $x=a(t-\sin t)$，$y=a(1-\cos t)$ 上对应 t 从 0 到 2π 的一段弧；

(6) $\oint_\Gamma xyz\mathrm{d}z$，其中 Γ 是用平面 $y=z$ 截球面 $x^2+y^2+z^2=1$ 所得的截痕，从 z 轴的正向看去，沿逆时针方向.

解 (1) L 的极坐标方程为 $\rho=a\cos\theta\left(-\frac{\pi}{2}\leqslant\theta\leqslant\frac{\pi}{2}\right)$，则

$$\mathrm{d}s=\sqrt{\rho^2(\theta)+\rho'^2(\theta)}\mathrm{d}\theta=\sqrt{(a\cos\theta)^2+(-a\sin\theta)^2}\mathrm{d}\theta=a\mathrm{d}\theta,$$

因此 $\oint_L \sqrt{x^2+y^2}\mathrm{d}s=\int_{-\frac{\pi}{2}}^{\frac{\pi}{2}}a\cos\theta\cdot a\mathrm{d}\theta=2a^2\int_0^{\frac{\pi}{2}}\cos\theta\mathrm{d}\theta=2a^2$.

(3) $$\begin{aligned}\int_L (2a-y)\mathrm{d}x+x\mathrm{d}y&=\int_0^{2\pi}[(2a-a(1-\cos t))\cdot a(1-\cos t)+a(t-\sin t)\cdot a\sin t]\mathrm{d}t\\&=a^2\int_0^{2\pi}t\sin t\mathrm{d}t=a^2[-t\cos t-\sin t]_0^{2\pi}=-2\pi a^2.\end{aligned}$$

(6) Γ 的一般方程为 $\begin{cases}x^2+y^2+z^2=1,\\ y=z,\end{cases}$ 其参数方程为 $x=\cos t$，$y=\frac{1}{\sqrt{2}}\sin t$，$z=\frac{1}{\sqrt{2}}\sin t$，因为从 z 轴的正向看去，Γ 沿逆时针方向，所以 t 从 0 变到 2π，于是

$$\begin{aligned}\oint_\Gamma xyz\mathrm{d}z&=\int_0^{2\pi}\cos t\cdot\frac{1}{\sqrt{2}}\sin t\cdot\frac{1}{\sqrt{2}}\sin t\cdot\frac{1}{\sqrt{2}}\cos t\mathrm{d}t\\&=\frac{1}{2\sqrt{2}}\int_0^{2\pi}\cos^2 t\sin^2 t\mathrm{d}t=\frac{1}{8\sqrt{2}}\int_0^{2\pi}\sin^2 2t\mathrm{d}t\\&=\frac{1}{16\sqrt{2}}\int_0^{2\pi}(1-\cos 4t)\mathrm{d}t\\&=\frac{1}{16\sqrt{2}}\left[t-\frac{1}{4}\sin 4t\right]_0^{2\pi}=\frac{\sqrt{2}\pi}{16}.\end{aligned}$$

4. 计算下列曲面积分：

(1) $\iint\limits_{\Sigma}\frac{\mathrm{d}S}{x^2+y^2+z^2}$，其中 Σ 是介于平面 $z=0$ 及 $z=H$ 之间的圆柱面 $x^2+y^2=R^2$；

(2) $\iint\limits_{\Sigma}(y^2-z)\mathrm{d}y\mathrm{d}z+(z^2-x)\mathrm{d}z\mathrm{d}x+(x^2-y)\mathrm{d}x\mathrm{d}y$，其中 Σ 为锥面

$$z=\sqrt{x^2+y^2}\ (0\leqslant z\leqslant h)$$

的外侧；

(4) $\iint\limits_{\Sigma}xyz\mathrm{d}x\mathrm{d}y$，其中 Σ 为球面 $x^2+y^2+z^2=1(x\geqslant 0,\ y\geqslant 0)$ 的外侧.

解　(1) 由对称性知，只要计算 Σ 在第一卦限部分 Σ_1 上积分的 4 倍. 由于 Σ_1 的方程为 $x=\sqrt{R^2-y^2}$，于是

$$\mathrm{d}S=\sqrt{1+x_y^2+x_z^2}\,\mathrm{d}y\mathrm{d}z=\frac{R}{\sqrt{R^2-y^2}}\mathrm{d}y\mathrm{d}z,$$

Σ_1 在 yOz 面的投影为 D_{yz}：$0\leqslant y\leqslant R$，$0\leqslant z\leqslant H$，所以

$$\begin{aligned}\iint\limits_{\Sigma}\frac{\mathrm{d}S}{x^2+y^2+z^2}&=4\iint\limits_{D_{yz}}\frac{1}{R^2+z^2}\cdot\frac{R}{\sqrt{R^2-y^2}}\mathrm{d}y\mathrm{d}z\\&=4R\int_0^R\frac{1}{\sqrt{R^2-y^2}}\mathrm{d}y\cdot\int_0^H\frac{1}{R^2+z^2}\mathrm{d}z\\&=4R\left[\arcsin\frac{y}{R}\right]_0^R\cdot\frac{1}{R}\left[\arctan\frac{z}{R}\right]_0^H\\&=2\pi\arctan\frac{H}{R}.\end{aligned}$$

(2) 如图 11-16 所示，添加辅助平面 Σ_1：$z=h(x^2+y^2\leqslant h^2)$，取上侧，则在由 Σ 和 Σ_1 所包围的空间闭区域 Ω 上应用高斯公式，得

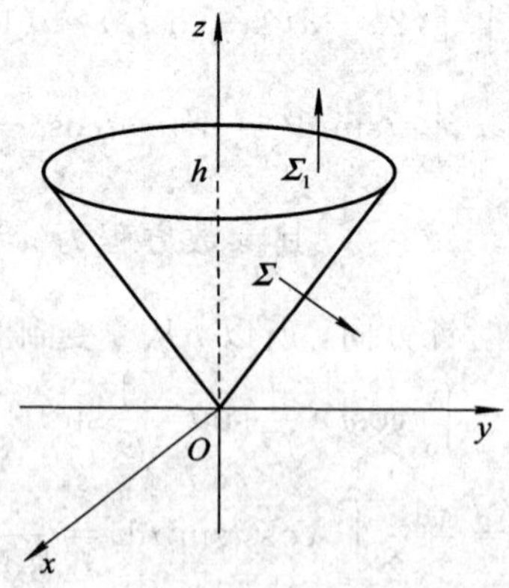

图 11-16

$$\iint_{\Sigma}(y^2-z)\mathrm{d}y\mathrm{d}z+(z^2-x)\mathrm{d}z\mathrm{d}x+(x^2-y)\mathrm{d}x\mathrm{d}y$$

$$=\oiint_{\Sigma+\Sigma_1}(y^2-z)\mathrm{d}y\mathrm{d}z+(z^2-x)\mathrm{d}z\mathrm{d}x+(x^2-y)\mathrm{d}x\mathrm{d}y$$

$$-\iint_{\Sigma_1}(y^2-z)\mathrm{d}y\mathrm{d}z+(z^2-x)\mathrm{d}z\mathrm{d}x+(x^2-y)\mathrm{d}x\mathrm{d}y$$

$$=\iiint_{\Omega}0\mathrm{d}v-\iint_{x^2+y^2\leqslant h^2}(x^2-y)\mathrm{d}x\mathrm{d}y$$

$$=-\iint_{x^2+y^2\leqslant h^2}x^2\mathrm{d}x\mathrm{d}y$$

$$=-\int_0^{2\pi}\mathrm{d}\theta\int_0^h\rho^2\cos^2\theta\cdot\rho\mathrm{d}\rho$$

$$=-\frac{\pi}{4}h^4.$$

(4) 应用高斯公式计算.

添加辅助曲面 Σ_1：$x=0$，取后侧；Σ_2：$y=0$，取左侧，则有

$$\iint_{\Sigma_1}xyz\mathrm{d}x\mathrm{d}y=\iint_{\Sigma_2}xyz\mathrm{d}x\mathrm{d}y=0.$$

记由 Σ、Σ_1 和 Σ_2 所围成的空间闭区域为 Ω，则由高斯公式得

$$\iint_{\Sigma}xyz\mathrm{d}x\mathrm{d}y=\oiint_{\Sigma+\Sigma_1+\Sigma_2}xyz\mathrm{d}x\mathrm{d}y-\iint_{\Sigma_1}xyz\mathrm{d}x\mathrm{d}y-\iint_{\Sigma_2}xyz\mathrm{d}x\mathrm{d}y$$

$$=\iiint_{\Omega}xy\mathrm{d}v$$

$$=\int_0^{\frac{\pi}{2}}\mathrm{d}\theta\int_0^{\pi}\sin\varphi\mathrm{d}\varphi\int_0^1 r\sin\varphi\cos\theta\cdot r\sin\varphi\sin\theta\cdot r^2\mathrm{d}r$$

$$=\frac{2}{15}.$$

7. 设函数 $f(x)$ 在 $(-\infty,+\infty)$ 内具有一阶连续导数，L 是上半平面 $(y>0)$ 内的有向分段光滑曲线，其起点为 (a,b)，终点为 (c,d). 记

$$I=\int_L\frac{1}{y}[1+y^2f(xy)]\mathrm{d}x+\frac{x}{y^2}[y^2f(xy)-1]\mathrm{d}y,$$

(1) 证明曲线积分 I 与路径无关；

(2) 当 $ab=cd$ 时，求 I 的值.

证　(1) 令 $P=\frac{1}{y}[1+y^2f(xy)]$，$Q=\frac{x}{y^2}[y^2f(xy)-1]$. 由于

$$\frac{\partial P}{\partial y}=f(xy)-\frac{1}{y^2}+xyf'(xy)=\frac{\partial Q}{\partial x}$$

在上半平面这个单连通区域内处处成立，故在上半平面内曲线积分 I 与路径无关.

(2) 由于 I 与路径无关，故可取积分路径 L 为点 (a,b) 到点 (c,b) 再到点 (c,d) 的有向折线段，所以

$$\begin{aligned}I&=\int_a^c \frac{1}{b}[1+b^2f(bx)]\mathrm{d}x+\int_b^d \frac{c}{y^2}[y^2f(cy)-1]\mathrm{d}y\\&=\frac{c-a}{b}+b\int_a^c f(bx)\mathrm{d}x+c\int_b^d f(cy)\mathrm{d}y+\frac{c}{d}-\frac{c}{b}\\&=\frac{c}{d}-\frac{a}{b}+\int_{ab}^{bc}f(t)\mathrm{d}t+\int_{bc}^{cd}f(t)\mathrm{d}t\\&=\frac{c}{d}-\frac{a}{b}+\int_{ab}^{cd}f(t)\mathrm{d}t.\end{aligned}$$

当 $ab=cd$ 时，$\int_{ab}^{cd}f(t)\mathrm{d}t=0$，由此知

$$I=\frac{c}{d}-\frac{a}{b}.$$

10. 求向量 $\boldsymbol{A}=x\boldsymbol{i}+y\boldsymbol{j}+z\boldsymbol{k}$ 通过闭区域 $\Omega=\{(x,y,z)\mid 0\leqslant x\leqslant 1,0\leqslant y\leqslant 1,0\leqslant z\leqslant 1\}$ 的边界曲面流向外侧的通量.

解 取 Ω 的外侧边界曲面为 Σ，则通量为

$$\begin{aligned}\Phi&=\oiint_{\Sigma}\boldsymbol{A}\cdot\boldsymbol{n}\mathrm{d}S=\oiint_{\Sigma}x\mathrm{d}y\mathrm{d}z+y\mathrm{d}z\mathrm{d}x+z\mathrm{d}x\mathrm{d}y\\&=\iiint_{\Omega}\left(\frac{\partial x}{\partial x}+\frac{\partial y}{\partial y}+\frac{\partial z}{\partial z}\right)\mathrm{d}v=\iiint_{\Omega}3\mathrm{d}v=3.\end{aligned}$$

五、培优提升

1.（2016 考研题）向量场

$$\boldsymbol{A}(x,y,z)=(x+y+z)\boldsymbol{i}+xy\boldsymbol{j}+z\boldsymbol{k}$$

的旋度 $\mathbf{rot}\,\boldsymbol{A}=$ ________.

解 应填 $(0,1,y-1)$.

由旋度公式可得 $\mathbf{rot}\,\boldsymbol{A}=\left\{\frac{\partial R}{\partial y}-\frac{\partial Q}{\partial z},\frac{\partial P}{\partial z}-\frac{\partial R}{\partial x},\frac{\partial Q}{\partial x}-\frac{\partial P}{\partial y}\right\}=(0,1,y-1)$.

2.（2016 考研题）设函数 $f(x,y)$ 满足 $\frac{\partial f(x,y)}{\partial x}=(2x+1)\mathrm{e}^{2x-y}$，且 $f(0,y)=y+1$，L_t 是从点 $(0,0)$ 到点 $(1,t)$ 的光滑曲线，计算曲线积分

$$I(t)=\int_{L_t}\frac{\partial f(x,y)}{\partial x}\mathrm{d}x+\frac{\partial f(x,y)}{\partial y}\mathrm{d}y,$$

并求 $I(t)$ 的最小值.

解 由 $\frac{\partial f(x,y)}{\partial x}=(2x+1)\mathrm{e}^{2x-y}$ 可得

$$f(x,y)=\int(2x+1)\mathrm{e}^{2x-y}\,\mathrm{d}x=\mathrm{e}^{-y}\left(\int 2x\mathrm{e}^{2x}\,\mathrm{d}x+\int\mathrm{e}^{2x}\mathrm{d}x\right)=x\mathrm{e}^{2x-y}+\varphi(y),$$

由 $f(0,y)=y+1$ 可知 $\varphi(y)=y+1$，于是 $f(x,y)=x\mathrm{e}^{2x-y}+y+1$，从而

$$\frac{\partial f(x,y)}{\partial y}=-x\mathrm{e}^{2x-y}+1,$$

因此

$$\begin{aligned} I(t) &= \int_{L_t} \frac{\partial f(x,y)}{\partial x}\mathrm{d}x + \frac{\partial f(x,y)}{\partial y}\mathrm{d}y \\ &= \int_{L_t} (2x+1)\mathrm{e}^{2x-y}\mathrm{d}x + (1-x\mathrm{e}^{2x-y})\mathrm{d}y. \end{aligned}$$

设 $P=(2x+1)\mathrm{e}^{2x-y}$，$Q=1-x\mathrm{e}^{2x-y}$，则有

$$\frac{\partial P}{\partial y} = -(2x+1)\mathrm{e}^{2x-y},\ \frac{\partial Q}{\partial x} = -\mathrm{e}^{2x-y} - 2x\mathrm{e}^{2x-y},$$

因此$\dfrac{\partial P}{\partial y}=\dfrac{\partial Q}{\partial x}$，即曲线积分与路径无关，故

$$\begin{aligned} I(t) &= \int_{L_t} (2x+1)\mathrm{e}^{2x-y}\mathrm{d}x + (1-x\mathrm{e}^{2x-y})\mathrm{d}y \\ &= \int_0^1 (2x+1)\mathrm{e}^{2x}\mathrm{d}x + \int_0^t (1-\mathrm{e}^{2-y})\mathrm{d}y \\ &= \mathrm{e}^2 + t + \mathrm{e}^{2-t} - \mathrm{e}^2 = t + \mathrm{e}^{2-t}. \end{aligned}$$

由 $I'(t)=1-\mathrm{e}^{2-t}=0$ 可得 $t=2$. 因为 $I''(t)=\mathrm{e}^{2-t}>0$，所以当 $t=2$ 时 $I(t)$有最小值，最小值为 $I(2)=2+1=3$.

3. (2016 考研题)设有界区域 Ω 由平面 $2x+y+2z=2$ 与三个坐标平面围成，Σ 为 Ω 整个表面的外侧，计算曲面积分 $I=\iint\limits_{\Sigma}(x^2+1)\mathrm{d}y\mathrm{d}z-2y\mathrm{d}z\mathrm{d}x+3z\mathrm{d}x\mathrm{d}y$.

解　令 $P=x^2+1$，$Q=-2y$，$R=3z$，由高斯公式得

$$\begin{aligned} I &= \iiint\limits_{\Omega}\left(\frac{\partial P}{\partial x}+\frac{\partial Q}{\partial y}+\frac{\partial R}{\partial z}\right)\mathrm{d}x\mathrm{d}y\mathrm{d}z \\ &= \iiint\limits_{\Omega}(2x+1)\mathrm{d}x\mathrm{d}y\mathrm{d}z = \iiint\limits_{\Omega}\mathrm{d}v + 2\iiint\limits_{\Omega}x\,\mathrm{d}v \\ &= \frac{1}{3}\times\frac{1}{2}\times 2\times 1\times 1 + 2\int_0^1 x\mathrm{d}x\int_0^{2-2x}\mathrm{d}y\int_0^{1-x-\frac{y}{2}}\mathrm{d}z \\ &= \frac{1}{3} + 2\int_0^1 x\mathrm{d}x\int_0^{2-2x}\left(1-x-\frac{y}{2}\right)\mathrm{d}y \\ &= \frac{1}{3} + 2\int_0^1 x(1-x)^2\mathrm{d}x = \frac{1}{3}+\frac{1}{6} = \frac{1}{2}. \end{aligned}$$

4. (2015 考研题)已知曲线 L 的方程为$\begin{cases} z=\sqrt{2-x^2-y^2}, \\ z=x, \end{cases}$起点为 $A(0,\sqrt{2},0)$，终点为 $B(0,-\sqrt{2},0)$，计算曲线积分 $I=\int_L(y+z)\mathrm{d}x+(z^2-x^2+y)\mathrm{d}y+(x^2+y^2)\mathrm{d}z$.

解　由题意知曲线 L 的参数方程为

$$\begin{cases} x=\cos\theta, \\ y=\sqrt{2}\sin\theta, \\ z=\cos\theta, \end{cases}$$

θ 从$\dfrac{\pi}{2}$变到$-\dfrac{\pi}{2}$，则

$$I=\int_L(y+z)\mathrm{d}x+(z^2-x^2+y)\mathrm{d}y+(x^2+y^2)\mathrm{d}z$$

$$=\int_{\frac{\pi}{2}}^{-\frac{\pi}{2}}[(\sqrt{2}\sin\theta+\cos\theta)(-\sin\theta)+(\sqrt{2}\sin\theta)(\sqrt{2}\cos\theta)+(\cos^2\theta+2\sin^2\theta)(-\sin\theta)]\mathrm{d}\theta$$

$$=\int_{\frac{\pi}{2}}^{-\frac{\pi}{2}}[-\sqrt{2}\sin^2\theta+\sin\theta\cos\theta-(1+\sin^2\theta)\sin\theta]\mathrm{d}\theta$$

$$=2\sqrt{2}\int_0^{\frac{\pi}{2}}\sin^2\theta\mathrm{d}\theta=\frac{\sqrt{2}}{2}\pi.$$

5. (2014 考研题)设 L 是柱面 $x^2+y^2=1$ 与平面 $y+z=0$ 的交线，从 z 轴正向往 z 轴负向看去为逆时针方向，则曲线积分 $\oint_L z\mathrm{d}x+y\mathrm{d}z=$ ________.

解 应填 π.

由题意知曲线 L 的参数方程为 $\begin{cases}x=\cos\theta,\\ y=\sin\theta,\\ z=-\sin\theta,\end{cases}$ θ 从 0 变到 2π，则

$$\oint_L z\mathrm{d}x+y\mathrm{d}z=\int_0^{2\pi}[(-\sin\theta)(-\sin\theta)+\sin\theta\cdot(-\cos\theta)]\mathrm{d}\theta$$

$$=\int_0^{2\pi}(\sin^2\theta-\sin\theta\cos\theta)\mathrm{d}\theta=4\int_0^{\frac{\pi}{2}}\sin^2\theta\mathrm{d}\theta=\pi.$$

6. (2014 考研题)设 Σ 为曲面 $z=x^2+y^2(z\leqslant1)$ 的上侧，计算曲面积分

$$I=\iint_\Sigma(x-1)^3\mathrm{d}y\mathrm{d}z+(y-1)^3\mathrm{d}z\mathrm{d}x+(z-1)\mathrm{d}x\mathrm{d}y.$$

解 补有向曲面 Σ_1 为平面 $z=1$ 上被 $\begin{cases}z=x^2+y^2,\\ z=1\end{cases}$ 所围部分的下侧，Σ 与 Σ_1 所围成的空间区域记为 Ω，由高斯公式得

$$-\oint\!\!\!\oint_{\Sigma+\Sigma_1}(x-1)^3\mathrm{d}y\mathrm{d}z+(y-1)^3\mathrm{d}z\mathrm{d}x+(z-1)\mathrm{d}x\mathrm{d}y$$

$$=\iiint_\Omega[3(x-1)^2+3(y-1)^2+1]\mathrm{d}v$$

$$=3\iiint_\Omega(x^2+y^2)\mathrm{d}v-6\iiint_\Omega x\mathrm{d}v-6\iiint_\Omega y\mathrm{d}v+7\iiint_\Omega\mathrm{d}v.$$

Ω 关于 yOz 面和 zOx 面对称，则 $\iiint_\Omega x\mathrm{d}v=\iiint_\Omega y\mathrm{d}v=0$；又

$$\iiint_\Omega(x^2+y^2)\mathrm{d}v=\int_0^{2\pi}\mathrm{d}\theta\int_0^1\rho\mathrm{d}\rho\int_{\rho^2}^1\rho^2\mathrm{d}z=\int_0^{2\pi}\mathrm{d}\theta\int_0^1\rho^2(1-\rho^2)\rho\mathrm{d}\rho$$

$$=2\pi\left[\frac{1}{4}\rho^4-\frac{1}{6}\rho^6\right]_0^1=2\pi\left(\frac{1}{4}-\frac{1}{6}\right)=\frac{\pi}{6},$$

$$\iiint_\Omega\mathrm{d}v=\int_0^1\mathrm{d}z\iint_{x^2+y^2\leqslant z}\mathrm{d}x\mathrm{d}y=\int_0^1\pi z\mathrm{d}z=\frac{\pi}{2},$$

故

$$-\oiint_{\Sigma+\Sigma_1}(x-1)^3\mathrm{d}y\mathrm{d}z+(y-1)^3\mathrm{d}z\mathrm{d}x+(z-1)\mathrm{d}x\mathrm{d}y=3\cdot\frac{\pi}{6}+7\cdot\frac{\pi}{2}=4\pi.$$

又

$$\iint_{\Sigma_1}(x-1)^3\mathrm{d}y\mathrm{d}z+(y-1)^3\mathrm{d}z\mathrm{d}x+(z-1)\mathrm{d}x\mathrm{d}y=\iint_{\Sigma_1}(z-1)\mathrm{d}x\mathrm{d}y$$
$$=-\iint_{x^2+y^2\leqslant 1}(1-1)\mathrm{d}x\mathrm{d}y=0,$$

所以

$$\begin{aligned}I&=\oiint_{\Sigma+\Sigma_1}(x-1)^3\mathrm{d}y\mathrm{d}z+(y-1)^3\mathrm{d}z\mathrm{d}x+(z-1)\mathrm{d}x\mathrm{d}y\\&\quad-\iint_{\Sigma_1}(x-1)^3\mathrm{d}y\mathrm{d}z+(y-1)^3\mathrm{d}z\mathrm{d}x+(z-1)\mathrm{d}x\mathrm{d}y\\&=-4\pi.\end{aligned}$$

7.（2013 考研题）设 $L_1: x^2+y^2=1$，$L_2: x^2+y^2=2$，$L_3: x^2+2y^2=2$，$L_4: 2x^2+y^2=2$ 为四条逆时针方向的平面曲线，记 $I_i=\oint_{L_i}\left(y+\frac{y^3}{6}\right)\mathrm{d}x+\left(2x-\frac{x^3}{3}\right)\mathrm{d}y\ (i=1,2,3,4)$，则 $\max\{I_1, I_2, I_3, I_4\}=$（　　）.

（A）I_1　　（B）I_2　　（C）I_3　　（D）I_4

解　应选（D）.

记 $P(x,y)=y+\frac{y^3}{6}$，$Q(x,y)=2x-\frac{x^3}{3}$，用 D_i 表示 L_i 所围的闭区域，用 S_i 表示闭区域 D_i 的面积，则

$$\frac{\partial Q}{\partial x}-\frac{\partial P}{\partial y}=2-x^2-1-\frac{y^2}{2}=1-\left(x^2+\frac{y^2}{2}\right),$$

$$\begin{aligned}I_i&=\oint_{L_i}\left(y+\frac{y^3}{6}\right)\mathrm{d}x+\left(2x-\frac{x^3}{3}\right)\mathrm{d}y=\iint_{D_i}\left(\frac{\partial Q}{\partial x}-\frac{\partial P}{\partial y}\right)\mathrm{d}x\mathrm{d}y\\&=\iint_{D_i}\left[1-\left(x^2+\frac{y^2}{2}\right)\right]\mathrm{d}x\mathrm{d}y=\frac{1}{2}\iint_{D_i}(2-2x^2-y^2)\mathrm{d}x\mathrm{d}y.\end{aligned}$$

如图 11－17 和图 11－18 所示，区域 $D_1\subset D_4\subset D_2$，$D_1\subset D_3\subset D_2$；被积函数

$$f(x,y)=2-2x^2-y^2$$

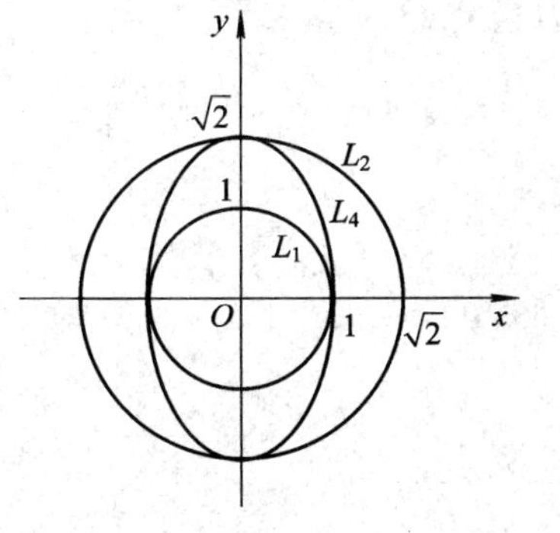

图 11－17

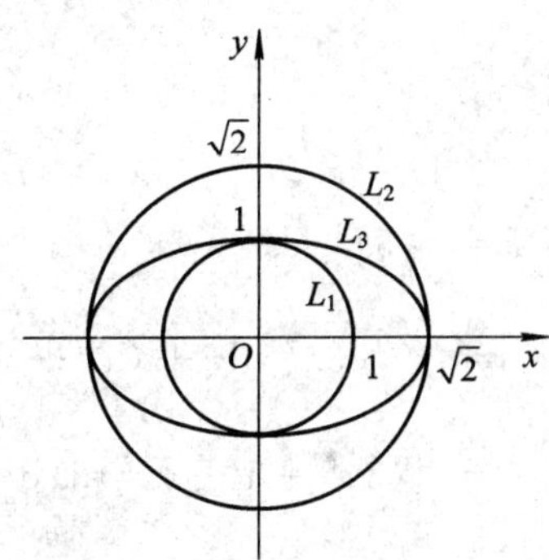

图 11－18

在区域 D_4 内大于零，除此之外均非正，即 D_4 包含了使被积函数 $f(x, y)$ 大于零的所有点，而不包含 $f(x, y)$ 小于零的任何点，因此 I_4 达到最大值，故选(D).

8. (2012 考研题)设

$$\Sigma=\{(x, y, z) \mid x+y+z=1,\ x\geqslant 0,\ y\geqslant 0,\ z\geqslant 0\},$$

则 $\iint\limits_{\Sigma} y^2 \mathrm{d}S=$ ________.

解 应填 $\dfrac{\sqrt{3}}{12}$.

Σ 在 xOy 平面上的投影区域为

$$D_{xy}=\{(x, y) \mid 0\leqslant x\leqslant 1,\ 0\leqslant y\leqslant 1-x\},$$

又 Σ 的方程为 $z=1-x-y$，则面积元素为

$$\mathrm{d}S=\sqrt{1+\left(\frac{\partial z}{\partial x}\right)^2+\left(\frac{\partial z}{\partial y}\right)^2}\,\mathrm{d}x\mathrm{d}y=\sqrt{3}\,\mathrm{d}x\mathrm{d}y,$$

所以

$$\iint\limits_{\Sigma} y^2 \mathrm{d}S=\sqrt{3}\iint\limits_{D_{xy}} y^2 \mathrm{d}x\mathrm{d}y=\sqrt{3}\int_0^1 \mathrm{d}x\int_0^{1-x} y^2 \mathrm{d}y=\frac{\sqrt{3}}{3}\int_0^1 (1-x)^3 \mathrm{d}x=\frac{\sqrt{3}}{12}.$$

9. (2012 考研题)已知 L 是第一象限中从点(0, 0)沿圆周 $x^2+y^2=2x$ 到点(2, 0)，再沿圆周 $x^2+y^2=4$ 到点(0, 2)的曲线段，计算曲线积分

$$I=\int_L 3x^2 y\mathrm{d}x+(x^3+x-2y)\mathrm{d}y.$$

解 记 L_1 是起点为(0, 2)、终点为(0, 0)的 $x=0$ 的线段，如图 11-19 所示，设 L_1 和 L 围成闭区域 D，应用格林公式，得

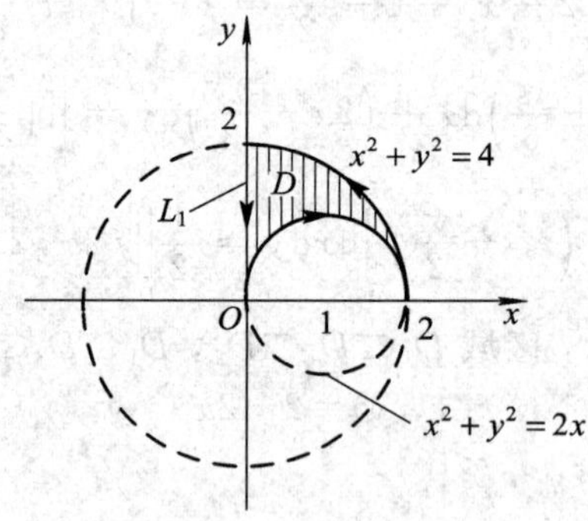

图 11-19

$$\begin{aligned}I&=\int_L 3x^2 y\mathrm{d}x+(x^3+x-2y)\mathrm{d}y\\&=\oint_{L+L_1} 3x^2 y\mathrm{d}x+(x^3+x-2y)\mathrm{d}y-\int_{L_1} 3x^2 y\mathrm{d}x+(x^3+x-2y)\mathrm{d}y\\&=\iint\limits_D (3x^2+1-3x^2)\mathrm{d}x\mathrm{d}y-\int_2^0 (-2y)\mathrm{d}y\\&=\frac{\pi}{2}-4.\end{aligned}$$

10. (2011考研题)设 L 是柱面方程为 $x^2+y^2=1$ 与平面 $z=x+y$ 的交线，从 z 轴正向往 z 轴负向看去为逆时针方向，则曲线积分

$$\oint_L xz\mathrm{d}x+x\mathrm{d}y+\frac{y^2}{2}\mathrm{d}z=\underline{\qquad\qquad}.$$

解　应填 π.

曲线 L 的参数方程为 $\begin{cases}x=\cos t,\\ y=\sin t,\\ z=\cos t+\sin t,\end{cases}$ t 从 0 变到 2π，因此

$$\begin{aligned}&\oint_L xz\mathrm{d}x+x\mathrm{d}y+\frac{y^2}{2}\mathrm{d}z\\ =&\int_0^{2\pi}\left[\cos t(\cos t+\sin t)(-\sin t)+\cos t\cos t+\frac{\sin^2 t}{2}(\cos t-\sin t)\right]\mathrm{d}t\\ =&\int_0^{2\pi}\left(-\sin t\cos^2 t-\frac{\sin^2 t\cos t}{2}+\cos^2 t-\frac{\sin^3 t}{2}\right)\mathrm{d}t\\ =&\int_0^{2\pi}\cos^2 t\mathrm{d}t=4\int_0^{\frac{\pi}{2}}\cos^2 t\mathrm{d}t=\pi.\end{aligned}$$

11. (2010考研题)已知曲线 L 的方程为 $y=1-|x|$，$x\in[-1,1]$，起点为 $(-1,0)$，终点为 $(1,0)$，则曲线积分 $\int_L xy\mathrm{d}x+x^2\mathrm{d}y=\underline{\qquad\qquad}$.

解　应填 0.

将被积表达式分为两部分，一部分易求出原函数，另一部分直接化为定积分.

$$\begin{aligned}\int_L xy\mathrm{d}x+x^2\mathrm{d}y&=\int_L 2xy\mathrm{d}x+x^2\mathrm{d}y-\int_L xy\mathrm{d}x\\ &=\int_L \mathrm{d}(x^2y)-\int_{-1}^{1}x(1-|x|)\mathrm{d}x\\ &=[x^2y]_{(-1,0)}^{(1,0)}-0=0.\end{aligned}$$

12. (2010考研题)设 P 为椭球面 S：$x^2+y^2+z^2-yz=1$ 上的动点，若 S 在点 P 处的切平面与 xOy 平面垂直，求 P 点的轨迹 C，并计算曲面积分

$$I=\iint_\Sigma\frac{(x+\sqrt{3})|y-2z|}{\sqrt{4+y^2+z^2-4yz}}\mathrm{d}S,$$

其中 Σ 是椭球面 S 位于曲线 C 上方的部分.

解　设 P 点的坐标为 (x,y,z)，曲面 S：$x^2+y^2+z^2-yz=1$ 在点 P 处的切平面的法向量为 $\boldsymbol{n}=(2x,2y-z,2z-y)$. 因为 S 在点 P 处的切平面与 xOy 平面垂直，所以

$$\boldsymbol{n}\cdot(0,0,1)=0,$$

即 $2z-y=0$. 注意到 $P\in S$，因此可得 P 点的轨迹 C 的方程为

$$\begin{cases}x^2+y^2+z^2-yz=1,\\ 2z-y=0,\end{cases}\text{即}\begin{cases}x^2+\dfrac{3}{4}y^2=1,\\ y=2z.\end{cases}$$

Σ 的边界曲线 C 在 xOy 面上的投影曲线为 $x^2+\frac{3}{4}y^2=1$，因此 Σ 在 xOy 面上的投影区域为 D_{xy}：$x^2+\frac{3}{4}y^2\leqslant 1$. 在 Σ 的方程 $x^2+y^2+z^2-yz=1$ 中利用隐函数求导法则可求得

$$\frac{\partial z}{\partial x}=\frac{2x}{y-2z},\ \frac{\partial z}{\partial y}=\frac{2y-z}{y-2z},$$

由此得

$$\mathrm{d}S=\sqrt{1+\left(\frac{\partial z}{\partial x}\right)^2+\left(\frac{\partial z}{\partial y}\right)^2}\,\mathrm{d}x\mathrm{d}y=\frac{\sqrt{4+y^2+z^2-4yz}}{|y-2z|}\mathrm{d}x\mathrm{d}y,$$

于是

$$\begin{aligned}I&=\iint_{\Sigma}\frac{(x+\sqrt{3})\,|y-2z|}{\sqrt{4+y^2+z^2-4yz}}\mathrm{d}S\\&=\iint_{D_{xy}}(x+\sqrt{3})\,\mathrm{d}x\mathrm{d}y\quad(\text{对称性})\\&=\iint_{D_{xy}}\sqrt{3}\,\mathrm{d}x\mathrm{d}y=\sqrt{3}\times\pi\times1\times\frac{2}{\sqrt{3}}=2\pi.\end{aligned}$$

13. (2015 竞赛题)计算 $I=\oint_L(y-z)\mathrm{d}x+(z-x)\mathrm{d}y+(x-y)\mathrm{d}z$，其中 L 是平面 $2x-4y+z-4=0$ 和曲面 $z=x^2+y^2$ 的交线，从 z 轴正向看去，L 为逆时针方向.

解 方法一：记 Σ 是已知平面被曲线 L 所围部分的上侧，单位法向量为

$$\boldsymbol{n}=\frac{1}{\sqrt{21}}(2,\ -4,\ 1),$$

Σ 在 xOy 面上的投影区域 D_{xy} 为 $2x-4y+x^2+y^2-4\leqslant0$，即 D_{xy}：$(x+1)^2+(y-2)^2\leqslant3^2$，于是由斯托克斯公式得

$$\begin{aligned}I&=\oint_L(y-z)\mathrm{d}x+(z-x)\mathrm{d}y+(x-y)\mathrm{d}z\\&=\frac{1}{\sqrt{21}}\iint_{\Sigma}\begin{vmatrix}2&-4&1\\\frac{\partial}{\partial x}&\frac{\partial}{\partial y}&\frac{\partial}{\partial z}\\y-z&z-x&x-y\end{vmatrix}\mathrm{d}S\\&=\frac{2}{\sqrt{21}}\iint_{\Sigma}\mathrm{d}S=2\iint_{D_{xy}}\mathrm{d}x\mathrm{d}y=18\pi.\end{aligned}$$

方法二：联立 $\begin{cases}2x-4y+z-4=0,\\z=x^2+y^2,\end{cases}$ 消去 z，得 $(x+1)^2+(y-2)^2=3^2$，则 L 的参数方程为

$$\begin{cases}x=-1+3\cos t,\\y=2+3\sin t,\\z=14-6\cos t+12\sin t,\end{cases}\quad(0\leqslant t\leqslant2\pi),$$

所以

$$\begin{aligned}I&=\oint_L(y-z)\mathrm{d}x+(z-x)\mathrm{d}y+(x-y)\mathrm{d}z\\&=9\int_0^{2\pi}(1+2\sin t+\cos t)\mathrm{d}t=18\pi.\end{aligned}$$

14. (2014 竞赛题)设 $I=\iint_{\Sigma}(x^3-x)\mathrm{d}y\mathrm{d}z+(2y^3-y)\mathrm{d}z\mathrm{d}x+(3z^3-z)\mathrm{d}x\mathrm{d}y$，其中 Σ 是一个光滑封闭曲面，方向指向外侧，试确定曲面 Σ，使得积分 I 的值最小，并求该最小值.

解　记 Σ 围成的立体为 Ω，则由高斯公式得

$$I=\iint_{\Sigma}(x^3-x)\mathrm{d}y\mathrm{d}z+(2y^3-y)\mathrm{d}z\mathrm{d}x+(3z^3-z)\mathrm{d}x\mathrm{d}y$$
$$=3\iiint_{\Omega}(x^2+2y^2+3z^2-1)\mathrm{d}v.$$

为了使得积分 I 的值最小，即要求 Ω 为满足 $x^2+2y^2+3z^2-1\leqslant 0$ 的最大空间区域，即

$$\Omega=\{(x,\ y,\ z)\mid x^2+2y^2+3z^2\leqslant 1\}.$$

所以 Ω 是一个椭球体，Σ 是椭球体的表面时，积分 I 的值最小.

为求该最小值，作变换 $\begin{cases}x=u,\\ y=\dfrac{v}{\sqrt{2}},\\ z=\dfrac{w}{\sqrt{3}},\end{cases}$ 则 $\dfrac{\partial(x,\ y,\ z)}{\partial(u,\ v,\ w)}=\dfrac{1}{\sqrt{6}}$，于是

$$I=\frac{3}{\sqrt{6}}\iiint_{u^2+v^2+w^2\leqslant 1}(u^2+v^2+w^2-1)\mathrm{d}u\mathrm{d}v\mathrm{d}w$$
$$=\frac{3}{\sqrt{6}}\int_0^{2\pi}\mathrm{d}\theta\int_0^{\pi}\sin\varphi\mathrm{d}\varphi\int_0^1(r^2-1)r^2\mathrm{d}r$$
$$=-\frac{4\sqrt{6}}{15}\pi.$$

注　本题应用到重积分的坐标变换，为教材中带星号的内容.

第十二章　无穷级数

一、教学要求

1. 理解常数项级数收敛、发散以及收敛级数的和的概念，掌握级数的基本性质及级数收敛的必要条件. 掌握几何级数和 p 级数的敛散性. 掌握正项级数的比较审敛法、比值审敛法、根值审敛法. 掌握交错级数的莱布尼茨定理. 了解级数绝对收敛与条件收敛的概念及两者的关系.

2. 了解函数项级数的收敛域与和函数的概念. 掌握幂级数收敛半径、收敛区间(指开区间)以及收敛域的求法. 了解幂级数在其收敛区间内的基本性质(连续性、逐项求导与逐项求积). 会求一些简单幂级数的和函数. 了解函数展开成幂级数的充分必要条件. 掌握 e^x、$\sin x$、$\cos x$、$\ln(1+x)$和$(1+x)^{\alpha}$的麦克劳林展开式，并会利用这些展开式将一些简单的函数展开成幂级数. 了解幂级数在近似计算中的应用.

3. 了解用三角函数逼近周期函数的思想，了解三角函数系的正交性. 理解函数展开为傅里叶级数的收敛定理. 会将周期为 $2l$ 以及定义在$(-\pi, \pi)$和$(-l, l)$上的函数展开为傅里叶级数. 会将定义在$(0, l)$上的函数展开为正弦级数和余弦级数.

二、答疑解惑

问题 1　记号 $\sum\limits_{n=1}^{\infty} u_n$ 能否既表示级数又表示级数之和?

答　记号 $\sum\limits_{n=1}^{\infty} u_n$ 表示级数，即 $\sum\limits_{n=1}^{\infty} u_n = u_1 + u_2 + \cdots + u_n + \cdots$. 不论级数收敛还是发散，级数都可以用记号 $\sum\limits_{n=1}^{\infty} u_n$ 表示，当且仅当级数收敛时，记号 $\sum\limits_{n=1}^{\infty} u_n$ 才表示这个级数之和，即 $s = \sum\limits_{n=1}^{\infty} u_n$.

问题 2　因为$\dfrac{\cos\dfrac{n\pi}{3}}{n^2} \leqslant \dfrac{1}{n^2}$，以及级数 $\sum\limits_{n=1}^{\infty} \dfrac{1}{n^2}$ 收敛，所以级数 $\sum\limits_{n=1}^{\infty} \dfrac{\cos\dfrac{n\pi}{3}}{n^2}$ 收敛. 此推导是否正确?

答　此推导不正确. 比较审敛法只适用于正项级数，而级数$\sum_{n=1}^{\infty}\frac{\cos\frac{n\pi}{3}}{n^2}$为任意项级数，所以不能使用比较审敛法. 正确做法是：

因为$\left|\frac{\cos\frac{n\pi}{3}}{n^2}\right|\leqslant\frac{1}{n^2}$，而级数$\sum_{n=1}^{\infty}\frac{1}{n^2}$收敛，所以级数$\sum_{n=1}^{\infty}\left|\frac{\cos\frac{n\pi}{3}}{n^2}\right|$收敛，从而级数$\sum_{n=1}^{\infty}\frac{\cos\frac{n\pi}{3}}{n^2}$收敛.

问题 3　设$\sum_{n=1}^{\infty}a_n$和$\sum_{n=1}^{\infty}b_n$都是正项级数，满足$\frac{a_{n+1}}{a_n}\leqslant\frac{b_{n+1}}{b_n}$，$n=1,2,\cdots$，且级数$\sum_{n=1}^{\infty}b_n$收敛，证明级数$\sum_{n=1}^{\infty}a_n$收敛. 以下证明是否正确？

因为级数$\sum_{n=1}^{\infty}b_n$收敛，故$\lim\limits_{n\to\infty}\frac{b_{n+1}}{b_n}<1$，又由于$\frac{a_{n+1}}{a_n}\leqslant\frac{b_{n+1}}{b_n}$，$n=1,2,\cdots$，因此$\lim\limits_{n\to\infty}\frac{a_{n+1}}{a_n}<1$，由比值审敛法知，级数$\sum_{n=1}^{\infty}a_n$收敛.

答　上述证明不正确，因为比值审敛法的逆命题不成立. 即根据正项级数$\sum_{n=1}^{\infty}b_n$收敛，不能推出$\lim\limits_{n\to\infty}\frac{b_{n+1}}{b_n}$存在且小于1的结论，并且即使$\lim\limits_{n\to\infty}\frac{b_{n+1}}{b_n}$存在，也不能推出$\lim\limits_{n\to\infty}\frac{a_{n+1}}{a_n}<1$的结论. 例如：

(1) 级数$\sum_{n=1}^{\infty}b_n=\sum_{n=1}^{\infty}\frac{2+(-1)^n}{2^n}$收敛，但极限$\lim\limits_{n\to\infty}\frac{b_{n+1}}{b_n}$不存在；

(2) 级数$\sum_{n=1}^{\infty}\frac{1}{n^2}$收敛，$\lim\limits_{n\to\infty}\frac{b_{n+1}}{b_n}=1$，即极限$\lim\limits_{n\to\infty}\frac{b_{n+1}}{b_n}$存在但不小于1.

正确的证明如下：

由已知条件可得$\frac{a_{n+1}}{b_{n+1}}\leqslant\frac{a_n}{b_n}\leqslant\cdots\leqslant\frac{a_1}{b_1}$，于是$0\leqslant a_n\leqslant\frac{a_1}{b_1}b_n$，$n=1,2,\cdots$，又级数$\sum_{n=1}^{\infty}b_n$收敛，根据比较审敛法知，级数$\sum_{n=1}^{\infty}a_n$收敛.

问题 4　设两个级数$\sum_{n=1}^{\infty}u_n$和$\sum_{n=1}^{\infty}v_n$满足$\lim\limits_{n\to\infty}\frac{u_n}{v_n}=l\neq0$，那么它们是否有相同的敛散性？

答　比较审敛法的极限形式只适用于正项级数，但本题中的两个级数并没有指明是正项级数，故不能得到两个级数有相同的敛散性的结论.

例如，设

$$\sum_{n=1}^{\infty}u_n=\sum_{n=1}^{\infty}\left[\frac{(-1)^n}{\sqrt{n}}+\frac{1}{n}\right],\ \sum_{n=1}^{\infty}v_n=\sum_{n=1}^{\infty}\frac{(-1)^n}{\sqrt{n}},$$

则$\lim\limits_{n\to\infty}\frac{u_n}{v_n}=1$，且$\sum_{n=1}^{\infty}v_n=\sum_{n=1}^{\infty}\frac{(-1)^n}{\sqrt{n}}$收敛，但级数$\sum_{n=1}^{\infty}u_n=\sum_{n=1}^{\infty}\left[\frac{(-1)^n}{\sqrt{n}}+\frac{1}{n}\right]$发散.

问题 5 如何选择适当的方法判别一个级数的敛散性?

答 判别一个级数 $\sum_{n=1}^{\infty} u_n$ 敛散性的基本程序如图 12-1 所示.

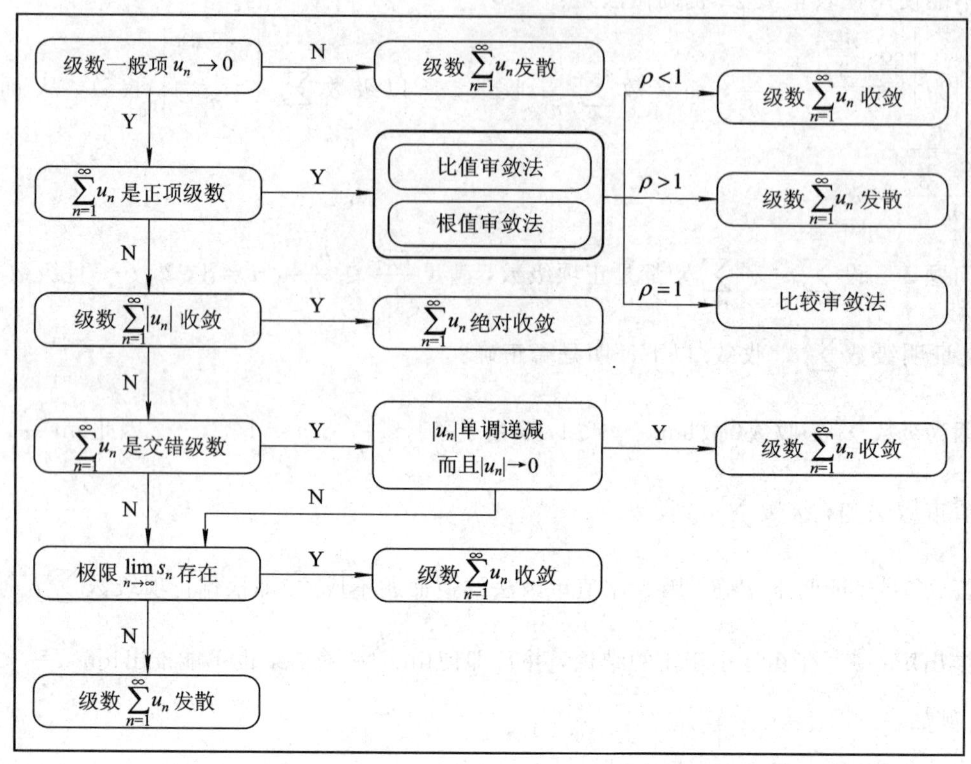

图 12-1

问题 6 比值审敛法与根值审敛法相比,各有什么优缺点?

答 比值审敛法与根值审敛法都是基于把正项级数与等比级数比较而得到的,这是它们的共同点,它们之间的主要差别如下:

(1) 适用范围.

事实上,当 $u_n > 0$ 时,如果 $\lim_{n\to\infty} \frac{u_{n+1}}{u_n} = l < +\infty$ 存在,则 $\lim_{n\to\infty} \sqrt[n]{u_n} = l$(证明略). 由此结果可知,能用比值审敛法判别敛散性的正项级数,必可用根值审敛法来判定,而当 $l = 1$ 时,两种审敛法均失效.

当 $\lim_{n\to\infty} \frac{u_{n+1}}{u_n}$ 不存在时,$\lim_{n\to\infty} \sqrt[n]{u_n}$ 却可能存在. 例如级数 $\sum_{n=1}^{\infty} u_n = \sum_{n=1}^{\infty} 2^{-n-(-1)^n}$,利用根值审敛法,因

$$\lim_{n\to\infty} \sqrt[n]{u_n} = \lim_{n\to\infty} 2^{-1-(-1)^n \frac{1}{n}} = \frac{1}{2} < 1,$$

所以该级数收敛. 若用比值审敛法,因

$$\lim_{n\to\infty} \frac{u_{n+1}}{u_n} = \lim_{n\to\infty} 2^{-1+2(-1)^n} \text{(极限不存在)},$$

所以用比值审敛法不能判断原级数是否收敛.

（2）简便程度.

尽管根值审敛法较比值审敛法的应用范围宽一些，但在多数情况下，计算$\lim\limits_{n\to\infty}\dfrac{u_{n+1}}{u_n}$比计算$\lim\limits_{n\to\infty}\sqrt[n]{u_n}$更简单一些.

注　在正项级数比值或根值的极限不存在(或不易求出)时，可考虑应用下面改进的比值审敛法：

如果存在正整数N(即$\exists N\in \mathbf{N}_+$)，当$n\geqslant N$时，有$\dfrac{u_{n+1}}{u_n}\leqslant\rho<1$，则$\sum\limits_{n=1}^{\infty}u_n$收敛；

如果存在正整数N，当$n\geqslant N$时，有$\dfrac{u_{n+1}}{u_n}\geqslant 1$，则$\sum\limits_{n=1}^{\infty}u_n$发散.

这是因为当$\dfrac{u_{n+1}}{u_n}\leqslant\rho<1(n\geqslant N)$时，$u_n\leqslant u_1\rho^n$，而$\sum\limits_{n=1}^{\infty}u_1\rho^n$收敛，由比较审敛法知，$\sum\limits_{n=1}^{\infty}u_n$收敛；当$\dfrac{u_{n+1}}{u_n}\geqslant 1$时，有$u_n\geqslant u_1$，$\lim\limits_{n\to\infty}u_n\neq 0$，故$\sum\limits_{n=1}^{\infty}u_n$发散.

同样也可以得到改进的根值审敛法：

如果存在正整数N，当$n\geqslant N$时，有$\sqrt[n]{u_n}\leqslant\rho<1$，则$\sum\limits_{n=1}^{\infty}u_n$收敛；

如果存在正整数N，当$n\geqslant N$时，有$\sqrt[n]{u_n}\geqslant 1$，则$\sum\limits_{n=1}^{\infty}u_n$发散.

例 1　判断级数$\sum\limits_{n=1}^{\infty}\dfrac{[(n+1)!]^n}{2!4!\cdots(2n)!}$的敛散性.

解　因为

$$\begin{aligned}\frac{u_{n+1}}{u_n}&=\frac{(n+2)^{n+1}(n+1)!}{(2n+2)!}=\frac{(n+2)^{n+1}}{(n+2)(n+3)\cdots(2n+2)}\\&<\left(\frac{n+2}{n+3}\right)^n=\left(1-\frac{1}{n+3}\right)^n,\end{aligned}$$

则

$$\lim_{n\to\infty}\left(1-\frac{1}{n+3}\right)^n=\frac{1}{\mathrm{e}}.$$

所以存在正整数N，当$n\geqslant N$时，有$\dfrac{u_{n+1}}{u_n}\leqslant\dfrac{1}{\mathrm{e}}$，故级数$\sum\limits_{n=1}^{\infty}\dfrac{[(n+1)!]^n}{2!4!\cdots(2n)!}$收敛.

例 2　判断级数$\sum\limits_{n=1}^{\infty}\dfrac{1}{3^n}[\sqrt{2}+(-1)^n]^n$的敛散性.

解　因为

$$\sqrt[n]{u_n}=\frac{1}{3}[\sqrt{2}+(-1)^n]\leqslant\frac{1}{3}(\sqrt{2}+1)<1,$$

故级数$\sum\limits_{n=1}^{\infty}\dfrac{1}{3^n}[\sqrt{2}+(-1)^n]^n$收敛.

问题 7　幂级数$\sum\limits_{n=0}^{\infty}a_n(x-x_0)^n$的收敛域具有什么特点？

答　幂级数$\sum\limits_{n=0}^{\infty}a_n(x-x_0)^n$的收敛域不为空集.收敛域是以$x_0-R$、$x_0+R$为端点的

开区间、闭区间、半开半闭区间、无穷区间或一个孤立的点 x_0. 这里 R 是收敛半径. 一般地，如果除去端点，则收敛域是以 $x = x_0$ 为中心的对称开区间. 对于只在 $x = x_0$ 处收敛，收敛半径 $R = 0$，收敛域为$(-\infty, +\infty)$，收敛半径 $R = +\infty$.

问题 8 确定幂级数的收敛半径有哪些常见的方法?

答 求幂级数的收敛半径是幂级数的基本运算之一，其常见方法有：

(1) 利用收敛半径的定义. 即 R 为幂级数 $\sum\limits_{n=0}^{\infty} a_n x^n$ 的收敛半径当且仅当 $|x| < R$ 时幂级数收敛，当 $|x| > R$ 时幂级数发散.

(2) 若 $\lim\limits_{n\to\infty}\left|\dfrac{a_{n+1}}{a_n}\right| = \rho$ 或 $\lim\limits_{n\to\infty}\sqrt[n]{|a_n|} = \rho$，则 $\sum\limits_{n=0}^{\infty} a_n x^n$ 的收敛半径为 $R = \begin{cases} \dfrac{1}{\rho}, \rho \neq 0, \\ +\infty, \rho = 0, \\ 0, \rho = +\infty. \end{cases}$

(3) 若幂级数 $\sum\limits_{n=0}^{\infty} a_n x^n$ 在点 x_0 条件收敛，则 $\sum\limits_{n=0}^{\infty} a_n x^n$ 的收敛半径为 $R = |x_0|$.

(4) 幂级数逐项积分或逐项求导后，所得幂级数的收敛半径不变.

例 1 求级数 $\sum\limits_{n=1}^{\infty} \dfrac{2+(-1)^n}{n2^n} x^n$ 的收敛半径.

分析 记 $a_n = \dfrac{2+(-1)^n}{n2^n}$，因为 $\lim\limits_{n\to\infty}\left|\dfrac{a_{n+1}}{a_n}\right|$ 不存在，所以不能用比值法求收敛半径，故考虑使用其他方法.

解 方法一：记 $a_n = \dfrac{2+(-1)^n}{n2^n}$. 因为 $\lim\limits_{n\to\infty}\sqrt[n]{|a_n|} = \dfrac{1}{2}$，所以级数的收敛半径为 $R = 2$.

方法二：由于 $\sum\limits_{n=1}^{\infty} \dfrac{2+(-1)^n}{n2^n} x^n = \sum\limits_{n=1}^{\infty} \dfrac{1}{n2^{n-1}} x^n + \sum\limits_{n=1}^{\infty} \dfrac{(-1)^n}{n2^n} x^n$，并且级数 $\sum\limits_{n=1}^{\infty} \dfrac{1}{n2^{n-1}} x^n$ 和 $\sum\limits_{n=1}^{\infty} \dfrac{(-1)^n}{n2^n} x^n$ 的收敛半径均为 2，故原级数的收敛半径为 $R = 2$.

方法三：由于 $\dfrac{1}{n2^n} x^n \leqslant \dfrac{2+(-1)^n}{n2^n} x^n \leqslant \dfrac{3}{n2^n} x^n$，当 $|x| < 2$ 时，级数 $\sum\limits_{n=1}^{\infty} \dfrac{3}{n2^n} x^n$ 收敛，故原级数也收敛；当 $|x| > 2$ 时，级数 $\sum\limits_{n=1}^{\infty} \dfrac{1}{n2^n} x^n$ 发散. 故原级数也发散. 因此，原级数的收敛半径为 $R = 2$.

例 2 求级数 $\sum\limits_{n=0}^{\infty} \dfrac{x^{3n}}{8^n (n+1)^2}$ 的收敛半径.

解 方法一：该级数属于缺项级数. 对于缺项级数，一般来说，应该直接运用比值审敛法或根值审敛法求解.

令 $u_n(x) = \dfrac{x^{3n}}{8^n (n+1)^2}$，由于

$$\lim_{n\to\infty}\left|\frac{u_{n+1}(x)}{u_n(x)}\right| = \lim_{n\to\infty}\left|\frac{x^{3n+3}}{8^{n+1}(n+2)^2} \cdot \frac{8^n (n+1)^2}{x^{3n}}\right| = \frac{|x|^3}{8},$$

由比值审敛法可知，当 $|x| < 2$ 时，级数绝对收敛；当 $|x| > 2$ 时，原级数发散. 因此，原级数的收敛半径为 $R = 2$.

方法二：令 $y=x^3$，则原级数变为 $\sum\limits_{n=0}^{\infty}\dfrac{y^n}{8^n(n+1)^2}$. 记 $u_n(y)=\dfrac{y^n}{8^n(n+1)^2}$. 由于

$$\lim_{n\to\infty}\left|\frac{u_{n+1}(y)}{u_n(y)}\right|=\lim_{n\to\infty}\left|\frac{y(n+1)^2}{8(n+2)^2}\right|=\frac{|y|}{8},$$

当 $|y|<8$，即 $|x|<2$ 时，原级数绝对收敛；当 $|y|>8$，即 $|x|>2$ 时，原级数发散. 因此，原级数的收敛半径为 $R=2$.

问题 9　如果级数 $\sum\limits_{n=0}^{\infty}a_nx^n$ 的收敛半径 $R\neq 0$，是否一定有 $\lim\limits_{n\to\infty}\left|\dfrac{a_{n+1}}{a_n}\right|=\dfrac{1}{R}$ 或 $\lim\limits_{n\to\infty}\sqrt[n]{|a_n|}=\dfrac{1}{R}$?

答　该结论未必成立. 例如考察级数 $\sum\limits_{n=1}^{\infty}\left(\dfrac{\sin n}{2}\right)^nx^n$. 因为

$$\left|\left(\frac{\sin n}{2}\right)^nx^n\right|\leqslant\frac{1}{2^n}|x|^n,$$

则当 $|x|<2$ 时，级数 $\sum\limits_{n=1}^{\infty}\dfrac{1}{2^n}|x|^n$ 收敛，从而级数 $\sum\limits_{n=1}^{\infty}\left(\dfrac{\sin n}{2}\right)^nx^n$ 绝对收敛；当 $x=2$ 时，级数 $\sum\limits_{n=1}^{\infty}\left(\dfrac{\sin n}{2}\right)^nx^n$ 发散. 所以级数 $\sum\limits_{n=1}^{\infty}\left(\dfrac{\sin n}{2}\right)^nx^n$ 的收敛半径是 2. 但 $\lim\limits_{n\to\infty}\left|\dfrac{a_{n+1}}{a_n}\right|$ 与 $\lim\limits_{n\to\infty}\sqrt[n]{|a_n|}$ 均不存在.

问题 10　若 $f(x)=\sum\limits_{n=0}^{\infty}a_n(x-1)^n$ 且 $f(x)=\sum\limits_{n=0}^{\infty}b_n(x-2)^n$，试问 $\sum\limits_{n=0}^{\infty}a_n(x-1)^n$ 与 $\sum\limits_{n=0}^{\infty}b_n(x-2)^n$ 是否表示同一函数?

答　$\sum\limits_{n=0}^{\infty}a_n(x-1)^n$ 与 $\sum\limits_{n=0}^{\infty}b_n(x-2)^n$ 不一定表示同一函数，这是因为幂级数 $\sum\limits_{n=0}^{\infty}a_n(x-x_0)^n$ 的收敛域是以 x_0 为中心的对称区间. 例如，将 $f(x)=\dfrac{1}{x}$ 分别在 $x=1$，$x=2$ 展开为幂级数，有

$$f(x)=\frac{1}{x}=\frac{1}{1+(x-1)}=\sum_{n=0}^{\infty}(-1)^n(x-1)^n,\quad |x-1|<1,$$

$$f(x)=\frac{1}{x}=\frac{1}{2}\frac{1}{1+\dfrac{x-2}{2}}=\frac{1}{2}\sum_{n=0}^{\infty}(-1)^n\left(\frac{x-2}{2}\right)^n,\quad \left|\frac{x-2}{2}\right|<1,$$

这两个幂级数的收敛域分别为(0，2)和(0，4).

问题 11　设函数 $f(x)$ 在 x_0 的某一邻域内具有任意阶导数，试问 $f(x)$ 是否总能在 x_0 点展开成泰勒级数?

答　若 $f(x)$ 在 x_0 的某一邻域内具有任意阶导数，则可由 $f(x)$ 写出级数：

$$\sum_{n=0}^{\infty}\frac{f^n(x_0)}{n!}(x-x_0)^n,$$

即此时“$f(x)$ 在 x_0 有泰勒级数”. 而由函数可展开成泰勒级数的充要条件知，只有当余项 $R_n(x)\to 0(n\to\infty)$ 时，$f(x)$ 在 x_0 才可展开成泰勒级数. 故“有泰勒级数”与“可展开成泰勒

级数”是两个不同的概念.

例如，函数 $f(x)=\begin{cases} e^{-\frac{1}{x^2}}, & x\neq 0, \\ 0, & x=0 \end{cases}$ 在 $x=0$ 点各阶导数都存在，且等于零，于是得泰勒级数 $\sum_{n=0}^{\infty}\frac{0}{n!}x^n=0$，此级数的和函数 $s(x)=0$，$\forall x\in(-\infty,+\infty)$. 这说明 $f(x)$ 在 $x=0$ 点的泰勒级数在邻域 $U(0)$ 内不收敛于 $f(x)$，因此 $f(x)$ 在 $x=0$ 不能展开成泰勒级数.

问题 12 幂级数及其逐项求导或逐项积分后的级数收敛域是否相同？

答 幂级数及其逐项求导或逐项积分后的级数有相同的收敛半径，但是收敛域不一定相同. 例如，幂级数 $\sum_{n=1}^{\infty}x^n$ 的收敛域为 $(-1,1)$，但逐项积分后的级数 $\sum_{n=1}^{\infty}\frac{1}{n+1}x^{n+1}$ 的收敛域为 $[-1,1)$. 一般地，若幂级数在收敛区间的端点处收敛，则逐项求导后的级数在该点处可能收敛也可能发散，而逐项积分后的级数在该点处必收敛；若幂级数在收敛区间的端点处发散，则逐项求导后的级数在该点必定发散，而逐项积分后的级数在该点处可能收敛也可能发散. 换句话说，逐项积分后级数的收敛域不会缩小，而逐项求导后级数的收敛域不会扩大.

问题 13 初等函数都能展开为傅里叶级数吗？

答 初等函数不一定都能展开为傅里叶级数. 如代数函数、指数函数及反三角函数，因为不是周期函数，所以不能展开为傅里叶级数. 函数 $f(x)=x^2$ 能在 $[0,2\pi]$ 上展开为傅里叶级数，是因为函数 $f(x)=x^2$，$x\in[0,2\pi]$ 与 $f(x)=x^2$，$x\in(+\infty,-\infty)$ 的定义域不同，后者不能展开为傅里叶级数，前者可以周期延拓为周期函数. 将函数 $f(x)=x^2$ 在 $[0,2\pi]$ 上展开为傅里叶级数，是指将周期延拓后的函数展开为傅里叶级数.

三、典型例题

例 1 根据级数收敛与发散的定义判定下列级数的收敛性：

(1) $\sum_{n=1}^{\infty}\frac{1}{(3n-2)(3n+1)}$； (2) $\sum_{n=1}^{\infty}\frac{n}{(n+1)!}$； (3) $\sum_{n=2}^{\infty}\ln\left(1-\frac{1}{n^2}\right)$.

解 (1) 因为 $u_n=\frac{1}{(3n-2)(3n+1)}=\frac{1}{3}\left(\frac{1}{3n-2}-\frac{1}{3n+1}\right)$，于是，级数的部分和

$$s_n=\sum_{k=1}^{n}u_k=\frac{1}{3}\sum_{k=1}^{n}\left(\frac{1}{3k-2}-\frac{1}{3k+1}\right)=\frac{1}{3}\left(1-\frac{1}{3n+1}\right),$$

又 $\lim_{n\to\infty}s_n=\frac{1}{3}$，故级数 $\sum_{n=1}^{\infty}\frac{1}{(3n-2)(3n+1)}$ 收敛.

(2) 因为 $u_n=\frac{n}{(n+1)!}=\frac{n+1-1}{(n+1)!}=\frac{1}{n!}-\frac{1}{(n+1)!}$，于是，级数的部分和

$$s_n=\sum_{k=1}^{n}u_k=1-\frac{1}{(n+1)!},$$

又 $\lim_{n\to\infty}s_n=1$，故级数 $\sum_{n=1}^{\infty}\frac{n}{(n+1)!}$ 收敛.

(3) 因为

$$u_n=\ln\left(1-\frac{1}{n^2}\right)=\ln\frac{n^2-1}{n^2}=\ln(n^2-1)-\ln n^2=\ln(n-1)-2\ln n+\ln(n+1),$$

于是，级数的部分和

$$\begin{aligned}s_n=\sum_{k=2}^{n}u_k&=(\ln 1-2\ln 2+\ln 3)+(\ln 2-2\ln 3+\ln 4)+\cdots\\&\quad+(\ln(n-1)-2\ln n+\ln(n+1))\\&=-\ln 2+\ln(n+1)-\ln n=\ln\left(1+\frac{1}{n}\right)-\ln 2,\end{aligned}$$

从而$\lim\limits_{n\to\infty}s_n=-\ln 2$，所以级数$\sum\limits_{n=2}^{\infty}\ln\left(1-\frac{1}{n^2}\right)$收敛.

例 2 设数列$\{na_n\}$的极限存在，级数$\sum\limits_{n=1}^{\infty}n(a_n-a_{n-1})$收敛，证明级数$\sum\limits_{n=1}^{\infty}a_n$也收敛.

证 设$\lim\limits_{n\to\infty}na_n=l$，级数$\sum\limits_{n=1}^{\infty}n(a_n-a_{n-1})$的部分和为$s_n$，且$\lim\limits_{n\to\infty}s_n=s$. 级数$\sum\limits_{n=1}^{\infty}a_n$的部分和为$\sigma_n$，则

$$s_n=(a_1-a_0)+2(a_2-a_1)+\cdots+n(a_n-a_{n-1})=-a_0-\sigma_{n-1}+na_n,$$

即$\sigma_{n-1}=-a_0-s_n+na_n$，于是$\lim\limits_{n\to\infty}\sigma_n=\lim\limits_{n\to\infty}\sigma_{n-1}=-a_0-s+l$，所以级数$\sum\limits_{n=1}^{\infty}a_n$收敛.

例 3 用比较审敛法判定下列级数的收敛性：

(1) $\sum\limits_{n=1}^{\infty}\frac{4n+1}{n+n^2}$； (2) $\sum\limits_{n=1}^{\infty}\int_0^{\frac{1}{n}}\frac{\sqrt{x}}{1+x^2}\mathrm{d}x$； (3) $\sum\limits_{n=1}^{\infty}\frac{1}{1+a^n}(a>0)$.

解 (1) 因为$\frac{4n+1}{n+n^2}>\frac{4n}{n^2+n^2}=\frac{2}{n}$，且$\sum\limits_{n=1}^{\infty}\frac{2}{n}$发散，所以级数$\sum\limits_{n=1}^{\infty}\frac{4n+1}{n+n^2}$发散.

(2) 由于$0\leqslant u_n=\int_0^{\frac{1}{n}}\frac{\sqrt{x}}{1+x^2}\mathrm{d}x\leqslant\int_0^{\frac{1}{n}}\sqrt{x}\,\mathrm{d}x=\frac{2}{3}\left(\frac{1}{n}\right)^{\frac{3}{2}}$，而$\sum\limits_{n=1}^{\infty}\frac{2}{3}\left(\frac{1}{n}\right)^{\frac{3}{2}}$收敛，所以级数$\sum\limits_{n=1}^{\infty}\int_0^{\frac{1}{n}}\frac{\sqrt{x}}{1+x^2}\mathrm{d}x$收敛.

(3) 方法一：当$0<a\leqslant 1$时，$\frac{1}{1+a^n}\geqslant\frac{1}{2}$，一般项的极限不等于零，故级数$\sum\limits_{n=1}^{\infty}\frac{1}{1+a^n}$发散；当$a>1$时，$\frac{1}{1+a^n}<\frac{1}{a^n}$，而级数$\sum\limits_{n=1}^{\infty}\frac{1}{a^n}$收敛，故由比较审敛法知级数$\sum\limits_{n=1}^{\infty}\frac{1}{1+a^n}$收敛.

方法二：因为

$$\lim_{n\to\infty}\frac{\frac{1}{1+a^n}}{\frac{1}{a^n}}=\lim_{n\to\infty}\frac{a^n}{1+a^n}=l=\begin{cases}0, & 0<a<1,\\ \frac{1}{2}, & a=1,\\ 1, & a>1,\end{cases}$$

当$a>1$时，级数$\sum\limits_{n=1}^{\infty}\frac{1}{a^n}$收敛；当$0<a\leqslant 1$时，级数$\sum\limits_{n=1}^{\infty}\frac{1}{a^n}$发散. 因此，由比较审敛法的极限形式知，当$a>1$时，级数$\sum\limits_{n=1}^{\infty}\frac{1}{1+a^n}$收敛；当$0<a\leqslant 1$时，级数$\sum\limits_{n=1}^{\infty}\frac{1}{1+a^n}$发散.

例 4 若 $0<a<b$，判断级数 $\sum\limits_{n=1}^{\infty}\dfrac{1}{a^n+b^n}$ 的收敛性.

解 因为 $\lim\limits_{n\to\infty}\dfrac{\dfrac{1}{a^n+b^n}}{\dfrac{1}{b^n}}=\lim\limits_{n\to\infty}\dfrac{1}{1+\left(\dfrac{a}{b}\right)^n}=1$，所以由比较审敛法的极限形式知：

当 $0<b\leqslant 1$ 时，$\sum\limits_{n=1}^{\infty}\dfrac{1}{b^n}$ 发散，所以级数 $\sum\limits_{n=1}^{\infty}\dfrac{1}{a^n+b^n}$ 发散；

当 $b>1$ 时，$\sum\limits_{n=1}^{\infty}\dfrac{1}{b^n}$ 收敛，所以级数 $\sum\limits_{n=1}^{\infty}\dfrac{1}{a^n+b^n}$ 收敛.

例 5 用比值审敛法判定下列级数的收敛性：

(1) $\sum\limits_{n=1}^{\infty}\dfrac{n^p}{2^n}$（$p$ 是常数）； (2) $\sum\limits_{n=1}^{\infty}\dfrac{n!\pi^n}{n^n}$； (3) $\sum\limits_{n=1}^{\infty}\dfrac{1\cdot 3\cdot\cdots\cdot(2n-1)}{2\cdot 5\cdot\cdots\cdot(3n-1)}$.

解 (1) 因为 $\lim\limits_{n\to\infty}\dfrac{u_{n+1}}{u_n}=\lim\limits_{n\to\infty}\dfrac{(n+1)^p}{2^{n+1}}\cdot\dfrac{2^n}{n^p}=\dfrac{1}{2}<1$，所以由比值审敛法知级数 $\sum\limits_{n=1}^{\infty}\dfrac{n^p}{2^n}$ 收敛.

(2) 因为 $\lim\limits_{n\to\infty}\dfrac{u_{n+1}}{u_n}=\lim\limits_{n\to\infty}\dfrac{(n+1)!\pi^{n+1}}{(n+1)^{n+1}}\cdot\dfrac{n^n}{n!\pi^n}=\lim\limits_{n\to\infty}\dfrac{\pi}{\left(1+\dfrac{1}{n}\right)^n}=\dfrac{\pi}{\mathrm{e}}>1$，所以由比值审敛法知级数 $\sum\limits_{n=1}^{\infty}\dfrac{n!\pi^n}{n^n}$ 发散.

(3) 因为

$$\begin{aligned}\lim_{n\to\infty}\frac{u_{n+1}}{u_n}&=\lim_{n\to\infty}\frac{1\cdot 3\cdot\cdots\cdot(2n-1)(2n+1)}{2\cdot 5\cdot\cdots\cdot(3n-1)(3n+2)}\cdot\frac{2\cdot 5\cdot\cdots\cdot(3n-1)}{1\cdot 3\cdot\cdots\cdot(2n-1)}\\&=\lim_{n\to\infty}\frac{2n+1}{3n+2}=\frac{2}{3}<1,\end{aligned}$$

所以由比值审敛法知级数 $\sum\limits_{n=1}^{\infty}\dfrac{1\cdot 3\cdot\cdots\cdot(2n-1)}{2\cdot 5\cdot\cdots\cdot(3n-1)}$ 收敛.

例 6 判断下列级数的收敛性：

(1) $\sum\limits_{n=1}^{\infty}\dfrac{n^n}{(n+1)^n}$； (2) $\dfrac{1}{\sqrt{2}-1}-\dfrac{1}{\sqrt{2}+1}+\dfrac{1}{\sqrt{3}-1}-\dfrac{1}{\sqrt{3}+1}+\cdots+\dfrac{1}{\sqrt{n}-1}-\dfrac{1}{\sqrt{n}+1}+\cdots$；

(3) $\sum\limits_{n=1}^{\infty}\dfrac{n}{3^n}\sin^2\dfrac{n\pi}{6}$； (4) $\sum\limits_{n=2}^{\infty}\dfrac{\sqrt{n+2}-\sqrt{n-2}}{n^p}$.

解 (1) 因为 $\lim\limits_{n\to\infty}\dfrac{n^n}{(n+1)^n}=\lim\limits_{n\to\infty}\dfrac{1}{\left(1+\dfrac{1}{n}\right)^n}=\dfrac{1}{\mathrm{e}}\neq 0$，所以级数 $\sum\limits_{n=1}^{\infty}\dfrac{n^n}{(n+1)^n}$ 发散.

(2) 加括号后的级数为

$$\begin{aligned}&\left(\frac{1}{\sqrt{2}-1}-\frac{1}{\sqrt{2}+1}\right)+\left(\frac{1}{\sqrt{3}-1}-\frac{1}{\sqrt{3}+1}\right)+\cdots+\left(\frac{1}{\sqrt{n}-1}-\frac{1}{\sqrt{n}+1}\right)+\cdots\\=&\sum_{n=2}^{\infty}\left(\frac{1}{\sqrt{n}-1}-\frac{1}{\sqrt{n}+1}\right)=\sum_{n=2}^{\infty}\frac{2}{n-1},\end{aligned}$$

则由级数$\sum\limits_{n=2}^{\infty}\dfrac{2}{n-1}$发散得原级数发散.

(3) 因为$\dfrac{n}{3^n}\sin^2\dfrac{n\pi}{6}\leqslant\dfrac{n}{3^n}$，对级数$\sum\limits_{n=1}^{\infty}\dfrac{n}{3^n}$，利用比值审敛法，有

$$\lim_{n\to\infty}\frac{u_{n+1}}{u_n}=\lim_{n\to\infty}\frac{n+1}{3n}=\frac{1}{3}<1,$$

故级数$\sum\limits_{n=1}^{\infty}\dfrac{n}{3^n}$收敛.由正项级数的比较审敛法得级数$\sum\limits_{n=1}^{\infty}\dfrac{n}{3^n}\sin^2\dfrac{n\pi}{6}$收敛.

(4) 因为

$$\frac{\sqrt{n+2}-\sqrt{n-2}}{n^p}=\frac{4}{n^p(\sqrt{n+2}+\sqrt{n-2})},$$

于是

$$\lim_{n\to\infty}\frac{\dfrac{\sqrt{n+2}-\sqrt{n-2}}{n^p}}{\dfrac{1}{n^{p+\frac{1}{2}}}}=2,$$

所以，级数$\sum\limits_{n=2}^{\infty}\dfrac{\sqrt{n+2}-\sqrt{n-2}}{n^p}$与$\sum\limits_{n=2}^{\infty}\dfrac{1}{n^{p+\frac{1}{2}}}$具有相同的敛散性.故当$p\leqslant\dfrac{1}{2}$时，原级数发散；当$p>\dfrac{1}{2}$时，原级数收敛.

例 7　求下列极限：

(1) $\lim\limits_{n\to\infty}\dfrac{2^n n!}{n^n}$；　(2) $\lim\limits_{n\to\infty}\dfrac{n!}{n^n}$；　(3) $\lim\limits_{n\to\infty}\dfrac{1}{n}\sum\limits_{k=1}^{n}\dfrac{1}{3^k}\left(1+\dfrac{1}{k}\right)^{k^2}$.

解　(1) 由于

$$\lim_{n\to\infty}\frac{u_{n+1}}{u_n}=\lim_{n\to\infty}\frac{2^{n+1}(n+1)!}{(n+1)^{n+1}}\cdot\frac{n^n}{2^n n!}=\lim_{n\to\infty}\frac{2}{\left(1+\dfrac{1}{n}\right)^n}=\frac{2}{\mathrm{e}}<1,$$

则级数$\sum\limits_{n=1}^{\infty}\dfrac{2^n n!}{n^n}$收敛，故$\lim\limits_{n\to\infty}\dfrac{2^n n!}{n^n}=0$.

注　级数与数列有密切的关系.利用级数的理论来讨论数列的极限问题也是一种常用的方法.本题是利用级数收敛的必要条件来讨论极限问题.

(2) 方法一：$0\leqslant\dfrac{n!}{n^n}=\dfrac{1}{n}\cdot\dfrac{2}{n}\cdot\cdots\cdot\dfrac{n-1}{n}\cdot\dfrac{n}{n}\leqslant\dfrac{1}{n}$，又$\lim\limits_{n\to\infty}\dfrac{1}{n}=0$，由夹逼准则知，$\lim\limits_{n\to\infty}\dfrac{n!}{n^n}=0$.

方法二：考虑正项级数$\sum\limits_{n=1}^{\infty}\dfrac{n!}{n^n}$，因$\lim\limits_{n\to\infty}\dfrac{u_{n+1}}{u_n}=\lim\limits_{n\to\infty}\dfrac{(n+1)!}{(n+1)^{n+1}}\cdot\dfrac{n^n}{n!}=\lim\limits_{n\to\infty}\dfrac{1}{\left(1+\dfrac{1}{n}\right)^n}=\dfrac{1}{\mathrm{e}}$，所以级数$\sum\limits_{n=1}^{\infty}\dfrac{n!}{n^n}$收敛，由级数收敛的必要条件知$\lim\limits_{n\to\infty}\dfrac{n!}{n^n}=0$.

(3) 由于$s_n=\sum\limits_{k=1}^{n}\dfrac{1}{3^k}\left(1+\dfrac{1}{k}\right)^{k^2}$是级数$\sum\limits_{n=1}^{\infty}\dfrac{1}{3^n}\left(1+\dfrac{1}{n}\right)^{n^2}$的前$n$项部分和，又由正项级

数的根值审敛法得

$$\lim_{n\to\infty}\sqrt[n]{\frac{1}{3^n}\left(1+\frac{1}{n}\right)^{n^2}}=\lim_{n\to\infty}\frac{1}{3}\left(1+\frac{1}{n}\right)^n=\frac{\mathrm{e}}{3}<1,$$

所以级数$\sum_{n=1}^{\infty}\frac{1}{3^n}\left(1+\frac{1}{n}\right)^{n^2}$收敛，于是部分和数列$\{s_n\}$有界，从而

$$\lim_{n\to\infty}\frac{1}{n}\sum_{k=1}^{n}\frac{1}{3^k}\left(1+\frac{1}{k}\right)^{k^2}=\lim_{n\to\infty}\frac{1}{n}\cdot s_n=0.$$

例 8 求下列极限：

(1) $\lim_{n\to\infty}\left(\frac{1}{1!}+\frac{1}{2!}+\cdots+\frac{1}{n!}\right)$； (2) $\lim_{n\to\infty}\left[1-\frac{1}{2}+\frac{1}{3}-\frac{1}{4}+\cdots+\frac{(-1)^{n-1}}{n-1}\right]$.

解 (1) 考虑幂级数$\sum_{n=0}^{\infty}\frac{x^n}{n!}$，已知$\sum_{n=0}^{\infty}\frac{x^n}{n!}=\mathrm{e}^x$，$x\in(-\infty,+\infty)$，于是$\sum_{n=1}^{\infty}\frac{1}{n!}=\mathrm{e}-1$.

令$s_n=\sum_{k=1}^{n}\frac{1}{k!}$，则由级数收敛的定义知$\lim_{n\to\infty}s_n=\sum_{n=1}^{\infty}\frac{1}{n!}=\mathrm{e}-1$，即

$$\lim_{n\to\infty}\left(\frac{1}{1!}+\frac{1}{2!}+\cdots+\frac{1}{n!}\right)=\mathrm{e}-1.$$

(2) 因为$\ln(1+x)=1-\frac{1}{2}+\frac{1}{3}-\frac{1}{4}+\cdots+\frac{(-1)^{n-1}}{n-1}+\cdots$，$-1<x\leqslant 1$，所以

$$\ln 2=1-\frac{1}{2}+\frac{1}{3}-\frac{1}{4}+\cdots+\frac{(-1)^{n-1}}{n-1}+\cdots,$$

故

$$\lim_{n\to\infty}\left[1-\frac{1}{2}+\frac{1}{3}-\frac{1}{4}+\cdots+\frac{(-1)^{n-1}}{n-1}\right]=\ln 2.$$

注 当数列本身就是某个级数的部分和数列时，求数列的极限就成了求相应级数的和.此时常常可以辅助性地构造一个函数项级数(通常是幂级数，有时是傅里叶级数)，使得要求的极限恰好是该函数项级数的和函数在某点的函数值.

例 9 若正项数列$\{x_n\}$单调增加且有界，试证级数$\sum_{n=1}^{\infty}\left(1-\frac{x_n}{x_{n+1}}\right)$收敛.

证 由于数列$\{x_n\}$单调增加，则$1-\frac{x_n}{x_{n+1}}\geqslant 0$，从而$\sum_{n=1}^{\infty}\left(1-\frac{x_n}{x_{n+1}}\right)$为正项级数.

$$\begin{aligned}s_n&=\left(1-\frac{x_1}{x_2}\right)+\left(1-\frac{x_2}{x_3}\right)+\cdots+\left(1-\frac{x_n}{x_{n+1}}\right)\\&=\frac{x_2-x_1}{x_2}+\frac{x_3-x_2}{x_3}+\cdots+\frac{x_{n+1}-x_n}{x_{n+1}}\\&\leqslant\frac{(x_2-x_1)+(x_3-x_2)+\cdots+(x_{n+1}-x_n)}{x_2}\\&=\frac{x_{n+1}-x_1}{x_2},\end{aligned}$$

又数列$\{x_n\}$有界，所以数列s_n有上界，由单调有界收敛定理可知级数$\sum_{n=1}^{\infty}\left(1-\frac{x_n}{x_{n+1}}\right)$收敛.

例 10 设$f(x)$在点$x=0$的某邻域内具有二阶连续导数，且$\lim_{x\to 0}\frac{f(x)}{x}=0$，证明级数

$\sum_{n=1}^{\infty} f\left(\frac{1}{n}\right)$绝对收敛.

证 方法一：由$\lim_{x\to 0}\frac{f(x)}{x}=0$及$f(x)$的连续性，得$f(0)=0$，$f'(0)=0$. 将$f(x)$在点$x=0$处展开为二阶泰勒公式：

$$f(x)=f(0)+f'(0)x+\frac{1}{2!}f''(\theta x)x^2=\frac{1}{2}f''(\theta x)x^2 \quad (0<\theta<1).$$

又因$f''(x)$在包含原点的某一小区间上连续，因此存在$M>0$，使得$|f''(\theta x)|\leqslant M$，于是$|f(x)|\leqslant\frac{M}{2}x^2$. 令$x=\frac{1}{n}$，当$n$充分大时，有

$$\left|f\left(\frac{1}{n}\right)\right|\leqslant\frac{M}{2}\cdot\frac{1}{n^2}.$$

因为级数$\sum_{n=1}^{\infty}\frac{1}{n^2}$收敛，有级数$\sum_{n=1}^{\infty}\frac{M}{2}\frac{1}{n^2}$收敛，由比较审敛法知$\sum_{n=1}^{\infty}\left|f\left(\frac{1}{n}\right)\right|$收敛，所以级数$\sum_{n=1}^{\infty} f\left(\frac{1}{n}\right)$绝对收敛.

方法二：由$\lim_{x\to 0}\frac{f(x)}{x}=0$及$f(x)$的连续性，得$f(0)=0$，$f'(0)=0$. 又$f(x)$在点$x=0$的某邻域内具有二阶连续导数，则

$$\lim_{x\to 0}\frac{f(x)}{x^2}=\lim_{x\to 0}\frac{f'(x)}{2x}=\lim_{x\to 0}\frac{f''(x)}{2}=\frac{1}{2}f''(0).$$

由函数极限与数列极限的关系知

$$\lim_{n\to\infty}\frac{\left|f\left(\frac{1}{n}\right)\right|}{\frac{1}{n^2}}=\frac{1}{2}|f''(0)|.$$

因为级数$\sum_{n=1}^{\infty}\frac{1}{n^2}$收敛，由比较审敛法的极限形式知$\sum_{n=1}^{\infty}\left|f\left(\frac{1}{n}\right)\right|$收敛，所以级数$\sum_{n=1}^{\infty} f\left(\frac{1}{n}\right)$绝对收敛.

例 11 设$\sum_{n=1}^{\infty}(-1)^n a_n 2^n$收敛，则级数$\sum_{n=1}^{\infty}a_n$是否收敛？如果收敛，是条件收敛还是绝对收敛？

解 方法一：级数$\sum_{n=1}^{\infty}(-1)^n a_n 2^n$可视为幂级数$\sum_{n=1}^{\infty}a_n x^n$在$x=-2$处的特殊情况，且幂级数$\sum_{n=1}^{\infty}a_n x^n$在$x=-2$处收敛，故此幂级数的收敛半径$R\geqslant 2$. 而级数$\sum_{n=1}^{\infty}a_n$相当于幂级数在$x=1$处的特殊情况，由阿贝尔定理知，级数$\sum_{n=1}^{\infty}a_n$收敛，且为绝对收敛.

方法二：由级数$\sum_{n=1}^{\infty}(-1)^n a_n 2^n$收敛知$\lim_{n\to\infty}(-1)^n a_n 2^n=0$，即有$\lim_{n\to\infty}a_n 2^n=0$. 由极限定义知必存在$M>0$及正整数$N$，使得当$n>N$时，$|a_n|2^n<M$，即有$|a_n|<\frac{M}{2^n}$. 又级数

$\sum\limits_{n=1}^{\infty}\dfrac{M}{2^n}$ 收敛，故由比较审敛法知 $\sum\limits_{n=1}^{\infty}|a_n|$ 收敛，从而级数 $\sum\limits_{n=1}^{\infty}a_n$ 收敛，且为绝对收敛.

例 12 判断下列级数的敛散性，如果收敛，则指出是条件收敛还是绝对收敛.

(1) $\dfrac{1}{\ln 2}-\dfrac{1}{\ln 3}+\dfrac{1}{\ln 4}-\dfrac{1}{\ln 5}+\cdots$； (2) $\sum\limits_{n=1}^{\infty}(-1)^n\int_n^{n+1}\dfrac{e^{-x}}{x}dx$；

(3) $\sum\limits_{n=1}^{\infty}\sin(\pi\sqrt{n^2+a^2})$； (4) $\sum\limits_{n=2}^{\infty}\dfrac{(-1)^n}{\sqrt{n}+(-1)^n}$.

解 (1) 级数 $\sum\limits_{n=1}^{\infty}u_n=\sum\limits_{n=1}^{\infty}(-1)^{n-1}\dfrac{1}{\ln(n+1)}$ 为交错级数，因为

$$|u_n|=\frac{1}{\ln(n+1)}\geqslant\frac{1}{n+1},$$

级数 $\sum\limits_{n=1}^{\infty}\dfrac{1}{n+1}$ 发散，所以级数 $\sum\limits_{n=1}^{\infty}|u_n|=\sum\limits_{n=1}^{\infty}\dfrac{1}{\ln(n+1)}$ 发散.

对一切 n，有 $|u_n|>|u_{n+1}|$，且 $\lim\limits_{n\to\infty}u_n=0$，由莱布尼茨定理可知，原级数 $\sum\limits_{n=1}^{\infty}u_n$ 收敛，且为条件收敛.

(2) 令 $u_n=(-1)^n\int_n^{n+1}\dfrac{e^{-x}}{x}dx$，则

$$0\leqslant|u_n|=\int_n^{n+1}\frac{e^{-x}}{x}dx\leqslant\int_n^{n+1}e^{-x}dx=\left(1-\frac{1}{e}\right)\frac{1}{e^n}<\frac{1}{e^n},$$

而 $\sum\limits_{n=1}^{\infty}\dfrac{1}{e^n}$ 收敛，所以 $\sum\limits_{n=1}^{\infty}|u_n|$ 收敛，故级数 $\sum\limits_{n=1}^{\infty}(-1)^n\int_n^{n+1}\dfrac{e^{-x}}{x}dx$ 绝对收敛.

(3) 因为

$$\begin{aligned}u_n&=\sin(\pi\sqrt{n^2+a^2})=\sin(\pi\sqrt{n^2+a^2}-n\pi+n\pi)\\&=(-1)^n\sin(\pi\sqrt{n^2+a^2}-n\pi)\\&=(-1)^n\sin\frac{\pi a^2}{\sqrt{n^2+a^2}+n},\end{aligned}$$

所以原级数是交错级数.

当 n 充分大时，$0<\dfrac{\pi a^2}{\sqrt{n^2+a^2}+n}<\dfrac{\pi}{2}$，此时 $\sin\dfrac{\pi a^2}{\sqrt{n^2+a^2}+n}>0$，且单调减少，$\lim\limits_{n\to\infty}\sin\dfrac{\pi a^2}{\sqrt{n^2+a^2}+n}=0$，故由莱布尼茨定理知原级数收敛. 又

$$\lim_{n\to\infty}\frac{\sin\dfrac{\pi a^2}{\sqrt{n^2+a^2}+n}}{\dfrac{\pi a^2}{2n}}=1,$$

且级数 $\sum\limits_{n=1}^{\infty}\dfrac{\pi a^2}{2n}$ 发散，故级数 $\sum\limits_{n=1}^{\infty}\left|\sin(\pi\sqrt{n^2+a^2})\right|$ 发散. 所以原级数条件收敛.

注 对一般项为正弦、余弦等三角函数的数项级数，应注意考察一般项能否改写成交错级数的一般项，有时 $(-1)^n$ 隐含在三角函数之中.

(4) 对于各项取绝对值后构成的级数$\sum_{n=2}^{\infty}\frac{1}{\sqrt{n}+(-1)^n}$，由于$0>\frac{1}{\sqrt{n}+(-1)^n}\geqslant\frac{1}{\sqrt{n}+1}$，而级数$\sum_{n=2}^{\infty}\frac{1}{\sqrt{n}+1}$发散，故$\sum_{n=2}^{\infty}\left|\frac{(-1)^n}{\sqrt{n}+(-1)^n}\right|$发散.

对原级数，不满足莱布尼茨定理中单调性的条件，但

$$u_n=\frac{(-1)^n}{\sqrt{n}+(-1)^n}=\frac{(-1)^n\left[\sqrt{n}-(-1)^n\right]}{n-1}=(-1)^n\frac{\sqrt{n}}{n-1}-\frac{1}{n-1},$$

由于级数$\sum_{n=2}^{\infty}(-1)^n\frac{\sqrt{n}}{n-1}$收敛，级数$\sum_{n=2}^{\infty}\frac{1}{n-1}$发散，所以原级数发散.

例 13　若级数$\sum_{n=1}^{\infty}a_n$绝对收敛，试证明级数$\sum_{n=1}^{\infty}a_n^2$、$\sum_{n=1}^{\infty}\frac{a_n}{1+a_n}$、$\sum_{n=1}^{\infty}\frac{a_n^2}{1+a_n^2}$绝对收敛.

证　由于级数$\sum_{n=1}^{\infty}a_n$绝对收敛，则$\lim\limits_{n\to\infty}a_n=0$，从而当$n$充分大时$|a_n|<1$，此时$a_n^2\leqslant|a_n|$. 由于$\sum_{n=1}^{\infty}|a_n|$收敛，故级数$\sum_{n=1}^{\infty}a_n^2$收敛，且绝对收敛.

由于$\lim\limits_{n\to\infty}\frac{\left|\frac{a_n}{1+a_n}\right|}{|a_n|}=\lim\limits_{n\to\infty}\frac{1}{|1+a_n|}=1$，$\sum_{n=1}^{\infty}|a_n|$收敛，所以$\sum_{n=1}^{\infty}\left|\frac{a_n}{1+a_n}\right|$收敛，即级数$\sum_{n=1}^{\infty}\frac{a_n}{1+a_n}$绝对收敛.

由于$\frac{a_n^2}{1+a_n^2}\leqslant a_n^2$，则级数$\sum_{n=1}^{\infty}\frac{a_n^2}{1+a_n^2}$收敛，即绝对收敛.

例 14　求下列幂级数的收敛区间及收敛域：

(1) $\sum_{n=1}^{\infty}\frac{(x-3)^n}{n^2}$；　(2) $\sum_{n=1}^{\infty}\frac{2^n}{n+1}x^{2n-1}$；　(3) $\sum_{n=2}^{\infty}\frac{(-1)^n}{n\cdot 8^n}x^{3n-2}$；

(4) $\sum_{n=1}^{\infty}\frac{2+(-1)^n}{2^n}x^n$.

解　(1) 因为

$$\lim_{n\to\infty}\frac{|a_{n+1}|}{|a_n|}=\lim_{n\to\infty}\frac{n^2}{(n+1)^2}=1,$$

故幂级数$\sum_{n=1}^{\infty}\frac{(x-3)^n}{n^2}$的收敛半径$R=1$，由$|x-3|<1$得收敛区间为$(2,4)$.

当$x=2$时，原级数为$\sum_{n=1}^{\infty}\frac{(-1)^n}{n^2}$，收敛；

当$x=4$时，原级数为$\sum_{n=1}^{\infty}\frac{1}{n^2}$，收敛.

故级数$\sum_{n=1}^{\infty}\frac{(x-3)^n}{n^2}$的收敛域为$[2,4]$.

(2) 此级数缺少x的偶次幂项，直接用比值审敛法求收敛半径. 因为

$$\lim_{n\to\infty}\left|\frac{u_{n+1}(x)}{u_n(x)}\right|=\lim_{n\to\infty}2\frac{n+1}{n+2}\,|x^2|=2x^2,$$

当 $2x^2<1$，即 $|x|<\dfrac{1}{\sqrt{2}}$ 时，幂级数绝对收敛；当 $2x^2>1$，即 $|x|>\dfrac{1}{\sqrt{2}}$ 时，幂级数发散，故收敛半径 $R=\dfrac{1}{\sqrt{2}}$，收敛区间为 $\left(-\dfrac{1}{\sqrt{2}},\dfrac{1}{\sqrt{2}}\right)$.

当 $x=-\dfrac{1}{\sqrt{2}}$ 时，原级数为 $\sum\limits_{n=1}^{\infty}\dfrac{2^n}{n+1}\left(-\dfrac{1}{\sqrt{2}}\right)^{2n-1}=-\sqrt{2}\sum\limits_{n=1}^{\infty}\dfrac{1}{n+1}$，发散；

当 $x=\dfrac{1}{\sqrt{2}}$ 时，原级数为 $\sum\limits_{n=1}^{\infty}\dfrac{2^n}{n+1}\left(\dfrac{1}{\sqrt{2}}\right)^{2n-1}=\sqrt{2}\sum\limits_{n=1}^{\infty}\dfrac{1}{n+1}$，发散.

故级数 $\sum\limits_{n=1}^{\infty}\dfrac{2^n}{n+1}x^{2n-1}$ 的收敛域为 $\left(-\dfrac{1}{\sqrt{2}},\dfrac{1}{\sqrt{2}}\right)$.

(3) 因为

$$\lim_{n\to\infty}\left|\frac{u_{n+1}(x)}{u_n(x)}\right|=\lim_{n\to\infty}\frac{n}{8(n+1)}|x^3|=\frac{1}{8}|x^3|,$$

当 $\dfrac{1}{8}|x^3|<1$，即 $|x|<2$ 时，幂级数绝对收敛；当 $\dfrac{1}{8}|x^3|>1$，即 $|x|>2$ 时，幂级数发散，故收敛半径 $R=2$，收敛区间为 $(-2,2)$.

当 $x=-2$ 时，原级数为 $\sum\limits_{n=2}^{\infty}\dfrac{(-1)^n}{n\cdot 8^n}(-2)^{3n-2}=\sum\limits_{n=1}^{\infty}\dfrac{1}{4n}$，发散；

当 $x=2$ 时，原级数为 $\sum\limits_{n=2}^{\infty}\dfrac{(-1)^n}{n\cdot 8^n}\cdot 2^{3n-2}=\sum\limits_{n=1}^{\infty}\dfrac{(-1)^n}{4n}$，收敛.

故级数 $\sum\limits_{n=2}^{\infty}\dfrac{(-1)^n}{n\cdot 8^n}x^{3n-2}$ 的收敛域为 $(-2,2]$.

(4) 因为

$$\lim_{n\to\infty}\sqrt[n]{|a_n|}=\lim_{n\to\infty}\frac{\sqrt[n]{2+(-1)^n}}{2}=\frac{1}{2},$$

故收敛半径 $R=2$，收敛区间为 $(-2,2)$.

当 $x=\pm 2$ 时，原级数为 $\sum\limits_{n=1}^{\infty}[2+(-1)^n](\pm 1)^n$，其一般项不趋于零，所以级数发散.

故级数 $\sum\limits_{n=1}^{\infty}\dfrac{2+(-1)^n}{2^n}x^n$ 的收敛域为 $(-2,2)$.

例 15 求下列幂级数的和函数：

(1) $\sum\limits_{n=1}^{\infty}\dfrac{2n-1}{2^n}x^{2(n-1)}$，并求 $\sum\limits_{n=1}^{\infty}\dfrac{2n-1}{2^n}$ 的和；　(2) $\sum\limits_{n=1}^{\infty}\dfrac{x^n}{n(n+1)}$.

解 (1) 设 $u_n(x)=\dfrac{2n-1}{2^n}x^{2(n-1)}$. 由

$$\lim_{n\to\infty}\left|\frac{u_{n+1}(x)}{u_n(x)}\right|=\lim_{n\to\infty}\frac{2n+1}{2n-1}\cdot\frac{x^2}{2}=\frac{1}{2}x^2,$$

当 $\dfrac{1}{2}x^2<1$ 时，原级数收敛；当 $\dfrac{1}{2}x^2\geqslant 1$ 时，因 $\lim\limits_{n\to\infty}u_n(x)\neq 0$，故级数发散. 因此，原级数的收敛域为 $(-\sqrt{2},\sqrt{2})$.

设幂级数的和函数为 $s(x)$，即 $s(x)=\sum_{n=1}^{\infty}\frac{2n-1}{2^n}x^{2(n-1)}\ (x\in(-\sqrt{2},\sqrt{2}))$，则

$$s(x)=\sum_{n=1}^{\infty}\frac{2n-1}{2^n}x^{2(n-1)}=\sum_{n=1}^{\infty}\left(\frac{1}{2^n}x^{2n-1}\right)'=\left(\sum_{n=1}^{\infty}\frac{1}{2^n}x^{2n-1}\right)'=\left[\frac{x}{2}\sum_{n=1}^{\infty}\left(\frac{x^2}{2}\right)^{n-1}\right]'$$
$$=\left(\frac{x}{2}\cdot\frac{1}{1-\frac{x^2}{2}}\right)'=\frac{2+x^2}{(2-x^2)^2}\qquad(x\in(-\sqrt{2},\sqrt{2})),$$

于是 $\sum_{n=1}^{\infty}\frac{2n-1}{2^n}=s(1)=3$.

（2）由于

$$\lim_{n\to\infty}\frac{|a_{n+1}|}{|a_n|}=\lim_{n\to\infty}\frac{n}{n+2}=1,$$

故幂级数的收敛半径 $R=1$. 当 $x=\pm1$ 时，级数 $\sum_{n=1}^{\infty}\frac{1}{n(n+1)}$ 与 $\sum_{n=1}^{\infty}\frac{(-1)^n}{n(n+1)}$ 均收敛，故幂级数的收敛域为 $[-1,1]$.

设幂级数的和函数为 $s(x)$，即 $s(x)=\sum_{n=1}^{\infty}\frac{x^n}{n(n+1)}\ (|x|\leqslant1)$.

当 $x=0$ 时，$s(0)=0$. 当 $0<|x|<1$ 时，

$$xs(x)=\sum_{n=1}^{\infty}\frac{x^{n+1}}{n(n+1)},$$

上式两端对 x 求导，得

$$[xs(x)]'=\sum_{n=1}^{\infty}\frac{x^n}{n},$$

再求导，得

$$[xs(x)]''=\sum_{n=1}^{\infty}x^{n-1}=\frac{1}{1-x}.$$

注意到 $[xs(x)]'_{x=0}=0$，上式两端从 0 到 x 积分，得

$$[xs(x)]'=\int_0^x\frac{1}{1-x}\mathrm{d}x=-\ln(1-x),$$

再积分，得

$$xs(x)=-\int_0^x\ln(1-x)\mathrm{d}x=(1-x)\ln(1-x)+x,$$

于是

$$s(x)=\frac{1-x}{x}\ln(1-x)+1,\ x\in(-1,0)\cup(0,1).$$

由于幂级数在 $x=\pm1$ 处收敛，故和函数分别在 $x=1$、$x=-1$ 处左连续、右连续，于是

$$s(1)=\lim_{x\to1^-}s(x)=\lim_{x\to1^-}\frac{1-x}{x}\ln(1-x)+1=1,$$
$$s(-1)=\lim_{x\to-1^+}s(x)=\lim_{x\to-1^+}\frac{1-x}{x}\ln(1-x)+1=1-2\ln2.$$

因此

$$s(x)=\begin{cases}\dfrac{1-x}{x}\ln(1-x)+1, & x\in(-1,0)\cup(0,1),\\ 0, & x=0,\\ 1, & x=1,\\ 1-2\ln 2, & x=-1.\end{cases}$$

例 16 将函数 $f(x)=\cos x$ 展开成 $x+\dfrac{\pi}{3}$ 的幂级数.

解
$$\begin{aligned}f(x)&=\cos x=\cos\left[\left(x+\frac{\pi}{3}\right)-\frac{\pi}{3}\right]\\&=\cos\left(x+\frac{\pi}{3}\right)\cos\frac{\pi}{3}+\sin\left(x+\frac{\pi}{3}\right)\sin\frac{\pi}{3}\\&=\frac{1}{2}\cos\left(x+\frac{\pi}{3}\right)+\frac{\sqrt{3}}{2}\sin\left(x+\frac{\pi}{3}\right)\\&=\frac{1}{2}\sum_{n=0}^{\infty}\frac{(-1)^n}{(2n)!}\left(x+\frac{\pi}{3}\right)^{2n}+\frac{\sqrt{3}}{2}\sum_{n=0}^{\infty}\frac{(-1)^n}{(2n+1)!}\left(x+\frac{\pi}{3}\right)^{2n+1}\\&=\frac{1}{2}\sum_{n=0}^{\infty}(-1)^n\left[\frac{1}{(2n)!}\left(x+\frac{\pi}{3}\right)^{2n}+\frac{\sqrt{3}}{(2n+1)!}\left(x+\frac{\pi}{3}\right)^{2n+1}\right]\\&\qquad(x\in(-\infty,+\infty)).\end{aligned}$$

例 17 将函数 $f(x)=\dfrac{1}{x^2+3x+2}$ 展开成 $x+4$ 的幂级数.

解 $f(x)=\dfrac{1}{x^2+3x+2}=\dfrac{1}{x+1}-\dfrac{1}{x+2}$，其中

$$\frac{1}{x+1}=\frac{1}{-3+(x+4)}=-\frac{1}{3}\frac{1}{1-\frac{x+4}{3}}=-\frac{1}{3}\sum_{n=0}^{\infty}\left(\frac{x+4}{3}\right)^n,\ x\in(-7,-1);$$

$$\frac{1}{x+2}=\frac{1}{-2+(x+4)}=-\frac{1}{2}\frac{1}{1-\frac{x+4}{2}}=-\frac{1}{2}\sum_{n=0}^{\infty}\left(\frac{x+4}{2}\right)^n,\ x\in(-6,-2).$$

于是

$$\begin{aligned}\frac{1}{x^2+3x+2}&=\frac{1}{2}\sum_{n=0}^{\infty}\left(\frac{x+4}{2}\right)^n-\frac{1}{3}\sum_{n=0}^{\infty}\left(\frac{x+4}{3}\right)^n\\&=\sum_{n=0}^{\infty}\left(\frac{1}{2^{n+1}}-\frac{1}{3^{n+1}}\right)(x+4)^n,\ x\in(-6,-2).\end{aligned}$$

例 18 求极限 $\lim\limits_{n\to\infty}\left[2^{\frac{1}{3}}\cdot4^{\frac{1}{9}}\cdot8^{\frac{1}{27}}\cdot\cdots\cdot(2^n)^{\frac{1}{3^n}}\right]$.

解 $2^{\frac{1}{3}}\cdot4^{\frac{1}{9}}\cdot8^{\frac{1}{27}}\cdot\cdots\cdot(2^n)^{\frac{1}{3^n}}=2^{\frac{1}{3}+\frac{2}{9}+\frac{3}{27}+\cdots+\frac{n}{3^n}}$，记 $s_n=\dfrac{1}{3}+\dfrac{2}{9}+\dfrac{3}{27}+\cdots+\dfrac{n}{3^n}$，先求极限 $\lim\limits_{n\to\infty}\left(\dfrac{1}{3}+\dfrac{2}{9}+\dfrac{3}{27}+\cdots+\dfrac{n}{3^n}\right)$.

设 $S(x)=\sum\limits_{n=1}^{\infty}nx^{n-1}(|x|<1)$，则

$$S(x)=\sum_{n=1}^{\infty}nx^{n-1}=\sum_{n=1}^{\infty}(x^n)'=\left(\sum_{n=1}^{\infty}x^n\right)'=\left(\frac{x}{1-x}\right)'=\frac{1}{(1-x)^2},$$

从而$\lim\limits_{n\to\infty}s_n=\frac{1}{3}S\left(\frac{1}{3}\right)=\frac{1}{3}\cdot\frac{1}{\left(1-\frac{1}{3}\right)^2}=\frac{3}{4}$，所以

$$\lim_{n\to\infty}[2^{\frac{1}{3}}\cdot 4^{\frac{1}{9}}\cdot 8^{\frac{1}{27}}\cdot\cdots\cdot(2^n)^{\frac{1}{3^n}}]=\lim_{n\to\infty}2^{s_n}=2^{\frac{3}{4}}.$$

例 19　设 a_n 为曲线 $y=x^n$ 与 $y=x^{n+1}(n=1,2,\cdots)$ 所围区域的面积，记 $S_1=\sum\limits_{n=1}^{\infty}a_n$，$S_2=\sum\limits_{n=1}^{\infty}a_{2n-1}$，求 $S_1=\sum\limits_{n=1}^{\infty}a_n$ 与 $S_2=\sum\limits_{n=1}^{\infty}a_{2n-1}$ 的值.

解　曲线 $y=x^n$ 与 $y=x^{n+1}$ 在点(0，0)和(1，1)处相交，由题意知

$$a_n=\int_0^1(x^n-x^{n+1})\mathrm{d}x=\left[\frac{1}{n+1}x^{n+1}-\frac{1}{n+2}x^{n+2}\right]_0^1=\frac{1}{n+1}-\frac{1}{n+2},$$

所以

$$S_1=\sum_{n=1}^{\infty}a_n=\lim_{n\to\infty}(a_1+a_2+\cdots+a_n)=\lim_{n\to\infty}\left(\frac{1}{2}-\frac{1}{n+2}\right)=\frac{1}{2},$$

$$\begin{aligned}S_2&=\sum_{n=1}^{\infty}a_{2n-1}=\sum_{n=1}^{\infty}\left(\frac{1}{2n}-\frac{1}{2n+1}\right)\\&=\frac{1}{2}-\frac{1}{3}+\frac{1}{4}-\frac{1}{5}+\cdots+\frac{1}{2n}-\frac{1}{2n+1}+\cdots.\end{aligned}$$

又由于

$$\ln(1+x)=x-\frac{1}{2}x^2+\frac{1}{3}x^3-\cdots+\frac{(-1)^{n-1}}{n}x^n+\cdots\quad(-1<x\leqslant 1),$$

取 $x=1$，得

$$\ln 2=1-\frac{1}{2}+\frac{1}{3}-\frac{1}{4}+\frac{1}{5}-\cdots-\frac{1}{2n}+\frac{1}{2n+1}-\cdots.$$

因此，$S_2=1-\ln 2$.

例 20　求下列数项级数的和：

(1) $\sum\limits_{n=1}^{\infty}\frac{n^2}{n!}$；　　(2) $\sum\limits_{n=0}^{\infty}(-1)^n\frac{n+1}{(2n+1)!}$.

解　(1) 利用$\sum\limits_{n=0}^{\infty}\frac{x^n}{n!}=\mathrm{e}^x$，$x\in(-\infty,+\infty)$，取 $x=1$，有$\sum\limits_{n=0}^{\infty}\frac{1}{n!}=\mathrm{e}$. 又

$$\sum_{n=1}^{\infty}\frac{n^2}{n!}=\sum_{n=1}^{\infty}\frac{n}{(n-1)!}=\sum_{n=0}^{\infty}\frac{n+1}{n!}=\sum_{n=0}^{\infty}\frac{n}{n!}+\sum_{n=0}^{\infty}\frac{1}{n!},$$

其中

$$\sum_{n=0}^{\infty}\frac{n}{n!}=\sum_{n=1}^{\infty}\frac{n}{n!}=\sum_{n=1}^{\infty}\frac{1}{(n-1)!}=\sum_{n=0}^{\infty}\frac{1}{n!},$$

故

$$\sum_{n=1}^{\infty}\frac{n^2}{n!}=2\sum_{n=0}^{\infty}\frac{1}{n!}=2\mathrm{e}.$$

(2) 因为$\sum_{n=0}^{\infty}\frac{(-1)^n}{(2n+1)!}x^{2n+1}=\sin x$，$\sum_{n=0}^{\infty}\frac{(-1)^n}{(2n)!}x^{2n}=\cos x$，$x\in(-\infty,+\infty)$，故取$x=1$，有

$$\sum_{n=0}^{\infty}\frac{(-1)^n}{(2n+1)!}=\sin 1,\ \sum_{n=0}^{\infty}\frac{(-1)^n}{(2n)!}=\cos 1.$$

于是

$$\begin{aligned}\sum_{n=0}^{\infty}(-1)^n\frac{n+1}{(2n+1)!}&=\frac{1}{2}\sum_{n=0}^{\infty}(-1)^n\frac{2n+2}{(2n+1)!}\\&=\frac{1}{2}\sum_{n=0}^{\infty}(-1)^n\frac{2n+1}{(2n+1)!}+\frac{1}{2}\sum_{n=0}^{\infty}(-1)^n\frac{1}{(2n+1)!}\\&=\frac{1}{2}\sum_{n=0}^{\infty}(-1)^n\frac{1}{(2n)!}+\frac{1}{2}\sum_{n=0}^{\infty}(-1)^n\frac{1}{(2n+1)!}\\&=\frac{1}{2}\cos 1+\frac{1}{2}\sin 1.\end{aligned}$$

例 21　将下列函数展开成 x 的幂级数：

(1) $\sin^2x$；　　(2) $\ln(x+\sqrt{x^2+1})$；　　(3) $\frac{1}{(2-x)^2}$.

解　(1) 方法一：因为

$$\sin^2x=\frac{1}{2}-\frac{1}{2}\cos 2x,\ \cos x=\sum_{n=0}^{\infty}(-1)^n\frac{x^{2n}}{(2n)!},\ x\in(-\infty,+\infty),$$

所以

$$\sin^2x=\frac{1}{2}-\frac{1}{2}\sum_{n=0}^{\infty}(-1)^n\frac{(2x)^{2n}}{(2n)!}=\sum_{n=1}^{\infty}(-1)^{n-1}\frac{2^{2n-1}}{(2n)!}x^{2n},\ x\in(-\infty,+\infty).$$

方法二：因为

$$(\sin^2x)'=2\sin x\cos x=\sin 2x=\sum_{n=0}^{\infty}(-1)^n\frac{(2x)^{2n+1}}{(2n+1)!},\ x\in(-\infty,+\infty),$$

所以

$$\begin{aligned}\sin^2x&=\int_0^x(\sin^2t)'\mathrm{d}t=\int_0^x\sum_{n=0}^{\infty}(-1)^n\frac{(2t)^{2n+1}}{(2n+1)!}\mathrm{d}t\\&=\sum_{n=0}^{\infty}(-1)^n\frac{2^{2n+1}x^{2n+2}}{(2n+2)!}=\sum_{n=1}^{\infty}(-1)^{n-1}\frac{2^{2n-1}x^{2n}}{(2n)!},\ x\in(-\infty,+\infty).\end{aligned}$$

(2) 因为$\ln(x+\sqrt{x^2+1})=\int_0^x\frac{1}{\sqrt{x^2+1}}\mathrm{d}x$，又

$$\frac{1}{\sqrt{1+x^2}}=(1+x^2)^{-\frac{1}{2}}=1+\sum_{n=1}^{\infty}(-1)^n\frac{(2n-1)!!}{(2n)!!}x^{2n},\ x\in[-1,1],$$

故

$$\begin{aligned}\ln(x+\sqrt{x^2+1})&=\int_0^x(1+t^2)^{-\frac{1}{2}}\mathrm{d}t=\int_0^x\left[1+\sum_{n=1}^{\infty}(-1)^n\frac{(2n-1)!!}{(2n)!!}t^{2n}\right]\mathrm{d}t\\&=x+\sum_{n=1}^{\infty}(-1)^n\frac{(2n-1)!!}{(2n)!!(2n+1)}x^{2n+1},\ x\in[-1,1].\end{aligned}$$

(3) 因为$\dfrac{1}{(2-x)^2}=\left(\dfrac{1}{2-x}\right)'$，$x\neq 2$，又

$$\frac{1}{2-x}=\frac{1}{2}\cdot\frac{1}{1-\frac{x}{2}}=\frac{1}{2}\sum_{n=0}^{\infty}\left(\frac{x}{2}\right)^n=\sum_{n=0}^{\infty}\frac{x^n}{2^{n+1}},\ x\in(-2,2),$$

故

$$\frac{1}{(2-x)^2}=\left(\frac{1}{2-x}\right)'=\left(\sum_{n=0}^{\infty}\frac{x^n}{2^{n+1}}\right)'=\sum_{n=1}^{\infty}\frac{n}{2^{n+1}}x^{n-1},\ x\in(-2,2).$$

例 22　下题中给出了四个结果，从中选出一个正确的结果.

设 $f(x)$ 是以 2π 为周期的周期函数，它在$[-\pi,\pi)$上的表达式为$|x|$，则 $f(x)$ 的傅里叶级数为(　　).

(A) $\dfrac{\pi}{2}-\dfrac{4}{\pi}\left[\cos x+\dfrac{1}{3^2}\cos 3x+\dfrac{1}{5^2}\cos 5x+\cdots+\dfrac{1}{(2n-1)^2}\cos(2n-1)x+\cdots\right]$

(B) $\dfrac{2}{\pi}\left[\dfrac{1}{2^2}\sin 2x+\dfrac{1}{4^2}\sin 4x+\dfrac{1}{6^2}\sin 6x+\cdots+\dfrac{1}{(2n)^2}\sin 2nx+\cdots\right]$

(C) $\dfrac{4}{\pi}\left[\cos x+\dfrac{1}{3^2}\cos 3x+\dfrac{1}{5^2}\cos 5x+\cdots+\dfrac{1}{(2n-1)^2}\cos(2n-1)x+\cdots\right]$

(D) $\dfrac{1}{\pi}\left[\dfrac{1}{2^2}\cos 2x+\dfrac{1}{4^2}\cos 4x+\dfrac{1}{6^2}\cos 6x+\cdots+\dfrac{1}{(2n)^2}\cos 2nx+\cdots\right]$

解　应选(A).

偶函数 $f(x)$ 的傅里叶级数是余弦函数，故排除(B). 又因为

$$a_0=\frac{1}{\pi}\int_{-\pi}^{\pi}f(x)\mathrm{d}x=\frac{2}{\pi}\int_0^{\pi}x\mathrm{d}x=\pi\neq 0,$$

所以排除(C) 与(D)，从而选(A).

例 23　设函数 $f(x)=x^2(0\leqslant x\leqslant 1)$，而

$$s(x)=\sum_{n=1}^{\infty}b_n\sin n\pi x,\quad -\infty<x<+\infty,$$

其中 $b_n=2\int_0^1 f(x)\sin n\pi x\mathrm{d}x$，$n=1,2,3,\cdots$，求 $s\left(-\dfrac{1}{2}\right)$.

解　将 $f(x)$ 奇延拓，再周期延拓，由于 $s(x)$ 是奇函数，于是 $s\left(-\dfrac{1}{2}\right)=-s\left(\dfrac{1}{2}\right)$. 当 $x=\dfrac{1}{2}$ 时，$f(x)$ 连续，由傅里叶级数的收敛定理得

$$s\left(\frac{1}{2}\right)=f\left(\frac{1}{2}\right)=\left(\frac{1}{2}\right)^2=\frac{1}{4},$$

所以 $s\left(-\dfrac{1}{2}\right)=-\dfrac{1}{4}$.

例 24　设 $f(x)$是周期为 2π 的周期函数，它在$[-\pi,\pi)$上的表达式为 $f(x)=3x^2+1$，将 $f(x)$展开成傅里叶级数.

解　由于函数 $f(x)$在$(-\infty,+\infty)$内连续，所以 $f(x)$的傅里叶级数收敛于 $f(x)$. 因为

$$a_0=\frac{1}{\pi}\int_{-\pi}^{\pi}f(x)\mathrm{d}x=\frac{1}{\pi}\int_{-\pi}^{\pi}(3x^2+1)\mathrm{d}x=2(\pi^2+1),$$

$$a_n=\frac{1}{\pi}\int_{-\pi}^{\pi}f(x)\cos nx\,\mathrm{d}x=\frac{1}{\pi}\int_{-\pi}^{\pi}(3x^2+1)\cos nx\,\mathrm{d}x$$

$$=\frac{1}{\pi}\left\{\left[\frac{1}{n}(3x^2+1)\sin nx\right]_{-\pi}^{\pi}-\frac{1}{n}\int_{-\pi}^{\pi}6x\sin nx\,\mathrm{d}x\right\}$$

$$=\frac{6}{n^2\pi}\left\{[x\cos nx]_{-\pi}^{\pi}-\int_{-\pi}^{\pi}\cos nx\,\mathrm{d}x\right\}$$

$$=\frac{12}{n^2}(-1)^n-\frac{6}{n^3\pi}[\sin nx]_{-\pi}^{\pi}=(-1)^n\frac{12}{n^2}\ (n=1,2,\cdots),$$

又 $f(x)\sin nx$ 在 $[-\pi,\pi]$ 上是奇函数，故

$$b_n=\frac{1}{\pi}\int_{-\pi}^{\pi}f(x)\sin nx\,\mathrm{d}x=0\ (n=1,2,\cdots),$$

因此

$$f(x)=\pi^2+1+12\sum_{n=1}^{\infty}\frac{(-1)^n}{n^2}\cos nx,\ x\in(-\infty,+\infty).$$

例 25　将函数 $f(x)=2x^2(0\leqslant x\leqslant\pi)$ 分别展开成正弦级数和余弦级数.

解　(1) 展开成正弦级数.

将 $f(x)$ 奇延拓，再作周期为 2π 的周期延拓，则由收敛定理知它的傅里叶级数在 $[0,\pi)$ 上收敛于 $f(x)$.

$$a_n=0\ (n=0,1,2,\cdots),$$

$$b_n=\frac{2}{\pi}\int_0^{\pi}2x^2\sin nx\,\mathrm{d}x=\frac{4}{\pi}\left[\frac{-x^2}{n}\cos nx+\frac{2x}{n^2}\sin nx+\frac{2}{n^3}\cos nx\right]_0^{\pi}$$

$$=\frac{4}{\pi}\left[(-1)^n\left(\frac{2}{n^3}-\frac{\pi^2}{n}\right)-\frac{2}{n^3}\right]\quad(n=1,2,\cdots),$$

故正弦级数为

$$f(x)=\frac{4}{\pi}\sum_{n=1}^{\infty}\left[(-1)^n\left(\frac{2}{n^3}-\frac{\pi^2}{n}\right)-\frac{2}{n^3}\right]\sin nx,\ x\in[0,\pi).$$

(2) 展开成余弦级数.

将 $f(x)$ 偶延拓，再作周期为 2π 的周期延拓，则由收敛定理知它的傅里叶级数在 $[0,\pi]$ 上收敛于 $f(x)$.

$$b_n=0\ (n=1,2,\cdots),$$

$$a_0=\frac{2}{\pi}\int_0^{\pi}2x^2\,\mathrm{d}x=\frac{4}{3}\pi^2,$$

$$a_n=\frac{2}{\pi}\int_0^{\pi}2x^2\cos nx\,\mathrm{d}x=(-1)^n\frac{8}{n^2}\quad(n=1,2,\cdots),$$

故余弦级数为

$$f(x)=\frac{2}{3}\pi^2+8\sum_{n=1}^{\infty}\frac{(-1)^n}{n^2}\cos nx,\ x\in[0,\pi].$$

例 26　将 $f(x)=x-1(0\leqslant x\leqslant 2)$ 展开成周期为 4 的余弦级数.

解　先将 $f(x)$ 在 $(-2,0)$ 上作偶延拓，再以 4 为周期作周期延拓得 $F(x)$，则 $F(x)$ 满足收敛定理的条件，且处处连续，在 $[0,2]$ 上 $F(x)=f(x)$.

$$b_n=0\ (n=1,2,\cdots),$$

$$a_0=\frac{2}{2}\int_0^2(x-1)\mathrm{d}x=0,$$

$$a_n=\frac{2}{2}\int_0^2(x-1)\cos\frac{n\pi x}{2}\mathrm{d}x=\left[\frac{2(x-1)}{n\pi}\sin\frac{n\pi x}{2}\right]_0^2-\frac{2}{n\pi}\int_0^2\sin\frac{n\pi x}{2}\mathrm{d}x$$

$$=\frac{4}{(n\pi)^2}\left[\cos\frac{n\pi x}{2}\right]_0^2=\frac{4}{(n\pi)^2}[(-1)^n-1]$$

$$=\begin{cases}\dfrac{-8}{(n\pi)^2}, & n=1,3,5,\cdots,\\ 0, & n=2,4,6,\cdots,\end{cases}$$

故 $f(x)=-\dfrac{8}{\pi^2}\sum\limits_{n=1}^{\infty}\dfrac{1}{(2n-1)^2}\cos\dfrac{(2n-1)\pi x}{2}$, $x\in[0,2]$.

例 27 证明：当 $0\leqslant x\leqslant\pi$ 时，$\sum\limits_{n=1}^{\infty}\dfrac{\cos nx}{n^2}=\dfrac{x^2}{4}-\dfrac{\pi x}{2}+\dfrac{\pi^2}{6}$.

证 设 $f(x)=\dfrac{x^2}{4}-\dfrac{\pi x}{2}$，将 $f(x)$在$[0,\pi]$上展开成余弦级数，为此将函数 $f(x)$作偶延拓，再作周期为 2π 的周期延拓，则

$$a_0=\frac{2}{\pi}\int_0^{\pi}f(x)\mathrm{d}x=\frac{2}{\pi}\int_0^{\pi}\left(\frac{x^2}{4}-\frac{\pi x}{2}\right)\mathrm{d}x=-\frac{\pi^2}{3},$$

$$a_n=\frac{2}{\pi}\int_0^{\pi}f(x)\cos nx\,\mathrm{d}x=\frac{2}{\pi}\int_0^{\pi}\left(\frac{x^2}{4}-\frac{\pi x}{2}\right)\cos nx\,\mathrm{d}x$$

$$=\frac{2}{n\pi}\int_0^{\pi}\left(\frac{x^2}{4}-\frac{\pi x}{2}\right)\mathrm{d}(\sin nx)=\frac{1}{n^2}\quad(n=1,2,\cdots),$$

$$b_n=0\ (n=1,2,\cdots).$$

由狄利克雷收敛定理有

$$\frac{x^2}{4}-\frac{\pi x}{2}=-\frac{\pi^2}{6}+\sum_{n=1}^{\infty}\frac{\cos nx}{n^2}\quad(0\leqslant x\leqslant\pi),$$

故

$$\sum_{n=1}^{\infty}\frac{\cos nx}{n^2}=\frac{x^2}{4}-\frac{\pi x}{2}+\frac{\pi^2}{6}\quad(0\leqslant x\leqslant\pi).$$

例 28 验证函数 $y(x)=1+\dfrac{x^3}{3!}+\dfrac{x^6}{6!}+\cdots+\dfrac{x^{3n}}{(3n)!}+\cdots\ (-\infty<x<+\infty)$满足微分方程 $y''+y'+y=\mathrm{e}^x$，并利用此结果求幂级数 $\sum\limits_{n=0}^{\infty}\dfrac{x^{3n}}{(3n)!}$ 的和函数.

解 (1) 因为

$$y(x)=1+\frac{x^3}{3!}+\frac{x^6}{6!}+\cdots+\frac{x^{3n}}{(3n)!}+\cdots,$$

$$y'(x)=\frac{x^2}{2!}+\frac{x^5}{5!}+\cdots+\frac{x^{3n-1}}{(3n-1)!}+\cdots,$$

$$y''(x)=x+\frac{x^4}{4!}+\cdots+\frac{x^{3n-2}}{(3n-2)!}+\cdots,$$

以上三式相加，得

$$y''+y'+y=\sum_{n=0}^{\infty}\frac{x^n}{n!}=\mathrm{e}^x,$$

所以函数 $y(x)$满足微分方程 $y''+y'+y=\mathrm{e}^x$.

(2) 微分方程 $y''+y'+y=\mathrm{e}^x$对应的齐次方程 $y''+y'+y=0$ 的特征方程为

$$r^2+r+1=0,$$

特征根为 $r_{1,2}=-\frac{1}{2}\pm\frac{\sqrt{3}}{2}\mathrm{i}$，因此齐次方程的通解为

$$Y=\mathrm{e}^{-\frac{x}{2}}\left(C_1\cos\frac{\sqrt{3}}{2}x+C_2\sin\frac{\sqrt{3}}{2}x\right).$$

设非齐次微分方程的特解为 $y^*=A\mathrm{e}^x$，代入方程 $y''+y'+y=\mathrm{e}^x$，得 $A=\frac{1}{3}$，于是 $y^*=\frac{1}{3}\mathrm{e}^x$，且非齐次微分方程的通解为

$$y=Y+y^*=\mathrm{e}^{-\frac{x}{2}}\left(C_1\cos\frac{\sqrt{3}}{2}x+C_2\sin\frac{\sqrt{3}}{2}x\right)+\frac{1}{3}\mathrm{e}^x.$$

由(1)知，幂级数的和函数 $y(x)$满足 $y(0)=1$，$y'(0)=0$，因此

$$y(0)=C_1+\frac{1}{3}=1,\quad y'(0)=-\frac{1}{3}+\frac{\sqrt{3}}{2}C_2+\frac{1}{3}=0,$$

解得 $C_1=\frac{2}{3}$，$C_2=0$. 于是由微分方程初值问题解的唯一性，可得所求幂级数的和函数为

$$y(x)=\frac{2}{3}\mathrm{e}^{-\frac{x}{2}}\cos\frac{\sqrt{3}}{2}x+\frac{1}{3}\mathrm{e}^x.$$

四、习题选解

习题 12-1

2. 根据级数收敛与发散的定义判定下列级数的收敛性：

(3) $\sin\frac{\pi}{6}+\sin\frac{2\pi}{6}+\cdots+\sin\frac{n\pi}{6}+\cdots$；　　(4) $\sum_{n=1}^{\infty}\ln\left(1+\frac{1}{n}\right)$.

解　(3) 由于

$$\begin{aligned}s_n&=\sin\frac{\pi}{6}+\sin\frac{2\pi}{6}+\cdots+\sin\frac{n\pi}{6}\\&=\frac{1}{2\sin\frac{\pi}{12}}\left(2\sin\frac{\pi}{12}\sin\frac{\pi}{6}+2\sin\frac{\pi}{12}\sin\frac{2\pi}{6}+\cdots+2\sin\frac{\pi}{12}\sin\frac{n\pi}{6}\right)\\&=\frac{1}{2\sin\frac{\pi}{12}}\left[\left(\cos\frac{\pi}{12}-\cos\frac{3\pi}{12}\right)+\left(\cos\frac{3\pi}{12}-\cos\frac{5\pi}{12}\right)\right.\\&\quad\left.+\cdots+\left(\cos\frac{2n-1}{12}\pi-\cos\frac{2n+1}{12}\pi\right)\right]\\&=\frac{1}{2\sin\frac{\pi}{12}}\left(\cos\frac{\pi}{12}-\cos\frac{2n+1}{12}\pi\right),\end{aligned}$$

又$\lim\limits_{n\to\infty}\cos\dfrac{2n+1}{12}\pi$不存在，所以$\lim\limits_{n\to\infty}s_n$不存在，即原级数发散.

(4) $s_n=\ln 2+\ln\dfrac{3}{2}+\ln\dfrac{4}{3}+\cdots+\ln\dfrac{n+1}{n}=\ln(n+1)$，因为$\lim\limits_{n\to\infty}s_n=+\infty$，故级数$\sum\limits_{n=1}^{\infty}\ln\left(1+\dfrac{1}{n}\right)$发散.

3. 判定下列级数的收敛性：

(2) $\dfrac{1}{3}+\dfrac{1}{6}+\dfrac{1}{9}+\cdots+\dfrac{1}{3n}+\cdots$；　　(3) $\dfrac{1}{3}+\dfrac{1}{\sqrt{3}}+\dfrac{1}{\sqrt[3]{3}}+\cdots+\dfrac{1}{\sqrt[n]{3}}+\cdots$；

(5) $\left(\dfrac{1}{2}+\dfrac{1}{3}\right)+\left(\dfrac{1}{2^2}+\dfrac{1}{3^2}\right)+\left(\dfrac{1}{2^3}+\dfrac{1}{3^3}\right)+\cdots+\left(\dfrac{1}{2^n}+\dfrac{1}{3^n}\right)+\cdots$.

解　(2) 因为级数$\dfrac{1}{3}+\dfrac{1}{6}+\dfrac{1}{9}+\cdots+\dfrac{1}{3n}+\cdots=\dfrac{1}{3}\sum\limits_{n=1}^{\infty}\dfrac{1}{n}$，且级数$\sum\limits_{n=1}^{\infty}\dfrac{1}{n}$发散，所以原级数发散.

(3) 因为级数的一般项$u_n=\dfrac{1}{\sqrt[n]{3}}$，有$\lim\limits_{n\to\infty}u_n=\lim\limits_{n\to\infty}\dfrac{1}{\sqrt[n]{3}}=1$，所以由级数收敛的必要条件知此级数发散.

(5) 因为$\sum\limits_{n=1}^{\infty}\dfrac{1}{2^n}$和$\sum\limits_{n=1}^{\infty}\dfrac{1}{3^n}$都是收敛的等比级数，所以级数

$$\sum_{n=1}^{\infty}\left(\frac{1}{2^n}+\frac{1}{3^n}\right)=\left(\frac{1}{2}+\frac{1}{3}\right)+\left(\frac{1}{2^2}+\frac{1}{3^2}\right)+\left(\frac{1}{2^3}+\frac{1}{3^3}\right)+\cdots+\left(\frac{1}{2^n}+\frac{1}{3^n}\right)+\cdots$$

是收敛的.

习题 12－2

1. 用比较审敛法或极限形式的比较审敛法判定下列级数的收敛性：

(1) $1+\dfrac{1}{3}+\dfrac{1}{5}+\cdots+\dfrac{1}{2n-1}+\cdots$；

(2) $1+\dfrac{1+2}{1+2^2}+\dfrac{1+3}{1+3^2}+\cdots+\dfrac{1+n}{1+n^2}+\cdots$；

(4) $\sin\dfrac{\pi}{2}+\sin\dfrac{\pi}{2^2}+\sin\dfrac{\pi}{2^3}+\cdots+\sin\dfrac{\pi}{2^n}+\cdots$.

解　(1) 方法一：$u_n=\dfrac{1}{2n-1}>\dfrac{1}{2n}$ $(n=1,2,\cdots)$，由于级数$\sum\limits_{n=1}^{\infty}\dfrac{1}{n}$发散，故各项乘$\dfrac{1}{2}$后的级数$\sum\limits_{n=1}^{\infty}\dfrac{1}{2n}$也发散，由比较审敛法知原级数$\sum\limits_{n=1}^{\infty}\dfrac{1}{2n-1}$发散.

方法二：因为$\lim\limits_{n\to\infty}\dfrac{\dfrac{1}{2n-1}}{\dfrac{1}{n}}=\dfrac{1}{2}$，而级数$\sum\limits_{n=1}^{\infty}\dfrac{1}{n}$发散，故由比较审敛法的极限形式知原级数发散.

(2) 因为$u_n=\dfrac{1+n}{1+n^2}>\dfrac{1+n}{n+n^2}=\dfrac{1}{n}$，而级数$\sum\limits_{n=1}^{\infty}\dfrac{1}{n}$发散，由比较审敛法知原级数发散.

（4）因为$\lim\limits_{n\to\infty}\dfrac{\sin\frac{\pi}{2^n}}{\frac{1}{2^n}}=\pi\lim\limits_{n\to\infty}\dfrac{\sin\frac{\pi}{2^n}}{\frac{\pi}{2^n}}=\pi$，而级数$\sum\limits_{n=1}^{\infty}\dfrac{1}{2^n}$收敛，故由比较审敛法的极限形式知原级数收敛.

2. 用比值审敛法判定下列级数的收敛性：

（1）$\dfrac{3}{1\cdot 2}+\dfrac{3^2}{2\cdot 2^2}+\dfrac{3^3}{3\cdot 2^3}+\cdots+\dfrac{3^n}{n\cdot 2^n}+\cdots$；　　（4）$\sum\limits_{n=1}^{\infty}n\tan\dfrac{\pi}{2^{n+1}}$.

解　（1）因为

$$\lim_{n\to\infty}\frac{u_{n+1}}{u_n}=\lim_{n\to\infty}\frac{3^{n+1}}{(n+1)\cdot 2^{n+1}}\cdot\frac{n\cdot 2^n}{3^n}=\lim_{n\to\infty}\frac{3}{2}\cdot\frac{n}{n+1}=\frac{3}{2}>1,$$

所以级数发散.

（4）因为

$$\lim_{n\to\infty}\frac{u_{n+1}}{u_n}=\lim_{n\to\infty}\frac{(n+1)\tan\frac{\pi}{2^{n+2}}}{n\tan\frac{\pi}{2^{n+1}}}=\lim_{n\to\infty}\frac{n+1}{n}\cdot\frac{\frac{\pi}{2^{n+2}}}{\frac{\pi}{2^{n+1}}}=\frac{1}{2}<1,$$

所以级数收敛.

3. 用根值审敛法判定下列级数的收敛性：

（3）$\sum\limits_{n=1}^{\infty}\left(\dfrac{n}{3n-1}\right)^{2n-1}$；

（4）$\sum\limits_{n=1}^{\infty}\left(\dfrac{b}{a_n}\right)^n$，其中$a_n\to a(n\to\infty)$，$a_n$、$b$、$a$均为正数.

解　（3）因为

$$\lim_{n\to\infty}\sqrt[n]{u_n}=\lim_{n\to\infty}\left(\frac{n}{3n-1}\right)^{\frac{2n-1}{n}}=\left(\frac{1}{3}\right)^2<1,$$

所以级数收敛.

（4）$\lim\limits_{n\to\infty}\sqrt[n]{u_n}=\lim\limits_{n\to\infty}\dfrac{b}{a_n}=\dfrac{b}{a}$.

当$b<a$时，因$\lim\limits_{n\to\infty}\sqrt[n]{u_n}<1$，故级数收敛；

当$b>a$时，因$\lim\limits_{n\to\infty}\sqrt[n]{u_n}>1$，故级数发散；

当$b=a$时，级数的收敛性不能确定. 例如$b=1$，$a_n=1$，$\sum\limits_{n=1}^{\infty}\left(\dfrac{b}{a_n}\right)^n=\sum\limits_{n=1}^{\infty}1$发散；又如$b=1$，$a_n=n^{\frac{2}{n}}\to 1(n\to\infty)$，$\sum\limits_{n=1}^{\infty}\left(\dfrac{b}{a_n}\right)^n=\sum\limits_{n=1}^{\infty}\dfrac{1}{n^2}$收敛.

4. 判定下列级数的收敛性：

（2）$\dfrac{1^4}{1!}+\dfrac{2^4}{2!}+\dfrac{3^4}{3!}+\cdots+\dfrac{n^4}{n!}+\cdots$；

（4）$\sum\limits_{n=1}^{\infty}2^n\sin\dfrac{\pi}{3^n}$；

（6）$\dfrac{1}{a+b}+\dfrac{1}{2a+b}+\cdots+\dfrac{1}{na+b}+\cdots$ $(a>0,\ b>0)$.

解　(2) 因为$\lim\limits_{n\to\infty}\dfrac{u_{n+1}}{u_n}=\lim\limits_{n\to\infty}\dfrac{(n+1)^4}{(n+1)!}\cdot\dfrac{n!}{n^4}=\lim\limits_{n\to\infty}\dfrac{1}{n}\cdot\left(1+\dfrac{1}{n}\right)^3=0<1$，故由比值审敛法知级数收敛.

(4) 因为$\lim\limits_{n\to\infty}\dfrac{2^{n+1}\sin\dfrac{\pi}{3^{n+1}}}{2^n\sin\dfrac{\pi}{3^n}}=\lim\limits_{n\to\infty}\dfrac{2^{n+1}\cdot\dfrac{\pi}{3^{n+1}}}{2^n\cdot\dfrac{\pi}{3^n}}=\dfrac{2}{3}<1$，故由比值审敛法知级数收敛.

(6) 因为 $u_n=\dfrac{1}{na+b}>\dfrac{1}{a}\cdot\dfrac{1}{n}$，而级数$\sum\limits_{n=1}^{\infty}\dfrac{1}{n}$发散，故所给级数发散.

5. 判定下列级数是否收敛?如果是收敛的，是绝对收敛还是条件收敛?

(1) $1-\dfrac{1}{\sqrt{2}}+\dfrac{1}{\sqrt{3}}-\dfrac{1}{\sqrt{4}}+\cdots+\dfrac{(-1)^{n-1}}{\sqrt{n}}+\cdots$;

(2) $\sum\limits_{n=1}^{\infty}(-1)^{n-1}\dfrac{n}{3^{n-1}}$;　　(5) $\sum\limits_{n=1}^{\infty}(-1)^{n+1}\dfrac{2^{n^2}}{n!}$.

解　(1) 这是一个交错级数$\sum\limits_{n=1}^{\infty}(-1)^{n-1}u_n=\sum\limits_{n=1}^{\infty}(-1)^{n-1}\dfrac{1}{\sqrt{n}}$，其中 $u_n=\dfrac{1}{\sqrt{n}}$.

因为 $u_n>u_{n+1}$，并且$\lim\limits_{n\to\infty}u_n=0$，由莱布尼茨定理知原级数收敛.

又因为$\sum\limits_{n=1}^{\infty}|(-1)^{n-1}u_n|=\sum\limits_{n=1}^{\infty}\dfrac{1}{\sqrt{n}}$发散，所以原级数收敛且条件收敛.

(2) $\sum\limits_{n=1}^{\infty}\left|(-1)^{n-1}\dfrac{n}{3^{n-1}}\right|=\sum\limits_{n=1}^{\infty}\dfrac{n}{3^{n-1}}$. 因为$\lim\limits_{n\to\infty}\dfrac{\dfrac{n+1}{3^n}}{\dfrac{n}{3^{n-1}}}=\dfrac{1}{3}<1$，所以级数$\sum\limits_{n=1}^{\infty}\dfrac{n}{3^{n-1}}$是收敛的，从而原级数收敛且绝对收敛.

(5) 级数的一般项为 $u_n=(-1)^{n+1}\dfrac{2^{n^2}}{n!}$.

因为$\lim\limits_{n\to\infty}|u_n|=\lim\limits_{n\to\infty}\dfrac{2^{n^2}}{n!}=\lim\limits_{n\to\infty}\dfrac{(2^n)^n}{n!}=\lim\limits_{n\to\infty}\dfrac{2^n}{n}\cdot\dfrac{2^n}{n-1}\cdot\dfrac{2^n}{n-2}\cdot\cdots\cdot\dfrac{2^n}{3}\cdot\dfrac{2^n}{2}\cdot\dfrac{2^n}{1}=\infty$，所以级数发散.

习题 12 - 3

1. 求下列幂级数的收敛区间:

(2) $1-x+\dfrac{x^2}{2^2}+\cdots+(-1)^n\dfrac{x^n}{n^2}+\cdots$;

(3) $\dfrac{x}{2}+\dfrac{x^2}{2\cdot 4}+\dfrac{x^3}{2\cdot 4\cdot 6}+\cdots+\dfrac{x^n}{2\cdot 4\cdot\cdots\cdot(2n)}+\cdots$;

(6) $\sum\limits_{n=1}^{\infty}(-1)^n\dfrac{x^{2n+1}}{2n+1}$;　(7) $\sum\limits_{n=1}^{\infty}\dfrac{2n-1}{2^n}x^{2n-2}$;　(8) $\sum\limits_{n=1}^{\infty}\dfrac{(x-5)^n}{\sqrt{n}}$.

解　(2) 因为$\lim\limits_{n\to\infty}\left|\dfrac{a_{n+1}}{a_n}\right|=\lim\limits_{n\to\infty}\dfrac{\dfrac{1}{(n+1)^2}}{\dfrac{1}{n^2}}=\lim\limits_{n\to\infty}\dfrac{n^2}{(n+1)^2}=1$，故收敛半径为$R=1$，收敛区间为$(-1,1)$.

(3) 因为$\lim\limits_{n\to\infty}\left|\dfrac{a_{n+1}}{a_n}\right|=\lim\limits_{n\to\infty}\dfrac{2\cdot4\cdot6\cdot\cdots\cdot(2n)}{2\cdot4\cdot6\cdot\cdots\cdot2n\cdot(2n+2)}=\lim\limits_{n\to\infty}\dfrac{1}{2(n+1)}=0$，故收敛半径为$R=+\infty$，收敛区间为$(-\infty,+\infty)$.

(6) 这是缺(偶次幂)项的级数，级数的一般项为$u_n(x)=(-1)^n\dfrac{x^{2n+1}}{2n+1}$. 因为

$$\lim_{n\to\infty}\left|\frac{u_{n+1}(x)}{u_n(x)}\right|=\lim_{n\to\infty}\left|\frac{x^{2n+3}}{2n+3}\cdot\frac{2n+1}{x^{2n+1}}\right|=x^2,$$

故由比值审敛法知，当$|x|<1$时，幂级数绝对收敛；当$|x|>1$时，幂级数发散. 因此，原级数的收敛半径为$R=1$，收敛区间为$(-1,1)$.

(7) 这是缺(奇次幂)项的级数，级数的一般项为$u_n(x)=\dfrac{2n-1}{2^n}x^{2n-2}$. 因为

$$\lim_{n\to\infty}\left|\frac{u_{n+1}(x)}{u_n(x)}\right|=\lim_{n\to\infty}\left|\frac{(2n+1)x^{2n}}{2^{n+1}}\cdot\frac{2^n}{(2n-1)x^{2n-2}}\right|=\frac{1}{2}x^2,$$

故由比值审敛法知，当$\dfrac{1}{2}x^2<1$，即$|x|<\sqrt{2}$时，幂级数绝对收敛；当$\dfrac{1}{2}x^2>1$，即$|x|>\sqrt{2}$时，幂级数发散. 因此，原级数的收敛半径为$R=\sqrt{2}$，收敛区间为$(-\sqrt{2},\sqrt{2})$.

(8) 因为$\lim\limits_{n\to\infty}\left|\dfrac{a_{n+1}}{a_n}\right|=\lim\limits_{n\to\infty}\dfrac{\sqrt{n}}{\sqrt{n+1}}=1$，故收敛半径为$R=1$，即当$|x-5|<1$时，级数收敛；当$|x-5|>1$时，级数发散，故级数的收敛区间为$(4,6)$.

2. 利用逐项求导或逐项积分，求下列级数的和函数：

(1) $\sum\limits_{n=1}^{\infty}nx^{n-1}$；　　(3) $x+\dfrac{x^3}{3}+\dfrac{x^5}{5}+\cdots+\dfrac{x^{2n-1}}{2n-1}+\cdots$.

解 (1) 容易求出此级数的收敛半径为1. 当$x=\pm1$时，级数$\sum\limits_{n=1}^{\infty}n(\pm1)^{n-1}$发散，则原级数的收敛域为$-1<x<1$. 由

$$\sum_{n=1}^{\infty}nx^{n-1}=\sum_{n=1}^{\infty}(x^n)'=\left(\sum_{n=1}^{\infty}x^n\right)'=\left(\frac{x}{1-x}\right)'=\frac{1}{(1-x)^2}\quad(-1<x<1)$$

得，级数$\sum\limits_{n=1}^{\infty}nx^{n-1}$的和函数为

$$s(x)=\frac{1}{(1-x)^2}\quad(-1<x<1).$$

(3) 记级数为$\sum\limits_{n=1}^{\infty}\dfrac{x^{2n-1}}{2n-1}$，其收敛半径为1. 当$x=\pm1$时，级数$\sum\limits_{n=1}^{\infty}\dfrac{(\pm1)^{2n-1}}{2n-1}$发散，则原级数的收敛域为$-1<x<1$. 由

$$\begin{aligned}\sum_{n=1}^{\infty}\frac{x^{2n-1}}{2n-1}&=\sum_{n=1}^{\infty}\left(\int_0^x x^{2n-2}\mathrm{d}x\right)=\int_0^x\left(\sum_{n=1}^{\infty}x^{2n-2}\mathrm{d}x\right)\\&=\int_0^x\frac{1}{1-x^2}\mathrm{d}x=\frac{1}{2}\ln\frac{1+x}{1-x}\quad(-1<x<1)\end{aligned}$$

得，级数$\sum\limits_{n=1}^{\infty}\dfrac{x^{2n-1}}{2n-1}$的和函数为

$$s(x)=\frac{1}{2}\ln\frac{1+x}{1-x}\quad(-1<x<1).$$

习题 12－4

2. 将下列函数展开成 x 的幂级数，并求展开式成立的区间：

(2) $\ln(a+x)\quad(a>0)$；　(3) a^x；　(5) $(1+x)\ln(1+x)$；　(6) $\dfrac{x}{\sqrt{1+x^2}}$.

解　(2) 因为 $\ln(a+x)=\ln\left[a\left(1+\dfrac{x}{a}\right)\right]=\ln a+\ln\left(1+\dfrac{x}{a}\right)$，又

$$\ln(1+x)=\sum_{n=0}^{\infty}(-1)^n\frac{x^{n+1}}{n+1},\ x\in(-1,1],$$

所以

$$\begin{aligned}\ln(a+x)&=\ln a+\sum_{n=0}^{\infty}(-1)^n\frac{1}{n+1}\left(\frac{x}{a}\right)^{n+1}\\&=\ln a+\sum_{n=0}^{\infty}\frac{(-1)^n x^{n+1}}{(n+1)a^{n+1}},\ x\in(-a,a].\end{aligned}$$

(3) 因为 $\mathrm{e}^x=\sum\limits_{n=0}^{\infty}\dfrac{x^n}{n!}$，$x\in(-\infty,+\infty)$，所以

$$a^x=\mathrm{e}^{x\ln a}=\sum_{n=0}^{\infty}\frac{(x\ln a)^n}{n!}=\sum_{n=0}^{\infty}\frac{(\ln a)^n}{n!}x^n,\ x\in(-\infty,+\infty).$$

(5) 因为 $\ln(1+x)=\sum\limits_{n=0}^{\infty}(-1)^n\dfrac{x^{n+1}}{n+1}$，$x\in(-1,1]$，所以

$$\begin{aligned}(1+x)\ln(1+x)&=(1+x)\sum_{n=0}^{\infty}(-1)^n\frac{x^{n+1}}{n+1}\\&=\sum_{n=0}^{\infty}(-1)^n\frac{x^{n+1}}{n+1}+\sum_{n=0}^{\infty}(-1)^n\frac{x^{n+2}}{n+1}\\&=x+\sum_{n=1}^{\infty}(-1)^n\frac{x^{n+1}}{n+1}+\sum_{n=1}^{\infty}(-1)^{n+1}\frac{x^{n+1}}{n}\\&=x+\sum_{n=1}^{\infty}\left[\frac{(-1)^n}{n+1}+\frac{(-1)^{n+1}}{n}\right]x^{n+1}\\&=x+\sum_{n=1}^{\infty}\frac{(-1)^{n-1}}{n(n+1)}x^{n+1},\ x\in(-1,1].\end{aligned}$$

(6) 因为 $\dfrac{1}{(1+x^2)^{1/2}}=1+\sum\limits_{n=1}^{\infty}(-1)^n\dfrac{(2n-1)!!}{(2n)!!}x^{2n}$，$x\in[-1,1]$，所以

$$\begin{aligned}\frac{x}{\sqrt{1+x^2}}&=x+\sum_{n=1}^{\infty}(-1)^n\frac{(2n-1)!!}{(2n)!!}x^{2n+1}\\&=x+\sum_{n=1}^{\infty}(-1)^n\frac{2\cdot(2n)!}{(n!)^2}\left(\frac{x}{2}\right)^{2n+1},\ x\in[-1,1].\end{aligned}$$

3. 将下列函数展开成 $(x-1)$ 的幂级数，并求展开式成立的区间：

(2) $\lg x$.

解　$\lg x=\dfrac{\ln x}{\ln 10}=\dfrac{1}{\ln 10}\ln[1+(x-1)]$，利用

$$\ln(1+x)=\sum_{n=0}^{\infty}(-1)^n\frac{x^{n+1}}{n+1},\ x\in(-1,1],$$

将上式中的 x 换成 $x-1$，得

$$\lg x=\frac{1}{\ln 10}\sum_{n=1}^{\infty}(-1)^{n-1}\frac{(x-1)^n}{n},\ x\in(0,2].$$

5. 将函数 $f(x)=\frac{1}{x}$ 展开成 $(x-3)$ 的幂级数.

解 利用 $\frac{1}{1-x}=\sum_{n=0}^{\infty}x^n,\ x\in(-1,1)$，得

$$\frac{1}{x}=\frac{1}{3+x-3}=\frac{1}{3}\frac{1}{1+\frac{x-3}{3}}=\frac{1}{3}\sum_{n=0}^{\infty}(-1)^n\left(\frac{x-3}{3}\right)^n,\ \frac{x-3}{3}\in(-1,1),$$

即

$$\frac{1}{x}=\sum_{n=0}^{\infty}\frac{(-1)^n}{3^{n+1}}(x-3)^n,\ x\in(0,6).$$

习题 12-5

1. 利用函数的幂级数展开式求下列各数的近似值：

(2) $\sqrt{e}$(误差不超过 0.001).

解 因为

$$e^x=1+x+\frac{1}{2!}x^2+\cdots+\frac{1}{n!}x^n+\cdots,\ x\in(-\infty,+\infty),$$

令 $x=\frac{1}{2}$，得

$$\sqrt{e}=1+\frac{1}{2}+\frac{1}{2!}\cdot\frac{1}{2^2}+\cdots+\frac{1}{n!}\cdot\frac{1}{2^n}+\cdots.$$

由于

$$\begin{aligned}r_n&=\frac{1}{(n+1)!}\cdot\frac{1}{2^{n+1}}+\frac{1}{(n+2)!}\cdot\frac{1}{2^{n+2}}+\cdots\\&=\frac{1}{(n+1)!2^{n+1}}\left[1+\frac{1}{n+2}\cdot\frac{1}{2}+\frac{1}{(n+2)\cdot(n+3)}\cdot\frac{1}{2^2}+\cdots\right]\\&<\frac{1}{(n+1)!2^{n+1}}\left(1+\frac{1}{2}+\frac{1}{2^2}+\cdots\right)=\frac{1}{(n+1)!2^{n+1}}\frac{1}{1-\frac{1}{2}}=\frac{1}{(n+1)!2^n},\end{aligned}$$

$$r_4=\frac{1}{5!2^4}\approx 0.0005<10^{-3},$$

因此取 $n=4$，计算时取四位小数，可得

$$\sqrt{e}\approx 1+\frac{1}{2}+\frac{1}{2!}\cdot\frac{1}{2^2}+\frac{1}{3!}\cdot\frac{1}{2^3}+\frac{1}{4!}\cdot\frac{1}{2^4}\approx 1.648.$$

2. 利用被积函数的幂级数展开式求下列定积分的近似值：

(2) $\int_0^{0.5}\frac{\arctan x}{x}\mathrm{d}x$(误差不超过 0.001).

解 因为

$$\arctan x = x - \frac{1}{3}x^3 + \frac{1}{5}x^5 - \cdots + (-1)^n \frac{1}{2n+1}x^{2n+1} + \cdots \quad (-1 < x < 1),$$

故

$$\int_0^{0.5} \frac{\arctan x}{x} dx = \int_0^{0.5} \left[1 - \frac{1}{3}x^2 + \frac{1}{5}x^4 - \cdots + (-1)^n \frac{1}{2n+1}x^{2n} + \cdots\right] dx$$

$$= \left[x - \frac{1}{9}x^3 + \frac{1}{25}x^5 - \frac{1}{49}x^7 + \cdots\right]_0^{0.5}$$

$$= \frac{1}{2} - \frac{1}{9} \cdot \frac{1}{2^3} + \frac{1}{25} \cdot \frac{1}{2^5} - \frac{1}{49} \cdot \frac{1}{2^7} + \cdots.$$

因为

$$|r_3| \leqslant u_4 = \frac{1}{49} \cdot \frac{1}{2^7} \approx 0.0002 < 10^{-3},$$

所以取 3 项，并在计算时取四位小数，可得

$$\int_0^{0.5} \frac{\arctan x}{x} dx = \frac{1}{2} - \frac{1}{9} \cdot \frac{1}{2^3} + \frac{1}{25} \cdot \frac{1}{2^5} \approx 0.487.$$

6. 利用欧拉公式将函数 $e^x \cos x$ 展开成 x 的幂级数.

解　由欧拉公式 $\cos x = \frac{1}{2}(e^{ix} + e^{-ix})$ 得

$$e^x \cos x = e^x \cdot \frac{1}{2}(e^{ix} + e^{-ix}) = \frac{1}{2}[e^{x(1+i)} + e^{x(1-i)}]$$

$$= \frac{1}{2}\left[\sum_{n=0}^{\infty} \frac{(1+i)^n}{n!}x^n + \sum_{n=0}^{\infty} \frac{(1-i)^n}{n!}x^n\right]$$

$$= \frac{1}{2}\sum_{n=0}^{\infty} \frac{(1+i)^n + (1-i)^n}{n!}x^n,$$

因为 $1+i=\sqrt{2}e^{i\frac{\pi}{4}}$，$1-i=\sqrt{2}e^{-i\frac{\pi}{4}}$，所以

$$(1+i)^n + (1-i)^n = 2^{\frac{n}{2}}(e^{i\frac{n\pi}{4}} + e^{-i\frac{n\pi}{4}}) = 2^{\frac{n}{2}}\left(2\cos\frac{n\pi}{4}\right) = 2^{\frac{n}{2}+1}\cos\frac{n\pi}{4},$$

因此

$$e^x \cos x = \sum_{n=0}^{\infty} \frac{2^{\frac{n}{2}}\cos\frac{n\pi}{4}}{n!}x^n, \quad -\infty < x < +\infty.$$

习题 12－7

2. 将下列函数 $f(x)$ 展开成傅里叶级数：

(2) $f(x)=\begin{cases} e^x, & -\pi \leqslant x < 0, \\ 1, & 0 \leqslant x \leqslant \pi. \end{cases}$

解　将 $f(x)$ 周期延拓为周期函数 $F(x)$，则 $F(x)$ 在 $(-\pi, \pi)$ 内连续，在 $x=\pm\pi$ 处间断，且

$$\frac{1}{2}[F(-\pi^-) + F(-\pi^+)] \neq f(-\pi),\ \frac{1}{2}[F(\pi^-) + F(\pi^+)] \neq f(\pi),$$

又 $F(x)$满足收敛定理的条件，故 $F(x)$的傅里叶级数在$(-\pi,\pi)$中收敛于 $f(x)$，而在 $x=\pm\pi$ 处$F(x)$的傅里叶级数不收敛于 $f(x)$.

$$a_0=\frac{1}{\pi}\left(\int_{-\pi}^{0}\mathrm{e}^x\mathrm{d}x+\int_0^{\pi}\mathrm{d}x\right)=\frac{1+\pi-\mathrm{e}^{-\pi}}{\pi},$$

$$a_n=\frac{1}{\pi}\left(\int_{-\pi}^{0}\mathrm{e}^x\cos nx\,\mathrm{d}x+\int_0^{\pi}\cos nx\,\mathrm{d}x\right)=\frac{1-(-1)^n\mathrm{e}^{-\pi}}{\pi(1+n^2)}\quad(n=1,2,\cdots),$$

$$\begin{aligned}b_n&=\frac{1}{\pi}\left(\int_{-\pi}^{0}\mathrm{e}^x\sin nx\,\mathrm{d}x+\int_0^{\pi}\sin nx\,\mathrm{d}x\right)\\&=\frac{1}{\pi}\left\{\frac{-n[1-(-1)^n\mathrm{e}^{-\pi}]}{1+n^2}+\frac{1-(-1)^n}{n}\right\}\quad(n=1,2,\cdots),\end{aligned}$$

所以

$$\begin{aligned}f(x)=&\frac{1+\pi-\mathrm{e}^{-\pi}}{2\pi}+\frac{1}{\pi}\sum_{n=1}^{\infty}\left\{\frac{1-(-1)^n\mathrm{e}^{-\pi}}{1+n^2}\cos nx\right.\\&\left.+\left[\frac{-n+(-1)^n n\mathrm{e}^{-\pi}}{1+n^2}+\frac{1-(-1)^n}{n}\right]\sin nx\right\},\ x\in(-\pi,\pi).\end{aligned}$$

4. 设 $f(x)$是周期为 2π 的周期函数，它在$[-\pi,\pi)$上的表达式为

$$f(x)=\begin{cases}-\dfrac{\pi}{2}, & -\pi\leqslant x<-\dfrac{\pi}{2},\\ x, & -\dfrac{\pi}{2}\leqslant x<\dfrac{\pi}{2},\\ \dfrac{\pi}{2}, & \dfrac{\pi}{2}\leqslant x<\pi,\end{cases}$$

将 $f(x)$展开成傅里叶级数.

解 因为 $f(x)$为奇函数，故 $a_n=0(n=0,1,2,\cdots)$，

$$\begin{aligned}b_n&=\frac{2}{\pi}\int_0^{\pi}f(x)\sin nx\,\mathrm{d}x=\frac{2}{\pi}\left(\int_0^{\frac{\pi}{2}}x\sin nx\,\mathrm{d}x+\int_{\frac{\pi}{2}}^{\pi}\frac{\pi}{2}\sin nx\,\mathrm{d}x\right)\\&=\frac{2}{\pi}\left(\left[\frac{-x\cos nx}{n}\right]_0^{\frac{\pi}{2}}+\frac{1}{n}\int_0^{\frac{\pi}{2}}\cos nx\,\mathrm{d}x\right)+\int_{\frac{\pi}{2}}^{\pi}\sin nx\,\mathrm{d}x\\&=\frac{-\cos\frac{n\pi}{2}}{n}+\frac{2\sin\frac{n\pi}{2}}{\pi n^2}+\frac{\cos\frac{n\pi}{2}-\cos n\pi}{n}\\&=\frac{(-1)^{n+1}}{n}+\frac{2}{n^2\pi}\sin\frac{n\pi}{2}\quad(n=1,2,\cdots),\end{aligned}$$

因 $f(x)$满足收敛定理的条件，在 $x=(2k+1)\pi(k\in\mathbf{Z})$处间断，故

$$f(x)=\sum_{n=1}^{\infty}\left[\frac{(-1)^{n+1}}{n}+\frac{2}{n^2\pi}\sin\frac{n\pi}{2}\right]\sin nx\quad(x\in\mathbf{R},\text{且 }x\neq(2k+1)\pi,\ k\in\mathbf{Z}).$$

习题 12 - 8

1. 将下列各周期函数展开成傅里叶级数(下面给出函数在一个周期内的表达式)：

(2) $f(x)=\begin{cases}x, & -1\leqslant x<0,\\ 1, & 0\leqslant x<\dfrac{1}{2},\\ -1 & \dfrac{1}{2}\leqslant x<1.\end{cases}$

解　函数 $f(x)$ 的半周期 $l=1$.

$$a_0=\int_{-1}^{1}f(x)\mathrm{d}x=\int_{-1}^{0}x\mathrm{d}x+\int_{0}^{\frac{1}{2}}\mathrm{d}x-\int_{\frac{1}{2}}^{1}\mathrm{d}x=-\frac{1}{2},$$

$$a_n=\int_{-1}^{1}f(x)\cos n\pi x\mathrm{d}x=\int_{-1}^{0}x\cos n\pi x\mathrm{d}x+\int_{0}^{\frac{1}{2}}\cos n\pi x\mathrm{d}x-\int_{\frac{1}{2}}^{1}\cos n\pi x\mathrm{d}x$$

$$=\frac{1}{n^2\pi^2}[1-(-1)^n]+\frac{2}{n\pi}\sin\frac{n\pi}{2}\quad(n=1,2,\cdots),$$

$$b_n=\int_{-1}^{1}f(x)\sin n\pi x\mathrm{d}x=\int_{-1}^{0}x\sin n\pi x\mathrm{d}x+\int_{0}^{\frac{1}{2}}\sin n\pi x\mathrm{d}x-\int_{\frac{1}{2}}^{1}\sin n\pi x\mathrm{d}x$$

$$=-\frac{2}{n\pi}\cos\frac{n\pi}{2}+\frac{1}{n\pi}\quad(n=1,2,\cdots).$$

因 $f(x)$ 满足收敛定理的条件，在 $x=2k$，$2k+\frac{1}{2}$，$k\in\mathbf{Z}$ 处间断，故

$$f(x)=-\frac{1}{4}+\sum_{n=1}^{\infty}\left\{\left[\frac{1-(-1)^n}{n^2\pi^2}+\frac{2\sin\frac{n\pi}{2}}{n\pi}\right]\cos n\pi x+\frac{1-2\cos\frac{n\pi}{2}}{n\pi}\sin n\pi x\right\},$$

其中 $x\in\mathbf{R}$，且 $x\neq 2k$，$2k+\frac{1}{2}$，$k\in\mathbf{Z}$.

2. 将下列函数分别展开成正弦级数和余弦级数：

(2) $f(x)=x^2\quad(0\leqslant x\leqslant 2)$.

解　展开为正弦级数.

将 $f(x)$ 作奇延拓，再周期延拓，得到以 4 为周期的周期函数，则由收敛定理得，它的傅里叶级数在 $[0,2)$ 上收敛于 $f(x)$.

因为

$$a_n=0\ (n=0,1,2,\cdots),$$

$$b_n=\frac{2}{2}\int_0^2 x^2\sin\frac{n\pi x}{2}\mathrm{d}x=\left[\frac{-2x^2}{n\pi}\cos\frac{n\pi x}{2}\right]_0^2+\frac{4}{n\pi}\int_0^2 x\cos\frac{n\pi x}{2}\mathrm{d}x$$

$$=(-1)^{n+1}\frac{8}{n\pi}+\frac{8}{(n\pi)^2}\left[x\sin\frac{n\pi x}{2}\right]_0^2+\frac{16}{(n\pi)^3}\left[\cos\frac{n\pi x}{2}\right]_0^2$$

$$=(-1)^{n+1}\frac{8}{n\pi}+\frac{16}{(n\pi)^3}[(-1)^n-1]\quad(n=1,2,\cdots),$$

故

$$f(x)=\sum_{n=1}^{\infty}\left\{(-1)^{n+1}\frac{8}{n\pi}+\frac{16}{(n\pi)^3}[(-1)^n-1]\right\}\sin\frac{n\pi x}{2}$$

$$=\frac{8}{\pi}\sum_{n=1}^{\infty}\left\{\frac{(-1)^{n+1}}{n}+\frac{2[(-1)^n-1]}{n^3\pi^2}\right\}\sin\frac{n\pi x}{2}\quad(0\leqslant x<2).$$

展开为余弦级数.

将 $f(x)$ 作偶延拓，再周期延拓，得到以 4 为周期的周期函数，则由收敛定理得，它的傅里叶级数在 $[0,2]$ 上收敛于 $f(x)$.

因为

$$b_n=0\quad(n=1,2,\cdots),$$

$$a_0=\frac{2}{2}\int_0^2 x^2\mathrm{d}x=\frac{8}{3},$$

$$\begin{aligned} a_n &= \frac{2}{2}\int_0^2 x^2\cos\frac{n\pi x}{2}\mathrm{d}x \\ &= \left[\frac{2x^2}{n\pi}\sin\frac{n\pi x}{2}\right]_0^2 - \frac{4}{n\pi}\int_0^2 x\sin\frac{n\pi x}{2}\mathrm{d}x \\ &= \frac{8}{(n\pi)^2}\left[x\cos\frac{n\pi x}{2} - \frac{2}{n\pi}\sin\frac{n\pi x}{2}\right]_0^2 \\ &= (-1)^n\frac{16}{(n\pi)^2}\quad(n=1,2,\cdots), \end{aligned}$$

故

$$f(x)=\frac{4}{3}+\sum_{n=1}^{\infty}\frac{(-1)^n 16}{(n\pi)^2}\cos\frac{n\pi x}{2}=\frac{4}{3}+\frac{16}{\pi^2}\sum_{n=1}^{\infty}\frac{(-1)^n}{n^2}\cos\frac{n\pi x}{2}\quad(0\leqslant x\leqslant 2).$$

总习题十二

3．判定下列级数的收敛性：

(1) $\sum\limits_{n=1}^{\infty}\frac{1}{n\sqrt[n]{n}}$；　(3) $\sum\limits_{n=1}^{\infty}\frac{n\cos^2\frac{n\pi}{3}}{2^n}$；　(5) $\sum\limits_{n=1}^{\infty}\frac{a^n}{n^s}\ (a>0,\ s>0)$.

解　(1) 因为

$$\lim_{n\to\infty}\frac{\frac{1}{n\sqrt[n]{n}}}{\frac{1}{n}}=\lim_{n\to\infty}\frac{1}{\sqrt[n]{n}}=1,$$

而调和级数 $\sum\limits_{n=1}^{\infty}\frac{1}{n}$ 发散，故由比较审敛法的极限形式知原级数发散.

(3) 因为 $\frac{n\cos^2\frac{n\pi}{3}}{2^n}\leqslant\frac{n}{2^n}$，又 $\lim\limits_{n\to\infty}\sqrt[n]{\frac{n}{2^n}}=\lim\limits_{n\to\infty}\frac{1}{2}\sqrt[n]{n}=\frac{1}{2}<1$，由根值审敛法知级数 $\sum\limits_{n=1}^{\infty}\frac{n}{2^n}$ 收敛. 所以，由比较审敛法知级数 $\sum\limits_{n=1}^{\infty}\frac{n\cos^2\frac{n\pi}{3}}{2^n}$ 收敛.

(5) 因为

$$\lim_{n\to\infty}\sqrt[n]{\frac{a^n}{n^s}}=\lim_{n\to\infty}\frac{a}{(\sqrt[n]{n})^s}=a,$$

故由根值审敛法知，当 $a<1$ 时级数收敛，当 $a>1$ 时级数发散.

当 $a=1$ 时，原级数成为 $\sum\limits_{n=1}^{\infty}\frac{1}{n^s}$，由 p 级数的结论知，当 $s>1$ 时级数收敛，当 $s\leqslant 1$ 时级数发散.

4．设正项级数 $\sum\limits_{n=1}^{\infty}u_n$ 和 $\sum\limits_{n=1}^{\infty}v_n$ 都收敛，证明级数 $\sum\limits_{n=1}^{\infty}(u_n+v_n)^2$ 也收敛.

证　因为 $\sum\limits_{n=1}^{\infty}u_n$ 和 $\sum\limits_{n=1}^{\infty}v_n$ 都收敛，所以级数 $\sum\limits_{n=1}^{\infty}(u_n+v_n)$ 收敛，且 $\lim\limits_{n\to\infty}(u_n+v_n)=0$. 由极限定义知，存在正整数 N，当 $n>N$ 时，有 $u_n+v_n<1$，从而

$$(u_n+v_n)^2<u_n+v_n\quad(n\geqslant N),$$

故由比较审敛法知级数$\sum\limits_{n=1}^{\infty}(u_n+v_n)^2$也收敛.

6. 讨论下列级数的绝对收敛性与条件收敛性：

(1) $\sum\limits_{n=1}^{\infty}(-1)^n\dfrac{1}{n^p}$；　　(4) $\sum\limits_{n=1}^{\infty}(-1)^n\dfrac{(n+1)!}{n^{n+1}}$.

解　(1) 因为$\sum\limits_{n=1}^{\infty}\left|(-1)^n\dfrac{1}{n^p}\right|=\sum\limits_{n=1}^{\infty}\dfrac{1}{n^p}$，故当$p>1$时，级数$\sum\limits_{n=1}^{\infty}\dfrac{1}{n^p}$是收敛的. 由此可知，当$p>1$时，级数$\sum\limits_{n=1}^{\infty}(-1)^n\dfrac{1}{n^p}$绝对收敛.

当$0<p\leqslant 1$时，$\sum\limits_{n=1}^{\infty}\left|(-1)^n\dfrac{1}{n^p}\right|=\sum\limits_{n=1}^{\infty}\dfrac{1}{n^p}$发散，级数$\sum\limits_{n=1}^{\infty}(-1)^n\dfrac{1}{n^p}$是交错级数，且满足莱布尼茨定理的条件，因而级数$\sum\limits_{n=1}^{\infty}(-1)^n\dfrac{1}{n^p}$收敛且为条件收敛.

当$p\leqslant 0$时，由于$\lim\limits_{n\to\infty}(-1)^n\dfrac{1}{n^p}\neq 0$，所以级数$\sum\limits_{n=1}^{\infty}(-1)^n\dfrac{1}{n^p}$发散.

综上所述，当$p>1$时，级数$\sum\limits_{n=1}^{\infty}(-1)^n\dfrac{1}{n^p}$绝对收敛；当$0<p\leqslant 1$时，级数条件收敛；当$p\leqslant 0$时，级数发散.

(4) 令$u_n=(-1)^n\dfrac{(n+1)!}{n^{n+1}}$. 因为

$$\lim_{n\to\infty}\left|\frac{u_{n+1}}{u_n}\right|=\lim_{n\to\infty}\frac{(n+2)!}{(n+1)^{n+2}}\cdot\frac{n^{n+1}}{(n+1)!}=\lim_{n\to\infty}\frac{n+2}{n+1}\cdot\left(\frac{n}{n+1}\right)^n$$
$$=\lim_{n\to\infty}\frac{n+2}{n+1}\cdot\frac{1}{\left(1+\dfrac{1}{n}\right)^n}=\frac{1}{\mathrm{e}}<1,$$

故由比值审敛法知级数$\sum\limits_{n=1}^{\infty}\left|(-1)^n\dfrac{(n+1)!}{n^{n+1}}\right|$收敛，从而原级数绝对收敛.

8. 求下列幂级数的收敛区间：

(1) $\sum\limits_{n=1}^{\infty}\dfrac{3^n+5^n}{n}x^n$；　(2) $\sum\limits_{n=1}^{\infty}\left(1+\dfrac{1}{n}\right)^{n^2}x^n$；　(3) $\sum\limits_{n=1}^{\infty}n(x+1)^n$；　(4) $\sum\limits_{n=1}^{\infty}\dfrac{n}{2^n}x^{2n}$.

解　(1) 因为

$$\lim_{n\to\infty}\left|\frac{a_{n+1}}{a_n}\right|=\lim_{n\to\infty}\frac{3^{n+1}+5^{n+1}}{n+1}\cdot\frac{n}{3^n+5^n}=\lim_{n\to\infty}\frac{n}{n+1}\cdot\frac{3\left(\dfrac{3}{5}\right)^n+5}{\left(\dfrac{3}{5}\right)^n+1}=5,$$

故收敛半径为$R=\dfrac{1}{5}$，收敛区间为$\left(-\dfrac{1}{5},\dfrac{1}{5}\right)$.

(2) 因为

$$\lim_{n\to\infty}\sqrt[n]{|a_n|}=\lim_{n\to\infty}\left(1+\frac{1}{n}\right)^n=\mathrm{e},$$

故收敛半径为$R=\dfrac{1}{\mathrm{e}}$，收敛区间为$\left(-\dfrac{1}{\mathrm{e}},\dfrac{1}{\mathrm{e}}\right)$.

(3) 由

$$\lim_{n\to\infty}\left|\frac{u_{n+1}(x)}{u_n(x)}\right|=\lim_{n\to\infty}\frac{n+1}{n}\mid x+1\mid=\mid x+1\mid<1,$$

解得原级数的收敛区间为(−2, 0).

(4) 由

$$\lim_{n\to\infty}\left|\frac{u_{n+1}(x)}{u_n(x)}\right|=\lim_{n\to\infty}\frac{n+1}{2^{n+1}}\cdot\frac{2^n}{n}\cdot x^2=\frac{1}{2}x^2<1,$$

解得原级数的收敛区间为$(-\sqrt{2},\sqrt{2})$.

9. 求下列幂级数的和函数：

(2) $\sum\limits_{n=1}^{\infty}\frac{(-1)^{n-1}}{2n-1}x^{2n-1}$；　　(3) $\sum\limits_{n=1}^{\infty}n(x-1)^n$.

解　(2) 由

$$\lim_{n\to\infty}\left|\frac{u_{n+1}(x)}{u_n(x)}\right|=\lim_{n\to\infty}\frac{2n-1}{2n+1}x^2=x^2$$

知：当$|x|<1$时，级数收敛；当$x=\pm1$时，级数$\sum\limits_{n=1}^{\infty}\frac{(-1)^{n-1}}{2n-1}$与$\sum\limits_{n=1}^{\infty}\frac{(-1)^n}{2n-1}$是收敛的交错级数. 因此，原级数的收敛域为[−1, 1].

设幂级数的和函数为$s(x)$，$|x|\leqslant1$，即$s(x)=\sum\limits_{n=1}^{\infty}\frac{(-1)^{n-1}}{2n-1}x^{2n-1}$，且$s(0)=0$. 在(−1, 1)内，

$$\begin{aligned}s(x)&=\sum_{n=1}^{\infty}\frac{(-1)^{n-1}}{2n-1}x^{2n-1}=\sum_{n=1}^{\infty}\left[\int_0^x(-1)^{n-1}x^{2n-2}\mathrm{d}x\right]\\&=\int_0^x\left[\sum_{n=1}^{\infty}(-x^2)^{n-1}\right]\mathrm{d}x=\int_0^x\frac{1}{1+x^2}\mathrm{d}x=\arctan x.\end{aligned}$$

因为幂级数在$x=\pm1$处收敛，且$\arctan x$在$x=\pm1$处连续，故

$$s(x)=\arctan x,\ x\in[-1,1].$$

(3) 由

$$\lim_{n\to\infty}\left|\frac{u_{n+1}(x)}{u_n(x)}\right|=\lim_{n\to\infty}\frac{n+1}{n}|x-1|=|x-1|$$

知：当$|x-1|<1$时，级数收敛；当$|x-1|=1$，即$x=0$时，级数$\sum\limits_{n=1}^{\infty}(-1)^n n$发散；当$x=2$时，级数$\sum\limits_{n=1}^{\infty}n$发散. 因此，原级数的收敛域为(0, 2).

设幂级数的和函数为$s(x)$ $(0<x<2)$，即$s(x)=\sum\limits_{n=1}^{\infty}n(x-1)^n$，则

$$\begin{aligned}s(x)&=\sum_{n=1}^{\infty}n(x-1)^n=(x-1)\sum_{n=1}^{\infty}n(x-1)^{n-1}\\&=(x-1)\sum_{n=1}^{\infty}[(x-1)^n]'=(x-1)\left[\sum_{n=1}^{\infty}(x-1)^n\right]'\\&=(x-1)\left[\frac{x-1}{1-(x-1)}\right]'=\frac{x-1}{(2-x)^2}\quad(0<x<2).\end{aligned}$$

12. 设 $f(x)$ 是周期为 2π 的函数，它在 $[-\pi,\pi)$ 上的表达式为

$$f(x)=\begin{cases}0, & x\in[-\pi,0),\\ e^x, & x\in[0,\pi).\end{cases}$$

将 $f(x)$ 展开成傅里叶级数.

解　$f(x)$ 满足收敛定理的条件，且除了 $x=k\pi(k\in\mathbf{Z})$ 外处处连续. 因为

$$a_0=\frac{1}{\pi}\int_{-\pi}^{\pi}f(x)\mathrm{d}x=\frac{1}{\pi}\int_0^{\pi}e^x\mathrm{d}x=\frac{e^{\pi}-1}{\pi},$$

$$a_n=\frac{1}{\pi}\int_{-\pi}^{\pi}f(x)\cos nx\mathrm{d}x=\frac{1}{\pi}\int_0^{\pi}e^x\cos nx\mathrm{d}x=\frac{(-1)^n e^{\pi}-1}{\pi}-n^2a_n,$$

即

$$a_n=\frac{(-1)^n e^{\pi}-1}{(n^2+1)\pi}\quad(n=1,2,\cdots),$$

$$b_n=\frac{1}{\pi}\int_{-\pi}^{\pi}f(x)\sin nx\mathrm{d}x=\frac{1}{\pi}\int_0^{\pi}e^x\sin nx\mathrm{d}x$$

$$=(-n)\frac{1}{\pi}\int_0^{\pi}e^x\cos nx\mathrm{d}x=-na_n\quad(n=1,2,\cdots),$$

因此

$$f(x)=\frac{e^{\pi}-1}{2\pi}+\frac{1}{\pi}\sum_{n=1}^{\infty}\frac{(-1)^n e^{\pi}-1}{(n^2+1)}(\cos nx-n\sin nx)\quad(x\in\mathbf{R}\text{ 且 }x\neq k\pi,k\in\mathbf{Z}).$$

五、培优提升

1.（2016 考研题）已知函数 $f(x)$ 可导，且 $f(0)=1$，$0<f'(x)<\frac{1}{2}$. 设数列 $\{x_n\}$ 满足

$$x_{n+1}=f(x_n)\quad(n=1,2,\cdots).$$

证明：

（1）级数 $\sum_{n=1}^{\infty}(x_{n+1}-x_n)$ 绝对收敛；

（2）$\lim_{n\to\infty}x_n$ 存在，且 $0<\lim_{n\to\infty}x_n<2$.

证　（1）由 $x_{n+1}=f(x_n)$ 得

$$|x_{n+1}-x_n|=|f(x_n)-f(x_{n-1})|=|f'(\xi)(x_n-x_{n-1})|<\frac{1}{2}|x_n-x_{n-1}|$$

$$=\frac{1}{2}|f(x_{n-1})-f(x_{n-2})|<\frac{1}{2}\cdot\frac{1}{2}|x_{n-1}-x_{n-2}|$$

$$<\cdots<\frac{1}{2^{n-1}}|x_2-x_1|,$$

因为级数 $\sum_{n=1}^{\infty}\frac{1}{2^{n-1}}|x_2-x_1|$ 收敛，故级数 $\sum_{n=1}^{\infty}|x_{n+1}-x_n|$ 收敛，即级数 $\sum_{n=1}^{\infty}(x_{n+1}-x_n)$ 绝对收敛.

(2) 记 $S_n=\sum\limits_{k=1}^{n}(x_{k+1}-x_k)$，则 $S_n=x_{n+1}-x_1$. 因为级数 $\sum\limits_{n=1}^{\infty}(x_{n+1}-x_n)$ 收敛，故 $\lim\limits_{n\to\infty}S_n$ 存在，因此 $\lim\limits_{n\to\infty}x_n$ 存在.

令 $\lim\limits_{n\to\infty}x_n=a$，由 $x_{n+1}=f(x_n)$ 及函数 $f(x)$ 的连续性得 $a=f(a)$.

令 $\varphi(x)=x-f(x)$，即 $x=a$ 为 $\varphi(x)$ 的零点.

因为

$$\varphi(0)=-f(0)=-1,$$

$$\varphi(2)=2-f(2)=1-[f(2)-f(0)]=1-2f'(\eta)>0,\ \eta\in(0,2),$$

所以 $\varphi(x)$ 在 $(0,2)$ 内有零点.

又因为 $\varphi'(x)=1-f'(x)>0$，所以 $\varphi(x)$ 只有唯一的一个零点且位于 $(0,2)$ 内，于是 $0<a<2$，即

$$0<\lim_{n\to\infty}x_n<2.$$

2. (2015 考研题) 若级数 $\sum\limits_{n=1}^{\infty}a_n$ 条件收敛，则 $x=\sqrt{3}$ 与 $x=3$ 依次为幂级数 $\sum\limits_{n=1}^{\infty}na_n(x-1)^n$ 的(　　).

(A) 收敛点，收敛点　　(B) 收敛点，发散点

(C) 发散点，收敛点　　(D) 发散点，发散点

解　应选(B).

因为 $\sum\limits_{n=1}^{\infty}a_n$ 条件收敛，即 $x=2$ 为幂级数 $\sum\limits_{n=1}^{\infty}a_n(x-1)^n$ 的条件收敛点，所以 $\sum\limits_{n=1}^{\infty}a_n(x-1)^n$ 的收敛半径为 1，收敛区间为 $(0,2)$. 而幂级数 $\sum\limits_{n=1}^{\infty}a_n(x-1)^n$ 和 $\sum\limits_{n=1}^{\infty}na_n(x-1)^n$ 的收敛半径、收敛区间相同，故 $\sum\limits_{n=1}^{\infty}na_n(x-1)^n$ 的收敛区间还是 $(0,2)$. 又 $\sqrt{3}\in(0,2)$、$3\notin(0,2)$，因而 $x=\sqrt{3}$ 与 $x=3$ 依次为幂级数 $\sum\limits_{n=1}^{\infty}na_n(x-1)^n$ 的收敛点、发散点，故选(B).

3. (2014 考研题) 设数列 $\{a_n\}$、$\{b_n\}$ 满足 $0<a_n<\frac{\pi}{2}$，$0<b_n<\frac{\pi}{2}$，$\cos a_n-a_n=\cos b_n$，且级数 $\sum\limits_{n=1}^{\infty}b_n$ 收敛. 证明：

(1) $\lim\limits_{n\to\infty}a_n=0$；

(2) 级数 $\sum\limits_{n=1}^{\infty}\frac{a_n}{b_n}$ 收敛.

证　(1) 由于 $\cos a_n-\cos b_n=a_n$，且 $0<a_n<\frac{\pi}{2}$，$0<b_n<\frac{\pi}{2}$，所以

$$0<a_n<b_n.$$

又因为 $\sum\limits_{n=1}^{\infty}b_n$ 收敛，则 $\lim\limits_{n\to\infty}b_n=0$. 由夹逼定理得

$$\lim_{n\to\infty}a_n=0.$$

(2) 因为

$$\lim_{n\to\infty}\frac{\frac{a_n}{b_n}}{b_n}=\lim_{n\to\infty}\frac{a_n}{b_n^2}=\lim_{n\to\infty}\frac{1-\cos b_n}{b_n^2}\cdot\frac{a_n}{1-\cos b_n}=\frac{1}{2}\lim_{n\to\infty}\frac{a_n}{1-\cos b_n}$$

$$=\frac{1}{2}\lim_{n\to\infty}\frac{a_n}{1-\cos a_n+a_n}=\frac{1}{2}\lim_{n\to\infty}\frac{1}{\frac{1-\cos a_n}{a_n}+1}=\frac{1}{2},$$

且 $\sum\limits_{n=1}^{\infty}b_n$ 收敛，所以 $\sum\limits_{n=1}^{\infty}\frac{a_n}{b_n}$ 收敛.

4.（2013 考研题）设 $f(x)=\left|x-\frac{1}{2}\right|$，$b_n=2\int_0^1 f(x)\sin n\pi x\mathrm{d}x$（$n=1,2,\cdots$）. 令 $s(x)=\sum\limits_{n=1}^{\infty}b_n\sin n\pi x$，则 $s\left(-\frac{9}{4}\right)=$（　　）.

(A) $\frac{3}{4}$　　(B) $\frac{1}{4}$　　(C) $-\frac{1}{4}$　　(D) $-\frac{3}{4}$

解　应选(C).

由于 $f(x)=\left|x-\frac{1}{2}\right|=\begin{cases}\frac{1}{2}-x, & x\in\left[0,\frac{1}{2}\right),\\ x-\frac{1}{2}, & x\in\left[\frac{1}{2},1\right],\end{cases}$ 将 $f(x)$ 作奇延拓，再作周期延拓得周期函数 $F(x)$，周期 $T=2$，则 $F(x)$ 在点 $x=-\frac{9}{4}$ 处连续，从而

$$s\left(-\frac{9}{4}\right)=F\left(-\frac{9}{4}\right)=F\left(-\frac{1}{4}\right)=-F\left(\frac{1}{4}\right)=-f\left(\frac{1}{4}\right)=-\frac{1}{4}.$$

故选(C).

5.（2013 考研题）设数列 $\{a_n\}$ 满足条件：$a_0=3$，$a_1=1$，$a_{n-2}-n(n-1)a_n=0(n\geqslant 2)$，$s(x)$ 是幂级数 $\sum\limits_{n=0}^{\infty}a_nx^n$ 的和函数.

(1) 证明：$s''(x)-s(x)=0$；

(2) 求 $s(x)$ 的表达式.

证　(1) $s(x)=\sum\limits_{n=0}^{\infty}a_nx^n$，逐项求导得

$$s'(x)=\sum_{n=1}^{\infty}na_nx^{n-1},$$

$$s''(x)=\sum_{n=2}^{\infty}n(n-1)a_nx^{n-2}=\sum_{n=0}^{\infty}(n+2)(n+1)a_{n+2}x^n,$$

故

$$s''(x)-s(x)=\sum_{n=0}^{\infty}[(n+2)(n+1)a_{n+2}-a_n]x^n.$$

由 $n(n-1)a_n-a_{n-2}=0$，$n\geqslant 0$，得 $(n+2)(n+1)a_{n+2}-a_n=0$，所以

$$s''(x)-s(x)=0.$$

(2) 由(1)得 $s(0)=a_0=3$，$s'(0)=a_1=1$，求和函数归结为求解初值问题：

$$\begin{cases} s''(x) - s(x) = 0, \\ s(0) = a_0 = 3,\ s'(0) = a_1 = 1. \end{cases}$$

由特征方程 $\lambda^2 - 1 = 0$ 解得特征根为 $\lambda_1 = 1$，$\lambda_2 = -1$，于是微分方程的通解为

$$s(x) = C_1 e^{-x} + C_2 e^x.$$

又 $s(0) = 3$，$s'(0) = 1$，得 $C_1 = 1$，$C_2 = 2$，所以

$$s(x) = e^{-x} + 2e^x.$$

6.（2012 考研题）求幂级数 $\sum\limits_{n=0}^{\infty} \dfrac{4n^2 + 4n + 3}{2n + 1} x^{2n}$ 的收敛域及和函数.

分析 用正项级数的比值审敛法求出收敛半径，写出收敛区间，然后讨论收敛区间的两个端点对应数项级数的敛散性，得到收敛域；再利用幂级数的四则运算将幂级数写成 $\sum\limits_{n=1}^{\infty} 2nx^{2n} + \sum\limits_{n=0}^{\infty} x^{2n} + 2\sum\limits_{n=0}^{\infty} \dfrac{x^{2n}}{2n+1}$，然后利用逐项积分、逐项求导分别求出级数 $\sum\limits_{n=1}^{\infty} 2nx^{2n}$ 与级数 $\sum\limits_{n=0}^{\infty} \dfrac{x^{2n}}{2n+1}$ 的和函数.

解 令 $u_n(x) = \dfrac{4n^2 + 4n + 3}{2n + 1} x^{2n}$，则

$$\begin{aligned} \rho(x) &= \lim_{n\to\infty} \left| \frac{u_{n+1}(x)}{u_n(x)} \right| = \lim_{n\to\infty} \left| \frac{\dfrac{4(n+1)^2 + 4(n+1) + 3}{2(n+1) + 1} x^{2(n+1)}}{\dfrac{4n^2 + 4n + 3}{2n + 1} x^{2n}} \right| \\ &= \lim_{n\to\infty} \left| \frac{4(n+1)^2 + 4(n+1) + 3}{4n^2 + 4n + 3} \frac{2n+1}{2n+3} x^2 \right| \\ &= x^2, \end{aligned}$$

令 $x^2 < 1$，解得 $|x| < 1$，所以该幂级数的收敛半径 $R = 1$，从而收敛区间为 $(-1, 1)$.

当 $x = \pm 1$ 时，$u_n(x) = \dfrac{4n^2 + 4n + 3}{2n + 1} \to \infty (n \to \infty)$，级数 $\sum\limits_{n=0}^{\infty} \dfrac{4n^2 + 4n + 3}{2n + 1}$ 发散，所以幂级数的收敛域为 $(-1, 1)$.

令

$$\begin{aligned} s(x) &= \sum_{n=0}^{\infty} \frac{4n^2 + 4n + 3}{2n + 1} x^{2n} = \sum_{n=0}^{\infty} \frac{2n(2n+1) + (2n+1) + 2}{2n + 1} x^{2n} \\ &= \sum_{n=1}^{\infty} 2nx^{2n} + \sum_{n=0}^{\infty} x^{2n} + 2\sum_{n=0}^{\infty} \frac{x^{2n}}{2n+1}, \end{aligned}$$

其中

$$\sum_{n=0}^{\infty} x^{2n} = \frac{1}{1 - x^2},$$

$$\begin{aligned} \sum_{n=1}^{\infty} 2nx^{2n} &= x\sum_{n=1}^{\infty} 2nx^{2n-1} = x\sum_{n=1}^{\infty} (x^{2n})' = x\left[\sum_{n=1}^{\infty} x^{2n}\right]' \\ &= x\left(\frac{1}{1 - x^2} - 1\right)' = \frac{2x^2}{(1 - x^2)^2}. \end{aligned}$$

当 $x \neq 0$ 时，$0 < |x| < 1$，有

$$\sum_{n=0}^{\infty}\frac{x^{2n}}{2n+1}=\frac{1}{x}\sum_{n=0}^{\infty}\frac{x^{2n+1}}{2n+1}=\frac{1}{x}\sum_{n=0}^{\infty}\left(\int_0^x x^{2n}\mathrm{d}x\right)$$

$$=\frac{1}{x}\int_0^x\left(\sum_{n=0}^{\infty}x^{2n}\right)\mathrm{d}x=\frac{1}{x}\int_0^x\frac{1}{1-x^2}\mathrm{d}x=\frac{1}{2x}\ln\frac{1+x}{1-x}.$$

综上可知，当 $-1<x<0$ 或 $0<x<1$ 时，

$$s(x)=\frac{2x^2}{(1-x^2)^2}+\frac{1}{1-x^2}+\frac{1}{x}\ln\frac{1+x}{1-x}=\frac{1+x^2}{(1-x^2)^2}+\frac{1}{x}\ln\frac{1+x}{1-x},$$

又 $s(0)=3$，所以

$$s(x)=\begin{cases}\dfrac{1+x^2}{(1-x^2)^2}+\dfrac{1}{x}\ln\dfrac{1+x}{1-x}, & 0<|x|<1,\\ 3, & x=0.\end{cases}$$

7.（2011 考研题）设数列 $\{a_n\}$ 单调递减，$\lim\limits_{n\to\infty}a_n=0$，$s_n=\sum\limits_{k=1}^{n}a_k\ (n=1,2,\cdots)$ 无界，则幂级数 $\sum\limits_{n=1}^{\infty}a_n(x-1)^n$ 的收敛域为（ ）.

(A) $(-1,1]$ (B) $[-1,1)$ (C) $[0,2)$ (D) $(0,2]$

解 应选(C).

因为 $s_n=\sum\limits_{k=1}^{n}a_k\ (n=1,2,\cdots)$ 无界，故级数 $\sum\limits_{n=1}^{\infty}a_n$ 发散，说明幂级数 $\sum\limits_{n=1}^{\infty}a_n(x-1)^n$ 的收敛半径 $R\leqslant1$；又 $\{a_n\}$ 单调减少，$\lim\limits_{n\to\infty}a_n=0$，故级数 $\sum\limits_{n=1}^{\infty}a_n(-1)^n$ 收敛，说明幂级数 $\sum\limits_{n=1}^{\infty}a_n(x-1)^n$ 的收敛半径 $R\geqslant1$. 因此，幂级数 $\sum\limits_{n=1}^{\infty}a_n(x-1)^n$ 的收敛半径 $R=1$，收敛区间为 $(0,2)$. 又由于 $x=0$ 时幂级数收敛，$x=2$ 时幂级数发散，所以收敛域为 $[0,2)$，故选(C).

8.（2010 考研题）求幂级数 $\sum\limits_{n=1}^{\infty}\dfrac{(-1)^{n-1}}{2n-1}x^{2n}$ 的收敛域及和函数.

解 由于

$$\lim_{n\to\infty}\left|\frac{u_{n+1}(x)}{u_n(x)}\right|=\lim_{n\to\infty}\left|\frac{\dfrac{(-1)^{(n+1)-1}}{2(n+1)-1}x^{2(n+1)}}{\dfrac{(-1)^{n-1}}{2n-1}x^{2n}}\right|=\lim_{n\to\infty}\left|\frac{2n-1}{2n+1}\right|x^2=x^2<1,$$

则幂级数 $\sum\limits_{n=1}^{\infty}\dfrac{(-1)^{n-1}}{2n-1}x^{2n}$ 的收敛区间为 $(-1,1)$.

当 $x=\pm1$ 时，$\sum\limits_{n=1}^{\infty}\dfrac{(-1)^{n-1}}{2n-1}x^{2n}=\sum\limits_{n=1}^{\infty}\dfrac{(-1)^{n-1}}{2n-1}$，由莱布尼茨判别法知，此级数收敛，故原级数的收敛域为 $[-1,1]$.

设 $s(x)=\sum\limits_{n=1}^{\infty}\dfrac{(-1)^{n-1}}{2n-1}\cdot x^{2n}=x\sum\limits_{n=1}^{\infty}\dfrac{(-1)^{n-1}}{2n-1}\cdot x^{2n-1}$，$x\in[-1,1]$.

令 $s_1(x)=\sum\limits_{n=1}^{\infty}\dfrac{(-1)^{n-1}}{2n-1}\cdot x^{2n-1}$，则

$$s_1'(x)=\sum_{n=1}^{\infty}(-1)^{n-1}\cdot x^{2n-2}=\sum_{n=1}^{\infty}(-x^2)^{n-1}=\frac{1}{1-(-x^2)}=\frac{1}{1+x^2},$$

$$s_1(0)=0,$$

于是 $s_1(x)=\int_0^x\frac{1}{1+x^2}\mathrm{d}x=\arctan x$. 所以 $s(x)=x\cdot\arctan x$，即幂级数的和函数为

$$s(x)=\sum_{n=1}^{\infty}\frac{(-1)^{n-1}}{2n-1}x^{2n}=x\arctan x,\ x\in[-1,1].$$

9.（2015 竞赛题）设 $\sum\limits_{n=1}^{\infty}a_n$ 是非正项级数，以下命题为真的是(　　).

(A) 若级数 $\sum\limits_{n=1}^{\infty}(a_n)^{2014}$ 收敛，则级数 $\sum\limits_{n=1}^{\infty}(a_n)^{2015}$ 条件收敛

(B) 若级数 $\sum\limits_{n=1}^{\infty}(a_n)^{2014}$ 收敛，则级数 $\sum\limits_{n=1}^{\infty}(a_n)^{2015}$ 绝对收敛

(C) 若级数 $\sum\limits_{n=1}^{\infty}(a_n)^{2015}$ 条件收敛，则级数 $\sum\limits_{n=1}^{\infty}(a_n)^{2016}$ 绝对收敛

(D) 若级数 $\sum\limits_{n=1}^{\infty}(a_n)^{2015}$ 绝对收敛，则级数 $\sum\limits_{n=1}^{\infty}(a_n)^{2016}$ 条件收敛

解　应选(B).

若级数 $\sum\limits_{n=1}^{\infty}(a_n)^{2014}$ 收敛，有 $\lim\limits_{n\to\infty}(a_n)^{2014}=0$，则存在 $N>0$，当 $n>N$ 时，有 $(a_n)^{2014}<1$，故 $|a_n|<1$，于是 $0\leqslant|a_n|^{2015}<|a_n|^{2014}$. 所以(B) 正确，(A) 不正确.

选项(C) 不真. 取 $a_n=\frac{(-1)^{n-1}}{n^{\frac{1}{2016}}}$，则 $(a_n)^{2015}=(-1)^{n-1}\frac{1}{n}$，$(a_n)^{2016}=\frac{1}{n}$，显然级数 $\sum\limits_{n=1}^{\infty}(a_n)^{2015}$ 条件收敛，而级数 $\sum\limits_{n=1}^{\infty}(a_n)^{2016}$ 发散.

选项(D) 不真. 因级数 $\sum\limits_{n=1}^{\infty}(a_n)^{2015}$ 绝对收敛，有 $\lim\limits_{n\to\infty}|a_n|^{2015}=0$，则存在 $N_1>0$，当 $n>N_1$ 时，有 $|a_n|^{2015}<1$，故 $|a_n|<1$，于是 $0\leqslant|a_n|^{2016}<|a_n|^{2015}<1$，故级数 $\sum\limits_{n=1}^{\infty}(a_n)^{2016}$ 绝对收敛.

故选(B).

10.（2015 竞赛题）将函数 $f(x)=x\arctan x-\ln\sqrt{1+x^2}$ 展开成 x 的幂级数.

解　因为

$$f'(x)=\arctan x+\frac{x}{1+x^2}-\frac{x}{1+x^2}=\arctan x,$$

且 $f(0)=0$，$f'(0)=0$ 以及 $f''(x)=\frac{1}{1+x^2}$，则

$$f'(x)=\int_0^x\frac{1}{1+t^2}\mathrm{d}t=\int_0^x\Big[\sum_{n=0}^{\infty}(-1)^n t^{2n}\Big]\mathrm{d}t$$

$$=\sum_{n=0}^{\infty}(-1)^n\frac{x^{2n+1}}{2n+1}\quad(-1\leqslant x\leqslant 1),$$

从而

$$f(x)=\int_0^x f'(x)\mathrm{d}x=\int_0^x\left[\sum_{n=0}^{\infty}(-1)^n\frac{x^{2n+1}}{2n+1}\right]\mathrm{d}t$$

$$=\sum_{n=0}^{\infty}(-1)^n\frac{x^{2n+2}}{(2n+1)(2n+2)}\quad(-1\leqslant x\leqslant 1).$$

11.（2014 竞赛题）证明反常积分 $\int_0^{+\infty}\frac{\sin x}{x}\mathrm{d}x$ 不是绝对收敛的.

证 记 $a_n=\int_{n\pi}^{(n+1)\pi}\frac{|\sin x|}{x}\mathrm{d}x$，只需证明级数 $\sum\limits_{n=0}^{\infty}a_n$ 发散. 因为

$$a_n\geqslant\frac{1}{(n+1)\pi}\int_{n\pi}^{(n+1)\pi}|\sin x|\,\mathrm{d}x=\frac{1}{(n+1)\pi}\int_0^{\pi}\sin x\mathrm{d}x=\frac{2}{(n+1)\pi},$$

则由级数 $\sum\limits_{n=0}^{\infty}\frac{2}{(n+1)\pi}$ 发散知级数 $\sum\limits_{n=0}^{\infty}a_n$ 发散，所以反常积分 $\int_0^{+\infty}\frac{\sin x}{x}\mathrm{d}x$ 不是绝对收敛的.

12.（2013 竞赛题）设 $\sum\limits_{n=1}^{\infty}a_n$ 与 $\sum\limits_{n=1}^{\infty}b_n$ 为正项级数，证明：

(1) 若 $\lim\limits_{n\to\infty}\left(\frac{a_n}{a_{n+1}b_n}-\frac{1}{b_{n+1}}\right)>0$，则 $\sum\limits_{n=1}^{\infty}a_n$ 收敛；

(2) 若 $\lim\limits_{n\to\infty}\left(\frac{a_n}{a_{n+1}b_n}-\frac{1}{b_{n+1}}\right)<0$，且 $\sum\limits_{n=1}^{\infty}b_n$ 发散，则 $\sum\limits_{n=1}^{\infty}a_n$ 发散.

证 (1) 设 $\lim\limits_{n\to\infty}\left(\frac{a_n}{a_{n+1}b_n}-\frac{1}{b_{n+1}}\right)=2\delta>\delta>0$，则存在 $N>0$，当 $n>N$ 时，有

$$\frac{a_n}{a_{n+1}b_n}-\frac{1}{b_{n+1}}>\delta,\ \frac{a_n}{b_n}-\frac{a_{n+1}}{b_{n+1}}>\delta a_{n+1},\ a_{n+1}<\frac{1}{\delta}\left(\frac{a_n}{b_n}-\frac{a_{n+1}}{b_{n+1}}\right),$$

于是

$$\sum_{n=N}^{m}a_{n+1}\leqslant\frac{1}{\delta}\sum_{n=N}^{m}\left(\frac{a_n}{b_n}-\frac{a_{n+1}}{b_{n+1}}\right)\leqslant\frac{1}{\delta}\left(\frac{a_N}{b_N}-\frac{a_{m+1}}{b_{m+1}}\right)\leqslant\frac{1}{\delta}\cdot\frac{a_N}{b_N},$$

因而 $\sum\limits_{n=1}^{\infty}a_n$ 的部分和有上界，所以级数 $\sum\limits_{n=1}^{\infty}a_n$ 收敛.

(2) 若 $\lim\limits_{n\to\infty}\left(\frac{a_n}{a_{n+1}b_n}-\frac{1}{b_{n+1}}\right)<\delta<0$，则存在 $N>0$，当 $n>N$ 时，有

$$\frac{a_n}{a_{n+1}}<\frac{b_n}{b_{n+1}},$$

于是

$$a_{n+1}>\frac{b_{n+1}}{b_n}a_n>\cdots>\frac{b_{n+1}}{b_n}\frac{b_n}{b_{n-1}}\cdots\frac{b_{N+1}}{b_N}a_N=\frac{a_N}{b_N}b_{n+1},$$

所以由级数 $\sum\limits_{n=1}^{\infty}b_n$ 发散知 $\sum\limits_{n=1}^{\infty}a_n$ 发散.

附录A 试 题

西安电子科技大学2014级高数下册期中试题

一、选择题(每小题3分，共12分)

1. 设 $f(x,y,z)=\ln(xy+z)$，则 $f_x(1,1,2)+f_y(1,1,2)+f_z(1,1,2)=$(　　).

(A) -1　　(B) 1　　(C) 0　　(D) 2

2. 函数 $f(x,y)=\begin{cases} x\sin\dfrac{1}{y}+y\cos\dfrac{1}{x}, & xy\neq 0, \\ 0, & xy=0, \end{cases}$ 则极限 $\lim\limits_{(x,y)\to(0,0)} f(x,y)$(　　).

(A) 不存在　　(B) 等于1　　(C) 等于0　　(D) 等于2

3. 函数 $z=f(x,y)$ 在点 (x_0,y_0) 处的偏导数存在是 $f(x,y)$ 在该点可微分的(　　).

(A) 必要而非充分条件　　(B) 充分而非必要条件

(C) 充分必要条件　　(D) 既非充分又非必要条件

4. 设区域 D 为 $x^2+y^2\leqslant a^2$，D_1 是 D 在第一象限的部分，则一定有(　　)成立.

(A) $\iint\limits_D x^2\mathrm{d}x\mathrm{d}y=\dfrac{1}{2}\iint\limits_D (x^2+y^2)\mathrm{d}x\mathrm{d}y$　　(B) $\iint\limits_D (x^2+y^2)\mathrm{d}x\mathrm{d}y=\iint\limits_D a^2\mathrm{d}x\mathrm{d}y$

(C) $\iint\limits_D xy\mathrm{d}x\mathrm{d}y=4\iint\limits_{D_1} xy\mathrm{d}x\mathrm{d}y$　　(D) $\iint\limits_D x^2y^2\mathrm{d}x\mathrm{d}y=2\iint\limits_{D_1} x^2y^2\mathrm{d}x\mathrm{d}y$

二、填空题(每小题4分，共24分)

1. 设 $u=xy+\sin y+\mathrm{e}^{yz}$，则 $\mathrm{d}u=$________________.

2. 曲线 $4x=y^5$，$\sqrt{z}=y$，在点(8，2，4)处的切线方程是________________.

3. 设 D 是由直线 $y=2x$，$x=2y$ 及 $x+y=3$ 围成的三角形区域，则二重积分 $\iint\limits_D \mathrm{d}\sigma=$________.

4. 设 $f(x,y)$ 是连续函数，则二次积分 $\int_0^1\mathrm{d}x\int_{x^2}^{x} f(x,y)\mathrm{d}y$ 交换积分次序后为________________.

5. 设 L 是 $x^2+y^2=1$ 按顺时针方向的圆周，则 $\oint_L (x^3-x^2)\mathrm{d}x+x(y-1)\mathrm{d}y=$________.

6. 设 L 是曲线 $y=2\sqrt{x}$ 上从点 $(3,2\sqrt{3})$ 到点 $(24,2\sqrt{24})$ 的一段弧，则曲线积分 $\int_L y\mathrm{d}s=$____________.

三、计算题(每小题6分，共24分)

1. 设函数 $z=z(x,y)$ 由 $z+x=\int_0^{xy}e^{-t^2}dt$ 所确定，试求 $\frac{\partial z}{\partial x}$ 和 $\frac{\partial z}{\partial y}$.

2. 求函数 $u=yz^x$ 在点(1，2，1)处沿方向 $\boldsymbol{l}=(3,3,-2)$ 的方向导数.

3. 计算二重积分 $\iint\limits_D |y-x|dxdy$，其中 D：$0\leqslant x\leqslant 1$，$0\leqslant y\leqslant 1$.

4. 求 $\iiint\limits_\Omega xe^{\frac{x^2+y^2+z^2}{4}}dv$，其中 Ω 为 $x^2+y^2+z^2\leqslant 4$ 在第一卦限部分.

四、(10分) 设 $z=f(u,x,y)$，$u=ye^x$ 且 f 具有连续的二阶偏导数，求 $\frac{\partial z}{\partial x}$，$\frac{\partial z}{\partial y}$ 和 $\frac{\partial^2 z}{\partial x\partial y}$.

五、(10分) 将二次积分 $\int_0^a dx\int_0^x\sqrt{x^2+y^2}dy+\int_a^{\sqrt{2}a}dx\int_0^{\sqrt{2a^2-x^2}}\sqrt{x^2+y^2}dy$ 化为极坐标形式的二次积分，并计算积分值，其中 $a>0$.

六、(10分) 计算曲线积分 $I=\oint_C x^2ydx+xy^3dy$，其中 C 是四个顶点为(0，0)、(1，0)、(1，1)和(0，1)的正方形区域的正向边界.

七、(10分) 求函数 $u=\ln x+2\ln y+3\ln z$ 在条件 $x^2+y^2+z^2=6R^2$，$x>0$，$y>0$，$z>0$ 下的最大值，其中 $R>0$，从而证明对任意正数 a、b、c，$ab^2c^3\leqslant\frac{1}{432}(a+b+c)^6$ 成立.

西安电子科技大学2014级高数下册期末试题

一、选择题(每小题4分，共12分)

1. 设函数 $u(x,y)=f(x+y)+f(x-y)+\int_{x-y}^{x+y}g(t)dt$，其中函数 f 具有二阶导数，g 具有一阶导数，则必有(　　).

(A) $\frac{\partial^2 u}{\partial x^2}=\frac{\partial^2 u}{\partial y^2}$　　(B) $\frac{\partial^2 u}{\partial x^2}=-\frac{\partial^2 u}{\partial y^2}$

(C) $\frac{\partial^2 u}{\partial x\partial y}=\frac{\partial^2 u}{\partial y^2}$　　(D) $\frac{\partial^2 u}{\partial x\partial y}=\frac{\partial^2 u}{\partial x^2}$

2. 设级数 $\sum\limits_{n=1}^{\infty}u_n$ 和 $\sum\limits_{n=1}^{\infty}v_n$ 均发散，则下列结论正确的是(　　).

(A) $\sum\limits_{n=1}^{\infty}(u_n+v_n)$ 必发散　　(B) $\sum\limits_{n=1}^{\infty}u_nv_n$ 必发散

(C) $\sum\limits_{n=1}^{\infty}(|u_n|+|v_n|)$ 必发散　　(D) $\sum\limits_{n=1}^{\infty}(u_n^2+v_n^2)$ 必发散

3. 设 $y=x^3+3x+1$ 是微分方程 $(a+x^2)y''=2xy'$ 的特解，则 $a=$(　　).

(A) 2　　(B) -1　　(C) 3　　(D) 1

二、填空题(每小题 4 分，共 28 分)

1. 当$(x, y)\to(0, 1)$时，函数$f(x, y)=\dfrac{2-\sqrt{xy+4}}{xy}$的极限为________.

2. 设$2\sin(x+2y-3z)=x+2y-3z$，则$\dfrac{\partial z}{\partial x}+\dfrac{\partial z}{\partial y}=$________.

3. 二重积分$\int_0^1 \mathrm{d}y\int_0^{\sqrt{1-y^2}}(x^2+y^2)\mathrm{d}x$的值为________.

4. 旋转抛物面$z=x^2+y^2+1$在点$(1, 1, 3)$处的切平面方程为________.

5. 已知幂级数$\sum\limits_{n=0}^{\infty}a_n x^n$的收敛半径是 4，则$\sum\limits_{n=0}^{\infty}a_n x^{2n+1}$的收敛半径是________.

6. 设$x^2=\sum\limits_{n=0}^{\infty}a_n\cos nx(-\pi\leqslant x\leqslant\pi)$，则$a_2=$________.

7. 全微分方程$(ye^x-2x)\mathrm{d}x+e^x\mathrm{d}y=0$满足$y(0)=1$的解为________.

三、计算题(每小题 7 分，共 21 分)

1. 设函数$z=f(x, y)$由方程$xyz+\ln(x^2+y^2+z^2)=\ln 2$所确定，计算该函数在点$(1, 0, 1)$处的全微分$\mathrm{d}z$.

2. 计算曲面积分

$$I=\iint\limits_{\Sigma}y\mathrm{d}y\mathrm{d}z+x\mathrm{d}z\mathrm{d}x+z^2\mathrm{d}x\mathrm{d}y,$$

其中Σ是下半球面$z=-\sqrt{2-x^2-y^2}$的下侧.

3. 计算三重积分$\iiint\limits_{\Omega}xyz^2\mathrm{d}v$，其中$\Omega$为柱面$x^2+y^2=1$及平面$z=2$、$z=0$、$x=0$和$y=0$所围成的在第一卦限内的闭区域.

四、(10 分) 求微分方程$y''-4y'+4y=\cos 2x$满足初始条件$y(0)=0$及$y'(0)=\dfrac{7}{8}$的特解.

五、(10 分) 在变力$\boldsymbol{F}=(2xy^3-y^2\cos x)\boldsymbol{i}+(1-2y\sin x+3x^2y^2)\boldsymbol{j}$的作用下，一质点沿曲线$L$：$2x=\pi y^2$从点$O(0, 0)$移动到点$A\left(\dfrac{\pi}{2}, 1\right)$，求力$\boldsymbol{F}$所作的功$W$.

六、(每小题 6 分，共 12 分)

1. 证明级数$\sum\limits_{n=1}^{\infty}(-1)^n\int_n^{n+1}\dfrac{1}{\sqrt{x}}\mathrm{d}x$条件收敛.

2. 求幂级数$\sum\limits_{n=1}^{\infty}\dfrac{x^{n-1}}{n}$在区间$(-1, 1)$上的和函数$s(x)$.

七、(7 分) 设$f(x, y)=x+y-xy$，曲线L为$x^2+y^2+xy=3$，求函数$f(x, y)$在曲线L上的最大方向导数.

西安电子科技大学2015级高数下册期中试题

一、填空题(每小题4分，共24分)

1. 函数 $u(x, y, z)=\arcsin\dfrac{z}{x^2+y^2}$ 的定义域为____________.

2. 极限 $\lim\limits_{(x, y)\to(3, 0)}\dfrac{y}{\sin(xy)}=$ ____________.

3. 设函数 $u=\mathrm{e}^{y(x^2+y^2)}$，则 $\mathrm{d}u=$ ____________.

4. 设 $f(x, y)$ 为连续函数，二次积分 $\int_0^1\mathrm{d}y\int_{\sqrt{y}}^1 f(x, y)\mathrm{d}x$ 交换积分次序后为____________.

5. 设 L 为连接(1, 0)及(0, 1)两点的直线段，则 $\int_L(x+y)\mathrm{d}s=$ ____________.

6. 曲线 $x=t^2$，$y=2t$，$z=\dfrac{1}{3}t^3$，在点 $\left(1, 2, \dfrac{1}{3}\right)$ 处的切线方程是____________.

二、计算题(每小题9分，共45分)

1. 设二元函数 $f(x, y)$ 具有一阶连续偏导数，且 $f(x, x^2)=x^3$，$f_x(x, x^2)=4x^3+x^2$，求 $f_y(x, x^2)$.

2. 计算 $\int_L(x^2-2xy)\mathrm{d}x+(y^2-2xy)\mathrm{d}y$，其中 L 是抛物线 $y=x^2$ 上从(−1, 1)到(1, 1)的一段弧.

3. 求函数 $u=\ln(x+\sqrt{y^2+z^2})$ 在点 $A(1, 0, 1)$ 沿 A 指向点 $B(3, -2, 2)$ 的方向的方向导数.

4. 设 $f(x, y)$ 为连续函数，且 $f(x, y)=\sqrt{1-x^2-y^2}+\iint\limits_D f(x, y)\mathrm{d}x\mathrm{d}y$，其中 D 是圆形闭区域 $x^2+y^2\leqslant 1$，求积分 $\iint\limits_D f(x, y)\mathrm{d}x\mathrm{d}y$ 的值.

5. 计算三重积分 $\iiint\limits_\Omega z\mathrm{d}v$，其中 Ω 为曲面 $z=\sqrt{2-x^2-y^2}$ 及 $z=x^2+y^2$ 所围成的闭区域.

三、(10分) 设函数 $z=z(x, y)$ 是由方程 $F\left(\dfrac{x}{z}, \dfrac{y}{z}\right)=0$ 所确定的隐函数，且具有一阶连续偏导数，证明 $x\dfrac{\partial z}{\partial x}+y\dfrac{\partial z}{\partial y}=z$.

四、(10分) 验证：在整个 xOy 面内，$(2xy-y^2)\mathrm{d}x+(x^2-2xy-y^2)\mathrm{d}y$ 是某个函数的全微分，并求出一个这样的函数.

五、(11分) 求曲面 $z=x^2+y^2$ 与平面 $x+y-2z-1=0$ 之间的最短距离.

西安电子科技大学 2015 级高数下册期末试题

一、填空题(每小题 3 分，共 27 分)

1. 函数 $u=e^{2x}\cos\frac{\pi}{2}y$ 在点(0, 1)处的偏导数乘积 $\left[\frac{\partial^2 u}{\partial x\partial y}\cdot\frac{\partial^2 u}{\partial y\partial x}\right]_{(0,1)}=$ ________.

2. 设 $z=z(x,y)$ 是由方程 $F(z-x+y,xy)=0$ 所确定的隐函数，其中 $F(u,v)$ 可微且 $F_u\neq 0$，则 $x\frac{\partial z}{\partial x}-y\frac{\partial z}{\partial y}=$ ________.

3. $u=xy-2z$ 在点(1, 2, 5)处沿从点(1, 2, 5)到点(4, 14, 9)方向的方向导数为 ________.

4. 改变二重积分 $\int_0^1 dx\int_0^{x^2} f(x,y)dy+\int_1^2 dx\int_0^{2-x} f(x,y)dy$ 的积分次序后为 ________________.

5. 设积分区域 Ω：$\frac{x^2}{a^2}+\frac{y^2}{b^2}+\frac{z^2}{c^2}\leqslant 1$，则 $\iiint\limits_{\Omega}\frac{x^3\ln\sqrt{x^2+y^2+z^2+\pi^3}}{x^2+y^2+z^2+\pi^3}dv=$ ________.

6. 设 Σ 为球面 $x^2+y^2+z^2=a^2$ 在 xOy 平面的上方部分，则

$$\iint\limits_{\Sigma}(x^2+y^2+z^2)dS= \_\_\_\_\_\_\_\_.$$

7. 设曲线积分 $\int_L P(x,y)dx+Q(x,y)dy\neq 0$，则

$$\frac{\int_{L^-}P(x,y)dx+Q(x,y)dy}{\int_L P(x,y)dx+Q(x,y)dy}= \_\_\_\_\_\_\_\_.$$

8. 设级数 $\sum\limits_{n=1}^{\infty}(2016-u_n)$ 收敛，则 $\lim\limits_{n\to\infty}u_n=$ ________.

9. 设 $f(x)$ 是周期为 2π 的周期函数，当 $x\in(-\pi,\pi]$ 时 $f(x)=\begin{cases}\pi, & -\pi\leqslant x<0,\\ -1, & 0\leqslant x<\pi,\end{cases}$ 则 $f(x)$ 的傅里叶级数在 $x=0$ 处收敛于 ________.

二、计算与简答题(共 33 分)

1. (6 分) 已知 $e^{-xy}+e^z=2z$，求 dz.

2. (6 分) 设 Ω 为三个坐标面及平面 $x+y+2z=2$ 所围成的闭区域，计算 $\iiint\limits_{\Omega}z\,dxdydz$.

3. (7 分) 计算曲面积分 $I=\iint\limits_{\Sigma}(y^2+z^2)dydz+(z^2+x^2)dzdx+(x^2+y^2)dxdy$，其中 Σ 为锥面 $z=\sqrt{x^2+y^2}\,(0\leqslant z\leqslant 2)$ 的外侧.

4. (7 分) 判断级数 $\sum\limits_{n=1}^{\infty}(-1)^{n-1}\frac{n}{2^{n-1}}$ 的敛散性，如果收敛，是绝对收敛还是条件收敛?

5.（7 分）求微分方程$\frac{\mathrm{d}y}{\mathrm{d}x}+\frac{y}{x}=\frac{\sin x}{x}$满足初值条件$y\,|_{x=\pi}=1$的特解.

三、(10 分)　设$x>0$，积分$I=\int_L x(1+y\sin x)\mathrm{d}x+\frac{f(x)}{x}\mathrm{d}y$与路径无关，其中$f(x)$具有连续导函数以及$f\left(\frac{\pi}{2}\right)=0$. 当$L$是从点$A\left(\frac{\pi}{2},\ 1\right)$到点$B(\pi,\ 0)$的任意曲线时，求$I$的值.

四、(12 分)　求幂级数$\sum_{n=1}^{\infty}\frac{2n-1}{2^n}x^{2(n-1)}$的收敛域以及和函数，并求$\sum_{n=1}^{\infty}\frac{2n-1}{2^n}$的和.

五、(12 分)　求微分方程$y''+3y'-10y=x^2\mathrm{e}^x$的通解.

六、(6 分)　设Σ是取$z=f(x,\ y)$上侧的光滑有向曲面，其中$(x,\ y)\in D$，函数$P(x,\ y,\ z)$在Σ上连续，证明$\iint_{\Sigma}P(x,\ y,\ z)\mathrm{d}y\mathrm{d}z=-\iint_{D}P(x,\ y,\ f(x,\ y))\frac{\partial f}{\partial x}\mathrm{d}x\mathrm{d}y$.

附录B 试题参考答案

西安电子科技大学2014级高数下册期中试题参考答案

一、选择题

1.(B) 2.(C) 3.(A) 4.(A)

二、填空题

1. $y\mathrm{d}x+(x+\cos y+z\mathrm{e}^{yz})\mathrm{d}y+y\mathrm{e}^{yz}\mathrm{d}z$ 2. $\dfrac{x-8}{20}=\dfrac{y-2}{1}=\dfrac{z-4}{4}$ 3. $\dfrac{3}{2}$

4. $\int_0^1\mathrm{d}y\int_y^{\sqrt{y}}f(x,y)\mathrm{d}x$ 5. π 6. 156

三、计算题

1. **解** $z+x=\int_0^{xy}\mathrm{e}^{-t^2}\mathrm{d}t$ 两边分别对 x、y 求偏导,得

$$\frac{\partial z}{\partial x}+1=y\mathrm{e}^{-(xy)^2},\text{即}\frac{\partial z}{\partial x}=y\mathrm{e}^{-(xy)^2}-1,$$

$$\frac{\partial z}{\partial y}=x\mathrm{e}^{-(xy)^2}$$

2. **解** 由题意求得 $\cos\alpha=\dfrac{3}{\sqrt{22}}$,$\cos\beta=\dfrac{3}{\sqrt{22}}$,$\cos\gamma=-\dfrac{2}{\sqrt{22}}$. 又

$$\left.\frac{\partial u}{\partial x}\right|_{(1,2,1)}=yz^x\ln z\,|_{(1,2,1)}=0,\left.\frac{\partial u}{\partial y}\right|_{(1,2,1)}=z^x\,|_{(1,2,1)}=1,$$

$$\left.\frac{\partial u}{\partial z}\right|_{(1,2,1)}=y\cdot x\cdot z^{x-1}\,|_{(1,2,1)}=2,$$

所以 $\left.\dfrac{\partial u}{\partial l}\right|_{(1,2,1)}=\dfrac{3}{\sqrt{22}}+2\times\left(-\dfrac{2}{\sqrt{22}}\right)=-\dfrac{1}{\sqrt{22}}$.

3. **解** 方法一:原式 $=\int_0^1\mathrm{d}x\int_0^x(x-y)\mathrm{d}y+\int_0^1\mathrm{d}y\int_0^y(y-x)\mathrm{d}x$

$$=2\int_0^1\mathrm{d}x\int_0^x(x-y)\mathrm{d}y=2\int_0^1\frac{1}{2}x^2\mathrm{d}x=\frac{1}{3}.$$

方法二:原式 $=\int_0^1\mathrm{d}x\int_x^1(y-x)\mathrm{d}y+\int_0^1\mathrm{d}x\int_0^x(x-y)\mathrm{d}y$

$$=\int_0^1\left\{\left(\frac{y^2}{2}-xy\right)\Big|_x^1+\left(xy-\frac{y^2}{2}\right)\Big|_0^x\right\}\mathrm{d}x=\int_0^1\left(x^2-x+\frac{1}{2}\right)\mathrm{d}x=\frac{1}{3}.$$

4. **解** 在球面坐标下,积分区域可以表示为

$$\Omega=\left\{0\leqslant r\leqslant 2,\ 0\leqslant\theta\leqslant\frac{\pi}{2},\ 0\leqslant\varphi\leqslant\frac{\pi}{2}\right\},$$

所以

$$\begin{aligned}\iiint_{\Omega}x\mathrm{e}^{\frac{x^2+y^2+z^2}{4}}\mathrm{d}V&=\iiint_{\Omega}r\ \sin\varphi\ \cos\theta\cdot\mathrm{e}^{\frac{r^2}{4}}\cdot r^2\ \sin\varphi\mathrm{d}r\mathrm{d}\theta\mathrm{d}\varphi\\&=\int_0^{\frac{\pi}{2}}\mathrm{d}\theta\int_0^{\frac{\pi}{2}}\mathrm{d}\varphi\int_0^2 r^3\mathrm{e}^{\frac{r^2}{4}}\ \sin^2\varphi\ \cos\theta\mathrm{d}r\\&=\int_0^{\frac{\pi}{2}}\cos\theta\mathrm{d}\theta\int_0^{\frac{\pi}{2}}\sin^2\varphi\mathrm{d}\varphi\int_0^2 r^3\mathrm{e}^{\frac{r^2}{4}}\mathrm{d}r\\&=[\sin\theta]_0^{\frac{\pi}{2}}\cdot\int_0^{\frac{\pi}{2}}\frac{1-\cos2\varphi}{2}\mathrm{d}\varphi\cdot\int_0^2 8\,\frac{r^2}{4}\mathrm{e}^{\frac{r^2}{4}}\mathrm{d}\left(\frac{r^2}{4}\right)\\&=1\cdot\left[\frac{\pi}{4}-\frac{\sin2\varphi}{4}\bigg|_0^{\frac{\pi}{2}}\right]\cdot\int_0^1 8u\mathrm{e}^u\mathrm{d}u\\&=2\pi[u\mathrm{e}^u-\mathrm{e}^u]_0^1=2\pi.\end{aligned}$$

四、解 $\dfrac{\partial z}{\partial x}=f_1'u_x+f_2'=y\mathrm{e}^x f_1'+f_2'$,

$$\frac{\partial z}{\partial y}=f_1'u_y+f_3'=\mathrm{e}^x f_1'+f_3',$$

$$\begin{aligned}\frac{\partial^2 z}{\partial x\partial y}&=\frac{\partial}{\partial y}(y\mathrm{e}^x f_1'+f_2')=\mathrm{e}^x f_1'+y\mathrm{e}^x\left(\frac{\partial f_1'}{\partial y}\right)+\frac{\partial f_2'}{\partial y}\\&=\mathrm{e}^x f_1'+y\mathrm{e}^x(f_{11}''\mathrm{e}^x+f_{13}'')+(f_{21}''\mathrm{e}^x+f_{23}'').\end{aligned}$$

五、解 由原来二次积分的上下限写出的积分域为 $D_1\cup D_2$，其中

$$D_1:0\leqslant y\leqslant x,\ 0\leqslant x\leqslant a;\qquad D_2:0\leqslant y\leqslant\sqrt{2a^2-x^2},\ a\leqslant x\leqslant\sqrt{2}a.$$

在极坐标系下，积分域可表示为 $D:0\leqslant\rho\leqslant\sqrt{2}a,\ 0\leqslant\theta\leqslant\dfrac{\pi}{4}$，于是

$$\begin{aligned}\int_0^a\mathrm{d}x\int_0^x\sqrt{x^2+y^2}\mathrm{d}y+\int_a^{\sqrt{2}a}\mathrm{d}x\int_0^{\sqrt{2a^2-x^2}}\sqrt{x^2+y^2}\mathrm{d}y&=\iint_D\rho\cdot\rho\mathrm{d}\rho\mathrm{d}\theta=\int_0^{\frac{\pi}{4}}\mathrm{d}\theta\int_0^{\sqrt{2}a}\rho^2\mathrm{d}\rho\\&=\frac{a^3\pi}{3\sqrt{2}}.\end{aligned}$$

六、解 方法一：$I=\oint_C x^2y\mathrm{d}x+xy^3\mathrm{d}y=\iint_D(y^3-x^2)\mathrm{d}x\mathrm{d}y$

$$\begin{aligned}&=\int_0^1\mathrm{d}x\int_0^1(y^3-x^2)\mathrm{d}y\\&=\int_0^1\left[\frac{1}{4}y^4-x^2y\right]_0^1\mathrm{d}x=\int_0^1\left(\frac{1}{4}-x^2\right)\mathrm{d}x\\&=\left[\frac{1}{4}x-\frac{1}{3}x^3\right]_0^1=\frac{1}{4}-\frac{1}{3}=-\frac{1}{12}.\end{aligned}$$

方法二：记 $O(0,0)$、$A(1,0)$、$B(1,1)$和 $D(0,1)$，则

$$\int_{\overline{OA}}x^2y\mathrm{d}x+xy^3\mathrm{d}y=0\quad(y=0),$$

$$\int_{\overline{AB}}x^2y\mathrm{d}x+xy^3\mathrm{d}y=\int_0^1 y^3\mathrm{d}y=\frac{1}{4},$$

$$\int_{\overline{BD}} x^2 y\mathrm{d}x + xy^3\mathrm{d}y = \int_1^0 x^2\mathrm{d}x = -\frac{1}{3},$$

$$\int_{\overline{DO}} x^2 y\mathrm{d}x + xy^3\mathrm{d}y = 0 \quad (x=0),$$

故

$$\oint_C = \int_{\overline{OA}} + \int_{\overline{AB}} + \int_{\overline{BD}} + \int_{\overline{DO}} = \frac{1}{4} - \frac{1}{3} = -\frac{1}{12}.$$

七、解　令 $L=\ln x+2\ln y+3\ln z+\lambda(x^2+y^2+z^2-6R^2)$，解方程组

$$\begin{cases} L_x=\dfrac{1}{x}+2\lambda x=0, \\ L_y=\dfrac{2}{y}+2\lambda y=0, \\ L_z=\dfrac{3}{z}+2\lambda z=0, \\ x^2+y^2+z^2-6R^2=0, \end{cases}$$

得驻点$(R,\sqrt{2}R,\sqrt{3}R)$且$u(R,\sqrt{2}R,\sqrt{3}R)=\ln(6\sqrt{3}R^6)$. 由于极值点唯一，函数 u 在条件下的极大值为$u(R,\sqrt{2}R,\sqrt{3}R)=\ln(6\sqrt{3}R^6)$，即最大值.（或者指出：当点$(x,y,z)$沿球面 $x^2+y^2+z^2=6R^2$ 位于第一卦限内的部分趋于边界时，函数 $u=\ln x+2\ln y+3\ln z$ 趋于$-\infty$，故最大值在内部取得.）

因此由 $\ln x+2\ln y+3\ln z\leqslant\ln(6\sqrt{3}R^6)$ $(x>0,y>0,z>0)$得

$$xy^2z^3\leqslant 6\sqrt{3}R^6=6\sqrt{3}\left(\frac{x^2+y^2+z^2}{6}\right)^3=\frac{\sqrt{3}}{36}(x^2+y^2+z^2)^3$$

$$(xy^2z^3)^2\leqslant\frac{1}{432}(x^2+y^2+z^2)^6$$

取 $a=x^2$，$b=y^2$，$c=z^2$，则得 $ab^2c^3\leqslant\dfrac{1}{432}(a+b+c)^6$.

西安电子科技大学 2014 级高数下册期末试题参考答案

一、选择题

1.（A）　　2.（C）　　3.（D）

二、填空题

1. $-\dfrac{1}{4}$　2. 1　3. $\dfrac{\pi}{8}$　4. $2x+2y-z=1$　5. 2　6. 1　7. $ye^x-x^2=1$

三、计算题

1. **解**　方法一：方程 $xyz+\ln(x^2+y^2+z^2)=\ln 2$ 两边全微分，得

$$yz\mathrm{d}x+xz\mathrm{d}y+xy\mathrm{d}z+\frac{2}{x^2+y^2+z^2}(x\mathrm{d}x+y\mathrm{d}y+z\mathrm{d}z)=0,$$

因此在点(1，0，1)处有 $\mathrm{d}z=-\mathrm{d}x-\mathrm{d}y$.

方法二：方程 $xyz+\ln(x^2+y^2+z^2)=\ln 2$ 两边对 x 求导，有

$$yz+xy\frac{\partial z}{\partial x}+\frac{1}{x^2+y^2+z^2}\left(2x+2z\frac{\partial z}{\partial x}\right)=0,$$

得

$$\frac{\partial z}{\partial x}=-\frac{(x^2+y^2+z^2)yz+2x}{(x^2+y^2+z^2)xy+2z},\ \left.\frac{\partial z}{\partial x}\right|_{(1,0,1)}=-1,$$

同理得

$$\frac{\partial z}{\partial y}=-\frac{(x^2+y^2+z^2)xz+2y}{(x^2+y^2+z^2)xy+2z},\ \left.\frac{\partial z}{\partial y}\right|_{(1,0,1)}=-1,$$

因此在点(1，0，1)处有 $dz=-dx-dy$.

2. **解** 补 Σ_1：$z=0(x^2+y^2\leqslant 2)$，法线指向向上，则

$$I=\oiint_{\Sigma_1+\Sigma} y\mathrm{d}y\mathrm{d}z+x\mathrm{d}z\mathrm{d}x+z^2\mathrm{d}x\mathrm{d}y-\iint_{\Sigma_1} y\mathrm{d}y\mathrm{d}z+x\mathrm{d}z\mathrm{d}x+z^2\mathrm{d}x\mathrm{d}y$$

显然，

$$\iint_{\Sigma_1} y\mathrm{d}y\mathrm{d}z+x\mathrm{d}z\mathrm{d}x+z^2\mathrm{d}x\mathrm{d}y=0,$$

应用高斯公式，得

$$I=\oiint_{\Sigma+\Sigma_1} y\mathrm{d}y\mathrm{d}z+x\mathrm{d}z\mathrm{d}x+z^2\mathrm{d}x\mathrm{d}y=\iiint_{\Omega} 2z\mathrm{d}x\mathrm{d}y\mathrm{d}z$$

$$=\int_{-\sqrt{2}}^{0} 2z\mathrm{d}z\iint_{x^2+y^2\leqslant 2-z^2}\mathrm{d}x\mathrm{d}y=\int_{-\sqrt{2}}^{0} 2z\pi(2-z^2)\mathrm{d}z=-2\pi.$$

3. **解** 方法一：在柱面坐标下，积分区域 Ω 可表示为

$$0\leqslant\theta\leqslant\frac{\pi}{2},\ 0\leqslant\rho\leqslant 1,\ 0\leqslant z\leqslant 2,$$

于是

$$\iiint_{\Omega} xyz^2\mathrm{d}v=\iiint_{\Omega}\rho\cos\theta\cdot\rho\sin\theta\cdot z^2\cdot\rho\cdot\mathrm{d}\rho\mathrm{d}\theta\mathrm{d}z$$

$$=\int_0^{\frac{\pi}{2}}\sin\theta\cos\theta\mathrm{d}\theta\int_0^1\rho^3\mathrm{d}\rho\int_0^2 z^2\mathrm{d}z=\frac{1}{3}.$$

方法二：用直角坐标计算.

$$\iiint_{\Omega} xyz^2\mathrm{d}v=\int_0^1 x\mathrm{d}x\int_0^{\sqrt{1-x^2}} y\mathrm{d}y\int_0^2 z^2\mathrm{d}z$$

$$=\frac{8}{3}\int_0^1 x\mathrm{d}x\int_0^{\sqrt{1-x^2}} y\mathrm{d}y=\frac{8}{6}\int_0^1(x-x^3)\mathrm{d}x$$

$$=\frac{4}{3}\left[\frac{x^2}{2}-\frac{x^4}{4}\right]_0^1=\frac{1}{3}.$$

四、解 齐次方程 $y''-4y'+4y=0$ 的特征方程为

$$r^2-4r+4=0,$$

其根为 $r_{1,2}=2$，齐次方程 $y''-4y'+4y=0$ 的通解为 $y=(C_1+C_2x)e^{2x}$.

因为 $f(x)=\cos 2x$，$\lambda+\omega i=2i$ 不是特征方程的根，所以非齐次方程的特解应设为

$$y^* = a\cos 2x + b\sin 2x.$$

将其代入原方程 $y''-4y'+4y=\cos 2x$，得

$$8a\sin 2x - 8b\cos 2x = \cos 2x,$$

比较系数，得

$$a=0,\ b=-\frac{1}{8},$$

故

$$y^* = -\frac{1}{8}\sin 2x,$$

从而原方程的通解为

$$y=(C_1+C_2x)e^{2x}-\frac{1}{8}\sin 2x.$$

将初始条件代入通解，得

$$\begin{cases} C_1=0, \\ C_2-\dfrac{1}{4}=\dfrac{7}{8}, \end{cases}$$

解之得 $C_1=0$，$C_2=\frac{9}{8}$. 因此，满足所给初始条件的特解为 $y=\frac{9}{8}xe^{2x}-\frac{1}{8}\sin 2x$.

五、解 根据题意得所求功为

$$W=\int_L (2xy^3-y^2\cos x)dx+(1-2y\sin x+3x^2y^2)dy,$$

$$P=2xy^3-y^2\cos x,\ Q=1-2y\sin x+3x^2y^2,$$

因为 $\frac{\partial P}{\partial y}=6xy^2-2y\cos x=\frac{\partial Q}{\partial x}$，故曲线积分与路径无关. 另选路径

$$(0,0)\to\left(\frac{\pi}{2},0\right)\to\left(\frac{\pi}{2},1\right),$$

则

$$\begin{aligned} W &= \int_L (2xy^2-y^2\cos x)dx+(1-2y\sin x+3x^2y^2)dy \\ &= 0+\int_0^1\left[1-2y\sin\frac{\pi}{2}+3\left(\frac{\pi^2}{4}y^2\right)\right]dy=\left[y-y^2+\frac{\pi^2}{4}y^3\right]_0^1 \\ &= \frac{\pi^2}{4}. \end{aligned}$$

六、1. 解 因为

$$\sum_{n=1}^{\infty}(-1)^n\int_n^{n+1}\frac{1}{\sqrt{x}}dx=2\sum_{n=1}^{\infty}(-1)^n(\sqrt{n+1}-\sqrt{n})=2\sum_{n=1}^{\infty}\frac{(-1)^n}{\sqrt{n+1}+\sqrt{n}},$$

记 $a_n=\frac{1}{\sqrt{n+1}+\sqrt{n}}$，易见 $a_n>a_{n+1}$，$\lim\limits_{n\to\infty}a_n=0$，由莱布尼茨判别法知原级数收敛，又由于

$$\left|\frac{(-1)^n2}{\sqrt{n+1}+\sqrt{n}}\right|\geqslant\frac{1}{\sqrt{n+1}},$$

故 $\sum\limits_{n=1}^{\infty}\left|\frac{(-1)^n2}{\sqrt{n+1}-\sqrt{n}}\right|$ 发散，所以原级数条件收敛.

2. **解** 由于$\lim\limits_{n\to\infty}\left|\dfrac{a_{n+1}}{a_n}\right|=\lim\limits_{n\to\infty}\dfrac{n}{n+1}=1$，所以收敛半径为$R=1$. 因此$(-1,1)$是幂级数的收敛区间.

设所求的和函数为$s(x)$，即

$$s(x)=\sum_{n=1}^{\infty}\frac{x^{n-1}}{n},\ x\in(-1,1),$$

于是$xs(x)=\sum\limits_{n=1}^{\infty}\dfrac{x^n}{n}$，逐项求导，并由$\dfrac{1}{1-x}=1+x+x^2+\cdots+x^n+\cdots(-1<x<1)$得

$$[xs(x)]'=\sum_{n=1}^{\infty}\left(\frac{x^n}{n}\right)'=\sum_{n=0}^{\infty}x^n=\frac{1}{1-x}\quad(-1<x<1),$$

积分，得

$$xs(x)=\int_0^x[xs(x)]'\mathrm{d}x=\int_0^x\frac{1}{1-x}\mathrm{d}x=-\ln(1-x)\quad(-1<x<1).$$

当$x\neq0$时，有$s(x)=-\dfrac{\ln(1-x)}{x}$；而当$x=0$时，有$s(x)=a_0=1$. 故

$$s(x)=\begin{cases}-\dfrac{1}{x}\ln(1-x), & x\in(-1,0)\cup(0,1),\\ 1, & x=0.\end{cases}$$

七、解 因为$\mathbf{grad}f(x,y)=(1-y,1-x)$，所以

$$|\mathbf{grad}f(x,y)|=\sqrt{(1-y)^2+(1-x)^2}.$$

函数$f(x,y)$在曲线L上的最大方向导数问题转化为求$\sqrt{(1-y)^2+(1-x)^2}$在条件$x^2+y^2+xy=3$下的最大值. 令

$$F(x,y,\lambda)=(1-y)^2+(1-x)^2+\lambda(x^2+y^2+xy-3),$$

解方程组

$$\begin{cases}F'_x=2(x-1)+\lambda(2x+y)=0,\\ F'_y=2(y-1)+\lambda(2y+x)=0,\\ x^2+y^2+xy-3=0,\end{cases}$$

解得$\begin{cases}x=1,\\y=1,\end{cases}\begin{cases}x=-1,\\y=-1,\end{cases}\begin{cases}x=1,\\y=-2,\end{cases}\begin{cases}x=-2,\\y=1.\end{cases}$因为

$$|\mathbf{grad}f(1,1)|=0,\ |\mathbf{grad}f(-1,-1)|=2\sqrt{2},$$
$$|\mathbf{grad}f(1,-2)|=3,\ |\mathbf{grad}f(-2,1)|=3,$$

所以函数$f(x,y)$在曲线L上的最大方向导数为3.

西安电子科技大学2015级高数下册期中试题参考答案

一、填空题

1. $\{(x,y,z)\mid-(x^2+y^2)\leqslant z\leqslant x^2+y^2,\ x^2+y^2\neq0\}$ 2. $\dfrac{1}{3}$

3. $e^{y(x^2+y^2)}[2xy\mathrm{d}x+(x^2+3y^2)\mathrm{d}y]$

4. $\int_0^1 \mathrm{d}x\int_0^{x^2} f(x, y)\mathrm{d}y$

5. $\sqrt{2}$

6. $\frac{x-1}{2}=\frac{y-2}{2}=z-\frac{1}{3}$

二、计算题

1. 解 函数 $f(x, x^2)=x^3$ 两边对 x 求导，得

$$f_x(x, x^2)+f_y(x, x^2)\cdot 2x=3x^2,$$

将 $f_x(x, x^2)=4x^3+x^2$ 代入，得

$$4x^3+x^2+2xf_y(x, x^2)=3x^2,$$

故 $f_y(x, x^2)=x-2x^2$.

2. 解 L 是 $y=x^2$ 上 x 从 -1 变到 1 时的那一段弧，故

$$\int_L (x^2-2xy)\mathrm{d}x+(y^2-2xy)\mathrm{d}y=\int_{-1}^{1}[(x^2-2x^3)+(x^4-2x^3)2x]\mathrm{d}x$$

$$=2\int_0^1 (x^2-4x^4)\mathrm{d}x=-\frac{14}{15}.$$

3. 解 函数 $u=\ln(x+\sqrt{y^2+z^2})$ 在点 $A(1, 0, 1)$ 处可微，且

$$\left.\frac{\partial u}{\partial x}\right|_A=\left.\frac{1}{x+\sqrt{y^2+z^2}}\right|_{(1,0,1)}=\frac{1}{2},$$

$$\left.\frac{\partial u}{\partial y}\right|_A=\left.\frac{1}{x+\sqrt{y^2+z^2}}\cdot\frac{y}{\sqrt{y^2+z^2}}\right|_{(1,0,1)}=0,$$

$$\left.\frac{\partial u}{\partial z}\right|_A=\left.\frac{1}{x+\sqrt{y^2+z^2}}\cdot\frac{z}{\sqrt{y^2+z^2}}\right|_{(1,0,1)}=\frac{1}{2},$$

而 $\boldsymbol{l}=\overrightarrow{AB}=(2, -2, 1)$，所以 $\boldsymbol{e}_l=\left(\frac{2}{3}, -\frac{2}{3}, \frac{1}{3}\right)$. 故函数 u 在 A 点沿方向 $\boldsymbol{l}$ 的方向导数为

$$\left.\frac{\partial u}{\partial l}\right|_A=\left.\frac{\partial u}{\partial x}\right|_A\cdot\cos\alpha+\left.\frac{\partial u}{\partial y}\right|_A\cdot\cos\beta+\left.\frac{\partial u}{\partial z}\right|_A\cdot\cos\gamma$$

$$=\frac{1}{2}\cdot\frac{2}{3}+0\cdot\left(-\frac{2}{3}\right)+\frac{1}{2}\cdot\frac{1}{3}=\frac{1}{2}.$$

4. 解 因为

$$\iint_D f(x, y)\mathrm{d}x\mathrm{d}y=\iint_D\sqrt{1-x^2-y^2}\,\mathrm{d}x\mathrm{d}y+\iint_D\left[\iint_D f(x, y)\mathrm{d}x\mathrm{d}y\right]\mathrm{d}x\mathrm{d}y$$

$$=\iint_D\sqrt{1-x^2-y^2}\,\mathrm{d}x\mathrm{d}y+\pi\iint_D f(x, y)\mathrm{d}x\mathrm{d}y,$$

所以

$$\iint_D f(x, y)\mathrm{d}x\mathrm{d}y=\frac{1}{1-\pi}\iint_D\sqrt{1-x^2-y^2}\,\mathrm{d}x\mathrm{d}y$$

$$=\frac{1}{1-\pi}\int_0^{2\pi}\mathrm{d}\theta\int_0^1\sqrt{1-\rho^2}\cdot\rho\mathrm{d}\rho=\frac{2\pi}{3(1-\pi)}.$$

或者利用半球体体积，得

$$\iint_D f(x, y)\mathrm{d}x\mathrm{d}y=\frac{1}{1-\pi}\iint_D\sqrt{1-x^2-y^2}\,\mathrm{d}x\mathrm{d}y=\frac{2\pi}{3(1-\pi)}.$$

5．**解**　联立 Ω 的两曲面方程，得交线：$x^2+y^2=1$ $(z=1)$；投影柱面：$x^2+y^2=1$；Ω 在 xOy 面的投影区域为 D_{xy}：$x^2+y^2\leqslant 1(z=0)$，采用柱面坐标：

$$\Omega: 0\leqslant \rho\leqslant 1,\ 0\leqslant \theta\leqslant 2\pi,\ \rho^2\leqslant z\leqslant \sqrt{2-\rho^2},$$

于是

$$\begin{aligned}\iiint\limits_{\Omega} z\,\mathrm{d}v &= \iiint\limits_{\Omega} z\cdot\rho\mathrm{d}\rho\mathrm{d}\theta\mathrm{d}z=\int_0^{2\pi}\mathrm{d}\theta\int_0^1\mathrm{d}\rho\int_{\rho^2}^{\sqrt{2-\rho^2}}\rho\cdot z\mathrm{d}z\\ &=2\pi\cdot\int_0^1\rho\mathrm{d}\rho\cdot\frac{1}{2}(2-\rho^2-\rho^4)=\pi\cdot\int_0^1(2\rho-\rho^3-\rho^5)\mathrm{d}\rho=\frac{7\pi}{12}.\end{aligned}$$

三、解　方法一：方程 $F\left(\frac{x}{z},\ \frac{y}{z}\right)=0$ 两端对 x 求导，得

$$\frac{z-xz_x}{z^2}F_1'-\frac{yz_x}{z^2}F_2'=0,$$

解之得 $z_x=\frac{zF_1'}{xF_1'+yF_2'}$，同理求得 $z_y=\frac{zF_2'}{xF_1'+yF_2'}$，因此

$$x\frac{\partial z}{\partial x}+y\frac{\partial z}{\partial y}=z.$$

方法二：令 $u(x,\ y,\ z)=F\left(\frac{x}{z},\ \frac{y}{z}\right)$，则

$$u_x=\frac{1}{z}F_1',\ u_y=\frac{1}{z}F_2',\ u_z=-\frac{1}{z^2}[xF_1'+yF_2'],$$

于是

$$z_x=-\frac{u_x}{u_z}=\frac{zF_1'}{xF_1'+yF_2'},\qquad z_y=-\frac{u_y}{u_z}=\frac{zF_2'}{xF_1'+yF_2'},$$

因此 $x\frac{\partial z}{\partial x}+y\frac{\partial z}{\partial y}=z$.

四、解　令 $P=2xy-y^2$，$Q=x^2-2xy-y^2$，则

$$\frac{\partial P}{\partial y}=2x-2y,\ \frac{\partial Q}{\partial x}=2x-2y,$$

从而得 $\frac{\partial P}{\partial y}=\frac{\partial Q}{\partial x}$，即知 $P\mathrm{d}x+Q\mathrm{d}y$ 是某函数的全微分．于是

$$\begin{aligned}u(x,\ y)&=\int_{(0,\ 0)}^{(x,\ y)}(2xy-y^2)\mathrm{d}x+(x^2-2xy-y^2)\mathrm{d}y\\ &=\int_0^x 0\mathrm{d}x+\int_0^y(x^2-2xy-y^2)\mathrm{d}y=x^2y-xy^2-\frac{y^3}{3}+C.\end{aligned}$$

五、解　方法一：设 $(x,\ y,\ z)$ 为曲面 $z=x^2+y^2$ 上任一点，则

$$d=\frac{|x+y-2z-1|}{\sqrt{1^2+1^2+(-2)^2}}=\frac{|x+y-2z-1|}{\sqrt{6}}.$$

令 $F(x,\ y,\ z)=(x+y-2z-1)^2+\lambda(x^2+y^2-z)$，则由

$$\begin{cases}F_x=2(x+y-2z-1)+2\lambda x=0,\\ F_y=2(x+y-2z-1)+2\lambda y=0,\\ F_z=-4(x+y-2z-1)-\lambda=0,\\ z=x^2+y^2\end{cases}$$

得唯一驻点$\left(\frac{1}{4},\frac{1}{4},\frac{1}{8}\right)$，因此最短距离为

$$d=\frac{\left|\frac{1}{4}+\frac{1}{4}-2\cdot\frac{1}{8}-1\right|}{\sqrt{6}}=\frac{\sqrt{6}}{8}.$$

方法二：设(x_0,y_0,z_0)为曲面 $z=x^2+y^2$ 上任一点，则过该点的曲面的一个法向量为

$$\boldsymbol{n}=(2x_0,2y_0,-1).$$

当过该点的切平面与平面 $x+y-2z-2=0$ 平行时，可得最短距离，即

$$(2x_0,2y_0,-1)\,/\!/\,(1,1,-2),$$

于是$\frac{2x_0}{1}=\frac{2y_0}{1}=\frac{-1}{-2}$，得 $x_0=y_0=\frac{1}{4}$，$z_0=\frac{1}{8}$，从而，所求的点为$\left(\frac{1}{4},\frac{1}{4},\frac{1}{8}\right)$，因此最短距离为

$$d=\frac{|x_0+y_0-2z_0-1|}{\sqrt{6}}=\frac{\left|\frac{1}{4}+\frac{1}{4}-2\cdot\frac{1}{8}-1\right|}{\sqrt{6}}=\frac{\sqrt{6}}{8}.$$

西安电子科技大学 2015 级高数下册期末试题参考答案

一、填空题

1. π^2　　2. $x+y$　　3. $\frac{10}{13}$　　4. $\int_0^1 \mathrm{d}y\int_{\sqrt{y}}^{2-y} f(x,y)\mathrm{d}x$　　5. 0

6. $2\pi a^4$　　7. -1　　8. 2016　　9. $\frac{\pi-1}{2}$

二、计算与简答题

1. **解**　方法一：因为 $\mathrm{e}^{-xy}+\mathrm{e}^z-2z=0$，所以

$$\mathrm{d}(\mathrm{e}^{-xy}-2z+\mathrm{e}^z)=0,\ \mathrm{e}^{-xy}\mathrm{d}(-xy)-2\mathrm{d}z+\mathrm{e}^z\mathrm{d}z=0,$$

$$(\mathrm{e}^z-2)\mathrm{d}z=\mathrm{e}^{-xy}(x\mathrm{d}y+y\mathrm{d}x),\ \mathrm{d}z=\frac{y\mathrm{e}^{-xy}}{(\mathrm{e}^z-2)}\mathrm{d}x+\frac{x\mathrm{e}^{-xy}}{(\mathrm{e}^z-2)}\mathrm{d}y.$$

方法二：令 $F(x,y,z)=\mathrm{e}^{-xy}+\mathrm{e}^z-2z$，则

$$z_x=-\frac{F_x}{F_z}=\frac{y\mathrm{e}^{-xy}}{\mathrm{e}^z-2},\ z_y=-\frac{F_y}{F_z}=\frac{x\mathrm{e}^{-xy}}{(\mathrm{e}^z-2)},$$

于是 $\mathrm{d}z=\frac{y\mathrm{e}^{-xy}}{\mathrm{e}^z-2}\mathrm{d}x+\frac{x\mathrm{e}^{-xy}}{\mathrm{e}^z-2}\mathrm{d}y.$

2. **解**　方法一：$\iiint\limits_{\Omega} z\,\mathrm{d}x\mathrm{d}y\mathrm{d}z=\int_0^1 z\mathrm{d}z\int_0^{2-2z}\mathrm{d}y\int_0^{2-2z-y}\mathrm{d}x$

$$=\int_0^1 z\mathrm{d}z\int_0^{2-2z}(2-2z-y)\mathrm{d}y$$

$$=\int_0^1 z\cdot\frac{1}{2}(2-2z)^2\mathrm{d}z=\frac{1}{6}.$$

方法二：因为$\iiint\limits_{\Omega} z\,\mathrm{d}x\mathrm{d}y\mathrm{d}z=\int_0^1 z\mathrm{d}z\iint\limits_{D_z}\mathrm{d}x\mathrm{d}y$，其中 $D_z=\{(x,y)\mid x+y\leqslant 2-2z\}$，所以

$$\iint_{D_z} \mathrm{d}x\mathrm{d}y = \frac{1}{2}(2-2z)(2-2z) = 2(1-z)^2,$$

$$\text{原式} = \int_0^1 z \cdot 2(1-z)^2 \mathrm{d}z = \frac{1}{6}.$$

3. **解**　添加辅助曲面 $\Sigma_1 = \{(x, y, 2) \mid x^2+y^2 \leqslant 4\}$，取上侧，则在 Σ 和 Σ_1 所包围的空间闭区域 Ω 上有

$$\begin{aligned}&\iint_{\Sigma+\Sigma_1} (y^2+z^2)\mathrm{d}y\mathrm{d}z + (z^2+x^2)\mathrm{d}z\mathrm{d}x + (x^2+y^2)\mathrm{d}x\mathrm{d}y\\ &= \iiint_{\Omega} \left[\frac{\partial(y^2+z^2)}{\partial x} + \frac{\partial(z^2+x^2)}{\partial y} + \frac{\partial(x^2+y^2)}{\partial z}\right]\mathrm{d}v = 0,\end{aligned}$$

于是

$$\begin{aligned}I &= -\iint_{\Sigma_1} (y^2+z^2)\mathrm{d}y\mathrm{d}z + (z^2+x^2)\mathrm{d}z\mathrm{d}x + (x^2+y^2)\mathrm{d}x\mathrm{d}y\\ &= -\iint_{D_{xy}} (x^2+y^2)\mathrm{d}x\mathrm{d}y = -\int_0^{2\pi}\mathrm{d}\theta\int_0^2 \rho^2 \cdot \rho\mathrm{d}\rho = -8\pi.\end{aligned}$$

4. **解**　该级数为交错级数，其一般项为 $u_n = (-1)^{n-1}\frac{n}{2^{n-1}}$. 因为

$$\lim_{n\to\infty} \frac{|u_{n+1}|}{|u_n|} = \lim_{n\to\infty} \frac{n+1}{2^n} \cdot \frac{2^{n-1}}{n} = \frac{1}{2} < 1,$$

级数 $\sum\limits_{n=1}^{\infty} \left|(-1)^{n-1}\frac{n}{2^{n-1}}\right|$ 收敛，所以级数 $\sum\limits_{n=1}^{\infty} (-1)^{n-1}\frac{n}{2^{n-1}}$ 收敛，且为绝对收敛.

5. **解**　根据题意得

$$y = \mathrm{e}^{-\int\frac{1}{x}\mathrm{d}x}\left(\int \frac{\sin x}{x} \cdot \mathrm{e}^{\int\frac{1}{x}\mathrm{d}x}\mathrm{d}x + C\right) = \frac{1}{x}\left(\int \frac{\sin x}{x} \cdot x\mathrm{d}x + C\right) = \frac{1}{x}(-\cos x + C),$$

由初值条件 $y|_{x=\pi} = 1$ 得 $C = \pi - 1$，故所求特解为 $y = \frac{\pi - 1 - \cos x}{x}$.

三、**解**　方法一：由于 $\frac{\mathrm{d}}{\mathrm{d}x}\left[\frac{f(x)}{x}\right] = \frac{\mathrm{d}}{\mathrm{d}y}[x(1+y\sin x)] = x\sin x$，所以

$$\frac{f(x)}{x} = \int_{\frac{\pi}{2}}^{x} t\sin t\mathrm{d}t = \sin x - x\cos x - 1,$$

取路径 $L = L_1 + L_2$，其中 L_1、L_2 分别是有向直线段，L_1：$\left(\frac{\pi}{2}, 1\right) \to \left(\frac{\pi}{2}, 0\right)$，$L_2$：$\left(\frac{\pi}{2}, 0\right) \to (\pi, 0)$，于是

$$\begin{aligned}I &= \int_{L_1+L_2} x(1+y\sin x)\mathrm{d}x + (\sin x - x\cos x - 1)\mathrm{d}y\\ &= \int_{L_1} 0\mathrm{d}y + \int_{L_2} x\mathrm{d}x = \int_{\frac{\pi}{2}}^{\pi} x\mathrm{d}x = \frac{3\pi^2}{8}.\end{aligned}$$

方法二：由于积分与路径无关，取路径 $L = L_1 + L_2$，其中 L_1、L_2 分别是有向直线段，

$$L_1: \left(\frac{\pi}{2}, 1\right) \to \left(\frac{\pi}{2}, 0\right),\ L_2: \left(\frac{\pi}{2}, 0\right) \to (\pi, 0),$$

所以

$$I=\int_{L_1}\frac{f(x)}{x}\mathrm{d}y+\int_{L_2}x(1+y\sin x)\mathrm{d}x=\int_{L_1}0\mathrm{d}y+\int_{L_2}x\mathrm{d}x=\int_{\frac{\pi}{2}}^{\pi}x\mathrm{d}x=\frac{3\pi^2}{8}.$$

四、解 令 $u_n(x)=\dfrac{2n-1}{2^n}x^{2(n-1)}$. 由于

$$\lim_{n\to\infty}\left|\frac{u_{n+1}(x)}{u_n(x)}\right|=\lim_{n\to\infty}\frac{2n+1}{2n-1}\cdot\frac{x^2}{2}=\frac{1}{2}x^2,$$

当 $\dfrac{1}{2}x^2<1$ 时，原级数收敛；当 $\dfrac{1}{2}x^2=1$ 时，由 $\lim\limits_{n\to\infty}u_n(x)=\lim\limits_{n\to\infty}\dfrac{2n-1}{2^n}2^{n-1}=\infty$ 得级数发散. 因此，收敛域为 $(-\sqrt{2},\sqrt{2})$.

设幂级数的和函数为 $s(x)$，即 $s(x)=\sum\limits_{n=1}^{\infty}\dfrac{2n-1}{2^n}x^{2(n-1)}$，则

$$\begin{aligned}s(x)&=\sum_{n=1}^{\infty}\frac{2n-1}{2^n}x^{2(n-1)}=\sum_{n=1}^{\infty}\left(\frac{1}{2^n}x^{2n-1}\right)'=\left(\sum_{n=1}^{\infty}\frac{1}{2^n}x^{2n-1}\right)'\\&=\left[\frac{x}{2}\sum_{n=1}^{\infty}\left(\frac{x^2}{2}\right)^{n-1}\right]'=\left(\frac{x}{2}\cdot\frac{1}{1-\frac{x^2}{2}}\right)'\\&=\frac{2+x^2}{(2-x^2)^2},\end{aligned}$$

于是得

$$\sum_{n=1}^{\infty}\frac{2n-1}{2^n}=s(1)=3.$$

五、解 对应的齐次方程为 $y''+3y'-10y=0$，它的特征方程 $r^2+3r-10=0$ 有两个实根 $r_1=2$、$r_2=-5$，于是齐次方程 $y''+3y'-10y=0$ 的通解为

$$y=C_1\mathrm{e}^{2x}+C_2\mathrm{e}^{-5x}.$$

由于 $\lambda=1$ 不是特征方程的根，所以设特解 $y^*=(b_0x^2+b_1x+b_2)\mathrm{e}^x$，将其代入所给方程 $y''+3y'-10y=x^2\mathrm{e}^x$，得

$$[-6b_0x^2+(10b_0-6b_1)x+(2b_0+5b_1-6b_2)]\mathrm{e}^x=x^2\mathrm{e}^x,$$

对比系数解得

$$b_0=-\frac{1}{6},\ b_1=-\frac{5}{18},\ b_2=-\frac{31}{108},$$

因此特解为

$$y^*=-\left(\frac{1}{6}x^2+\frac{5}{18}x+\frac{31}{108}\right)\mathrm{e}^x,$$

从而所求方程的通解为

$$y=C_1\mathrm{e}^{2x}+C_2\mathrm{e}^{-5x}-\left(\frac{1}{6}x^2+\frac{5}{18}x+\frac{31}{108}\right)\mathrm{e}^x.$$

六、证 设曲面 Σ 的法线方向与 x 轴、z 轴正向的夹角分别为 α、γ，则

$$\iint_{\Sigma}P(x,y,z)\mathrm{d}y\mathrm{d}z=\iint_{\Sigma}P(x,y,z)\cos\alpha\mathrm{d}S.$$

因为

$$\cos\alpha = -\frac{f_x}{\sqrt{1+f_x^2+f_y^2}}, \ \cos\gamma = \frac{1}{\sqrt{1+f_x^2+f_y^2}},$$

所以 $\cos\alpha = -f_x \cos\gamma$，于是

$$\begin{aligned}\iint_{\Sigma} P(x, y, z)\mathrm{d}y\mathrm{d}z &= -\iint_{\Sigma} P(x, y, z)\frac{\partial f}{\partial x}\cos\gamma \mathrm{d}S \\ &= -\iint_{\Sigma} P(x, y, z)\cdot\frac{\partial f}{\partial x}\mathrm{d}x\mathrm{d}y \\ &= -\iint_{D} P(x, y, f(x, y))\frac{\partial f}{\partial x}\mathrm{d}x\mathrm{d}y.\end{aligned}$$

参考文献

[1] 同济大学数学系. 高等数学. 7版. 北京：高等教育出版社，2014.

[2] 龚冬保，武忠祥，毛怀遂，等. 高等数学典型题：解法，技巧，注释. 西安：西安交通大学出版社，2004.

[3] 王东生，周泰文，刘后邗，等. 新编高等数学题解. 武汉：华中理工大学出版社，1998.

[4] 阎国辉. 高等数学学习指导. 武汉：武汉大学出版社，2014.

[5] 马知恩，王绵森. 高等数学疑难问题选讲. 北京：高等教育出版社，2014.

[6] 阎恩让. 高等数学学习指导与习题详解. 西安：陕西师范大学出版社，2005.

[7] 李正元，李永乐. 数学历年试题解析：数学一. 北京：中国政法大学出版社，2014.

[8] 王金金，李广民，于力. 高等数学学习辅导. 西安：西安电子科技大学出版社，2007.

[9] 高等学校工科数学教学指导委员会本科组. 高等数学释疑解难. 北京：高等教育出版社，1992.

[10] 四川大学数学系高等数学教研组. 高等数学. 北京：高等教育出版社，1997.

[11] 西北工业大学高等数学教研室. 高等数学专题分类指导. 上海：同济大学出版社，1999.

[12] 王金金，李广民，任春丽，等. 高等数学学习指导. 北京：北京邮电大学出版社，2011.

[13] 张天德，彭辉. 高等数学辅导. 合肥：安徽人民出版社，2013.